普通高等院校
工程图学类
—系列教材—

U0662492

现代工程图学

（第3版）

主编 叶 霞 张向华 董晓英

清华大学出版社
北京

内 容 简 介

本书是在 2015 年出版的董晓英、叶霞主编《现代工程图学》(第 2 版)基础上,依据教育部高等学校工程图学课程教学指导分委会 2019 年制定的《高等学校工程图学课程教学基本要求》及最新颁布的制图有关国家标准,并结合近几年课程教学改革和实践经验,以及"机械制图"课程应用型人才培养目标修订而成。

全书除绪论外共分 10 章,主要内容包括制图基本知识、正投影法基础、立体的投影、组合体的视图、轴测图、机件常用表达方法、标准零件与常用零件、零件图、装配图和计算机绘图。与本书配套的《现代工程图学习题集》(第 3 版)同时由清华大学出版社出版。

本书融现代工程图学与计算机绘图的内容于一体,融传统教学手段和现代教学手段于一体,配有丰富的电子资源,可通过扫描书中带有 标识的图标,即时获取对应的三维立体模型。本书突出应用型特色,注重立体构形能力、图视思维表达能力、自主学习能力的培养。

本书可供应用型本科院校工科机械类、近机类各专业教学中使用,也可供其他类型院校相关专业和自学者选用。

图书在版编目(CIP)数据

现代工程图学 / 叶霞,张向华,董晓英主编. -- 3 版. -- 北京:清华大学出版社,2025.9.
(普通高等院校工程图学类系列教材). -- ISBN 978-7-302-70324-2

Ⅰ. TB23

中国国家版本馆 CIP 数据核字第 20254GG429 号

责任编辑:苗庆波
封面设计:傅瑞学
责任校对:薄军霞
责任印制:刘 菲

出版发行:清华大学出版社
网　　　址:https://www.tup.com.cn, https://www.wqxuetang.com
地　　　址:北京清华大学学研大厦 A 座　　邮　编:100084
社 总 机:010-83470000　　邮　购:010-62786544
投稿与读者服务:010-62776969,c-service@tup.tsinghua.edu.cn
质量反馈:010-62772015,zhiliang@tup.tsinghua.edu.cn
印 装 者:三河市科茂嘉荣印务有限公司
经　销:全国新华书店
开　本:185mm×260mm　印　张:17.25　字　数:416 千字
版　次:2007 年 9 月第 1 版　2025 年 9 月第 3 版　印　次:2025 年 9 月第 1 次印刷
定　价:55.00 元

产品编号:088249-01

前　言

本书是在 2015 年版《现代工程图学》(第 2 版)基础上,针对应用型高等学校人才培养的新要求,同时依据教育部高等学校工程图学课程教学指导分委会 2019 年制定的《高等学校工程图学课程教学基本要求》及最新颁布的制图有关国家标准,并结合近几年课程教学改革和实践经验修订而成。

本书在保持第 2 版特色和基本构架的基础上,做了如下调整与修订:

(1) 依照应用型高校人才培养的新要求,对第 2 版教材内容进行了适当调整。

(2) 全书依据最新颁布的制图国家标准,对相关内容进行了全面修订。

(3) 修订了计算机绘图的相关内容,以 AutoCAD2024 作为绘图软件,对计算机绘图部分做了全面的更新。

(4) 本书为新形态教材,丰富了教学内容,将纸质教材与三维模型相融合,通过扫描书中带有 [🙂] 标识的图标,学生可以多角度观察与教学内容配套的三维立体模型。

与本书配套使用的叶霞、张向华、董晓英主编的《现代工程图学习题集》(第 3 版)也同时修订出版。

参加本版修订工作的有叶霞(第 1~3 章)、张向华(第 7 章、第 10 章、附录)、董晓英(绪论、第 9 章)、谢文涛(第 4 章)、赵艳芳(第 5 章)、毕伟(第 6 章)、陈晓阳(第 8 章)。本书由叶霞、张向华、董晓英任主编。

由于编者水平有限,书中难免会有不妥之处,敬请广大同仁及读者惠于指正,不吝赐教,在此谨表谢意。

编　者

2025 年 7 月

目　　录

绪　　论

在工程上，人们把准确地表达物体的形状、尺寸、结构与技术要求的图形称为图样。在机械制造中，人们根据图样加工零件，再按图样将零件组装成部件或机器。因此，工程图样是表达和交流技术思想的重要工具，是工程的"语言"。设计者通过它把设计思想表达出来，制造者通过它控制制造过程，检验者通过它判定质量水平。若想认识、制造或发明机械，必须先学会这一"语言"。一是学会"接收"它，就是读图（看图）；二是学会"传达"它，即制图（绘图）。"现代工程图学"将带领学习者走上工科之路，开始认识机械、认识工业。

1. 工程图学的发展趋势

工程图自古有之，从半坡文化到殷墟遗址，从墨家学派到王祯《农书》，从《周礼·考工记》到《营造法式》，从都江堰到天象台，从黄道婆到宋应星，人们把"图"作为工程语言由来已久。

18世纪，法国科学家蒙诺创立了画法几何学，他研究空间几何元素（点、线、面）及其相对位置在平面上的表示方法，研究在平面上用几何作图的方法解决空间几何问题。以画法几何为理论基础的工程图学为工程与科学技术领域提供了可靠的理论工具和解决问题的有效手段。

随着计算机技术的发展，CAD/CAM技术得到了广泛的应用，新的生产模式（构思三维产品→计算机三维造型→数控加工），给工程图学提出了更新、更高的要求。它必须以培养适应经济发展需要，具有时代气息的人才为目标。将计算机作为工程制图的主要工具，充分利用计算机技术及其成果，特别是将计算机绘图手段与参数化实体造型技术引入工程图学教育，已成为工程图学教育发展的主要方向。

无论是传统图学还是现代图学，用构形方法培养受教育者的形象思维能力和创造思维能力都显示了图学课程的重要地位。现代工程图学借助计算机的三维设计表达能力和模拟仿真技术，对空间形体进行广泛的构思和彼此联想，较从前更具新颖性、独特性和创造性，对于培养创造性空间想象能力、思维能力和图形表达能力起到了非常好的启发作用。

随着我国制造业的转型升级，工业化与信息化已经深度融合。基于此，我们建立了基于信息技术的学习资源体系，设计了自主学习—实践训练—方法指导相结合的学习程序；突出工科教育特点，理论知识内容工具化，实践能力教学项目化，专业技能训练课程刚性化；设计新的教学模式，提供任务驱动、项目导向、情境教学、工学交替的教学方案。

2. 现代工程图学的主要内容

"工程图学"是研究阅读、绘制工程图样和图解空间几何问题的技术基础课程，既有系统的理论，又有较强的实践性。现代工程图学课程主要包括画法几何、制图基础、机械图样、计算机绘图四大部分。画法几何部分主要研究正投影法原理以及图示空间形体和图解空间几何问题的理论与方法，是阅读和绘制工程图样的理论基础，也是培养学生空间想象能力和空间解决问题能力的主要思想方法；制图基础部分训练学生用仪器和徒手绘图的操作技能，培养阅读和绘制投影图的基本能力；机械图样部分主要介绍国家标准《机械制图》的有关规定，培养绘制和阅读常见机器或部件的零件图和装配图的基本能力，以培养读图能力为重点；计算机绘图部分介绍绘图软件(AutoCAD)，主要介绍二维绘图基本命令的操作方法和技巧，训练在计算机上绘制工程图样的能力。

3. 现代工程图学的任务

(1) 学习正投影法的基本原理及其应用，培养图解空间几何问题的能力。

(2) 培养对三维空间物体的形状表达及相对位置关系的分析能力，从而培养空间逻辑思维能力和形象思维能力。

(3) 培养阅读工程图样的基本能力。

(4) 培养计算机绘图和三维几何体造型的基本能力。

(5) 培养徒手绘制工程图样和使用仪器绘图的基本能力。

(6) 培养查阅和使用有关手册和国家标准的能力。

(7) 在教学过程中有意识地培养学生的自学能力、分析问题和解决问题的能力，以及认真负责的工作态度和严谨细致的工作作风。

4. 现代工程图学的学习方法

1) 强调自主学习

工程图学只是带领学习者迈进工程的门槛。在学习中必须要让学习者提高学习的主动性，认识到读图与绘图是工程实践的重要内容，是以后学习设计、制造等专业课的必要基础。主动学习的目标性要强，在教师的指导下有的放矢的学习，独立完成作业是对学生的最低限度的要求，必须要达到。但是工程图学这门学科无论从理论上还是实践上都有很强的拓展性，学有余力的学习者，还有很大的拓展相关知识的空间。要充分利用好各种资源，积极探索新领域，增加创新机会。

2) 注重实践能力的培养

工程图学是一门应用性很强的学科，要特别重视实践。包括上好习题课，独立完成作业，学会自我检验，积极参加评图课等教学项目。学习过程中倡导实施"导生制"。导生即优秀生，要提高学习要求，善于辅导其他学习者，同时自身也在辅导中得到提高，这种交流方式可使双方受益。学习中要先行学习一些后续课程中的内容，以提高学习的目的性。尽量争取实际的工程和设计实践，了解实际生产活动的需求。本课程只能为学生的绘图和读图能力打下初步基础，在后续课程、生产实习、课程设计和毕业设计中，学生还应继续培养和提高这种能力。

3) 运用图视思维方法

图视思维方法是通过三维立体图形，模拟仿真真实的工程零件形状，从而培训学习者。图视思维方法是根据已知视图的特点，想象形体形状；运用形体分析法和线面分析法等看图思维的基本方法；通过几种空间形体的构思和表达，模拟实际的构形与设计。学习好图视思维方法有利于开发创造性空间想象能力、思维能力和图视能力。

4) 应用积件思想

积件将教与学的界限趋于模糊。教育者和学习者都可以将自己制作的多媒体素材、微教学单元加入教学资料库，也可以通过访问虚拟图书馆、上网搜索获取更多的和最新的素材。既可将自己独到的教学和学习方法(教学内容呈现方式和教学策略)归纳整理，建立自己的素材呈现方式构件库和教学或学习策略库，也可以吸纳他人的优秀方法补充自己的库或直接用于目前的教学单元中去。学习者可以根据自己的学习进度和学习习惯达到学习目标。

第1章　制图基本知识

本章将介绍如下内容：国家标准《技术制图》与《机械制图》的有关规定；绘图工具及仪器的使用；徒手图的绘制；简单的几何作图；平面图形的画法及尺寸标注等内容。

1.1　机械制图标准简介

图样是现代机器制造过程中重要的技术文件之一。为了统一图样的画法，提高生产效率，便于技术管理和交流，国家标准《技术制图》和《机械制图》对图样的内容、格式、表达方法等都做了统一的规定，绘图时必须严格遵守，这样才能使图样真正成为工程界的共同语言。

国家标准简称"国标"。国标《技术制图》适用于机械、电气、工程建设等各专业领域的制图，在技术内容上具有统一和通用的特点，是通用性和基础性的技术标准；而国标《机械制图》则是专业性技术标准。《技术制图》对《机械制图》具有指导作用。本节仅摘录了《技术制图》标准中的基本规定。

1.1.1　图纸幅面和格式（GB/T 14689—2008）

1. 图纸幅面尺寸

绘制图样时，应优先采用表 1-1 所规定的基本幅面，必要时也允许采用加长幅面，如图 1-1 所示。加长幅面的尺寸是以某一基本幅面为基础的，即基本幅面的长边尺寸成为其短边尺寸，而基本幅面的短边尺寸成整数倍增加后成为其长边尺寸。例如代号为 A3×3 的加长幅面，其短边尺寸 420mm，是原 A3 幅面的长边尺寸，而其长边尺寸 891mm，是由 A3 幅面的短边尺寸 297mm 乘以 3 后得到的。

表 1-1　基本幅面及周边尺寸　　　　　　　　　　　　　　　　　mm

幅面代号	A0	A1	A2	A3	A4
$B \times L$	841×1189	594×841	420×594	297×420	210×297
e	20			10	
c	10			5	
a	25				

2. 图框格式

在图纸上，图框线必须用粗实线绘制。图框格式分留装订边和不留装订边两种，这两种格式的周边尺寸见表 1-1，但同一产品的图样只能采用一种格式。

留装订边的图纸，其图框格式如图 1-2 所示。不留装订边的图纸，其图框格式如图 1-3 所示。图纸幅面一般采用 A3 幅面横放或 A4 幅面竖放的形式。加长幅面的周边尺寸按所选用的基本幅面大一号的周边尺寸确定。例如，A3×3 的周边尺寸按 A2 的周边尺寸确定，即 c 为 10(或 e 为 10)。

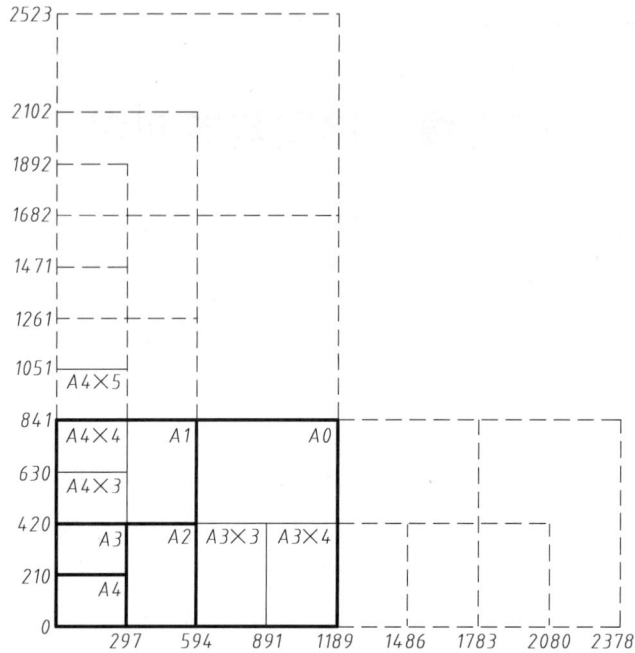

图 1-1　图纸的基本幅面(粗实线)及加长幅面(细实线及虚线)

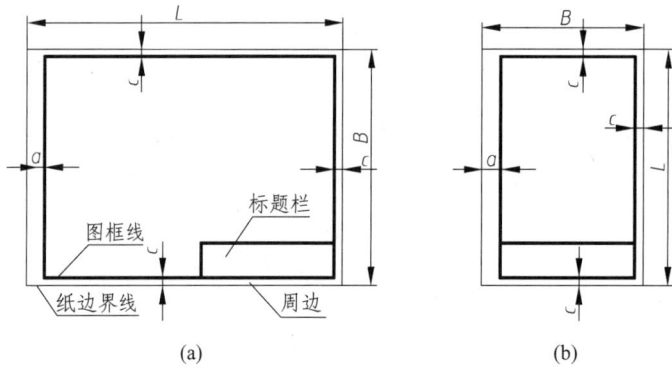

图 1-2　留有装订边的图框格式

(a)图纸幅面横放；(b)图纸幅面竖放

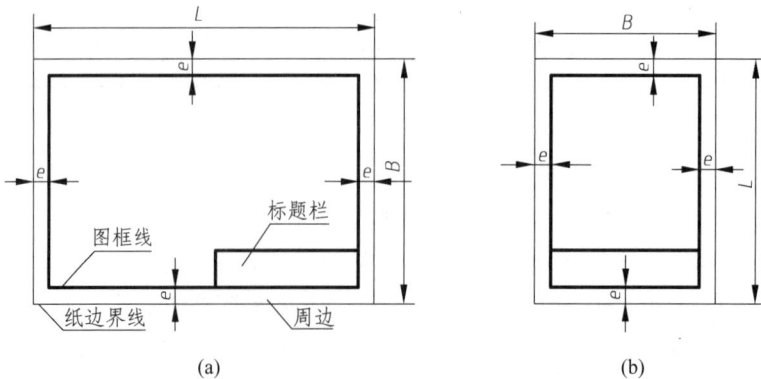

图 1-3　不留有装订边的图框格式

(a)图纸幅面横放；(b)图纸幅面竖放

3. 标题栏（GB/T 10609.1—2008）

1）标题栏的格式

标题栏的格式已由国家标准 GB/T 10609.1—2008《技术制图　标题栏》作出规定,如图 1-4(a)所示。学校的制图作业中的标题栏可采用图 1-4(b)所示的简化形式。

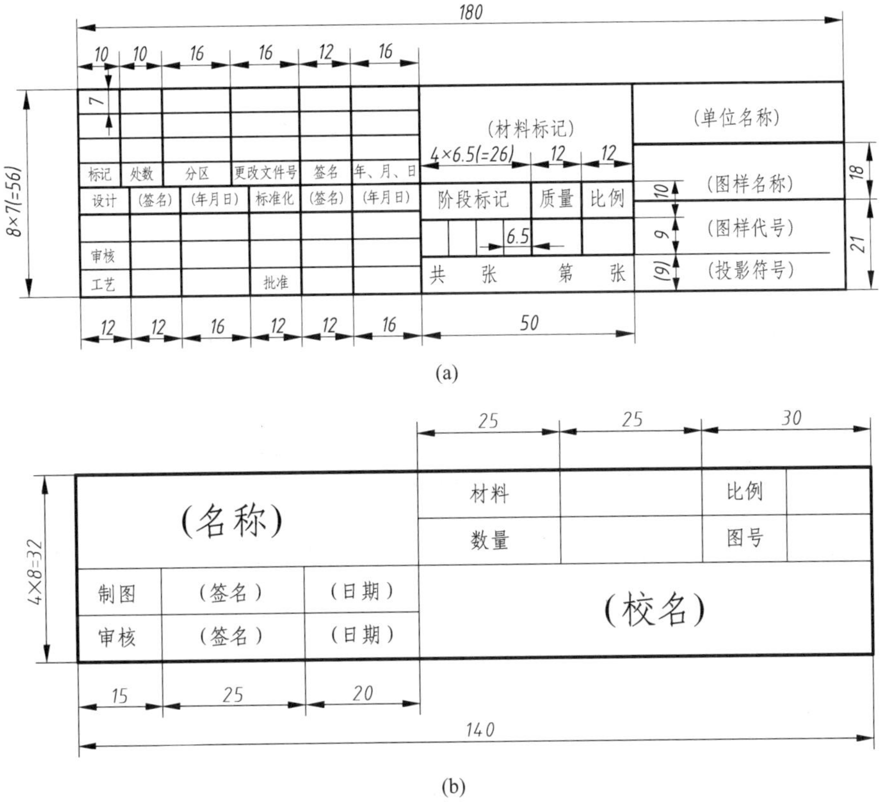

(a)

(b)

图 1-4　标题栏的格式

(a) 国家标准规定的格式;(b) 学校用的简化格式

2）标题栏的方位

每张图样都必须画出标题栏,标题栏一般位于图纸的右下角,如图 1-2 和图 1-3 所示,此时看图的方向应与标题栏的方向一致。必要时,标题栏也可位于图纸的右上角(如利用预先印制好的图纸),如图 1-5(a)、(b)所示。此时,看图方向与标题栏的方向不一致,需采用方向符号来标明看图方向。方向符号用细实线绘制的等边三角形表示,其画法如图 1-5(c)所示。

4. 附加符号

1）对中符号及方向符号

为了使图样复制和缩微摄影时定位方便,可采用对中符号。对中符号是从周边画入图框内约 5mm 的一段粗实线,如图 1-5(a)所示。当对中符号处在标题栏范围内时则伸入标题栏部分省略不画,如图 1-5(b)所示。方向符号的意义和画法如前述。

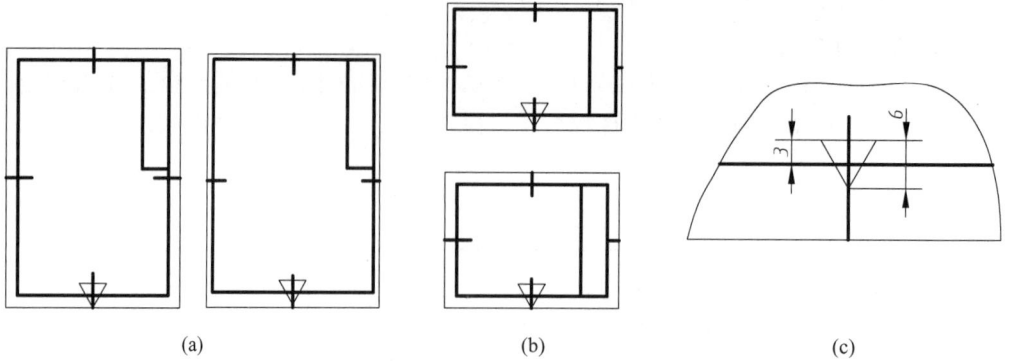

图 1-5　对中符号及方向符号

2) 剪切符号

为使复制图样时便于自动剪切,可在图纸的四角上分别绘出剪切符号。剪切符号可采用直角边为 10mm 长的黑色等腰三角形,如图 1-6(a)所示;也可采用两条粗线段表示,如图 1-6(b)所示。

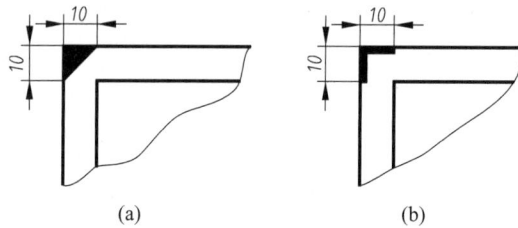

图 1-6　剪切符号

1.1.2　比例(GB/T 14690—1993)

图样中机件要素的线性尺寸与实际机件相应的线性尺寸之比称为比例。画图时尽可能采用 1∶1 的比例,当机件过大或过小时,为便于画图可将它缩小或放大画出。国标规定:绘制图样时应优先选用表 1-2 中规定的比例,必要时可选用表 1-3 中规定的比例。无论采用何种比例,在标注尺寸时均应按机件的实际尺寸标注,如图 1-7 所示。

表 1-2　优先采用的比例

种　类	比　　　例		
原值比例	1∶1		
放大比例	5∶1	2∶1	
	$5 \times 10^n∶1$	$2 \times 10^n∶1$	$1 \times 10^n∶1$
缩小比例	1∶2	1∶5	1∶10
	$1∶2 \times 10^n$	$1∶5 \times 10^n$	$1∶1 \times 10^n$

注:表中 n 为正整数。

表 1-3　必要时可选用的比例

种　类	比　　　例				
放大比例	$4:1$ $4 \times 10^n : 1$	$2.5:1$ $2.5 \times 10^n : 1$			
缩小比例	$1:1.5$ $1:1.5 \times 10^n$	$1:2.5$ $1:2.5 \times 10^n$	$1:3$ $1:3 \times 10^n$	$1:4$ $1:4 \times 10^n$	$1:6$ $1:6 \times 10^n$

注：表中 n 为正整数。

　　同一个机件的各个图形一般应采用相同的比例,并填写在标题栏"比例"栏内,如"1∶1"或"1∶2"。若某个图形所用的比例和标题栏内比例不符时,应在该图形上方注明,如图 1-7所示。

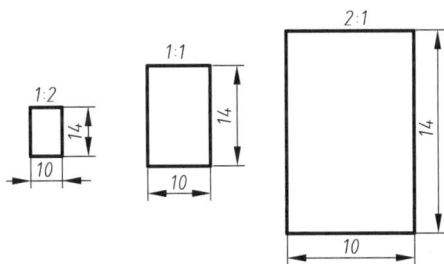

图 1-7　比例

1.1.3　字体(GB/T 14691—1993)

　　图样中书写的汉字、数字和字母必须做到"字体端正、笔画清楚、间隔均匀、排列整齐"。字体的号数即字体的高度(用 h 表示,单位为 mm),分别为 1.8、2.5、3.5、5、7、10、14、20 共8 种。若要书写更大的字,则其字体高度按 $\sqrt{2}$ 的比例递增。

1. 汉字

　　图样上的汉字应写成长仿宋体,并采用国家正式公布推行的简化字。汉字的字号应不小于 3.5 号(即字高不小于 3.5mm),其字宽一般为 $h/\sqrt{2}$。

　　长仿宋体字的特点是:

　　长仿宋体字基本笔画有横、竖、撇、捺、点、挑、钩、折等,每一笔画要一笔写成,不宜勾描。

2. 字母和数字

　　字母和数字分 A 型和 B 型两种型式。A 型字体的笔画宽度 d 为字高 h 的 1/14,B 型字体的笔画宽度 d 为字高 h 的 1/10。同一图样只能采用同一种型式的字体,我们国家一般采用 A 型字体。

字母和数字分直体和斜体两种,但在同一图样上只能采用一种书写形式。常用的是斜体,其字头向右倾斜,与水平线成 75°。

斜体拉丁字母、阿拉伯数字的字体示例如图 1-8 所示。

图 1-8　斜体字母、数字

1.1.4　图线(GB/T 17450—1998 和 GB/T 4457.4—2002)

GB/T 17450—1998《技术制图　图线》规定了适用于各种技术图样的图线的名称、型式、结构、标记及画法规则;GB/T 4457.4—2002《机械制图　图样画法　图线》规定了机械制图中所用图线的一般规则,适用于机械工程图样。

1. 图线的型式及应用

各种图线的名称、型式以及在图样上的一般应用示例见表 1-4 和图 1-9。图线分为粗、细两种,粗线的宽度 d 应按图的大小和复杂程度在 $0.5\sim2\text{mm}$ 选择;细线的宽度约为 $0.5d$。图线宽度的推荐系列为 0.25mm、0.35mm、0.5mm、0.7mm、1mm、1.4mm、2mm,优先采用 $d=0.5\text{mm}$ 或 0.7mm。

表 1-4　图线及其应用

图线名称	图线型式	图线宽度	图线的一般应用
粗实线	——————	d	可见轮廓线、相贯线等
细实线	——————	$0.5d$	过渡线、尺寸线、尺寸界线、指引线和基准线、剖面线、重合断面的轮廓线、螺纹牙底线、零件成形前的弯折线、范围线及分界线、重复要素表示线(例如,齿轮的齿根线)、辅助线、不连续同一表面连线、成规律分布的相同要素连线等
波浪线	〜〜〜	$0.5d$	断裂处边界线、视图与剖视图的分界线

图线名称	图线型式	图线宽度	图线的一般应用
双折线	—⌇—⌇—	0.5d	断裂处边界线
细虚线	– – – – –	0.5d	不可见棱边线、不可见轮廓线
粗虚线	▬ ▬ ▬ ▬	d	允许表面处理的表示线
细点画线	—·—·—	0.5d	轴线、对称中心线、分度圆(线)
粗点画线	▬·▬·▬	d	限定范围表示线
细双点画线	—··—··—	0.5d	相邻辅助零件的轮廓线、可动零件的极限位置的轮廓线、成形前轮廓线、剖切面前的结构轮廓线、轨迹线、毛坯图中制成品的轮廓线、工艺用结构的轮廓线、中断线等

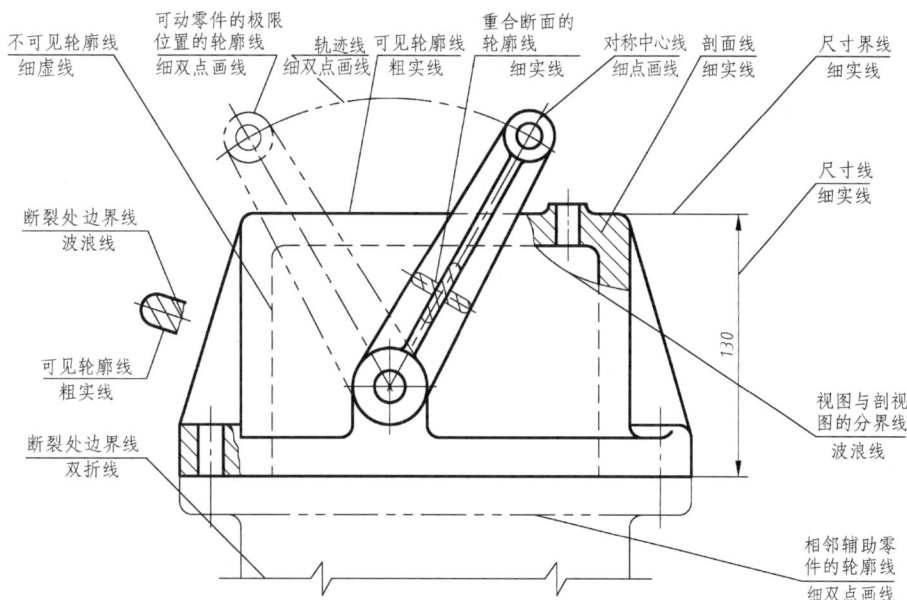

图 1-9　各种图线的应用示例

2. 图线的画法

(1) 同一图样中,同类图线的线宽应基本一致。虚线、点画线及双点画线的线段长短和间隔应各自大致相等。

(2) 两条平行线(包括剖面线)之间的距离不小于 2d,其最小距离不得小于 0.7mm。

(3) 绘制圆的对称中心线时,应超出圆外 2～5mm,首末两端应是线段,而不是短画。在较小的图形上绘制点画线或双点画线有困难时,可用细实线代替。

(4) 点画线、虚线和其他图线相交时,均应为线段相交。当虚线处于实线的延长线时,粗实线应画到分界点,而虚线应留有间隔。

为保证图形清晰,各种图线相交、相连时的习惯画法如图 1-10 所示。

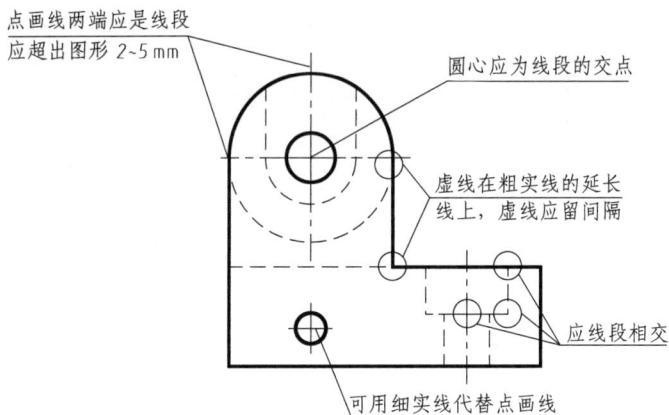

图 1-10 图线的画法

1.2 尺寸注法（GB/T 4458.4—2003，GB/T 16675.2—2012）

1.2.1 基本规则

（1）机件的真实大小应以图样上所标注的尺寸数值为依据，与图形的大小及绘图的准确度无关。

（2）图样中（包括技术要求和其他说明）的尺寸，以 mm 为单位时，不需标注计量单位的代号或名称，如采用其他单位，则必须注明相应的计量单位的代号或名称，如 30°、cm、m 等。

（3）图样中所标注的尺寸，应为该图样所示机件的最后完工尺寸，否则应另加说明。

（4）机件的每一尺寸，一般只标注一次，并应标注在反映该结构最清楚的图形上。

1.2.2 尺寸的组成

一个完整的尺寸应包括尺寸数字、尺寸线（包括尺寸终端）、尺寸界线 3 个基本要素，如图 1-11 所示。尺寸终端有箭头和斜线两种形式，箭头的画法如图 1-12(a)所示，适用于各种类型的图样；斜线用细实线绘制，其方向和画法如图 1-12(c)所示。在同一张图纸上尺寸终端只能采用同一种形式，当尺寸终端采用斜线形式时，尺寸线必须与尺寸界线垂直。

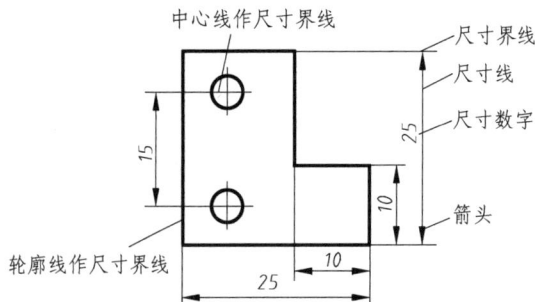

图 1-11 尺寸的组成

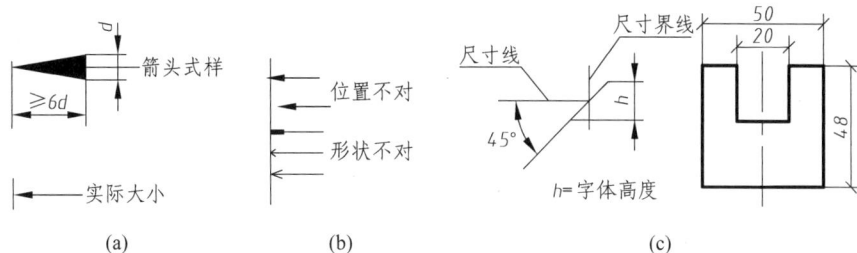

图 1-12　尺寸终端

（a）箭头正确画法；（b）箭头错误画法；（c）斜线画法及标注

国家标准对尺寸标注的方法作出了具体的规定,基本内容摘要见表 1-5。

表 1-5　尺寸标注方法

项目	说　　明	图　　例
尺寸数字	线性尺寸的数字一般写在尺寸线的上方,也允许注在尺寸线的中断处	
	① 线性尺寸的数字按右图(a)中所示的方向注写,并尽可能避免在图示 30°范围内标注尺寸。当无法避免时,可按右图(b)形式标注 ② 在不致引起误解时,非水平方向的尺寸,其数字可水平地标注在尺寸线的中断处(见右图(c)和右图(d))	
	标注角度的数字,一律写成水平方向,一般注写在尺寸线的中断处(见右图(a))。必要时可标注在尺寸线的上方或外侧,也可引出标注(见右图(b))	
	尺寸数字不能被任何图线所通过,否则必须将该图线断开	

续表

项目	说　明	图　例
尺寸线	① 尺寸线必须用细实线单独绘制。标注线性尺寸时,尺寸线必须与所标注的线段平行(见右图(a)) ② 不能借用图形中任何图线,也不得与其他图线重合或画在其延长线上,右图(b)是错误的注法	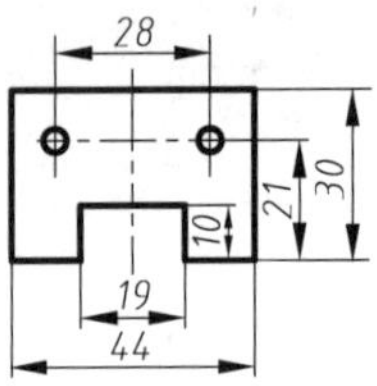(a) 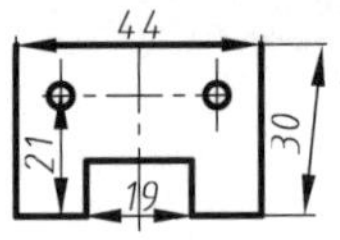错误注法 (b)
尺寸界线	① 尺寸界线用细实线绘制,并应由图形的轮廓线、轴心线或对称中心线引出。也可借用图形的轮廓线、轴线或对称中心线作为尺寸界线(见右图(a)) ② 尺寸界线一般应与尺寸线相互垂直,并超出尺寸线的终端2～3mm,必要时允许倾斜,但两尺寸界线仍互相平行。在光滑过渡处标注尺寸时,必须用细实线将轮廓线延长,并从它们的交点处引出尺寸界线(见右图(b)) ③ 标注角度的尺寸界线应沿径向引出;标注弦长和弧长的尺寸界线应平行于该弦的垂直平分线(见右图(c)),当弧度较大时,可沿径向引出尺寸界线	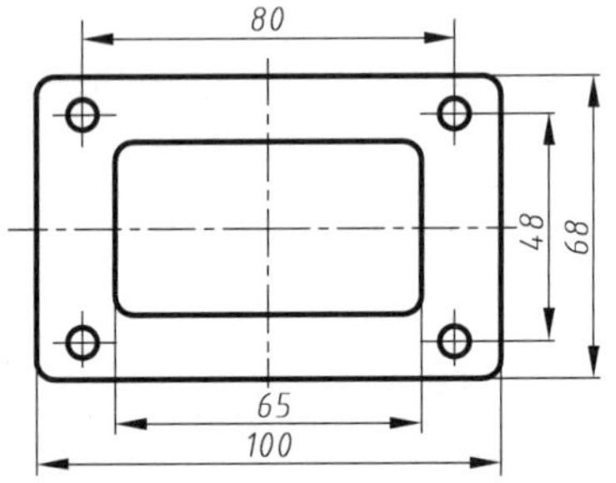(a) 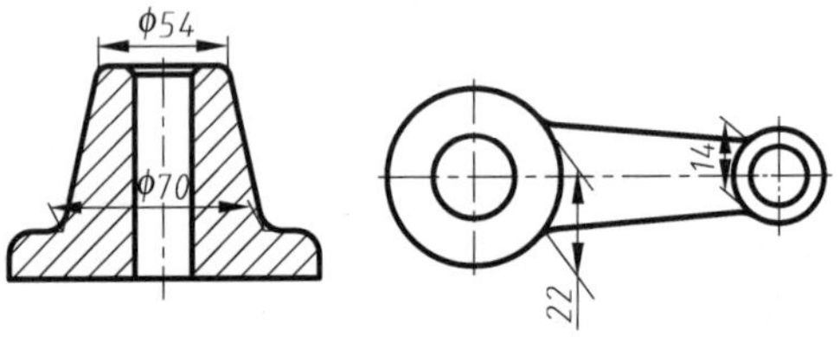(b) 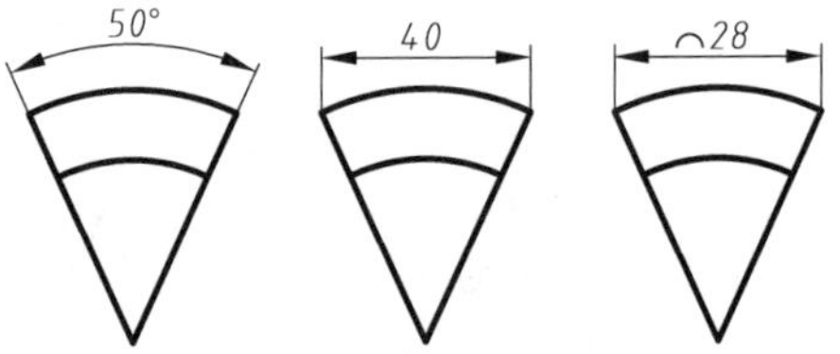(c)

表1-6列出了常用的尺寸注法,读者对此应注意熟悉掌握。

表1-6　常用的尺寸注法

直径与半径尺寸注法	图例	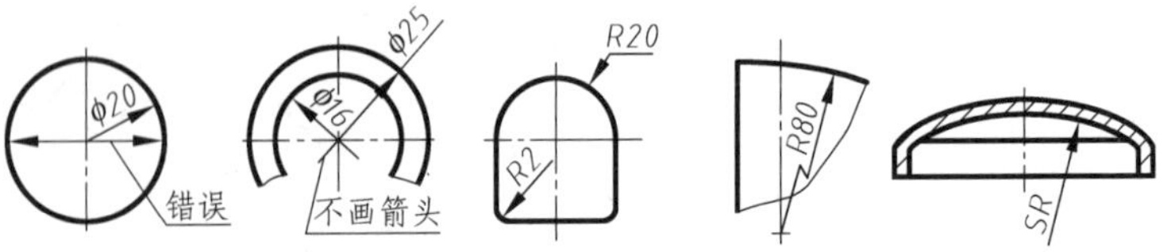

续表

直径与半径尺寸注法	说明	① 圆或大于半圆的圆弧,应标注直径尺寸,尺寸线通过圆心,以圆周为尺寸界线,尺寸数字前加注直径符号"ϕ",直径尺寸亦可标注在非圆视图上 ② 小于或等于半圆直径的圆弧,应标注半径,尺寸线自圆心引向圆弧,只画一个箭头,数字前加注半径符号"R" ③ 当圆弧的半径过大或在图纸范围内无法标注其圆心位置时,可采用折线形式,若圆心位置不需注明,则尺寸线可只画靠近箭头的一段
小尺寸注法	图例	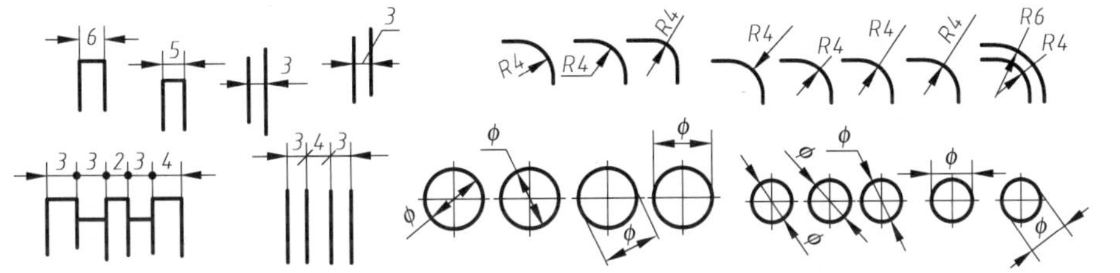
	说明	当尺寸界线之间没有足够位置画箭头及写数字时,可按上图形式标注,即把箭头放在外面,指向尺寸界线,尺寸数字可引出写在外面;当连续尺寸无法画箭头时,可用圆点或斜线代替中间省去的箭头
利用符号的注法	图例	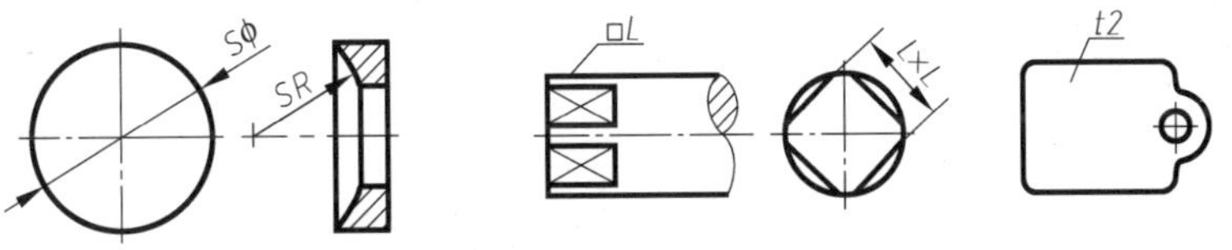 　(a)　　　　(b)　　　　(c)
	说明	标注球面的尺寸时,在 ϕ 或 R 前加注符号"S";对螺钉的头部、手柄的端部等,在不致引起误解的情况下,可省略符号"S",如图(a)所示;正方形的结构可用图(b)所示形式中的一种标注;标注板状零件厚度时,可在尺寸数字前加注符号"t",如图(c)所示
对称机件的尺寸注法	图例	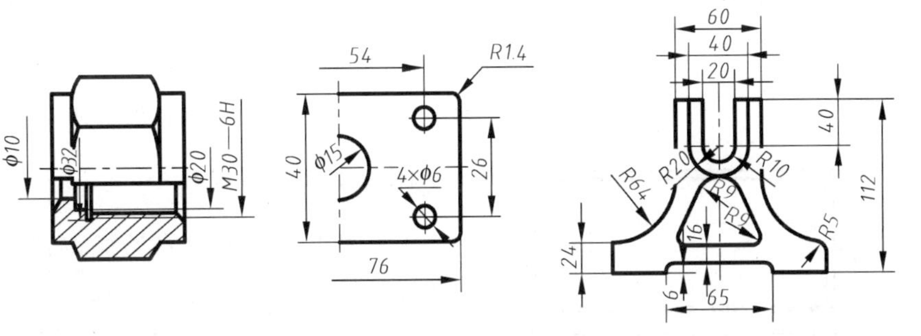
	说明	当对称机件的图形只画一半或略大于一半时,尺寸线应超过对称中心线或断裂处的边界线,此时,仅在尺寸线的一端画出箭头;当图形具有对称中心线时,分布在对称中心线两边的相同结构,可仅标注其中一边的结构尺寸

续表

简化注法	图例	
	说明	同一图形中,对于尺寸相同的孔、槽圆角等要素,可仅在一个要素上注出其尺寸的数量。均匀分布的成组要素的尺寸按"个数×孔径""个数×宽×长""个数×槽宽×直径(或槽深)"等方法标注
	图例	
	说明	当孔的定位和分布情况在图中已明确时,可不标注其角度,并省略"EQS"(均布),如图(a)所示;间隔相等的链式尺寸,可采用注一个间距,其余的可用"间距数量×间距(角度)(=距离)",如图(b)和图(c)所示

1.3　绘图工具简介

正确地使用和维护绘图工具,是提高图面质量和绘图速度,延长绘图工具使用寿命的重要因素。普通绘图工具有图板、丁字尺、三角板、比例尺和绘图仪器等。

1.3.1　图板

图板供铺放图纸用,其工作表面应平坦,左右两导边应平直,图纸可用胶带纸固定在图板上,如图 1-13 所示,图板应注意防止潮湿和暴晒。

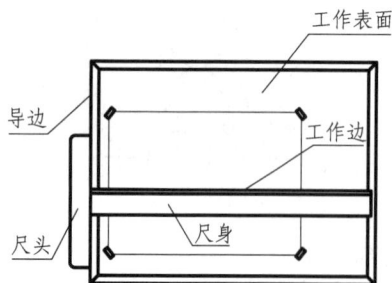

图 1-13　图板和丁字尺

1.3.2　丁字尺

丁字尺由尺头和尺身组成,如图 1-13 所示。尺头和尺身的结合处必须牢固,尺头内侧边及尺身工作边必须平直。使用时,左手扶住尺头,使内侧边靠紧图板的导边(不能用其余三边),使尺身的工作边处于良好的位置。

丁字尺主要用来画水平线,上下移动的手势如图 1-14 所示。画较长的水平线时,可把左手移过来按住尺身,如图 1-15 所示。用完后应将丁字尺挂于干燥的墙壁上,以防尺身弯曲变形。

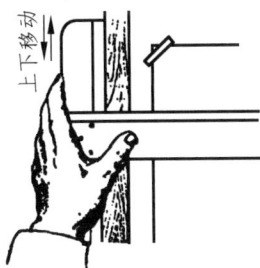

图 1-14　上下移动丁字尺及画水平线的手势　　　　图 1-15　左右移动丁字尺画水平线

1.3.3　三角板

　　一副三角板有 45°和 30°(60°)组成的直角板各一块,画图时其规格最好不小于 30cm。将三角板和丁字尺配合使用,可画垂直线及 $n \times 15°$ 的各种倾斜线,如图 1-16 所示。注意,三角板和丁字尺要经常用细布擦拭干净,以保证图面整洁。

(a)

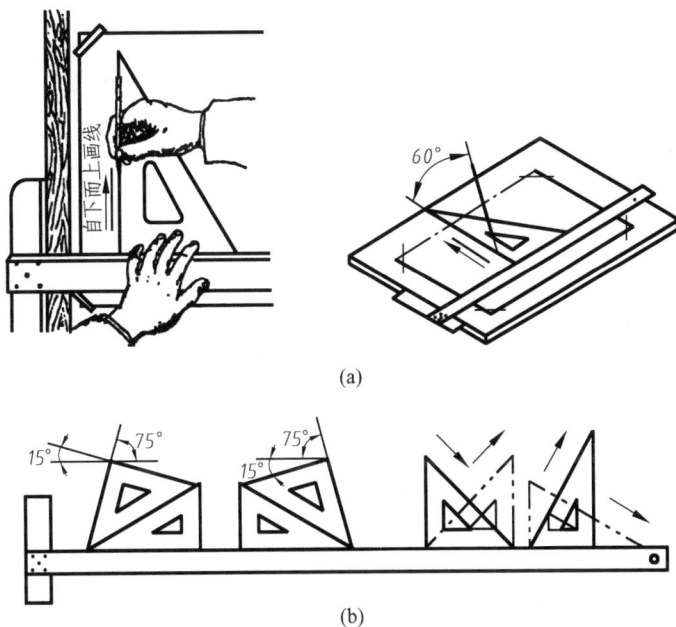

(b)

图 1-16　用三角板配合丁字尺画垂直线和各种倾斜线

(a)画垂直线;(b)画倾斜线

1.3.4　曲线板和模板

1. 曲线板

　　曲线板是描绘非圆曲线的常用工具,描绘曲线时,至少选 4 个已知点与曲线板上的曲线重合,如图 1-17 所示。

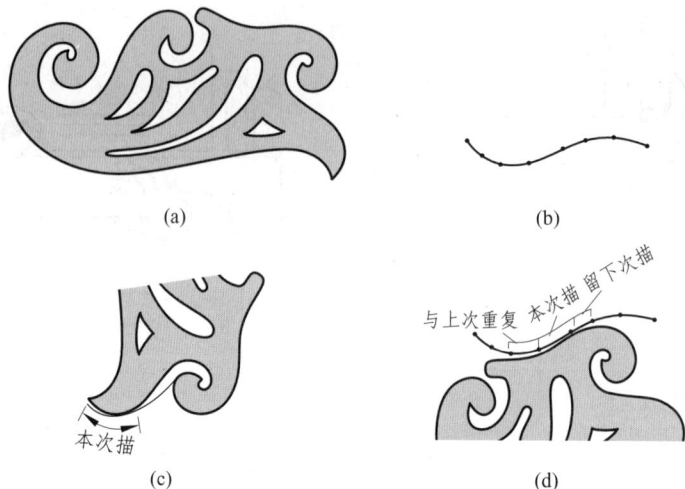

图 1-17　曲线板及其用法

(a) 曲线板；(b) 求出各点后徒手勾描曲线；(c) 选择合适部分描绘；

(d) 前一段重复上次，最后一段留给下次

2. 模板

模板是快速绘图工具之一，可用于绘制常用的图形、符号、字体等。目前常见的模板有椭圆模板、六角头模板、几何制图模板、字格符号模板等，如图 1-18 所示。绘图时，笔尖应紧靠模板，使画出的图形整齐、光滑。

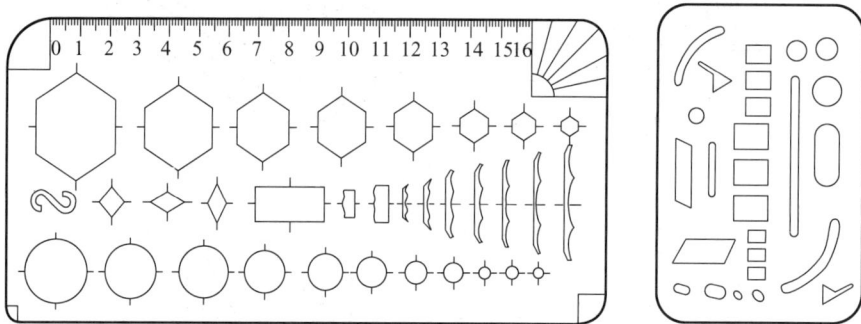

图 1-18　模板

1.3.5　绘图仪器

盒装绘图仪器种类很多，有 3 件、5 件、7 件、……，其中常用的有分规和圆规。

1. 分规

分规是用来等分线段、移置线段及从尺上量取尺寸的工具。分规腿部有钢针，合拢时，两针尖应合为一点，如图 1-19(a)所示。用分规量取尺寸时，应先张开至大于被量尺寸距离，如图 1-19(b)所示；再逐步压缩至被量尺寸大小，同时应把针尖插入尺面，以保持尺面刻度的清晰和准确，如图 1-19(c)所示。用分规等分线段时，应先试分几次，方可完成，如图 1-20所示。

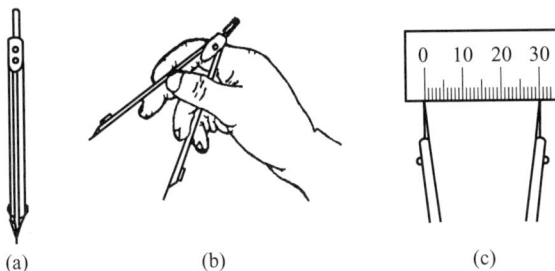

图 1-19　分规的使用　　　　　　　图 1-20　用分规等分线段

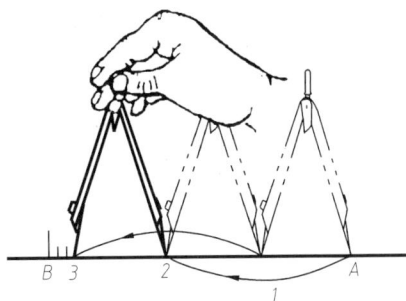

2. 圆规

圆规是画圆或圆弧的工具,有大圆规、弹簧规和点圆规 3 种,如图 1-21 所示。大圆规的一腿为带有两个尖端的定心钢针,一端是画圆时定心用,另一端作分规用;另一腿可装铅芯插腿或鸭嘴插腿,也可换成钢针插腿当分规用。画图时,应尽量使定心针尖和笔尖同时垂直纸面,定心针尖要比铅芯稍长些。当画较大圆时可接上延长杆,如图 1-22 所示。

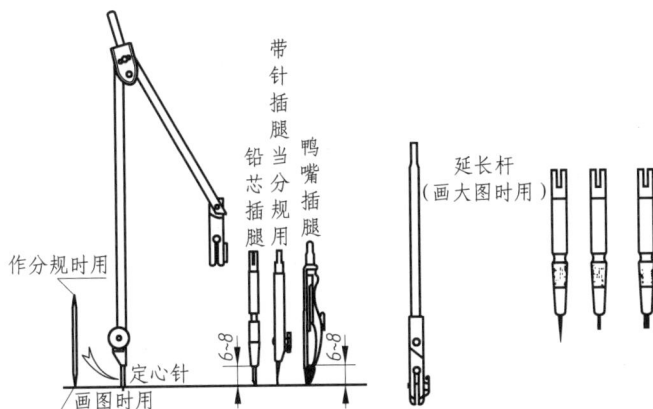

图 1-21　圆规

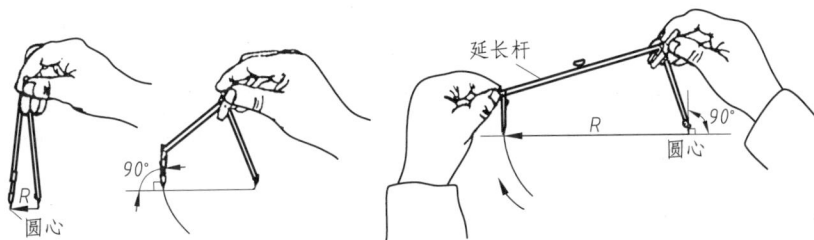

图 1-22　圆规的使用

1.3.6　铅笔

铅笔笔芯的软硬用 B 和 H 表示,B 越多表示铅芯越软(黑);H 越多则越硬(浅)。根据不同的使用要求,应备有以下几种硬度不同的铅笔:B 或 HB 宜用于画粗实线,HB 或 H 用于写字；H 或 2H 则用于画底稿。画粗实线的铅笔芯应磨成四棱柱(扁铲)状,其余可磨成锥状,如图 1-23 所示。

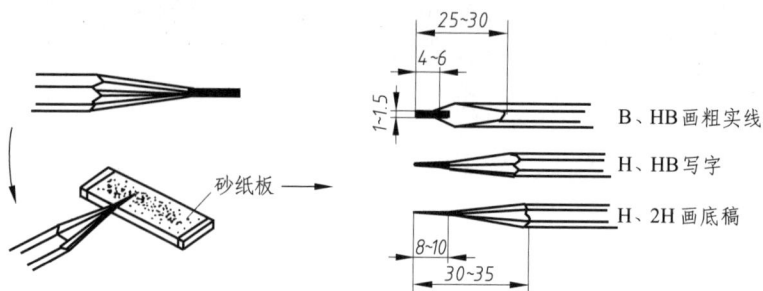

图 1-23　铅笔磨削方式

1.4　徒手图的绘制

徒手图是指不借助于绘图工具,目测物体的形状及大小,徒手绘制的图样。在机器测绘、讨论设计方案、技术交流或现场参观时,由于受现场条件和时间的限制,常常需要绘制草图,即徒手图。这些草图大多数需经整理成仪器图,但有时也会直接送交生产,故工程技术人员不仅要会画仪器图,也应具备徒手画图的能力。

画徒手图的要求：①投影正确,图线清晰；②目测尺寸要准确,各部分比例匀称；③绘图速度要快；④标注尺寸无误,字体工整。

画徒手图最适宜用中软铅笔,如 HB、B 或 2B,铅芯应磨成圆锥形,铅笔应自然地握在手中。另外要画好徒手图,还必须掌握徒手绘制各种线条的基本手法。

1. 握笔的方法

手握笔的位置要比仪器绘图时高些,从而便于运笔和观察目标。笔杆与纸面成 45°~60°,执笔要稳而有力。

2. 直线的画法

徒手画直线时,手腕不应转动,而应靠着纸面,沿着画线方向移动,以保证所画图线平直,眼睛要注意终点方向以便于控制直线。较短线要力求一笔画成,较长线也可分成稍有重叠的几笔进行。

画水平线应自左向右运笔,短线用手腕动作,长线用前臂动作。为方便起见,可将图纸稍倾斜放置。画垂直线应自上向下靠手指动作。画斜线可转动图纸,使它与水平线的方向一致,这样方便一些。画水平线、垂直线、倾斜线的手势如图 1-24 所示。

3. 圆和椭圆的画法

画小圆时,先定圆心,画中心线,再按半径大小用目测在中心线上定出 4 个点,然后过这 4 个点画圆,如图 1-25(a)和(b)所示。

画较大圆时,可增加两条 45°的斜线,在斜线上再定出 4 个点,然后画圆,如图 1-25(c)和(d)所示。

画椭圆时,先根据长、短轴定出 4 个点,然后过这 4 个点作矩形,最后画与矩形相切的椭圆,如图 1-26(a)所示。也可按图 1-26(b)所示的先画椭圆的外切菱形,然后作椭圆。

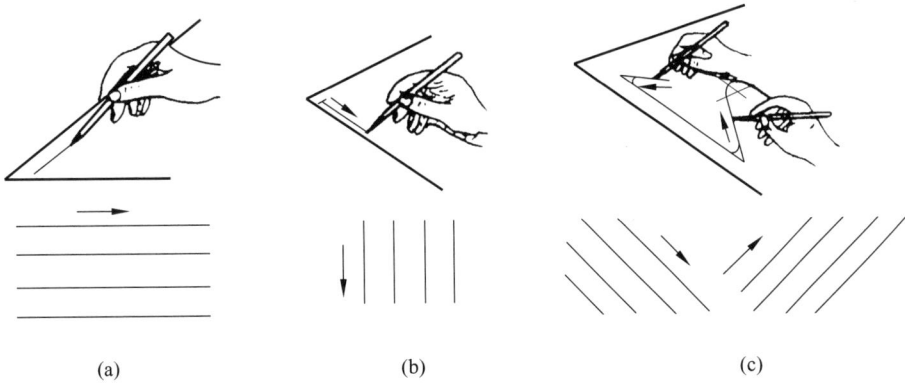

图 1-24　徒手画直线

（a）画水平线；（b）画垂直线；（c）画倾斜线

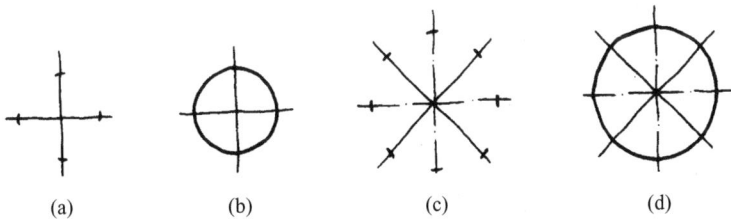

图 1-25　徒手画圆

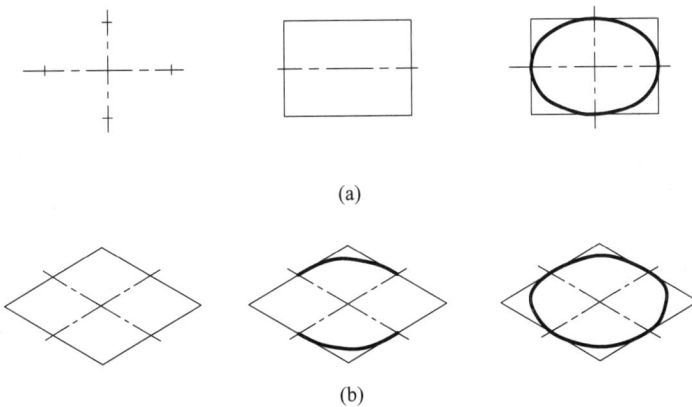

(a)

(b)

图 1-26　徒手画椭圆

4. 角度的画法

30°、45°、60°为几种常见的角度,徒手画这些角度时,可根据两直角边边长的近似比例关系定出两端点,然后连成斜线,如图 1-27 所示。

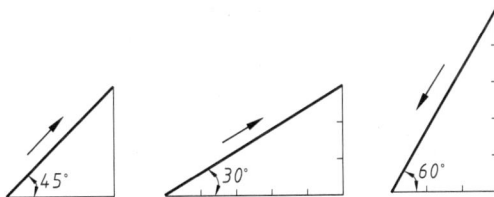

图 1-27　角度斜线的画法

对于初学者来说,为便于控制图形大小、比例和图线的平直及各图形间的关系,可先在方格纸上画图。画图时,圆的中心线或其他直线尽可能利用方格纸上的线条,大小也可用方格纸的读数来控制。但经过一段时间的练习后,必须要脱离方格纸,在白纸上画出所需的比例匀称、图线清晰的徒手图。

1.5 平面图形的画法及尺寸标注

绘制工程图样,其中一项重要的工作是画出一组表示机件形状的平面图形并标注出确定其大小的尺寸,所以这一节主要介绍平面图形的画法和尺寸标注。虽然机件的形状各有不同,但都是由各种几何形体组合而成的,它们的图形也不外乎是由一些几何图形组成的,所以本节还介绍一些基本的几何作图。

1.5.1 几何作图

1. 圆周的等分和正多边形

1) 六等分圆周和正六边形(见图 1-28)

六等分一圆周可以用圆的半径作图,如图 1-28(a)所示,此时作正六边形只要依次连接 6 个等分点即可。另外也可用三角板和丁字尺配合,如图 1-28(b)所示,作圆的内接正六边形和外切正六边形。所以画正六边形只要给出外接圆的直径或两对边距离(即内切圆的直径)的尺寸即可。

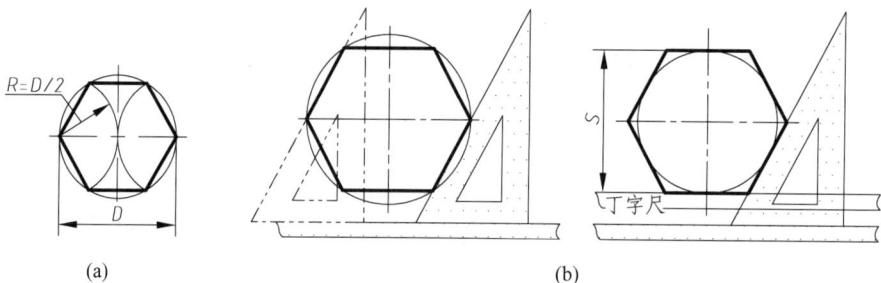

图 1-28 六等分圆周和作正六边形
(a)用圆规作图;(b)用三角板和丁字尺作图

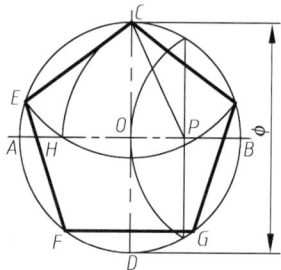

图 1-29 五等分圆周和作正五边形

2) 五等分圆周和正五边形

五等分一圆周可按下述方法进行,如图 1-29 所示:①作半径 OB 的中垂线得 P;②以 P 为圆心,PC 为半径画弧交 AB 于 H;③从 C 点起以 CH 为半径,将圆周等分,即可得 5 个等分点,依次连接即得正五边形。

2. 斜度和锥度

1) 斜度

斜度是指一直线(或平面)对另一直线(或平面)的倾斜程度,其大小用两直线(或平面)间夹角的正切来表示,并将比值化为 1:n 的形式,如图 1-30(a)所示。过已知点作斜度的画图步骤如图 1-30(b)所示。标注斜度时,符号方向应与斜度的方向一致,如图 1-30(c)所示。斜度符号的画法如图 1-30(d)所示。

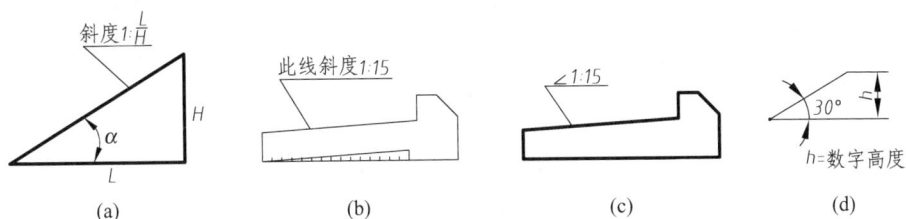

图 1-30　斜度的定义、画法、标注和符号
(a) 定义；(b) 画法；(c) 标注；(d) 符号

2) 锥度

锥度是指正圆锥底圆直径与锥高之比。对于圆台,则锥度应为两底圆直径之差与高度之比,如图 1-31(a)所示,也将锥度化为 1：n 的形式。过已知点作锥度的画图步骤如图 1-31(b)所示；标注锥度时,符号方向应与锥度的方向一致,如图 1-31(c)所示；锥度符号的画法如图 1-31(d)所示。

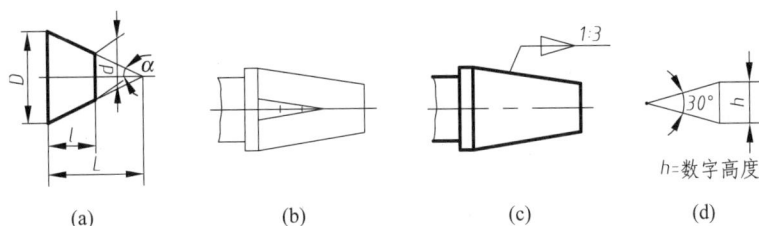

图 1-31　锥度的定义、画法、标注和符号
(a) 定义；(b) 画法；(c) 标注；(d) 符号

3. 圆弧连接

在绘制平面图形时,常常会遇到从一线段(直线或圆弧)光滑地过渡到另一线段的情况。这种用一已知半径的圆弧光滑连接另外两线段的方法即为圆弧连接。要使连接光滑,就必须使线段与线段在连接处相切。因此,画圆弧连接的关键是求出连接圆弧的圆心和找出连接点(即切点)的位置。下面分别介绍 3 种形式的圆弧连接的画法。

1) 用圆弧连接两已知直线

与已知直线相切的圆弧,其圆心轨迹是一条与已知直线平行且距离为圆弧半径 R 的直线,切点则是自圆心向两已知直线所作垂线的垂足。图 1-32 所示的即为用半径为 $R22$ 的圆弧连接两已知直线的作图方法。

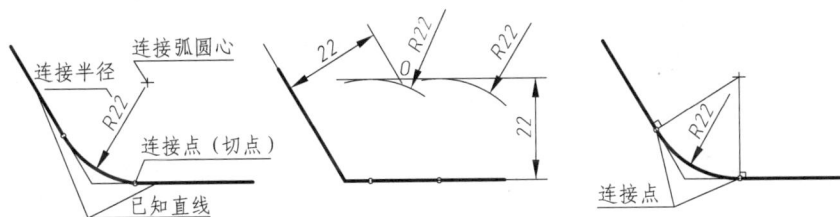

图 1-32　用圆弧连接两已知直线

2）用圆弧连接两已知圆弧

与已知圆弧相切的圆弧，其圆心轨迹为已知圆弧的同心圆，该圆的半径依据相切的情况，可分为：①与已知圆弧相外切时，为两圆半径之和；②与已知圆弧相内切时，为两圆半径之差。

两圆相切的切点在两圆的连心线（或其延长线）与已知圆弧的交点处。

用圆弧连接两已知圆弧的画法如图 1-33 所示。

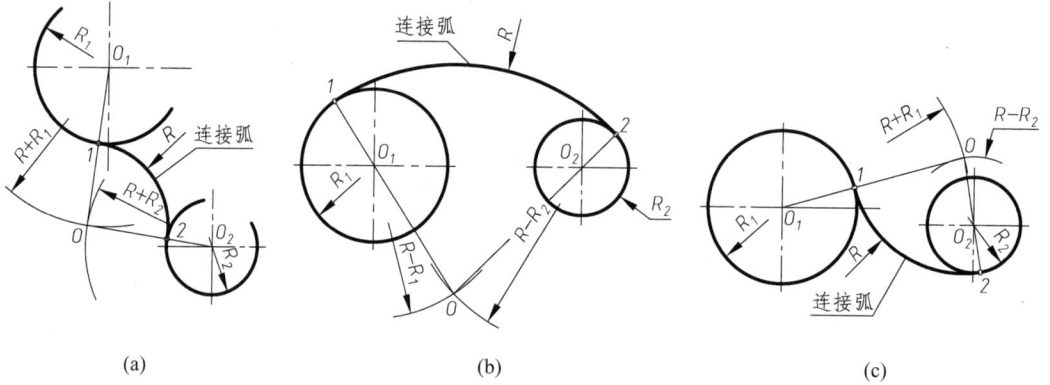

(a)　　　　　　　　　(b)　　　　　　　　　(c)

图 1-33　用圆弧连接两已知圆弧

(a) 外切画法；(b) 内切画法；(c) 内、外切画法

3）用圆弧连接一已知直线和一已知圆弧

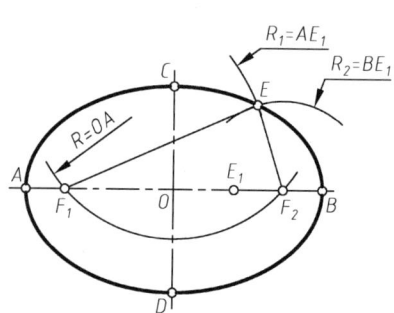

用圆弧连接一已知直线和一已知圆弧即为以上两种情况的综合。图 1-34 所示为用圆弧外切一已知圆弧和一直线的画法，至于用圆弧内切一已知圆弧和一直线的画法与此相仿，这里就不赘述了。

4. 平面曲线

1）椭圆曲线

一动点到两定点（焦点）的距离之和为一常数（恒等于椭圆的长轴），则该动点的轨迹为椭圆曲线。已知长、短轴画椭圆曲线有以下 3 种方法。

（1）焦点法。用焦点法作椭圆曲线的画图步骤如图 1-35 所示：①以 C 为圆心，以 OA 为半径画弧交 AB 于 F_1、F_2（焦点）；②在 F_1、F_2 内任取点 E_1，以 F_1 为圆心，AE_1 为半径画弧；③以 F_2 为圆心，BE_1 为半径画弧，则两圆弧交点即为椭圆上的点。

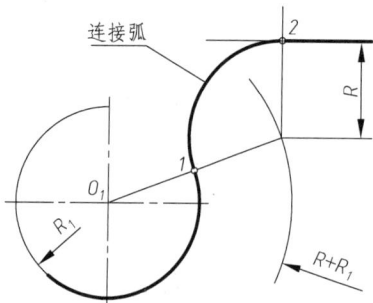

图 1-34　用圆弧连接已知直线和已知圆弧　　　图 1-35　焦点法作椭圆曲线

用上述方法求出一系列点后，再用曲线板圆滑相连便得椭圆曲线。

（2）同心圆法。用同心圆法作椭圆的画图步骤如图 1-36 所示：①分别以短轴和长轴为直径画一小圆和一大圆；②过 O 点任作射线 OE，交大圆于 E，交小圆于 F；③过 E 作平行于短轴的直线，过 F 作平行于长轴的直线，两直线的交点 P 即为椭圆上的点。

用上述方法求出一系列点后，再用曲线板圆滑相连便得椭圆曲线。

（3）四心扁圆法。画图时，常用四心扁圆代替椭圆曲线，但这种画法与以上两种画法不同的是，它只能用于表示椭圆的形状，却不可作为制造椭圆的依据。其画法如图 1-37 所示：①连接 AC，取 $CP = OA - OC$；②作 AP 的垂直平分线，交两轴于 O_3、O_1 点，并分别取对称点 O_4、O_2；③分别以 O_1、O_2 为圆心，O_1C 为半径画长弧交 O_1O_3、O_1O_4 的延长线于 E、F，交 O_2O_4、O_2O_3 的延长线于 G、H，则 E、F、G、H 为连接点；④分别以 O_3、O_4 为圆心，O_4G 为半径画短弧，与前面所画长弧连接，即近似地得到所求的椭圆曲线。

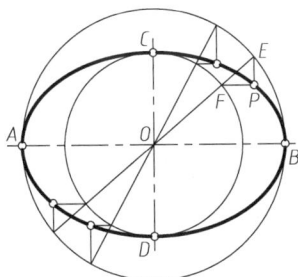

图 1-36　同心圆法作椭圆　　　　　　图 1-37　四心扁圆法作椭圆

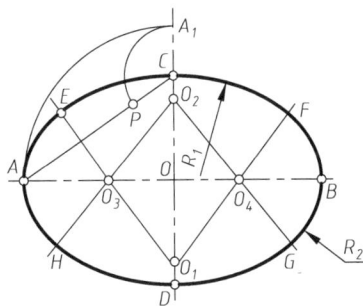

2）圆的渐开线

一直线在圆周上做无滑动的滚动，则该直线上一点的轨迹即为这个圆的渐开线，该圆称为渐开线的基圆。渐开线的画法如图 1-38 所示。

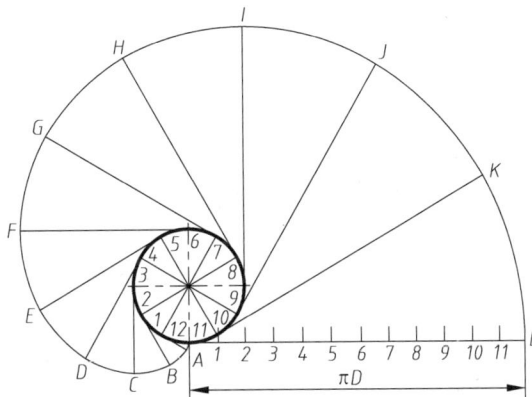

图 1-38　圆的渐开线的画法

将基圆圆周分成若干等份（图中分为 12 等份），并把它的展开长度（πD）也分成相同的等份；过基圆上各等分点向同一方向作基圆的切线，并依次截取 $\pi D/12, 2\pi D/12, 3\pi D/12, \cdots$，得 A、B、C、D 等点；将这些点用曲线板光滑连接即得圆的渐开线。

1.5.2 平面图形的画法

为了掌握平面图形的正确作图方法和步骤,我们先对平面图形的尺寸和线段进行分析。

1. 平面图形的尺寸分析

尺寸按其在平面图形中的作用,可分为定形尺寸和定位尺寸两类。如要想确定平面图形中线段的上下、左右的相对位置,则必须引入基准的概念。

1) 基准

标注尺寸的起点称为基准,平面图形中常用的基准有图形的对称线、大圆的中心线、重要的轮廓线等。如图 1-39 中,已知圆 $\phi39$ 的两条中心线分别是水平方向和垂直方向尺寸的尺寸基准。

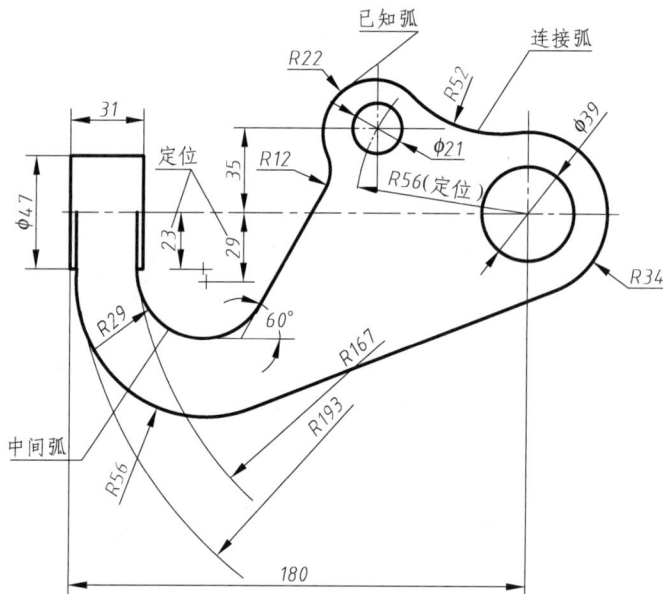

图 1-39 平面图形的尺寸分析

2) 定形尺寸

确定平面图形上线段形状大小的尺寸称为定形尺寸。如线段的长度、圆弧直径或半径、角度的大小等。图 1-39 中的长度尺寸 31mm,圆的直径 $\phi47$、$\phi39$、$\phi21$,圆弧半径 $R193$、$R34$,角度尺寸 $60°$ 等都是定形尺寸。

3) 定位尺寸

确定平面图形上线段间或图框间相对位置的尺寸称为定位尺寸。在图 1-39 中,以 $\phi39$ 圆的水平中心线为基准确定 $\phi21$ 的圆及 $R29$、$R56$ 的圆弧的圆心位置的尺寸 35、23、29,以 $\phi39$ 圆的垂直中心线为基准确定最左边方框位置的尺寸 180,以 $\phi39$ 圆心为基准确定 $\phi21$ 圆心位置的尺寸 $R56$ 均为定位尺寸。

2. 平面图形的线段分析

平面图形中各线段根据所标注的尺寸可分为 3 类。

(1) 已知线段。定形、定位尺寸齐全的线段称为已知线段。如图 1-40 中的 $\phi5$ 的圆,

$R10$、$R15$ 的圆弧都是已知线段。画图时,可根据其定形、定位尺寸直接画出。

（2）中间线段。有定形尺寸但只有一个方向定位尺寸的线段称为中间线段,如图 1-40 中的 $R50$ 的圆弧。它是介于已知线段与连接线段之间的线段。画中间线段时应根据与相邻线段的连接关系画出。如画 $R50$ 的圆弧时,可根据其与 $R10$ 的圆弧相内切,且有一个定位尺寸 $\phi32$,求出其圆心、切点,从而作出该段圆弧。

（3）连接线段。只有定形尺寸而无定位尺寸的线段称为连接线段,如图 1-40 中的 $R12$ 的圆弧。画连接线段时,需根据与其相邻两线段的连接关系,用几何作图的方法画出。如画 $R12$ 的圆弧时,可根据其与 $R15$ 及 $R50$ 的两圆弧相外切的几何关系,求出其圆心、切点,从而作出该段圆弧。

图 1-40　平面图形的线段分析

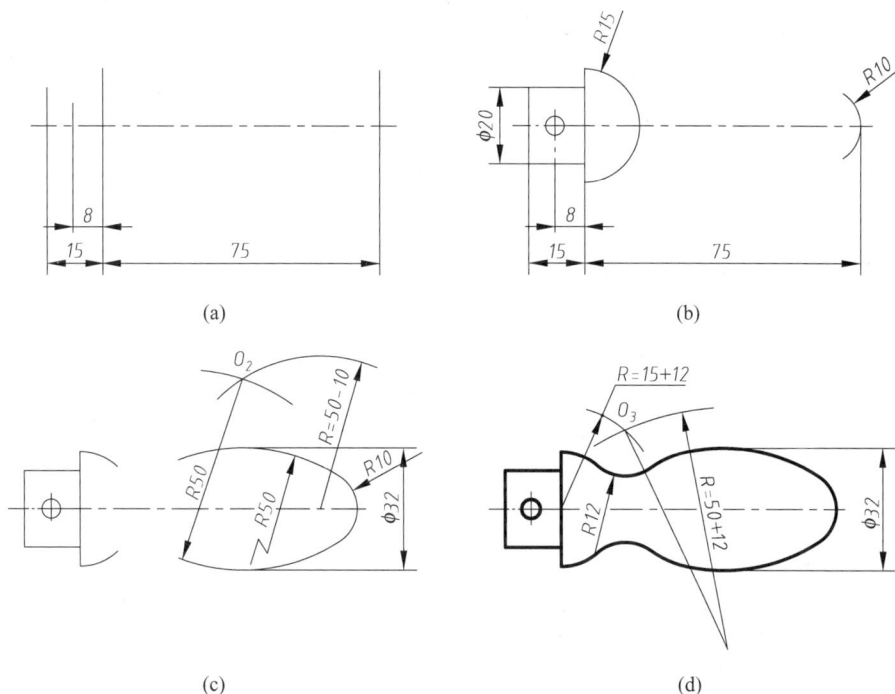

注意:在两条已知线段之间,可以有多条中间线段,但必须有且只能有一条连接线段。

3. 平面图形的画图步骤（见图 1-41）

4. 平面图形的尺寸标注

标注尺寸的基本步骤为:①分析图形各部分的构成,确定基准;②标注出定形尺寸;③标注出定位尺寸。平面图形尺寸标注示例如图 1-42 所示。

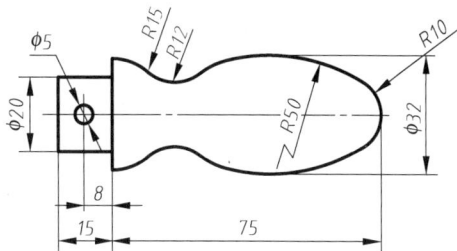

图 1-41　平面图形的画图步骤
(a)定基准线;(b)画已知线段;(c)画中间线段;(d)画连接线段及加深图形

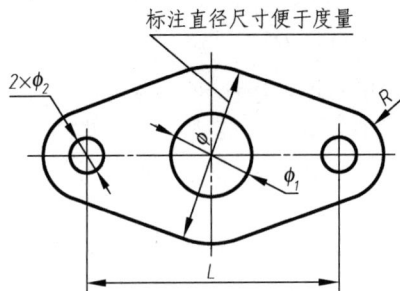

图 1-42　平面图形的尺寸标注

第2章 正投影法基础

本章主要介绍：投影法的基本知识；点、线、面的投影；几何元素的相对位置关系；直角投影定理等内容。

2.1 投影法的基本知识

日常生活中常见到物体在阳光或灯光的照射下，会在地面或桌面上产生影子，这个影子在某些方面反映了物体的形状特征，这就是投影现象。投影法就是通过对投影现象进行科学的抽象和改造而创造出来的。

2.1.1 投影法的概念

如图 2-1 所示，S 为投射中心，平面 P 为投影面，光线为投射线，在投影面上得到的物体的图形称为该物体的投影。投射线通过物体向选定的面投射，并在该面上得到图形的方法称为投影法。

2.1.2 投影法的分类

根据投射线的相互位置关系，投影法可分为两类。

（1）中心投影法。如图 2-1 所示，所有的投射线汇交于一点的投影法（投射中心位于有限远处）称为中心投影法。中心投影法通常用来绘制建筑物或产品的立体图，也称为透视图。透视图立体感较强，但其作图复杂，度量性较差。

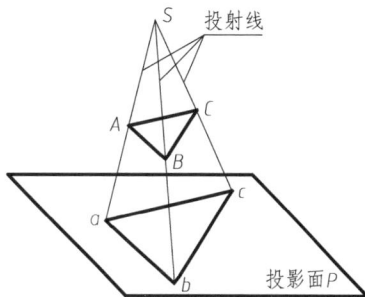

图 2-1　中心投影法

（2）平行投影法。如图 2-2 所示，投射线相互平行的投影法（投射中心位于无限远处）称为平行投影法。

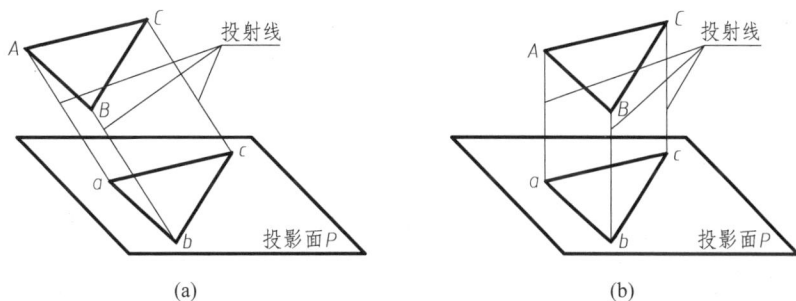

(a)   (b)

图 2-2　平行投影法

（a）斜投影法；（b）正投影法

　　平行投影法根据投射线与投影面的相对位置又可分为斜投影法和正投影法。

　　（1）斜投影法：投射线与投影面相互倾斜的平行投影法，如图 2-2(a)所示。根据斜投影法所得到的图形称为斜投影。斜投影法在工程上用得较少，有时用来绘制轴测图。

　　（2）正投影法：投射线与投影面相互垂直的平行投影法，如图 2-2(b)所示，根据正投影法所得到的图形称为正投影。正投影法能真实地反映物体的形状和大小，度量性好，作图简便，因此它是绘制机械图样的主要方法。

2.1.3　正投影法的基本性质

1. 真实性

　　当直线段或平面平行于投影面时，其投影反映线段的实长或平面的实形，这种性质称为真实性，如图 2-3 所示。

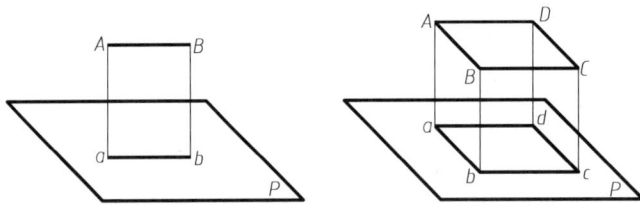

图 2-3　直线和平面投影的真实性

2. 积聚性

　　当直线段或平面垂直于投影面时，其投影积聚为一点或一条直线，这种性质称为积聚性，如图 2-4 所示。

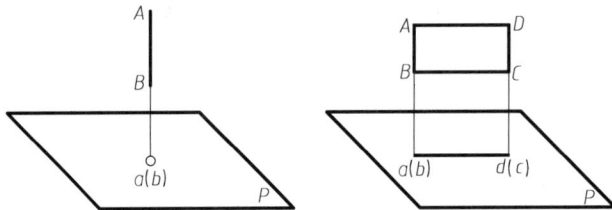

图 2-4　直线和平面投影的积聚性

3. 类似性

　　当直线段或平面倾斜于投影面时，其投影的直线段变短，平面的投影形状与空间形状相类似，即平面投影的多边形的边数保持不变，这种性质称为类似性，如图 2-5 所示。

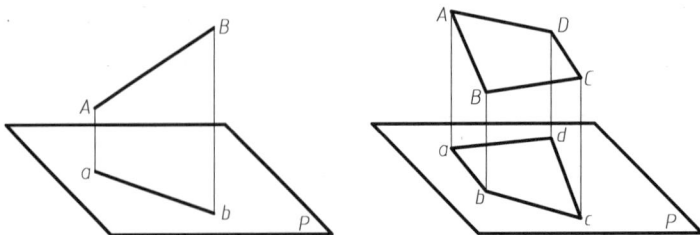

图 2-5　直线和平面投影的类似性

2.2　点　的　投　影

2.2.1　三投影面体系

三投影面体系由 3 个相互垂直的投影面所组成,如图 2-6 所示。3 个投影面分别为:正立投影面(简称正面),用 V 表示;水平投影面(简称水平面),用 H 表示;侧立投影面(简称侧面),用 W 表示。3 个投影面将空间分为 8 个分角,本书着重讲述第一分角中的物体的投影。

相互垂直的投影面之间的交线,称为投影轴,它们分别是 OX 轴(简称 X 轴),即 V 面与 H 面的交线,代表了长度方向或左、右方向;OY 轴(简称 Y 轴),即 H 面与 W 面的交线,代表了宽度方向或前、后方向;OZ 轴(简称 Z 轴),即 V 面与 W 面的交线,代表了高度方向或上、下方向。三根投影轴的交点 O 称为原点。

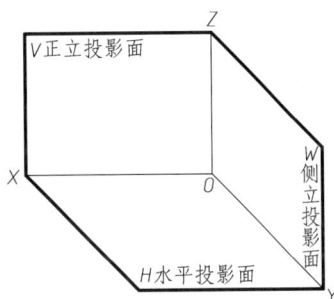

图 2-6　三投影面体系

2.2.2　点的三面投影

点是组成立体的最基本的几何元素,所以在介绍立体的投影之前,首先介绍点的投影。

如图 2-7(a)所示,将空间点 A 置于三投影面体系中,过点 A 分别向 3 个投影面作垂线,得垂足 a、a' 和 a'',即得点 A 在 3 个投影面上的投影,分别称为水平投影、正面投影和侧面投影。

为了能在同一张图纸上画出 3 个投影,需将 3 个投影面展开到同一平面上,其展开方法如图 2-7(b)所示:V 面保持不动,H 面绕 OX 轴向下旋转 90°,W 面绕 OZ 向后旋转 90°,这样 3 个投影面便在同一平面上了,便可得到如图 2-7(c)所示的点 A 的三面投影图。图中 a_x、a_y、a_z 分别为点的投影连线与投影轴的交点。

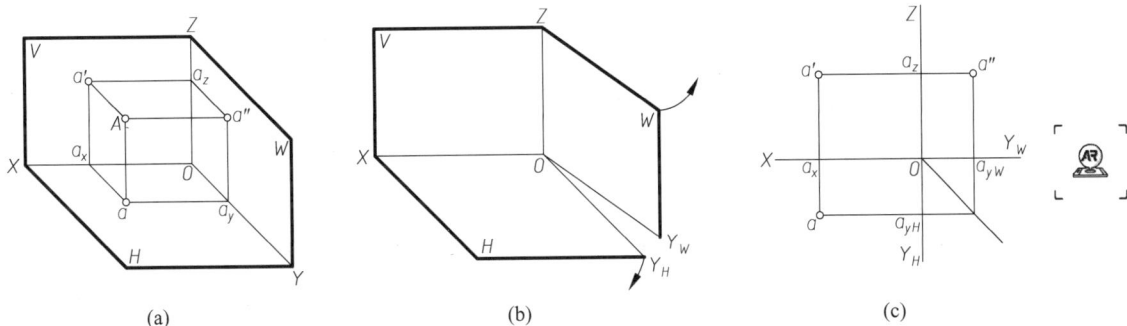

(a)　　　　　　　　　　　　(b)　　　　　　　　　　　　(c)

图 2-7　点的三面投影

2.2.3　点的投影规律

由上述点 A 的三面投影的形成可知,点在三投影面体系中具有如下投影规律:

(1) 点的两面投影的连线必定垂直于相应的投影轴,即 $aa' \perp OX$,$a'a'' \perp OZ$。

(2) 点的水平投影到 OX 轴距离等于点的侧面投影到 OZ 轴的距离,即 $aa_x = a''a_z$。

根据点的投影规律,可以建立空间点和该点三面投影之间的联系。当点的空间位置确定时,可以求出它的三面投影;反之,当点的三面投影已知时,点的空间位置也随之确定。

2.2.4 点的投影与坐标

如果将投影面看成坐标平面,则投影轴为坐标轴,原点 O 为坐标原点,三投影面体系便是空间直角坐标系。直角坐标 X_A、Y_A、Z_A 表示空间点 A 到 3 个投影面的距离,由图 2-8(a)可知:

$$X_A(Oa_x) = a'a_z = aa_y = Aa'' \text{(点 } A \text{ 到 } W \text{ 面的距离)}$$
$$Y_A(Oa_y) = a''a_z = aa_x = Aa' \text{(点 } A \text{ 到 } V \text{ 面的距离)}$$
$$Z_A(Oa_z) = a'a_x = a''a_y = Aa \text{(点 } A \text{ 到 } H \text{ 面的距离)}$$

由图 2-8(b)可知,点的任意两面投影都包含了点的 3 个坐标,也就确定了点在空间的位置,因此已知点的任意两面投影,便可根据点的投影规律作出第三面投影。

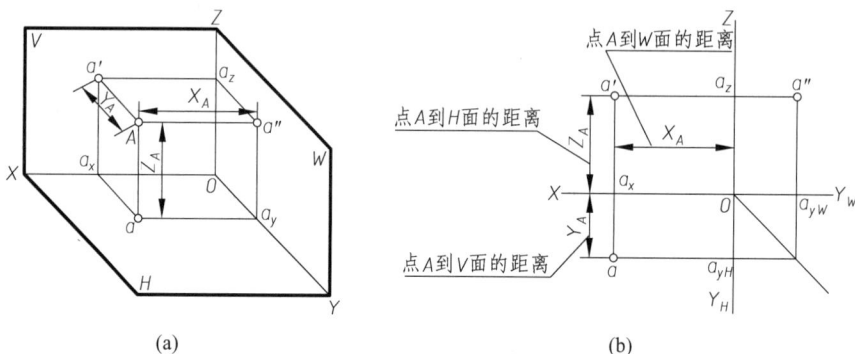

图 2-8 点的投影规律

【例 2-1】 已知点 $A(20,10,20,)$求作其三面投影。

作图:如图 2-9 所示。

(1) 以适当长度作水平线和垂直线得坐标轴 OX、OY、OZ 和原点 O。

(2) 自坐标原点 O 向左沿 X 轴量取 20mm,得 a_x。

(3) 过 a_x 作垂直于 X 轴的投影线,自 a_x 向上量取 20mm,得点 A 的正面投影 a',自 a_x 向下量取 10mm,得点 A 的水平投影 a。

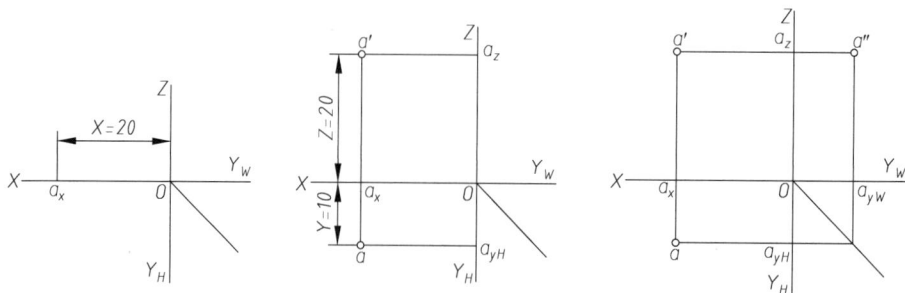

图 2-9 由点的坐标求作三面投影图

（4）利用 a、a' 作出点 A 的侧面投影 a''。

2.2.5　两点的相对位置

1. 两点相对位置的确定

已知点的投影图，便可根据点的坐标判别空间两点的相对位置。左、右关系由 X 坐标确定，X 大者在左；前、后关系由 Y 坐标确定，Y 大者在前；上、下关系由 Z 坐标确定，Z 大者在上。如图 2-10 所示，因为 $X_A < X_B$、$Y_A > Y_B$、$Z_A > Z_B$，所以点 A 在点 B 的右、前、上方。

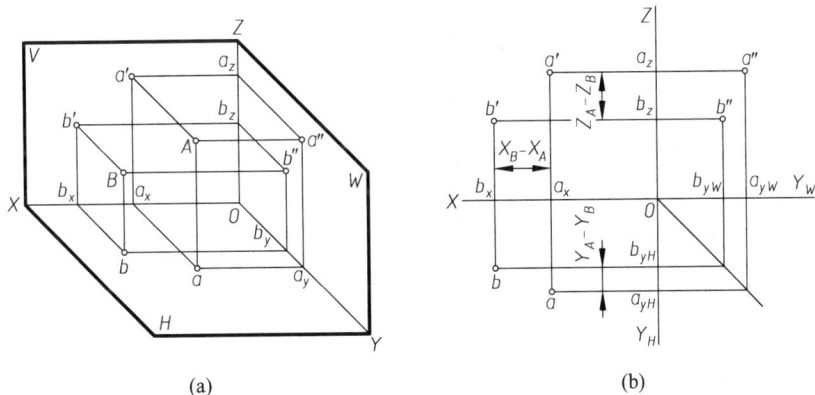

图 2-10　两点的相对位置

2. 重影点及其可见性判定

当空间两点的连线垂直于某个投影面时，它们在该投影面上的投影必然重合，该两点称为对该投影面的重影点。两点重影，有可见与不可见之分，相应坐标值大的可见，小的不可见。当需要标明可见性时，对不可见点的投影加上括号。如图 2-11 所示，A、B 两点是对 H 面的重影点。因为 $Z_A > Z_B$，所以点 A 的水平投影可见，点 B 的水平投影不可见，水平投影表示为 $a(b)$。同理，若一点在另一点的正前方或正后方，则该两点是对 V 面的重影点；若一点在另一点的正左方或正右方，则该两点是对 W 面的重影点。其可见性分别为上遮下、前遮后、左遮右。

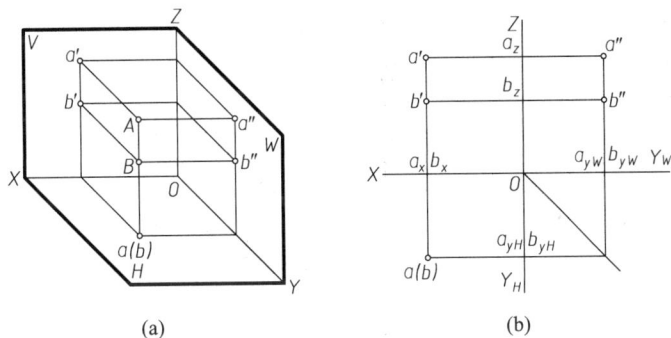

图 2-11　重影点

2.3　直线的投影

2.3.1　直线在三投影面体系中的投影

一般情况下,直线的投影仍为直线,特殊情况下为点。由几何知识可知,空间任意两点可确定一直线,所以要求作直线的投影,只需作出直线上任意两点的投影,再连接点的同面投影便可得到直线的投影。

2.3.2　各种位置直线的投影

根据直线对投影面的位置不同可分为投影面的平行线、投影面的垂直线、一般位置直线3 类。投影面的平行线和投影面的垂直线又称为特殊位置直线。

1. 投影面的平行线

平行于一个投影面而倾斜于其他两个投影面的直线称为投影面的平行线。根据直线所平行的投影面不同可分为:正平线——平行于 V 面的直线;水平线——平行于 H 面的直线;侧平线——平行于 W 面的直线。下面以水平线为例介绍其投影特性。

由定义可知,水平线 AB 平行于 H 面,而倾斜于 V 面和 W 面,所以直线 AB 上所有点到 H 面的距离相等,即各点的 Z 坐标相等,所以其投影图有如下特性。

(1) 水平投影 ab 反映实长,即 $AB=ab$,同时还反映了直线 AB 与 V 面、W 面的夹角 β、γ。

(2) 正面投影为缩短的直线,且平行于 OX 轴,即 $a'b'<AB$,$a'b'//OX$。

(3) 侧面投影为缩短的直线,且平行于 OY 轴,即 $a''b''<AB$,$a''b''//OY$。

对于正平线和侧平线,可同样分析得到见表 2-1 的投影特性。

表 2-1　投影面平行线的投影特性

名称	正平线(//V 面,∠H 面、W 面)	水平线(//H 面,∠V 面、W 面)	侧平线(//W 面,∠H 面、V 面)
立体图			
投影图			

名称	正平线（//V 面，∠H 面、W 面）	水平线（//H 面，∠V 面、W 面）	侧平线（//W 面，∠H 面、V 面）
投影特性	① $a'b'=AB$ ② ab//OX，$a''b''$//OZ，且小于 AB ③ $a'b'$ 与 OX 的夹角 α，与 OZ 的夹角 γ 分别为 AB 与 H 面、W 面的倾角	① $ab=AB$ ② $a'b'$//OX，$a''b''$//OY，且小于 AB ③ ab 与 OX 的夹角 β，与 OY 的夹角 γ 分别为 AB 与 V 面、W 面的倾角	① $a''b''=AB$ ② ab//OY，$a'b'$//OZ，且小于 AB ③ $a''b''$ 与 OY 的夹角 α，与 OZ 的夹角 β 分别为 AB 与 H 面、V 面的倾角
	① 在所平行的投影面上的投影反映实长，与投影轴的夹角反映直线对其他两个投影面的真实倾角 ② 另外两个投影面上的投影分别平行于相应的投影轴，且小于实长		
应用举例			

2. 投影面的垂直线

垂直于一个投影面必平行于其他两个投影面的直线称为投影面的垂直线。根据直线所垂直的投影面不同可分为：正垂线——垂直于 V 面的直线；铅垂线——垂直于 H 面的直线；侧垂线——垂直于 W 面的直线。下面以铅垂线为例介绍投影面垂直线的投影特性。

由定义可知，铅垂线 AB 垂直于 H 面，平行于 V 面和 W 面，根据正投影的积聚性和真实性，可得其投影图有如下投影特性：①水平投影 ab 积聚为一点；②$a'b'=AB$，$a''b''=AB$，且 $a'b'\perp OX$，$a''b''\perp OY$。

各种投影面的垂直线的投影特性见表 2-2。

表 2-2　投影面垂直线的投影特性

名称	正垂线（⊥V 面，//H 面、W 面）	铅垂线（⊥H 面，//V 面、W 面）	侧垂线（⊥W 面，//H 面、V 面）
立体图			
投影图			

续表

名称	正垂线（⊥V 面，//H 面、W 面）	铅垂线（⊥H 面，//V 面、W 面）	侧垂线（⊥W 面，//H 面、V 面）
投影特性	① $a'b'$ 积聚为一点 ② $ab\perp OX$，$a''b''\perp OZ$，且反映实长	① ab 积聚为一点 ② $a'b'\perp OX$，$a''b''\perp OY$，且反映实长	① $b''a''$ 积聚为一点 ② $ab\perp OY$，$a'b'\perp OZ$，且反映实长
	① 在所垂直的投影面上的投影积聚为一点 ② 另外两个投影面上的投影分别垂直于相应的投影轴，且反映实长		
应用举例			

3. 一般位置直线

对 3 个投影面均倾斜的直线称为一般位置直线。其投影特性是在 3 个投影面上的投影均为缩短的直线，且倾斜于相应的投影轴，如图 2-12 所示。

2.3.3　直线上的点

如图 2-12 所示，点 K 在直线 AB 上。直线上的点具有如下基本特性。

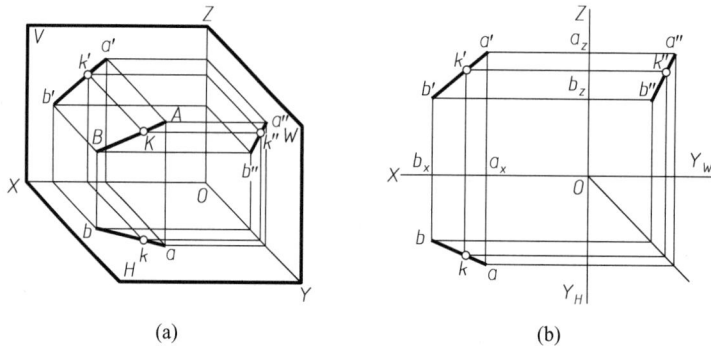

图 2-12　一般位置直线的投影特性

（1）从属性。点在直线上，点的投影必在直线的同面投影上，即 k 在 ab 上，k' 在 $a'b'$ 上，k'' 在 $a''b''$ 上。

（2）定比性。直线上的点分直线之比，投影后不变，即 $AK:KB=ak:kb=a'k':k'b'=a''k'':k''b''$。

2.3.4　两直线的相对位置

空间两直线的相对位置有 3 种：平行、相交和交叉。

1. 两直线平行

空间平行两直线的同面投影必定相互平行。如图 2-13 所示，因为 $AB /\!/ CD$，所以 $ab /\!/ cd$，$a'b' /\!/ c'd'$，$a''b'' /\!/ c''d''$。反之，如果两直线的各组同面投影均相互平行，则两直线在空间必相互平行。

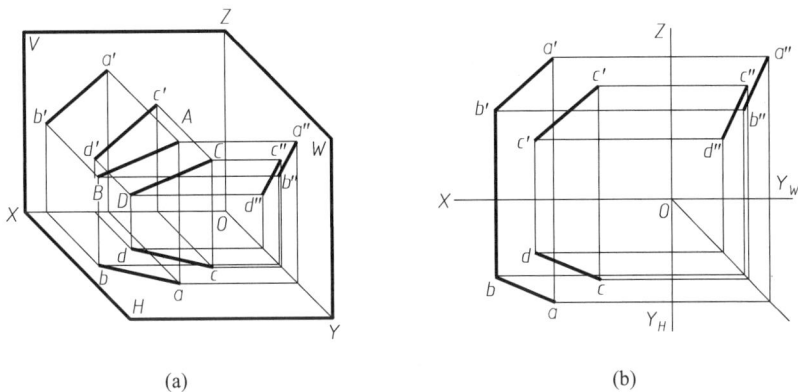

图 2-13　平行两直线投影特性

2. 两直线相交

空间两直线相交，则其同面投影必相交，且交点符合点的投影规律。如图 2-14 所示，因为 AB 与 CD 相交于 K，所以 ab 与 cd，$a'b'$ 与 $c'd'$，$a''b''$ 与 $c''d''$ 必定相交于 k、k' 和 k''，且 K 点的三面投影 k、k' 及 k'' 符合点的投影规律。反之，若两直线的各组同面投影均相交，且投影的交点符合空间一点的投影规律，则两直线在空间必相交。

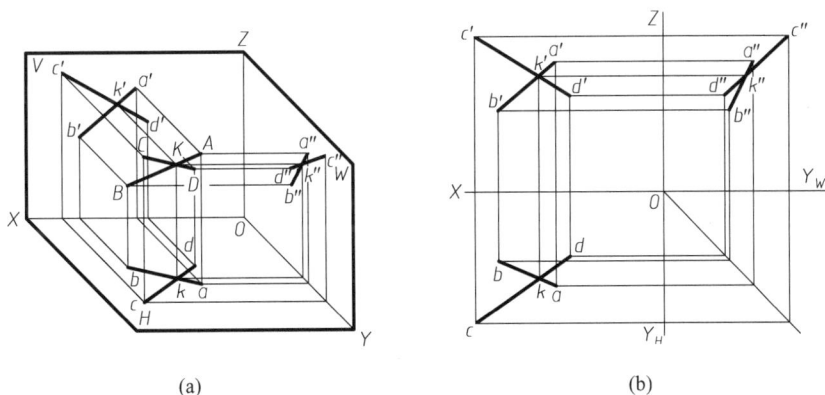

图 2-14　相交两直线投影特性

3. 两直线交叉

既不平行也不相交的两直线称为交叉直线。交叉两直线的投影可能会相交，但它们的交点一定不符合点的投影规律。如图 2-15 所示，ab 和 cd 的交点实际上是 AB、CD 对 H 面的重影点 $Ⅰ$、$Ⅱ$ 的投影，由于 $Ⅰ$ 在 $Ⅱ$ 之上，所以 1 可见，2 不可见。同理，$a'b'$ 和 $c'd'$ 的交点实际上是 AB、CD 对 V 面的重影点 $Ⅲ$、$Ⅳ$ 的投影，由于 $Ⅲ$ 在 $Ⅳ$ 之前，所以 $3'$ 可见，$4'$ 不可见。另外，交叉两直线也有可能有一组或两组同面投影平行，但其余投影必不平行，如图 2-16 所示。

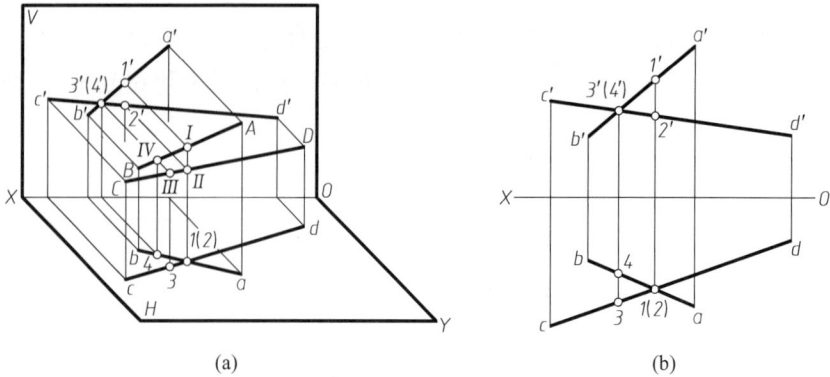

图 2-15　交叉两直线投影特性(一)

2.3.5　直角投影定理

空间两直线相互垂直(相交或交叉)时,相对于投影面的位置有 3 种情况。

(1) 两直线都平行于某一投影面,则在该投影面上的投影必为直角。

(2) 两直线都倾斜于某一投影面,则在该投影面上的投影不反映直角。

(3) 一边平行于某一投影面,而另一边倾斜于该投影面,则在该投影面上的投影仍为直角——直角投影定理。

以一边平行于水平投影面的直角为例,证明如下。

如图 2-17(a)所示,已知直线 $AB/\!/H$ 面,$AB\perp BC$,求证 $ab\perp bc$。

证明:因为 $AB/\!/H$ 面,$Bb\perp H$ 面,所以 $AB\perp Bb$;又 $AB\perp BC$,所以 $AB\perp$ 平面 $BbcC$;因为 $ab/\!/AB$,所以 $ab\perp$ 平面 $BbcC$,于是 $ab\perp bc$,即 $\angle abc$ 是直角。投影图如图 2-17(b)所示。

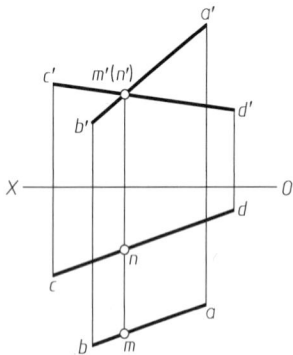

图 2-16　交叉两直线投影特性(二)

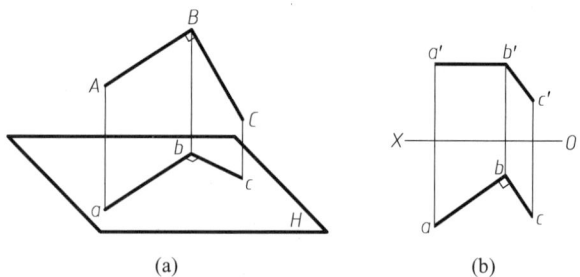

图 2-17　直角投影定理

直角投影定理的逆定理仍然成立,即如果两直线的某一投影垂直,其中有一直线是该投影面的平行线,那么空间两直线垂直。

【例 2-2】　求两直线 AB、CD 之间的距离(见图 2-18(a))。

分析:要求两直线之间的距离,必须先求出两直线的公垂线。由于 AB 是铅垂线,而与

铅垂线垂直的直线是水平线,所以公垂线 EF 是一条水平线,如图 2-18(b)所示,所以由直角
投影定理可得 $ef \perp cd$ 。

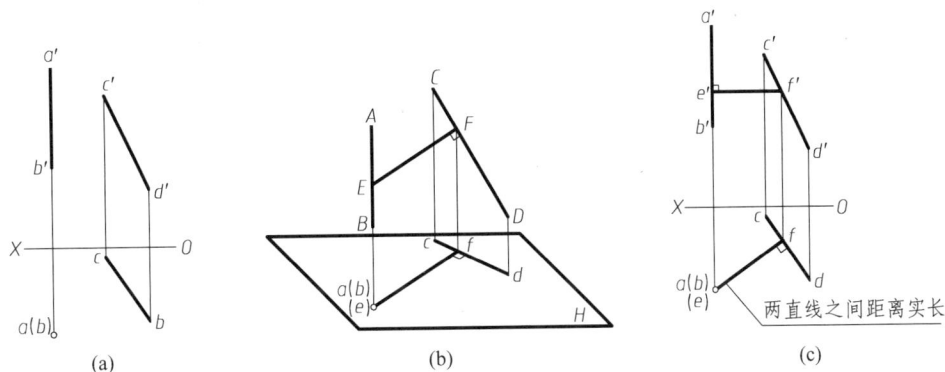

图 2-18　求两直线之间的距离

作图:

(1) 过 $a(b)$(即 e)向 cd 作垂线,垂足为 f ,求出 f' 。

(2) 过 f' 作 $e'f' // OX$,与 $a'b'$ 交于 e' ,则 $e'f'$ 、ef 即为公垂线 EF 的两面投影,ef 即为
两直线之间的距离,如图 2-18(c)所示。

2.3.6　直角三角形法

一般位置直线的三面投影均不反映直线的实长以及该直线与投影面的倾角,用直角三
角形法可以求出一般位置直线的实长及其与投影面的倾角。

如图 2-19(a)所示,AB 为一般位置直线,在平面 $BbaA$ 内过点 B 作 H 面投影 ba 的平
行线交 Aa 于 A_0 ,该直角三角形的一条直角边 $BA_0 = ba$,另一直角边 $AA_0 = Aa - Bb = Z_A - Z_B = \Delta Z$,$\angle ABA_0 = \alpha$ 。由此可见,只要设法作出这个直角三角形,就能确定 AB 的实
长和倾角 α 。这种求作一般位置直线的实长以及对投影面的倾角的方法就称为直角三角形
法。作图过程如图 2-19(b)所示。

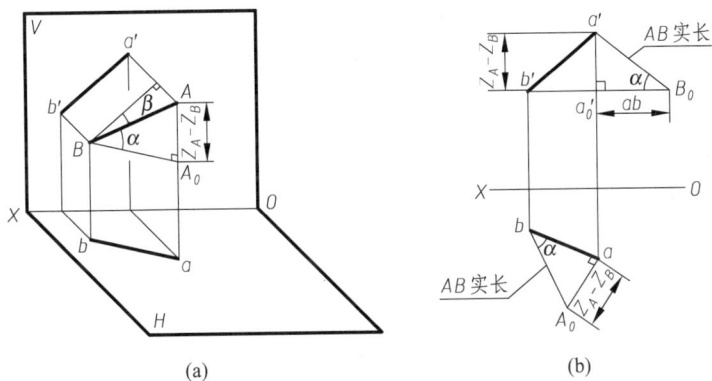

图 2-19　直角三角形法

方法一：以 ba 为直角边，过 a 作 ba 的垂线，在垂线上量取 $aA_0 = Z_A - Z_B$，直角三角形的斜边 bA_0 就是直线 AB 的实长，bA_0 与 ba 的夹角 α 就是 AB 与 H 面的倾角 α。

方法二：过 b' 作平行于 X 轴的直线交 aa' 于 a_0'，使 $a_0'B_0 = ba$，连接 $a'B_0$，即为 AB 的实长，$a'B_0$ 与 $a_0'B_0$ 的夹角 α 就是 AB 与 H 面的倾角 α。

同理，利用直线的 V 面投影及直线两端点的 y 坐标差所构成的直角三角形可以求出直线的实长以及直线与 V 面的倾角 β；利用直线的 W 面投影及直线两端点的 x 坐标差所构成的直角三角形可以求出直线的实长以及直线与 W 面的倾角 γ。

【例 2-3】 求点 A 到直线 BC 的距离(见图 2-20(a))。

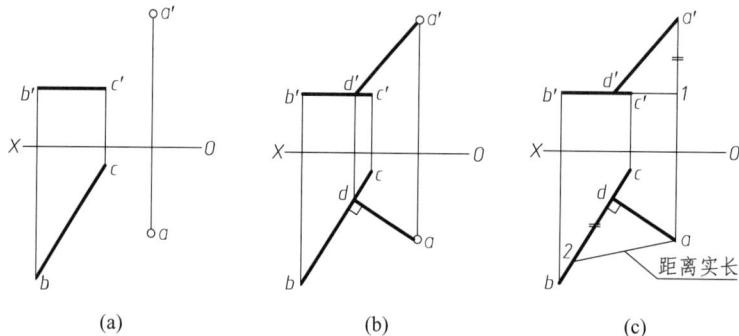

图 2-20 求点到直线的距离

分析：求点 A 到直线 BC 的距离，也就是求过点 A 所作的 BC 垂线的实长。由图 2-20(a)可知，BC 是水平线，根据直角投影定理，水平投影可以反映直角。又由于与水平线垂直的直线是一般位置的直线，所以可用直角三角形法求出实长。

作图：如图 2-20(b)所示。

(1) 过 a 作 $ad \perp bc$，垂足为 d。

(2) 由 d 作出 d'，连接 $a'd'$。

(3) 量取 $d2 = a'1$，则 $a2$ 为 AD 的实长，即为点 A 到直线 BC 的距离的实长(见图 2-20(c))。

2.4 平面的投影

2.4.1 平面的表示法

1. 几何元素表示法

由初等几何可知，不在同一直线上的三点确定一平面，因此在投影图上，可以利用如图 2-21 所示的任意一组几何元素的投影来表示平面。

2. 迹线表示法

所谓迹线，是指平面与投影面的交线，如图 2-22 所示。分别用 P_H、P_V、P_W 表示平面 P 在 H、V、W 面中的迹线。作图时常使用迹线表示特殊位置平面，图 2-22(a)、(b)、(c)分别为一般位置平面、铅垂面和正平面的迹线表示法。

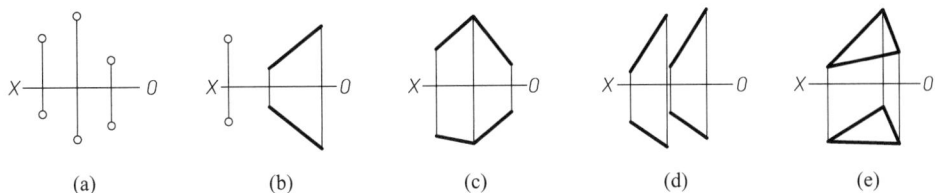

图 2-21　平面的几何元素表示法

（a）不在一条直线上的三点；（b）直线和直线外一点；（c）两相交直线；（d）两平行直线；（e）任意平面图形

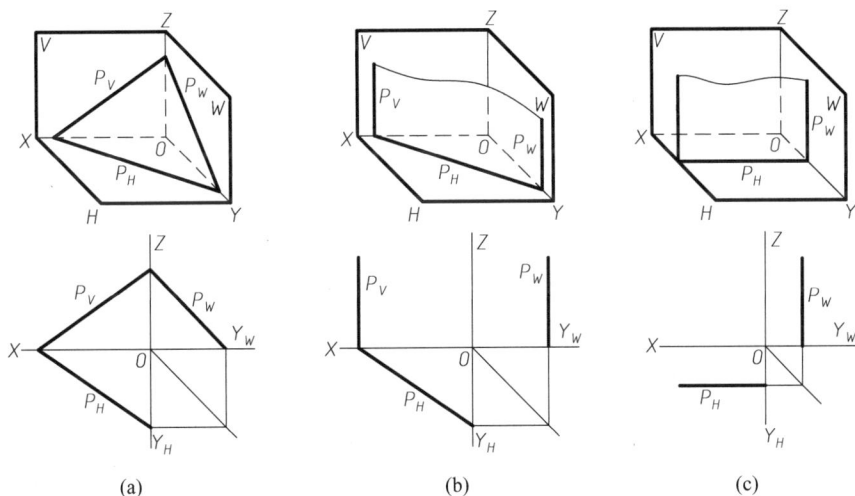

图 2-22　平面的迹线表示法

2.4.2　各种位置平面的投影

根据平面对投影面位置的不同可分为投影面的平行面、投影面的垂直面、一般位置平面3 类。投影面的平行面和投影面的垂直面又称为特殊位置平面。

1. 投影面的平行面

平行于某一投影面，必垂直于另外两个投影面的平面，称为投影面的平行面。根据平面所平行的投影面不同可分为：正平面——平行于 V 面的平面；水平面——平行于 H 面的平面；侧平面——平行于 W 面的平面。下面以水平面为例介绍其投影特性。

由定义可知，水平面 $ABCD$ 平行于 H 面，而垂直于 V 面和 W 面，根据正投影的真实性和积聚性，可得其投影图有如下投影特性：

（1）水平投影 $abcd$ 反映实形。

（2）正面投影 $a'b'c'd'$、侧面投影 $a''b''c''d''$ 均积聚成一直线，且 $a'b'c'd'//OX$，$a''b''c''d''//OY$。

3 种投影面的平行面的投影特性见表 2-3。

表 2-3　投影面平行面的投影特性

名称	正平面(∥V 面,⊥H 面、W 面)	水平面(∥H 面,⊥V 面、W 面)	侧平面(∥W 面,⊥H 面、V 面)
立体图			
投影图			
投影特性	① $a'b'c'd'$ 反映实形 ② H 面、W 面投影积聚成一直线,且 $abcd\mathbin{/\mkern-5mu/}OX$,$a''b''c''d''\mathbin{/\mkern-5mu/}OZ$	① $abcd$ 反映实形 ② V 面、W 面投影积聚成一直线,且 $a'b'c'd'\mathbin{/\mkern-5mu/}OX$,$a''b''c''d''\mathbin{/\mkern-5mu/}OY$	① $a''b''c''d''$ 反映实形 ② H 面、V 面投影积聚成一直线,且 $abcd\mathbin{/\mkern-5mu/}OY$,$a'b'c'd'\mathbin{/\mkern-5mu/}OZ$
	① 在所平行的投影面上的投影反映实形 ② 另外两个投影面上的投影积聚成一直线,且分别平行于相应的投影轴		
应用举例			

2. 投影面的垂直面

垂直于一个投影面而倾斜于其他两个投影面的平面称为投影面的垂直面。根据平面所垂直的投影面不同可分为:正垂面——垂直于 V 面的平面;铅垂面——垂直于 H 面的平面;侧垂面——垂直于 W 面的平面。下面以铅垂面为例介绍投影面垂直面的投影特性。

由定义可知,铅垂面 $ABCD$ 垂直于 H 面,倾斜于 V 面和 W 面(用∠H 面、W 面表示),根据正投影的积聚性和类似性,可得其投影图有如下投影特性:

(1) 水平投影 $abcd$ 积聚为一直线,并反映与 V 面、W 面的倾角 β、γ。

(2) 正面投影 $a'b'c'd'$ 与侧面投影 $a''b''c''d''$ 均为缩小的类似形。

3 种投影面的垂直面的投影特性见表 2-4。

表 2-4　投影面垂直面的投影特性

名称	正垂面(⊥V 面,∠H 面、W 面)	铅垂面(⊥H 面,∠V 面、W 面)	侧垂面(⊥W 面,∠H 面、V 面)
立体图	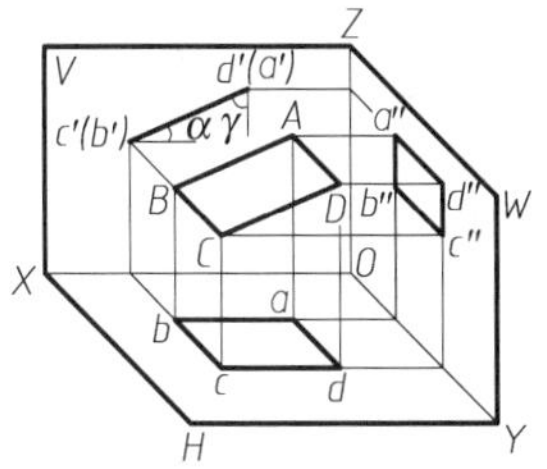	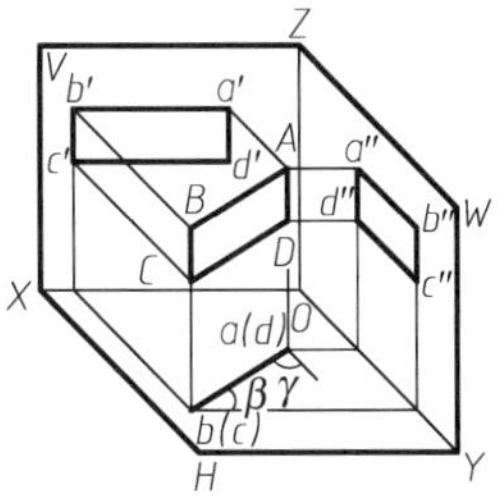	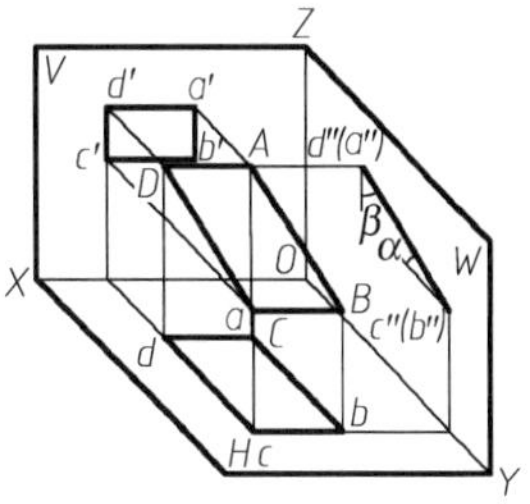
投影图	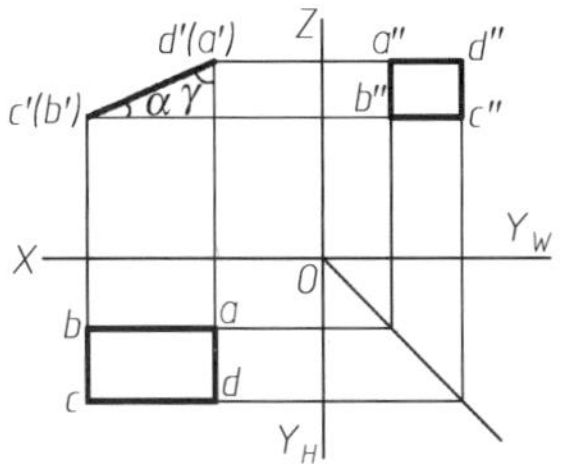	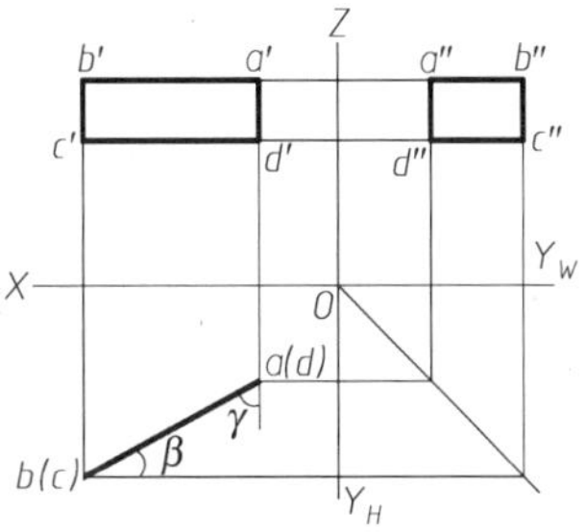	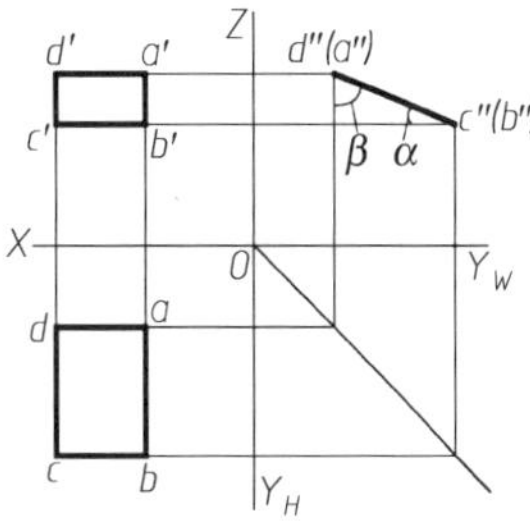
投影特性	① $a'b'c'd'$ 积聚为一直线,反映与 H 面、W 面的倾角 α,γ ② $abcd$,$a''b''c''d''$ 均为缩小的类似形	① $abcd$ 积聚为一直线,反映与 V 面、W 面的倾角 β,γ ② $a'b'c'd'$,$a''b''c''d''$ 均为缩小的类似形	① $a''b''c''d''$ 积聚为一直线,反映与 H 面、V 面的倾角 α,β ② $abcd$,$a'b'c'd'$ 均为缩小的类似形
	① 在所垂直的投影面上的投影积聚为一直线,它与投影轴的夹角反映平面对其他两个投影面的真实倾角 ② 另外两个投影面上的投影均为空间平面的类似形			
应用举例	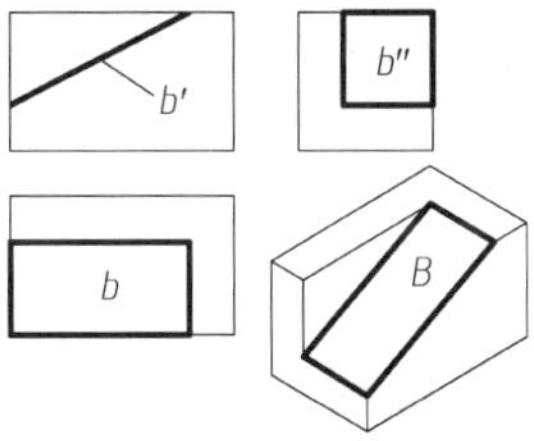	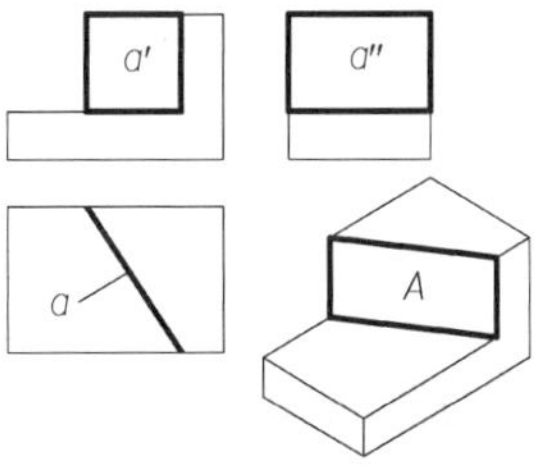	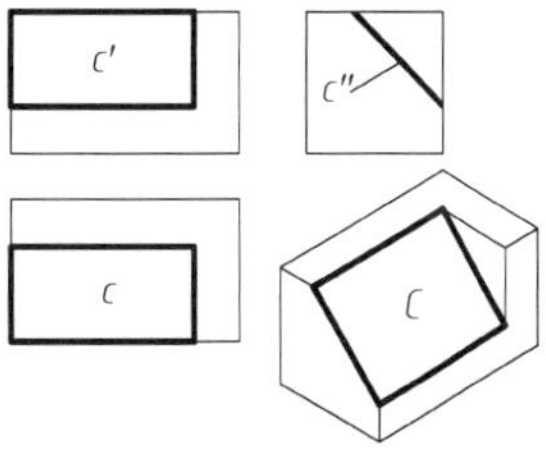

3. 一般位置平面

对 3 个投影面均倾斜的平面称为一般位置平面,其投影特性均为边数相等的缩小的类似形,如图 2-23 所示。

2.4.3　平面上的直线和点

1. 平面上的直线

由立体几何可知,直线在平面上的几何条件是:直线通过平面上的两点(见图 2-24(a))或直线通过平面上一点且平行于平面上一直线(见图 2-24(b))。所以,要在平面上取线,可先在平面上的已知直线上取点,再过点作符合要求的直线。

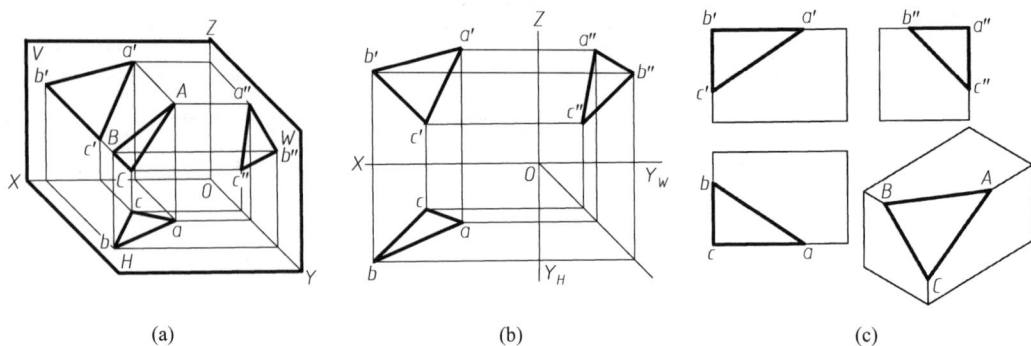

图 2-23   一般位置平面的投影特性

2. 平面上的点

由立体几何可知,点在平面上的几何条件是:点在平面内的任一直线上,点必在平面上。如图 2-24(b)所示,由于点 F 在平面 ABC 上的直线 EF 上,因此点 F 必在平面 ABC 上。所以,在平面上取点,可先在平面上取通过该点的一条直线,然后在直线上选取符合要求的点。

【例 2-4】   如图 2-25(a)所示,已知平面 ABC 上点 E 的正面投影 e' 和点 F 的水平投影 f,试分别求出它们的另一面投影 e'、f'。

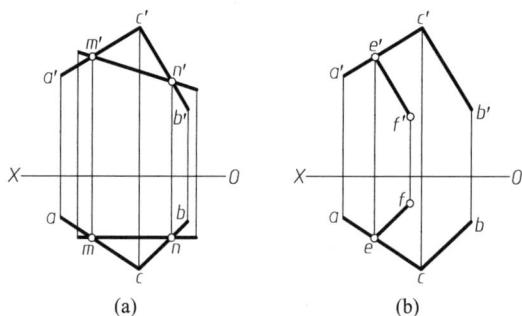

图 2-24   平面上的直线和点

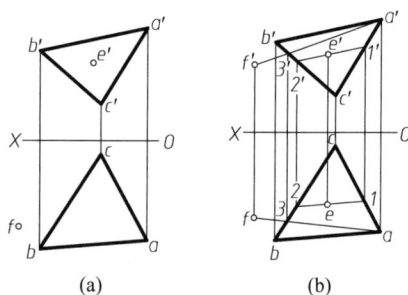

图 2-25   平面上求点

分析:因为点 E、F 是平面上的点,所以过点 E、F 各作一条平面上的直线,则点的投影必在直线的同面投影上。

作图:如图 2-25(b)所示。

(1) 过点 e' 作直线 $1'2'$ 平行于 $a'b'$,分别与 $a'c'$、$b'c'$ 交于点 $1'$、$2'$,求出其水平投影 12。

(2) 过点 e' 作 OX 轴的垂线与 12 相交,其交点即为点 E 的水平投影 e。

(3) 连接 af 与 cb 交于点 3,求出其正面投影 $a'3'$。

(4) 过 f 点作 OX 轴的垂线与 $a'3'$ 的延长线相交,其交点即为点 F 的正面投影 f'。

2.5   直线与平面、平面与平面的相对位置

直线与平面、两平面之间的相对位置有平行、相交两种情况,特殊情况是垂直相交。

2.5.1　平行

1. 直线与平面平行

若直线平行于平面内的任意一条直线，则此直线与该平面平行。如图 2-26(a)所示，直线 AB 平行于平面 P 上的直线 CD，则 AB 必与平面 P 平行。当直线与投影面垂直面平行时，直线的投影平行于平面有积聚性的同面投影；或者，直线、平面在同一投影面上都有积聚性。如图 2-26(b)、(c)所示，$EF /\!/$ 平面 $ABCD$，$ef /\!/ abcd$，以及 $GH /\!/$ 平面 $ABCD$，gh、$abcd$ 都具有积聚性。

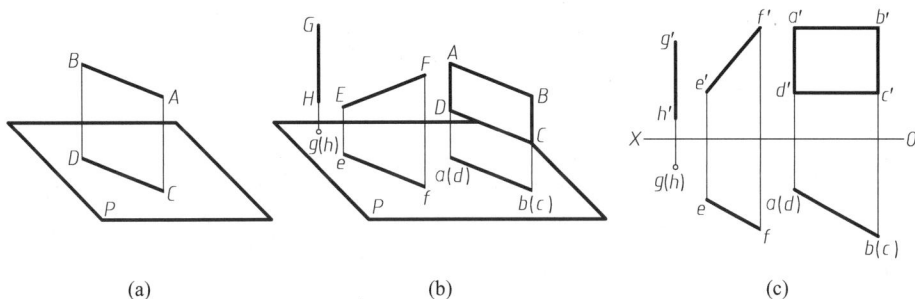

图 2-26　直线与平面平行

【例 2-5】　过平面 ABC 外一点 M 求作一条水平线平行于该平面，如图 2-27(a)所示。

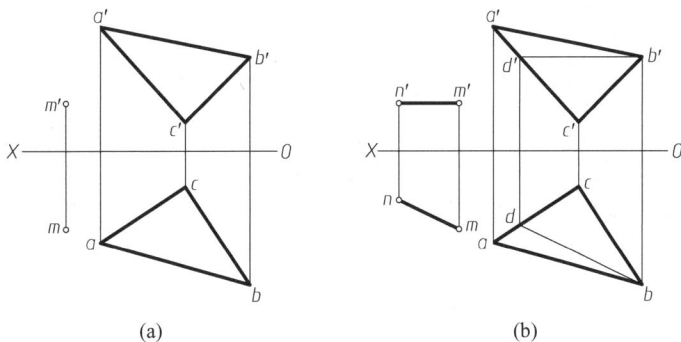

图 2-27　过点 M 作水平线 $/\!/$ 平面 ABC

分析：欲过点 M 作一条水平线平行于平面 ABC，只需要先在平面 ABC 内作一条水平线，然后过点 M 作该水平线的平行线，则该直线即为所求直线。又虽然平面 ABC 内的水平线有无数条，但因其方向是确定的，因此，所求直线也是唯一的。

作图：如图 2-27(b)所示。

(1) 在平面 ABC 内作一条水平线 BD。

(2) 过点 M 作 $MN /\!/ BD$，即 $mn /\!/ bd$，$m'n' /\!/ b'd'$，则 MN 即为所求直线。

2. 平面与平面平行

若一平面内的相交两直线，对应地平行于另一个平面内的相交两直线，则这两个平面互相平行。如图 2-28(a)所示，相交两直线 AB、CD 分别平行于相交两直线 EF、MN，所以 $H /\!/ P$。当垂直于同一投影面的两平面平行时，两平面具有积聚性的同面投影相互平行。

如图 2-28(b)、(c)所示，平面 $ABCD$∥平面 $EFGH$，则 $abcd$∥$efgh$。

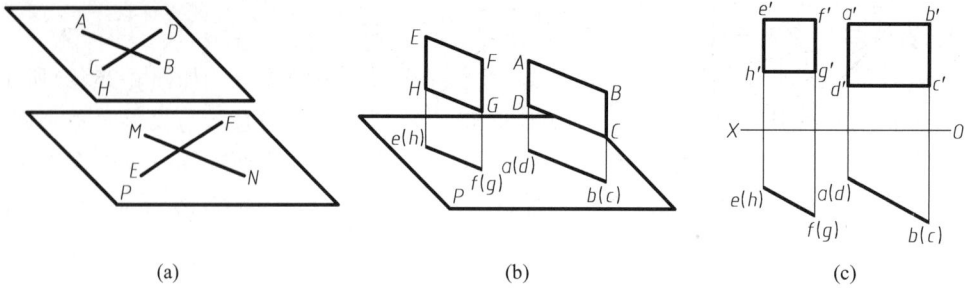

(a)　　　　　　　　　　　(b)　　　　　　　　　　　(c)

图 2-28　平面与平面平行

2.5.2　相交

当直线或平面垂直于投影面时，在它所垂直的投影面上的投影具有积聚性，利用这一特性，能很方便地解决有关相交问题。故本书只讨论直线或平面垂直于投影面的特殊情况下的相交问题。

1. 直线与平面相交

直线与平面的交点是直线与平面的共有点，且是直线可见与不可见的分界点。

【例 2-6】　求一般位置直线 MN 与铅垂面 ABC 的交点 K（见图 2-29(a)）。

分析：交点 K 在铅垂面 ABC 上，故点 K 的水平投影 k 在该平面积聚为直线的水平投影 abc 上。又点 K 在直线 MN 上，故 k 在该直线的水平投影 mn 上。所以，k 是 abc 与 mn 的交点，而点 K 的正面投影 k' 必在直线 MN 的正面投影 $m'n'$ 上。

作图：如图 2-29(b)所示。

（1）abc 与 mn 的交点 k 即为点 K 的水平投影。

（2）过 k 作 OX 轴的垂线，与 $m'n'$ 交于 k'，则点 K 即为所求交点。

（3）判别可见性，由于 NK 位于平面 ABC 的后面，所以 $n'k'$ 与 $a'b'c'$ 重合的部分不可见，用虚线表示。

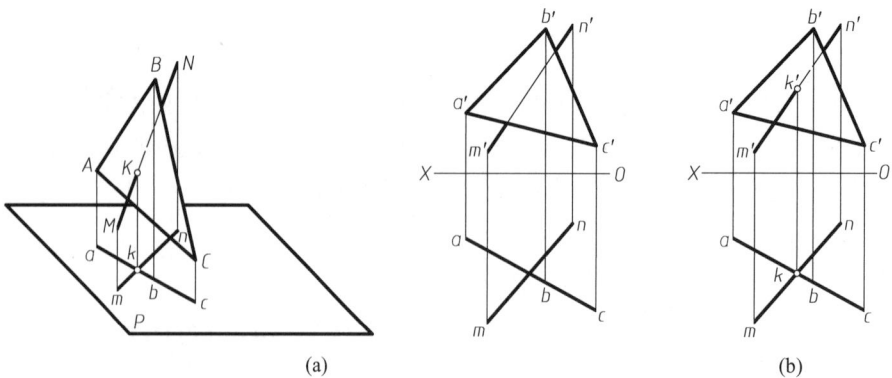

(a)　　　　　　　　　　　(b)

图 2-29　一般位置直线与铅垂面相交

【例 2-7】 求正垂线 EF 与一般位置平面 ABC 的交点 M（见图 2-30(a)）。

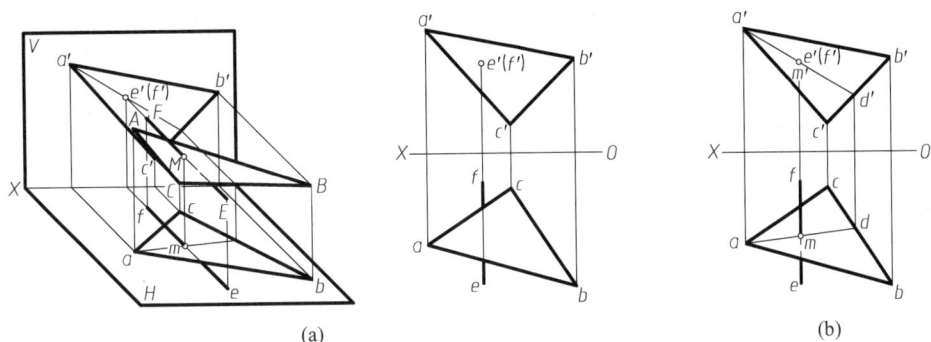

图 2-30　正垂线与一般位置面相交

分析：如图 2-30(a)所示，交点 M 是正垂线 EF 上的点，所以点 M 的正面投影 m' 必与 EF 积聚为一点的正面投影 $e'(f')$ 重合。交点 M 又是平面 ABC 上的点，所以可以根据从属性求出点 M 的水平投影 m。

作图：如图 2-30(b)所示。

(1) $e'(f')$ 即为点 M 的正面投影 m'。

(2) 连接 $a'm'$，并延长与 $b'c'$ 交于 d'，过 d' 作 OX 轴的垂线交 bc 于 d，则 ad 与 ef 的交点 m 即为所求交点 M 的水平投影。

(3) 判别可见性，由于平面 ABD 位于直线 EF 的上面，所以 em 与 abd 重合的部分不可见，用虚线表示。

2. 平面与平面相交

两平面相交的交线是两平面的共有线，而且是平面可见与不可见的分界线。

【例 2-8】 求铅垂面 ABC 与一般位置平面 DEF 的交线 MN（见图 2-31(a)）。

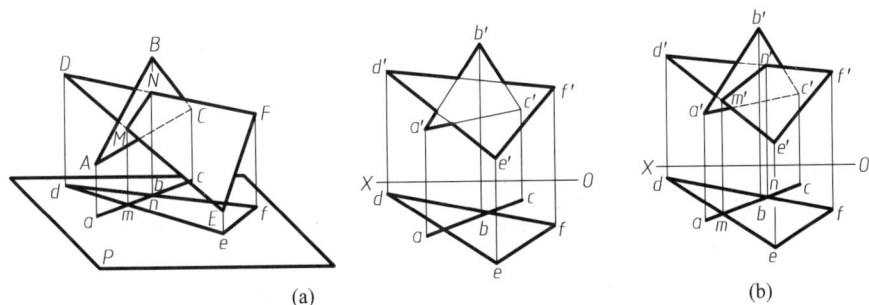

图 2-31　铅垂面与一般位置面相交

分析：如图 2-31(a)所示，交线 MN 是铅垂面 ABC 上的直线，故其水平投影 mn 和平面的水平投影 abc 重合；又 MN 是平面 DEF 上的直线，则 M、N 点必在平面 DEF 内的直线上，根据从属性便可求出 MN 的正面投影 $m'n'$。

作图：如图 2-31(b)所示。

(1) 设 abc 与 de 的交点为 m，与 df 的交点为 n，则 mn 即为交线的水平投影。

(2) 分别过 m、n 作 OX 轴的垂线，并延长交 $d'e'$、$d'f'$ 于 m'、n'，则 MN 即为两平面的

交线。

(3) 判别可见性,由水平投影可知,$MNFE$ 位于平面 ABC 的前面,故正面投影中两平面相交部分 $m'n'f'e'$ 可见,$d'm'n'$ 不可见,应用虚线表示。

2.5.3 垂直

1. 直线与平面垂直

若一直线垂直于一平面上任意两相交直线,则直线垂直于该平面,也就垂直于该平面上所有直线。如图 2-32 所示,直线 MK 垂直于平面 ABC,垂足为 K,若过点 K 作一水平线 AD,则 $MK \perp AD$,根据直角投影定理,则有 $mk \perp ad$,同理,过点 K 作一正平线 CE,则 $MK \perp CE$,$m'k' \perp c'e'$。

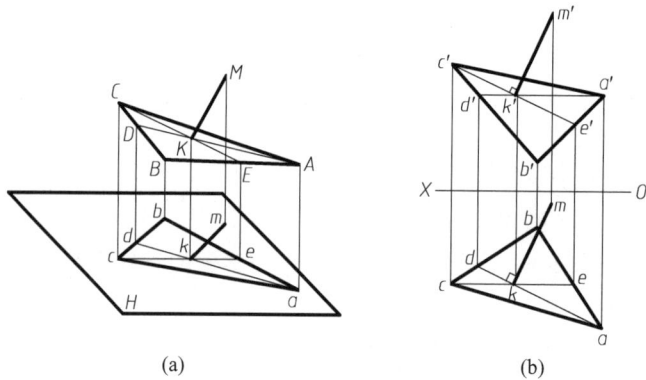

图 2-32 直线与平面垂直

当直线与投影面的垂直面相垂直时,直线必定平行于该投影面,且直线的投影垂直于平面有积聚性的同面投影。如图 2-33 所示,直线 EF 垂直于铅垂面 $ABCD$,则 EF 为水平线,$ef \perp abcd$。

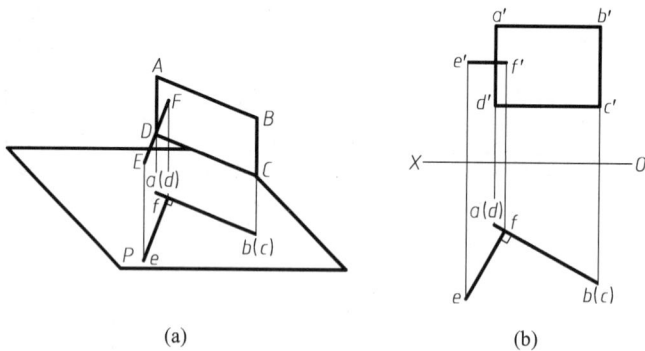

图 2-33 直线与铅垂面垂直

2. 平面与平面垂直

若一平面过另一平面的垂线,则两平面必相互垂直;反之,若两平面互相垂直,则过其中一平面内的任意一点向另一平面所作的垂线,必在该平面内。当两个互相垂直的平面同时垂直于一个投影面时,则两平面有积聚性的同面投影相互垂直,交线是该投影面的垂线。

如图 2-34 所示，两铅垂面 $ABCD$、$CDEF$ 互相垂直，它们具有积聚性的水平投影 $abcd$、$cdef$ 垂直相交，交点 $d(c)$ 是两平面的交线——铅垂线 CD 的水平投影。

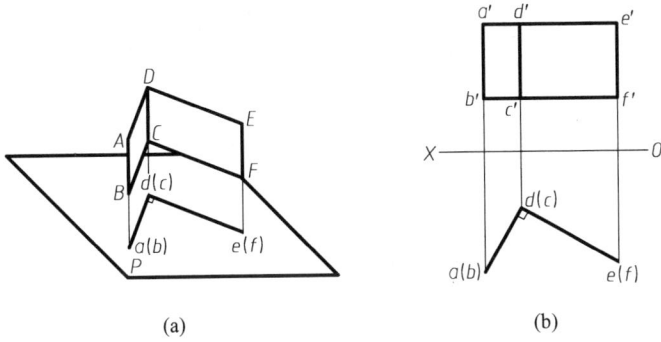

(a)　　　　　　　　　　　　　(b)

图 2-34　两平面垂直

第 3 章　立体的投影

本章将介绍：平面立体及其表面上点的投影；回转体及其表面上点的投影；平面与立体的截交线的求法；立体与立体的相贯线的求法。

3.1　平面立体的投影

平面立体就是由平面多边形围成的立体。其中平面多边形称为棱面，棱面两两相交的交线称为棱线，棱线的交点称为顶点。画平面立体的投影，就是画棱面、棱线、顶点的投影。

平面立体的基本形式有棱柱和棱锥两种。

3.1.1　棱柱的投影及其表面上取点

1. 棱柱的投影

常见的棱柱有三棱柱、四棱柱、五棱柱和六棱柱等。棱柱的特点是各棱面的交线即棱线相互平行。棱线与底面垂直且底面为正多边形的棱柱称为正棱柱。为便于作图，棱柱一般按底面平行于某一投影面放置。

如图 3-1(a)所示的正六棱柱，其顶面和底面是两个相等的正六边形，均为水平面，所以其水平投影相互重合且反映实形，正面投影和侧面投影积聚为一直线。正六棱柱有六个棱面，其中前后两个棱面为正平面，正面投影反映实形，水平和侧面投影积聚为一条直线。其余四个侧面均为铅垂面，水平投影积聚为一直线，正面和侧面投影均为缩小的类似形。

正六棱柱上所有的棱线均为铅垂线，故水平投影均积聚为一点，即正六边形的 6 个顶

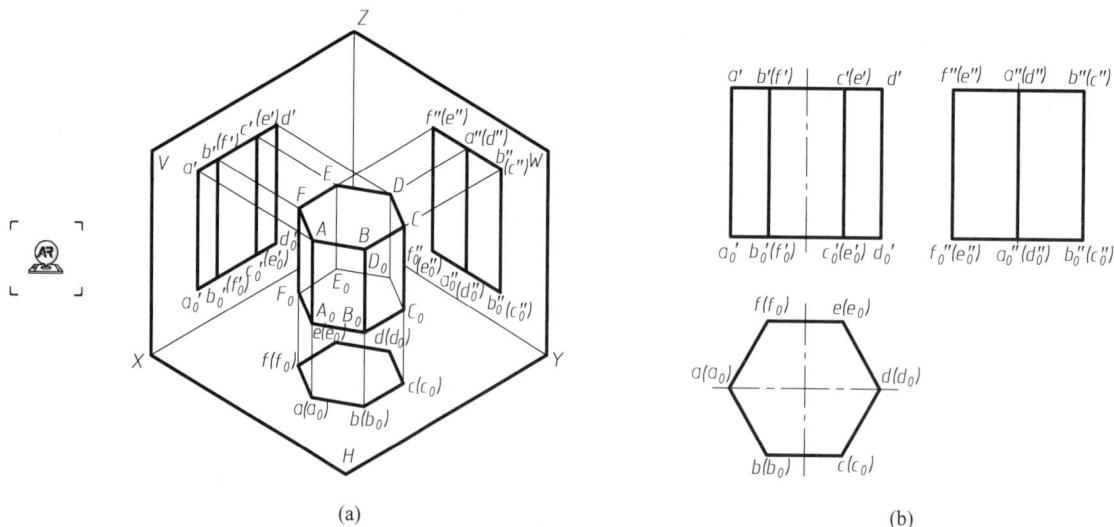

(a)　　　　　　　　　　　　　(b)

图 3-1　正六棱柱的投影

点,正面和侧面投影均反映实长。

作图时应先画出反映正六棱柱特征的水平投影——正六边形,再根据正六棱柱的高度及投影规律作出其余两面投影,如图 3-1(b)所示。要特别注意的是:棱柱的水平投影和侧面投影之间必须符合宽度相等以及前后对应的关系。

2. 棱柱表面上取点

棱柱表面上点的投影的求法可根据点所在的面具有积聚性这一特点来进行求解。例如正六棱柱上、下底面上的点可利用上、下底面的正面投影具有积聚性求出;而各个棱面上的点则可利用 6 个棱面的水平投影具有积聚性来求解,问题的关键是如何确定点所在表面是否可见。

【例 3-1】　如图 3-2(a)所示,已知正六棱柱表面上 M 的正面投影 m′和 N 点的水平投影 n,求其他两面投影。

分析:由点 M 的正面投影 m′可知,点 M 位于正六棱柱的右、前侧面上,该侧面的水平投影积聚为一条直线,故点 M 的水平投影必在这条直线上,可根据点的投影规律作出点 M 的水平投影 m,由 m、m′可作出 m″。又因为点 M 位于右侧面上,故 m″不可见,应加括号表示。

由点 N 的水平投影 n 可知,点 N 位于底面上,因其不可见,故应位于下底面上。下底面是水平面,正面投影积聚为一直线,故可作出点 N 的正面投影 n′,由 n、n′即可作出 n″。

作图过程如图 3-2(b)所示。

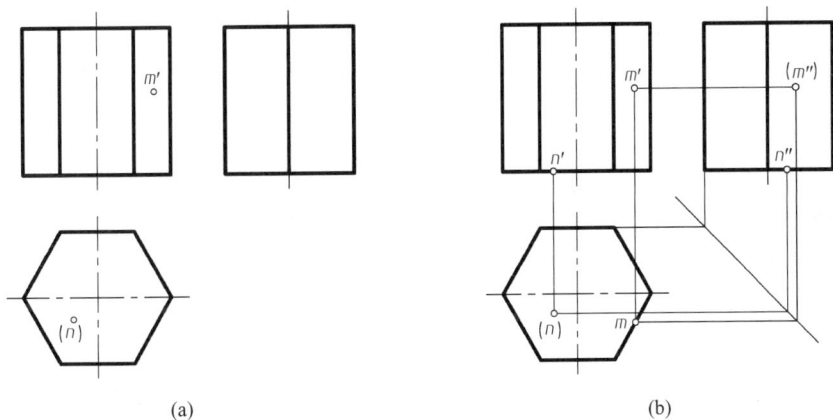

图 3-2　正六棱柱表面上点的投影

3.1.2　棱锥的投影及其表面上取点

1. 棱锥的投影

常见的棱锥有三棱锥、四棱锥、五棱锥等。

棱锥的特点是各棱面的交线即棱线汇交于一点——锥顶。为了便于作图,棱锥通常按底面平行于投影面放置。如图 3-3(a)所示的正三棱锥 S-ABC,底面 ABC 为水平面,水平投影反映实形,正面和侧面投影积聚为一直线;后棱面 SAC 为侧垂面,侧面投影积聚为一直线,水平和正面投影为类似形;两个侧棱面 SAB 和 SBC 为一般位置平面,3 个投影均为类似形。

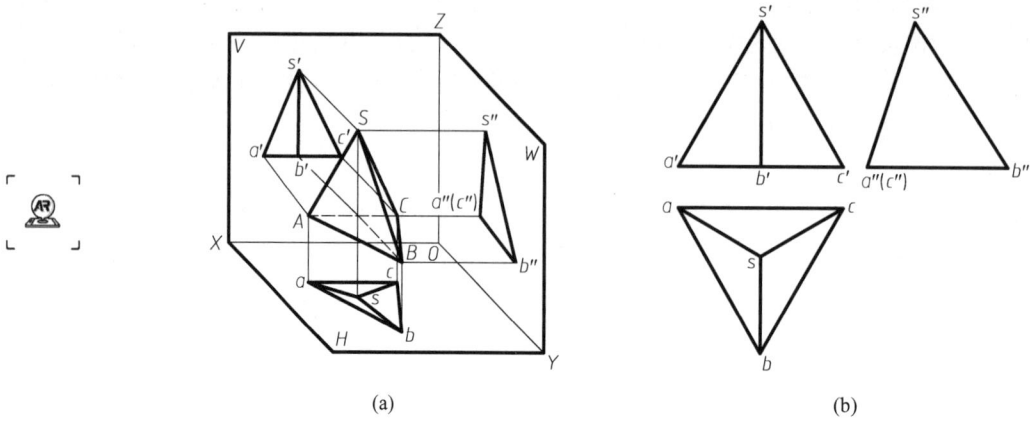

(a)　　　　　　　　　　　　　　　(b)

图 3-3　正三棱锥的投影

作投影图时可先作出水平投影正三角形 abc，锥顶 S 的水平投影 s 为 $\triangle abc$ 的中心；然后根据投影规律作出正面、侧面投影，其投影图如图 3-3(b)所示。

2. 棱锥表面上取点

【**例 3-2**】　如图 3-4(a)所示，已知棱锥表面上点 M、N 的正面投影 m'、n'，求作其水平投影和侧面投影。

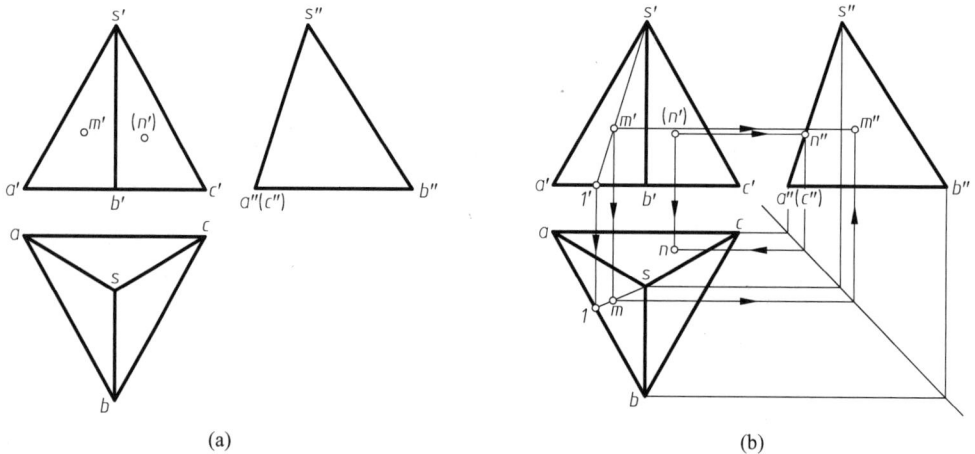

(a)　　　　　　　　　　　　　　　(b)

图 3-4　正三棱锥表面上点的投影

分析：由点 M、N 的正面投影可知，点 M 位于左前侧面上，点 N 位于后侧面上。因为左前侧面是一般位置平面，3 个投影均为类似形，所以可利用面上求点的方法（即过点 M 作平面上一直线，再由直线的投影求出点 M 的投影）；因为后侧面是侧垂面，侧面投影积聚为一条直线，可利用积聚性求点 N 的侧面投影，再根据点的投影规律作出其水平投影。

作图：如图 3-4(b)所示。

(1) 连接 $s'm'$，并延长交 $a'b'$ 于 $1'$。

(2) 作出 $s1$，过 m' 作投影线交 $s1$ 于一点，即为 m。

(3) 由 m、m' 作出 m''。

（4）过 n' 作投影线交 $s''a''(c'')$ 于一点，即为 n''。

（5）由 n'、n'' 作出 n。

作图时，也可过点 M 作一辅助平行线求出点 M 的另两面投影。

3.2　回转体的投影

工程上最常见的曲面立体是回转体。回转体是由回转面或平面和回转面组成的。回转面可看成是由一动线（直线、圆弧或其他曲线）绕一定（直）线回转一周而形成。定直线称为轴线；动线称为母线；母线在回转面上的任意位置称为素线；母线上任意一点的运动轨迹是一个垂直于轴线的圆，称为纬圆。回转面的形状取决于母线的形状及其与轴线的相对位置。作回转体的投影就是作出组成它的所有回转面和平面的投影。

3.2.1　圆柱的投影及其表面上取点

1. 圆柱的形成

如图 3-5（a）所示，圆柱面是由一条直母线围绕和它平行的轴线旋转一周形成的。由顶面、底面和圆柱面包容而形成的立体即为圆柱体。

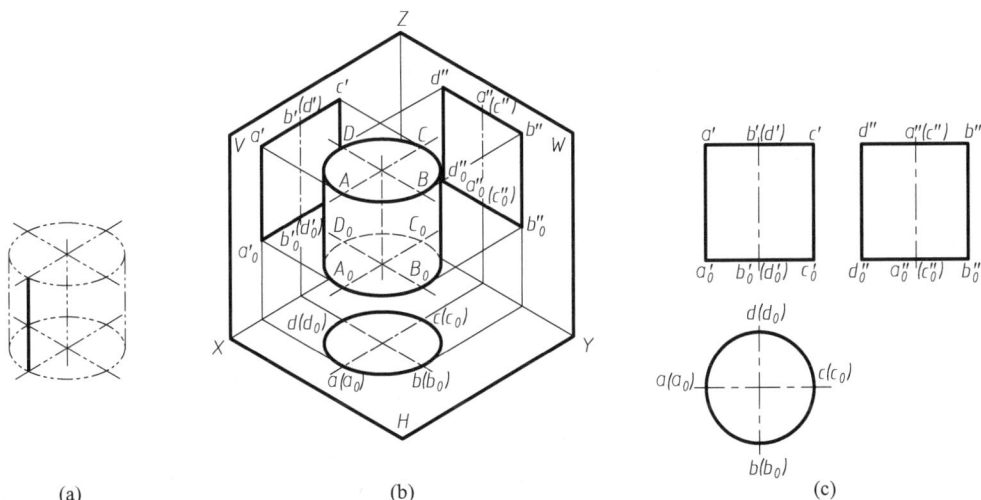

图 3-5　圆柱的形成及投影图
（a）形成；（b）立体图；（c）投影图

2. 圆柱的投影

如图 3-5（b）所示，当圆柱轴线垂直于水平投影面时，圆柱的上、下底面为水平面，其水平投影反映实形——圆，正面和侧面投影积聚为一条直线。圆柱面上所有的素线均为铅垂线，圆柱面的水平投影积聚为一圆，与两底面的水平投影重合。在正面投影中，前、后两个半圆柱面的投影重合为一矩形，矩形的两条竖线分别是圆柱面的最左、最右素线的投影，也是圆柱面前、后分界的转向轮廓线。在侧面投影中，左、右两个半圆柱面的投影重合为一矩形，矩形的两条竖线分别是圆柱面的最前、最后素线的投影，也是圆柱面左、右分界的转向轮廓线。

画圆柱体的投影时,先画出轴线的投影,即各投影的中心线;再画出形状为圆的水平投影,然后根据圆柱体的高度画出形状为矩形的正面和侧面投影,如图 3-5(c)所示。

3. 圆柱表面上取点

圆柱表面上取点可利用圆柱面的投影具有积聚性来求解。

【例 3-3】 如图 3-6(a)所示,已知圆柱面上点 M、N 的正面投影 m'、n',求作 m、m'' 和 n、n''。

分析:由点 M 的正面投影 m' 可知,点 M 是前半个圆柱面上的点(因 m' 可见),根据圆柱面的水平投影具有积聚性,可先作出点 M 的水平投影 m,再根据点的投影规律可作出其侧面投影 m''。由于点 M 位于左半个圆柱面上,故 m'' 可见。同理,由点 N 正面投影可知,点 N 是圆柱最后素线上的点,所以可利用这一特殊性求作 n、n''。

作图:如图 3-6(b)所示。

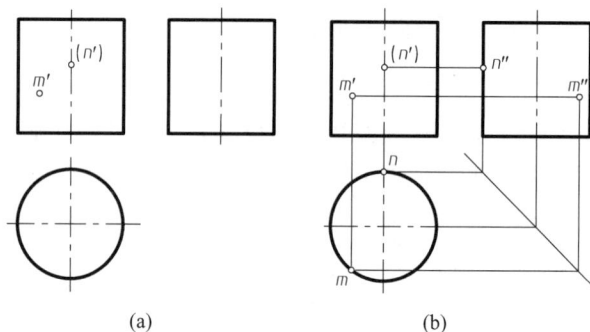

图 3-6 圆柱表面上点的投影

3.2.2 圆锥的投影及其表面上取点

1. 圆锥的形成

如图 3-7(a)所示,圆锥面是由一条直母线围绕和它相交的轴线回转而成。由底面和圆锥面包容而形成的立体即为圆锥体。

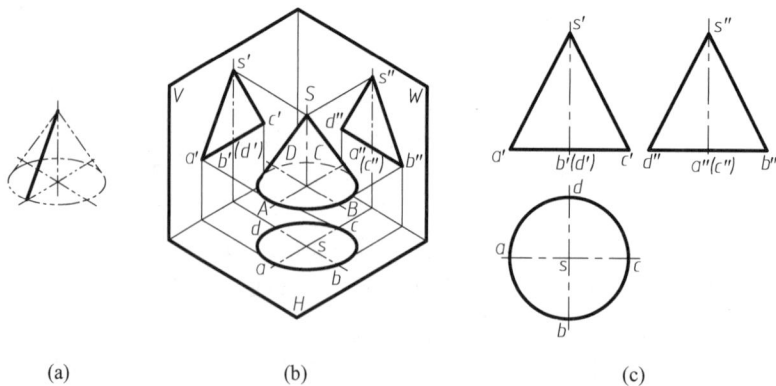

图 3-7 圆锥的形成及投影图
(a) 形成;(b) 立体图;(c) 投影图

2．圆锥的投影

如图 3-7(b)所示,当圆锥轴线垂直于水平投影面时,圆锥的底面为水平面,其水平投影反映实形——圆,正面和侧面投影积聚为一条直线。圆锥面的三面投影均不具有积聚性,其水平投影与底面的水平投影重合,且全部可见;正面投影由前、后两个半圆锥面的投影重合为一等腰三角形,三角形的两腰分别是圆锥最左、最右素线的投影,也是圆锥面前、后分界的转向轮廓线;侧面投影由左、右两个半圆锥面的投影重合为一等腰三角形,三角形的两腰分别是圆锥最前、最后素线的投影,也是圆锥面左、右分界的转向轮廓线。

画圆锥的投影时,可先画出轴线的投影,即各投影的中心线;再画出形状为圆的水平投影,然后根据圆锥的高度画出形状为等腰三角形的正面和侧面投影,如图 3-7(c)所示。

3．圆锥表面上取点

在圆锥表面上取点时,由于圆锥面的 3 个投影都不具有积聚性,所以需要在圆锥面上通过作辅助线的方法来作图。

【例 3-4】　如图 3-8(a)所示,已知圆锥面上点 M 的正面投影 m',求它的水平投影 m 和侧面投影 m''。

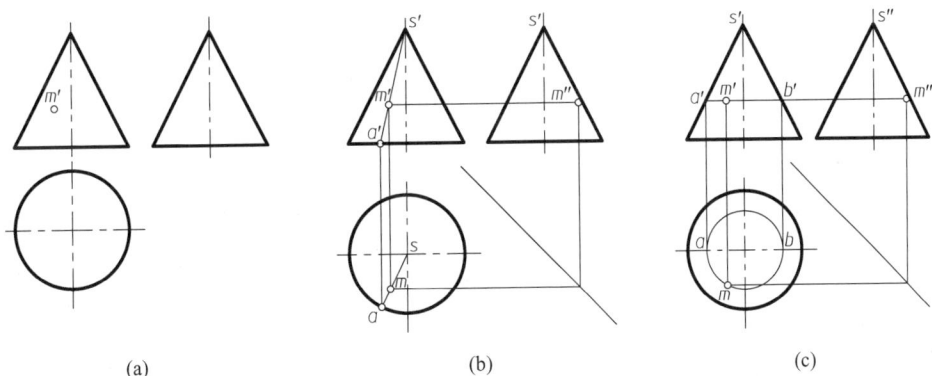

(a)　　　　　　　　　　　(b)　　　　　　　　　　　(c)

图 3-8　圆锥表面上点的投影

分析:根据 m' 可判定点 M 在左、前半个圆锥面上,所以其水平、侧面投影均可见。为方便作图,可过点 M 作辅助素线或作垂直于圆锥轴线的辅助纬圆(水平圆)。根据从属性——点 M 在辅助线上,则点 M 的投影必在辅助线的同面投影上,可先作出辅助线的投影再求出点的投影。具体作图过程如下。

方法一(素线法):如图 3-8(b)所示,过锥顶 S 和点 M 作一辅助素线 SA。

(1) 连接 $s'm'$,并延长交底面的正面投影于 a'。

(2) 求作 sa,根据从属性在 sa 上作出 m。

(3) 根据 m、m' 作出 m'',即为所求。

方法二(纬圆法):过点 M 在圆锥面上作垂直于圆锥轴线的辅助圆。

(1) 过 m' 作水平辅助圆的正面投影 $a'b'$,如图 3-8(c)所示。

(2) 以 $a'b'$ 为直径作水平投影(圆),过 m' 作投影线与前半个圆周的交点,即为 m。

(3) 根据 m、m' 作出 m'',即为所求。

3.2.3 圆球的投影及其表面上取点

1. 圆球的形成

如图 3-9(a)所示,圆球面是由一圆母线以其直径为轴线旋转而成的。圆球则由圆球面包容而形成。

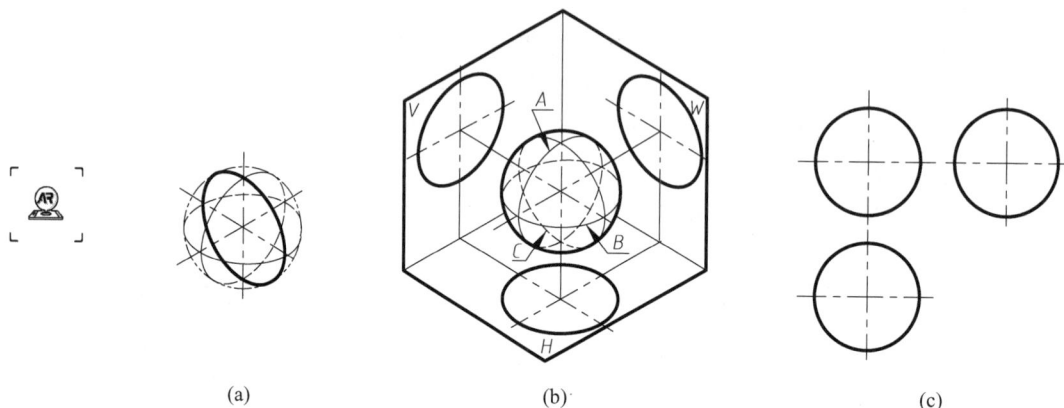

图 3-9 圆球的形成及投影图

(a) 形成;(b) 立体图;(c) 投影图

2. 圆球的投影

圆球的 3 个投影均为圆,且其直径与圆球的直径相等。圆球的各个投影虽然都是圆,但各个圆的意义却不同。如图 3-9(b)所示,正面投影的圆是平行于 V 面的素线圆 A 的投影,它是前、后两半球的分界线,也是圆球正面投影可见与不可见的分界线;同理,水平投影的圆是平行于 H 面的圆素线 B 的投影,它是上、下两半球的分界线,也是圆球水平投影可见与不可见的分界线;侧面投影的圆是平行于 W 面的圆素线 C 的投影,它是左、右两半球的分界线,也是圆球侧面投影可见与不可见的分界线。这 3 条圆素线的其他两面投影,都与圆的相应中心线重合。

画圆球的投影时,先画出各投影的中心线,再画出 3 个直径相等的圆,如图 3-9(c)所示。

3. 圆球表面上取点

由于圆球表面上不能作出直线,所以只能用辅助圆法来确定圆球表面上点的投影。

【例 3-5】 如图 3-10(a)所示,已知圆球面上点 M 的正面投影 m',求它的水平投影 m 和侧面投影 m''。

分析:根据 m' 可判定点 M 在前、上、右半个圆球面上,所以其水平投影 m 可见、侧面投影 m'' 不可见。可过点 M 作一水平辅助圆来作图,如图 3-10(b)所示。

作图:如图 3-10(b)所示。

本例也可过点 M 作平行于 V 面的辅助圆或作平行于 W 面的辅助圆来进行求解。

3.2.4 圆环的投影及其表面上取点

1. 圆环的形成

如图 3-11(a)所示,圆环面是由一圆母线绕不通过圆心但在同一平面上的轴线回转而形

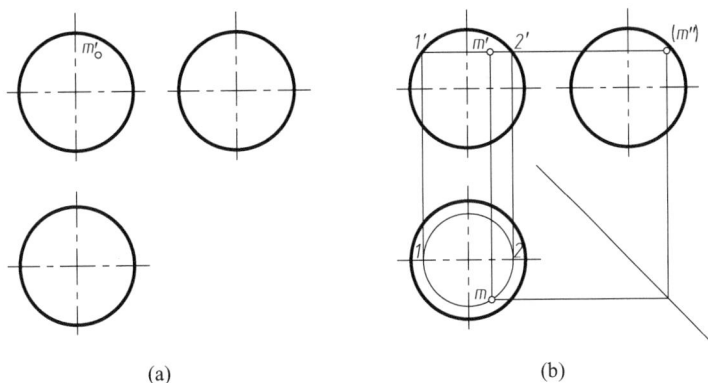

图 3-10　圆球表面上点的投影

成的。圆环则是由圆环面包容而形成。

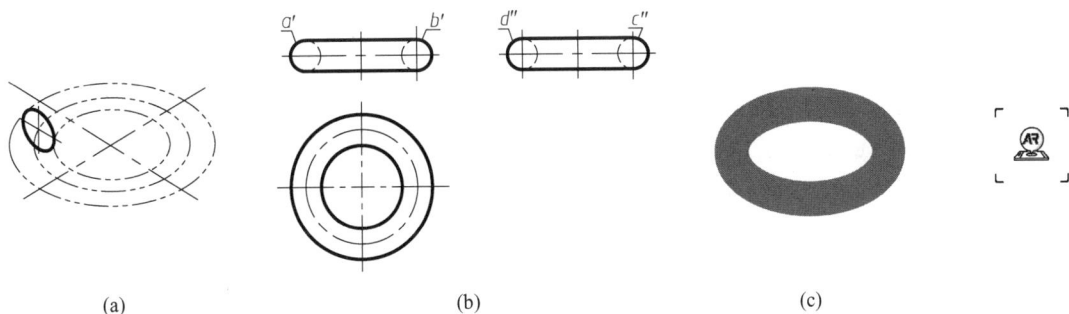

图 3-11　圆环的投影

(a) 形成；(b) 投影图；(c) 立体图

2. 圆环的投影

如图 3-11(b)所示,圆环面轴线垂直于 H 面,在正面投影上左、右两圆是圆环面上平行于 V 面的 A、B 两素线圆的投影(区分前、后半环表面的外形轮廓线);侧面投影上前、后两圆是圆环面上平行于 W 面的 C、D 两素线圆的投影(区分左、右半环表面的外形轮廓线);正面投影和侧面投影上顶、底两直线是圆环面的最高、最低圆的投影(区分内、外环面的外形轮廓线);水平投影上画出最大和最小圆(区分上、下环面的外形轮廓线),以及中心圆点画线的投影。圆环的三面投影如图 3-11(b)所示。

3. 圆环表面上取点

在圆环表面上取点时,可过点在圆环面上作一纬圆,其水平投影反映实形——圆,正面投影和侧面投影均积聚为一直线。

【例 3-6】 如图 3-12(a)所示,已知圆环面上点 M 的正面投影 m',求它的水平投影 m 和侧面投影 m''。

分析:由图 3-12(a)可知,点 M 在上半个圆环面上,且 m' 可见,故点 M 必在前半个外圆环面上。可过点 M 作圆环表面辅助水平圆来求 m,再由 m、m' 可求得 m''。

作图:如图 3-12 所示。

(1) 过 m' 作圆环表面的水平圆的正面投影 $1'2'$。

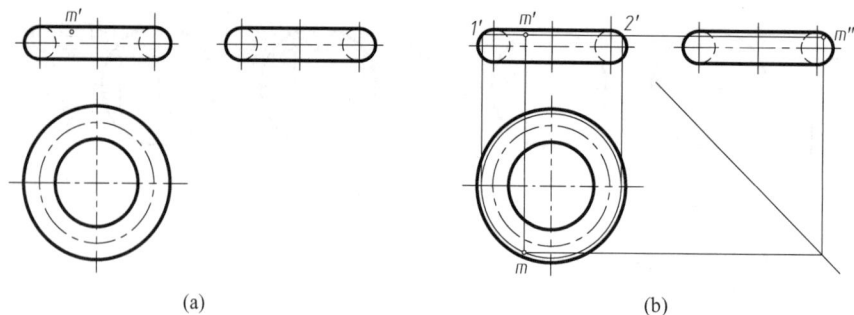

图 3-12　圆环表面上取点

(2) 以 $1'2'$ 为直径作水平投影(圆),过 m' 作投影线与前半圆周的交点即为 m。

(3) 根据 m、m' 作出 m''。

3.3　平面与立体相交

平面与立体相交,可以看作是平面截切立体,该平面称为截平面,它与立体表面的交线称为截交线,如图 3-13 所示。研究平面与立体相交,其主要内容就是求截交线的投影。本节将讨论截交线的性质及作图方法。

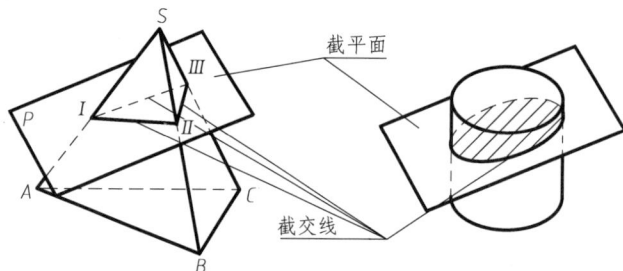

图 3-13　截平面与截交线

1. 截交线的几何性质

(1) 共有性:截交线既在截平面上,又在立体表面上,因此截交线是截平面与立体表面的共有线,截交线上的点是截平面和立体表面的共有点。

(2) 封闭性:立体表面是封闭的,因此截交线一般是封闭的图线。截交线的形状取决于立体表面的形状及截平面与立体的相对位置。

2. 作图方法

因为截交线具有共有性,可利用平面上取点、取线的方法或借助于辅助平面的方法求截交线的投影。

3.3.1　平面与平面立体相交

平面与平面立体的截交线是一个平面多边形,多边形的边数取决于立体上与平面相交的棱线的边数,多边形的顶点是平面立体的棱线或底面与截平面的交点,多边形的边是平面立体表面与截平面的交线。

【例 3-7】　如图 3-14(a)所示,求三棱锥 $S—ABC$ 被正垂面 P 截切后的投影。

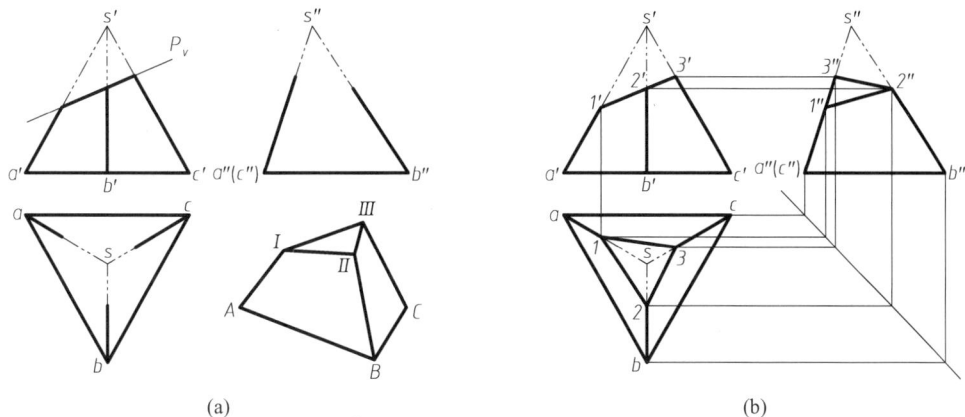

图 3-14　平面截切棱锥

分析:由于平面立体 $S—ABC$ 是三棱锥,平面 P 与三条棱线相交,故截交线为三角形。又由于 P 是正垂面,其正面投影 P_V 具有积聚性,所以截交线的正面投影与 P_V 重合。

作图:如图 3-14(b)所示。

(1) P_V 与各棱线的交点 $1'$、$2'$、$3'$ 即为截交线的三个顶点 I、II、III 的正面投影。

(2) 根据点的投影规律和从属性,分别在 sa、sb、sc 上作出交点 I、II、III 的水平投影 1、2、3 和侧面投影 $1''$、$2''$、$3''$。

(3) 按次序连接点的同面投影 123 和 $1''2''3''$,并判别可见性。

3.3.2　平面与回转体相交

1. 平面与圆柱相交

平面与圆柱相交,根据截平面与圆柱轴线的相对位置不同,其截交线形状有 3 种情况,见表 3-1。

表 3-1　圆柱的截交线

截平面位置	⊥轴线	//轴线	∠轴线
立体图			
投影图			
截交线形状	圆	矩形	椭圆

【例 3-8】　如图 3-15(a)所示,已知圆柱被正垂面截切,求其侧面投影。

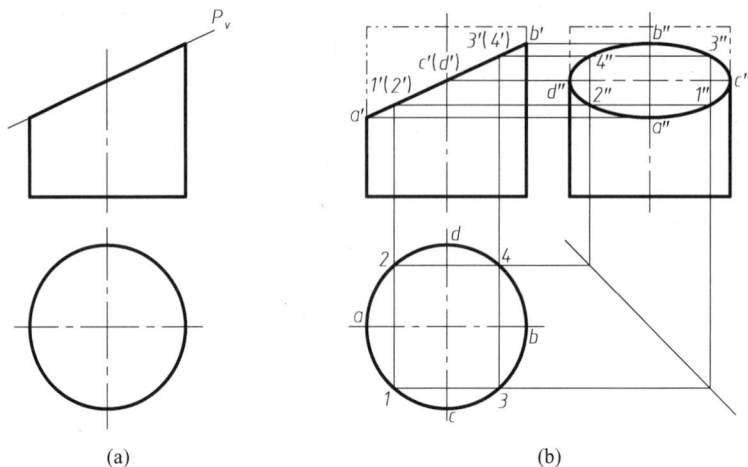

图 3-15　平面截切圆柱

分析:由于正垂面倾斜于圆柱轴线,故截交线空间形状为一椭圆。由截交线的共有性可知:截交线的正面投影为正垂面的积聚性投影——直线;水平投影为圆柱面的水平投影——圆;侧面投影为椭圆,作图时可根据投影规律和圆柱面上取点的方法求出。

作图:如图 3-15(b)所示。

(1) 求作特殊点:A、B、C、D 为椭圆的长、短轴的端点,也是椭圆的最低、最高、最前、最后点,是圆柱上最左、最右、最前、最后素线上点这一特性求出 a''、b''、c''、d''。

(2) 求作一般点:为作图简便,图中选取椭圆上的 4 个对称点 I、II、III、IV,按圆柱表面上取点的方法求出 $1''$、$2''$、$3''$、$4''$。

(3) 依次连接各点的投影,并判别可见性。

【例 3-9】　如图 3-16(a)所示,补全圆柱被平面截切后的水平和侧面投影。

分析:图 3-16(a)为一直立圆柱被一个水平面 P 和两个侧平面 Q、R 所截切,截切后的立体图如图 3-16(d)所示,截平面 Q、R 对称平行于圆柱轴线,截切圆柱后得到的交线分别为平行于圆柱轴线的两直线;截平面 P 垂直于圆柱轴线,截切圆柱后得到的交线为与圆柱端面相同的圆;截平面 P 和 Q,P 和 R 的交线为正垂线。

作图:如图 3-16(b)所示。

(1) 截平面 Q、R 与圆柱面的交线为分别矩形 $ABFE$ 和 $CDNM$,它们的水平投影积聚成一直线,反映实形的侧面投影 $a''b''f''e''(c''d''n''m'')$ 可由水平投影和正面投影求出。

(2) 截平面 P 与圆柱面的交线为两段平行于 H 面的圆弧 EF 和 MN,它们的水平投影反映实形,和圆柱的水平投影重合,正面投影和侧面投影均积聚成一直线。

(3) 截平面 P 和 Q,P 和 R 的交线为正垂线 EF、MN,其正面投影分别积聚为一点 $e'(f')$ 和 $m'(n')$,水平投影重合于截平面 Q、R 与圆柱面的交线的水平投影,侧面投影重合于截平面 P 与圆柱面的交线的侧面投影。

（4）擦去作图线和多余线条，判别可见性，整理得如图 3-16(c)所示的圆柱被切割后的投影图。

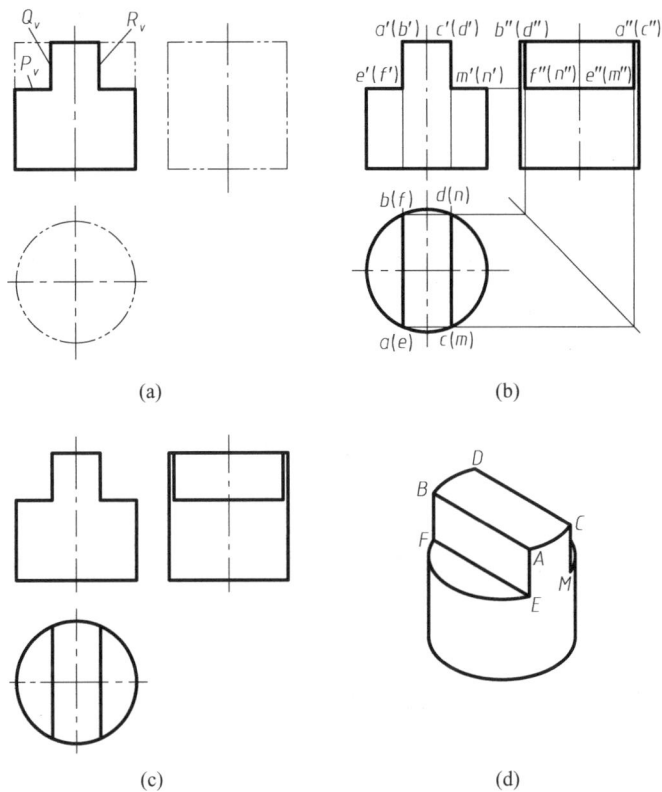

图 3-16　圆柱被切割

图 3-17 所示为圆柱被开槽后的立体图和投影图，请读者比较其与圆柱切割截交线的异同。

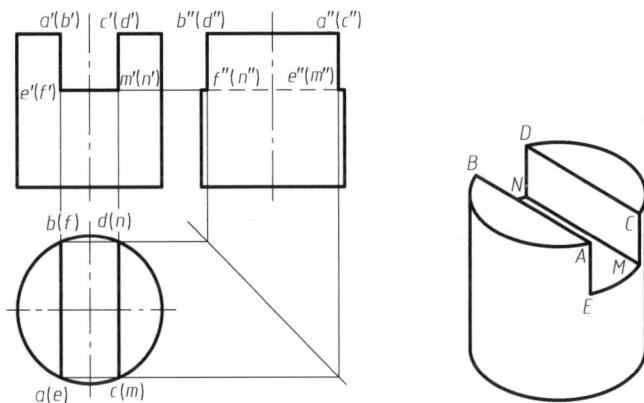

图 3-17　圆柱被开槽

图 3-18(a)、(b)为圆筒被切割的情况,截平面与内外圆柱面都有交线,作图方法与上述相同,但要注意判断截交线的可见性。

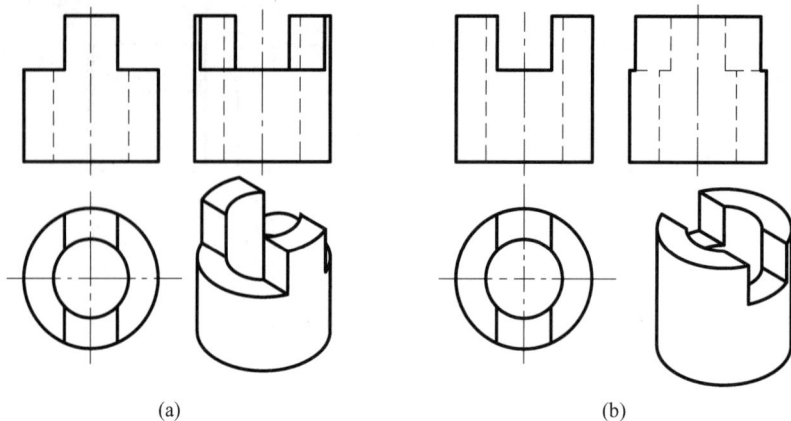

(a)　　　　　　　　　　　　　　　　(b)

图 3-18　圆筒被切割、开槽

2. 平面与圆锥相交

平面与圆锥相交,根据截平面与圆锥轴线的相对位置不同,其截交线形状有 5 种情况,见表 3-2。

表 3-2　圆锥的截交线

截平面位置	不过锥顶				过锥顶
	⊥轴线 $\theta=90°$	∠轴线 $\theta>\alpha$	∠轴线 $\theta=\alpha$	//轴线 $\theta=0°$	
立体图					
投影图					
截交线形状	圆	椭圆	抛物线加直线	双曲线加直线	三角形

注:θ 为平面与圆锥轴线的夹角,α 为圆锥锥顶半角。

【例 3-10】　如图 3-19(a)所示,求圆锥被平面截顶后的投影。

分析:由图 3-19(a)可知,由于锥顶被正垂面斜截且 $\theta>\alpha$,故截交线空间形状为椭圆,其正面投影积聚成直线段,水平投影和侧面投影均为椭圆;设 A、B 为椭圆长轴的两端点,C、

D 为椭圆短轴的两端点。

作图：如图 3-19 所示。

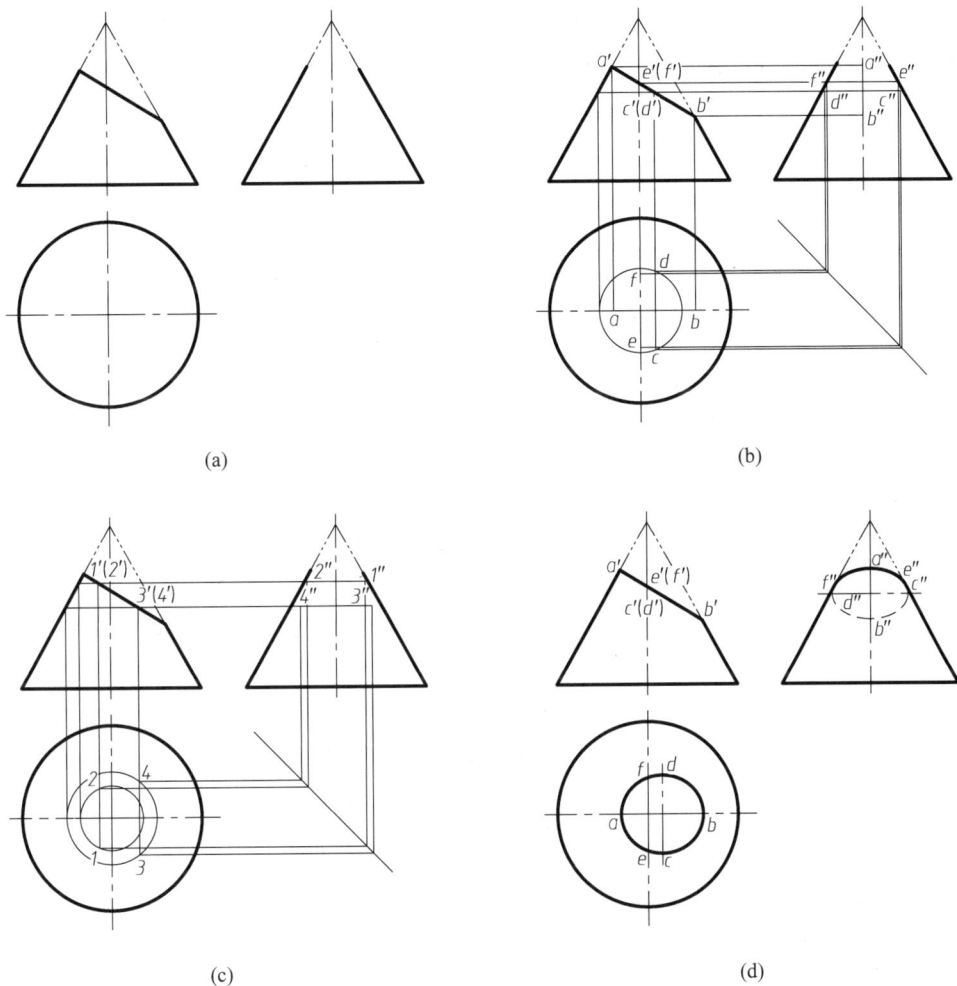

图 3-19　截顶后圆锥的投影

（1）求特殊点：由 a'、b'、e'、f' 在相应的素线投影上求出 a、b、e、f 和 a''、b''、e''、f''，平分 $a'b'$，分点为 $c'(d')$，用辅助圆法求出 c、d 和 c''、d''，如图 3-19（b）所示。

（2）求一般点：在截交线适当位置上取得若干一般点 Ⅰ、Ⅱ、Ⅲ、Ⅳ，用辅助纬圆法求出 1、2、3、4 和 $1'$、$2'$、$3'$、$4'$，如图 3-19（c）所示。

（3）依次连接各点的投影，并判别可见性。截交线的水平投影可见，画成实线；侧面投影以 e''、f'' 为分界点，位于右半锥面部分不可见，画成虚线，如图 3-19（d）所示。

【例 3-11】　求如图 3-20（a）所示的圆锥被截切后的投影。

分析：如图 3-20（b）所示，圆锥被正垂面 Q 和水平面 P 所截切，平面 Q 通过锥顶，截交线是两条直线段。平面 P 垂直于圆锥轴线，截交线是圆弧。平面 Q 和平面 P 的交线是两个截交线的分界线，是一条正垂线，其端点是相邻截交线的分界点。

作图：如图 3-20(b)所示。

(1) 作过 $A(B)$ 的素线的投影 $s'1'(2')$、$s1$、$s2$，过 a'、b' 作投影线得 a、b，再求得 $s''a''$、$s''b''$。

(2) 以 s 为圆心，sa 为半径，作圆弧 acb，并求出具有积聚性的侧面投影 $c''a''b''$。

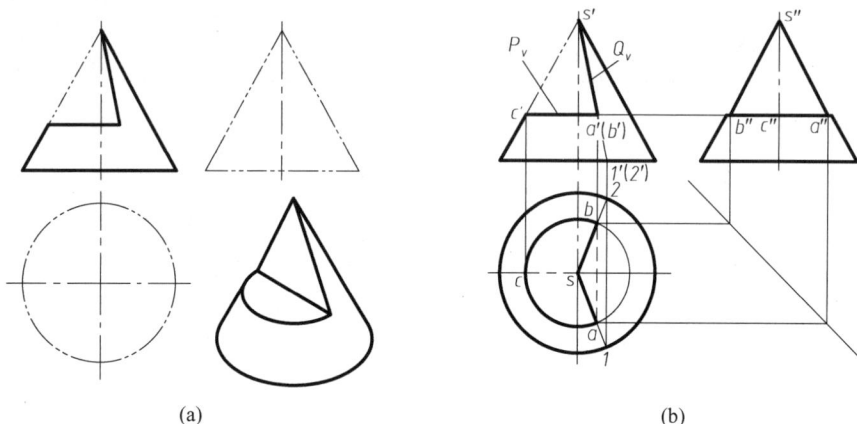

图 3-20　平面截切圆锥

(3) 因 AB 被锥体上部挡住，故其水平投影不可见，为虚线，侧面投影与平面 P 的投影重合。

3. 平面与圆球相交

平面与圆球相交，其截交线总为圆，若截平面为投影面的平行面，则截交线在所平行的投影面上的投影反映实形，其余两投影均积聚为直线段；若截平面为投影面的垂直面，则截交线在所垂直的投影面上的投影积聚为直线，另外两投影为椭圆。

【例 3-12】　求如图 3-21(a)所示的半球被切槽后的投影。

分析：如图 3-21(b)所示，半球被两个侧平面 R、Q 和一个水平面 P 截切，3 个截平面的截交线均为圆弧，且在各自所平行的投影面上的投影反映实形，其中 R、Q 关于半球轴线对称，故其反映实形的侧面投影重合。另外，截平面的交线为正垂线。

作图：如图 3-21 所示。

(1) 延长 P_V 交正面投影轮廓于 $1'$，求出水平投影 1，过 1 作出截平面 P 与半球的截交线的水平投影——圆，过 a'、$b'(c')$ 作投影线，交圆于 b、c。同理，作出 e、f，连接 bc、ef，如图 3-21(b)所示。

(2) 求出 $a''(d'')$，作出截平面 Q、R 与半球的截交线的侧面投影——圆弧，在其上确定 BC、EF 的侧面投影 $b''(e'')$、$c''(f'')$，如图 3-21(c)所示。

(3) 作水平面 P 与半球的截交线，画出水平投影(圆弧 cf、be)，连接 $b''c''$($e''f''$)，因其不可见，故用虚线画出，如图 3-21(d)所示。

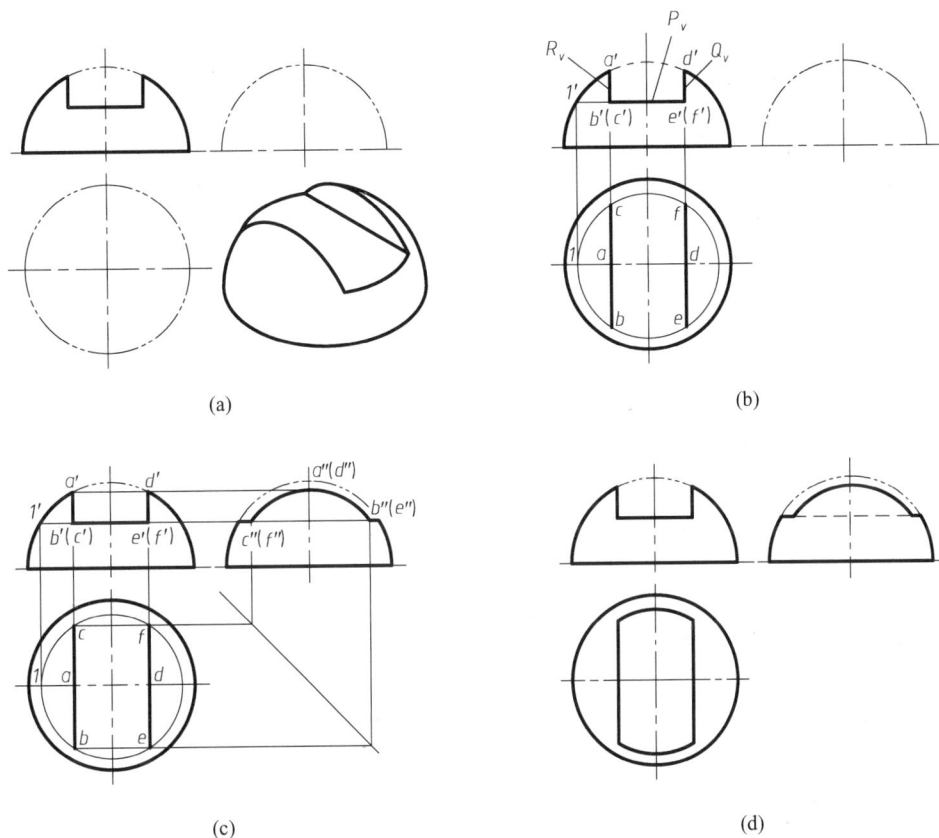

(a)

(b)

(c)

(d)

图 3-21 平面截切半圆球

3.4 立体与立体相交

两立体相交称为相贯,相贯时形成的表面交线称为相贯线。两立体相交可分为两平面立体相交、平面立体与曲面立体相交、两曲面立体相交。两立体中有一个为平面立体时,如图 3-22 所示,其相贯线求法可按截交线来求,故本节主要讨论两曲面立体相贯时的相贯线的求法。

3.4.1 相贯线的性质

由于相交两曲面立体的形状、大小及相对位置不同,相贯线的形状也不同,但所有的相贯线都具有以下性质。

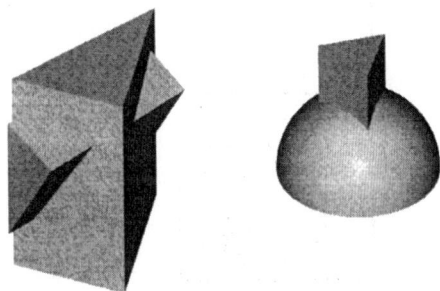

图 3-22 平面立体与立体相贯

(1)共有性。相贯线是两曲面立体表面的共有线,相贯线上的点是两曲面立体表面的共有点。

(2)封闭性。相贯线一般是封闭的空间曲线,特殊情况下可能是不封闭的,也可能由平面曲线或直线构成。

（3）相贯线的形状取决于两相贯体的形状,相对尺寸大小及两相贯表面的相对位置。

3.4.2　相贯线的画法

根据相贯线的共有性可知,求相贯线的投影实质是求相交两立体表面上一系列共有点的投影,求出这些共有点的投影后只要依次光滑连接即为相贯线的投影。

1. 利用积聚性投影求相贯线

当相交两圆柱体的轴线正交垂直时,相贯线的两面投影具有积聚性,此时可根据点的投影规律,由共有点的两面投影求出其第三面投影。

【例3-13】　如图3-23(a)所示,两轴线垂直相交的水平圆柱和直立圆柱相交,求其相贯线的投影。

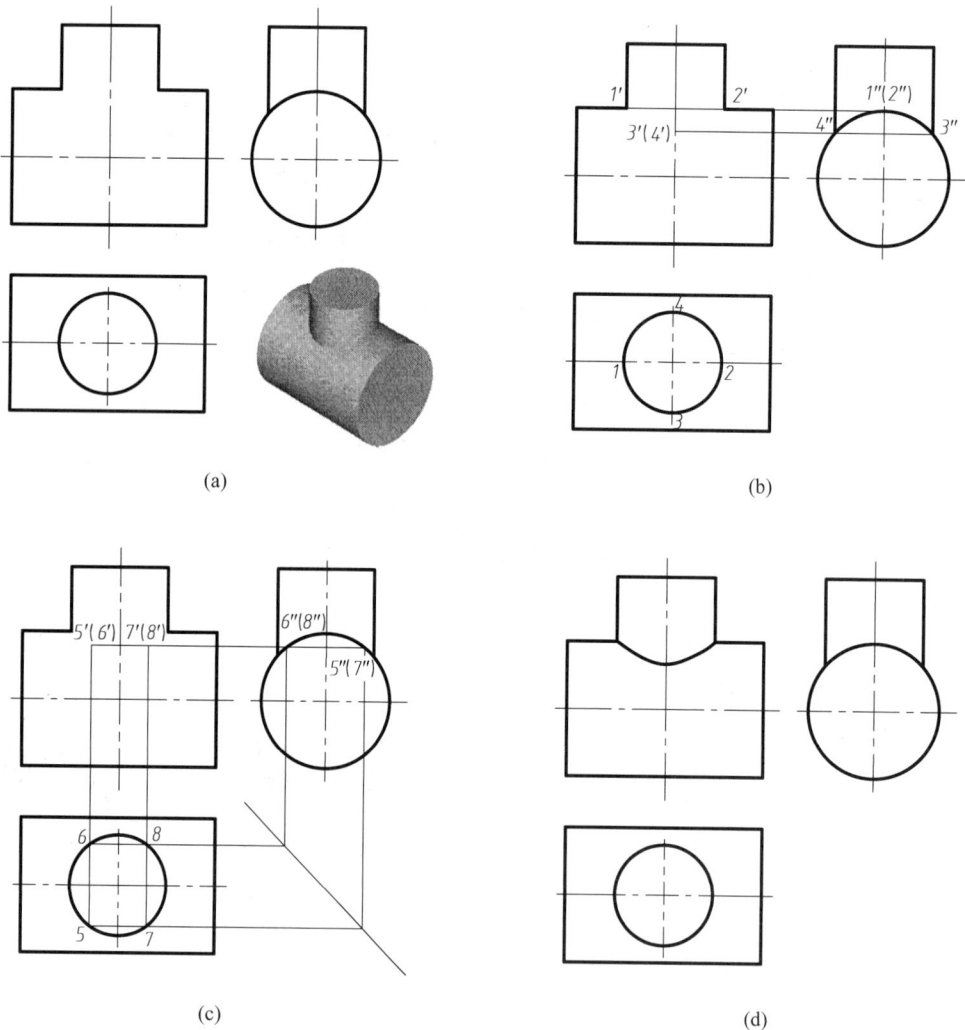

(a)　　　(b)　　　(c)　　　(d)

图 3-23　圆柱与圆柱相贯

分析：由于两圆柱正交,故其相贯线为前后、左右均对称的封闭空间曲线。小圆柱的轴线垂直于 H 面,其水平投影积聚为圆,则相贯线的水平投影为圆；大圆柱的轴线垂直于 W

面,其侧面投影积聚为圆,则相贯线的侧面投影为圆弧(与小圆柱面共有的部分),故本题只需求出相贯线的正面投影。

作图:如图 3-23 所示。

(1) 求特殊点。如图 3-23(b)所示,相贯线上最左、最右点为 I 、II 点(也是相贯线上最高点);最前、最后点为III、IV 点(也是相贯线上最低点),由其特殊性可很容易作出其水平投影 1、2、3、4,正面投影 1′、2′、3′、4′和侧面投影 1″、2″、3″、4″。

(2) 求一般点。在相贯线的水平投影上定出左右对称的四点VI、VII、VIII、IX 的水平投影 5、6、7、8,求出其侧面投影 5″、6″、7″、8″和正面投影 5′、6′、7′、8′,如图 3-23(c) 所示。

(3) 依次光滑连接各点的正面投影,如图 3-23(d)所示。

两轴线垂直相交的圆柱,在零件上是最常见的,它们的相贯线一般有图 3-24 所示的 3 种形式:

(1) 图 3-24(a)表示的实心圆柱全部贯穿大的实心圆柱,相贯线是上下对称的两条闭合的空间曲线。

(2) 图 3-24(b)表示圆柱孔全部贯穿大的实心圆柱,相贯线也是上下对称的两条闭合的空间曲线,且就是圆柱孔壁的上、下孔口曲线。

(3) 图 3-24(c)所示的相贯线是长方体内部两个圆柱孔的孔壁交线,同样是上下对称的两条闭合的空间曲线。

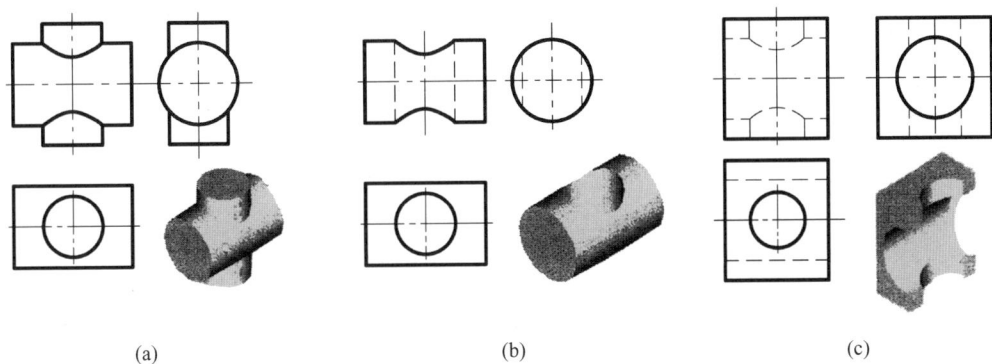

(a)　　　　　　　　　　　(b)　　　　　　　　　　　(c)

图 3-24　两圆柱相贯线的常见情况

(a) 两实心圆柱相交;(b) 圆柱孔与实心圆柱相交;(c) 两圆柱孔相交

实际上,在这 3 个投影图中所示的相贯线,具有同样的形状,而且求这些相贯线投影的作图方法也是相同的。

2. 辅助平面法

当两回转体的相贯线不能(或不便于)利用积聚性直接求出时,可利用辅助平面法求解。辅助平面法是利用辅助平面求作相贯线上点的方法。具体来讲,就是用一个与两回转体都相交的辅助平面同时截切这两个相交立体,得到两组截交线,截交线的交点即为辅助平面与两回转体表面的三面共有点,也就是相贯线上的点。选取辅助平面时,为便于解题,应使其为特殊位置的平面,且与两回转体的截交线的投影最为简单(直线或圆)。

【例 3-14】　如图 3-25(a)所示,求轴线垂直相交的圆柱和圆锥的相贯线。

分析:由于圆柱与圆锥的轴线垂直相交,即两者有共同的前后对称面,故其相贯线为前后对称的封闭的空间曲线。其侧面投影是圆,即圆柱具有积聚性的侧面投影。故本题只需求出相贯线的正面投影和水平投影。

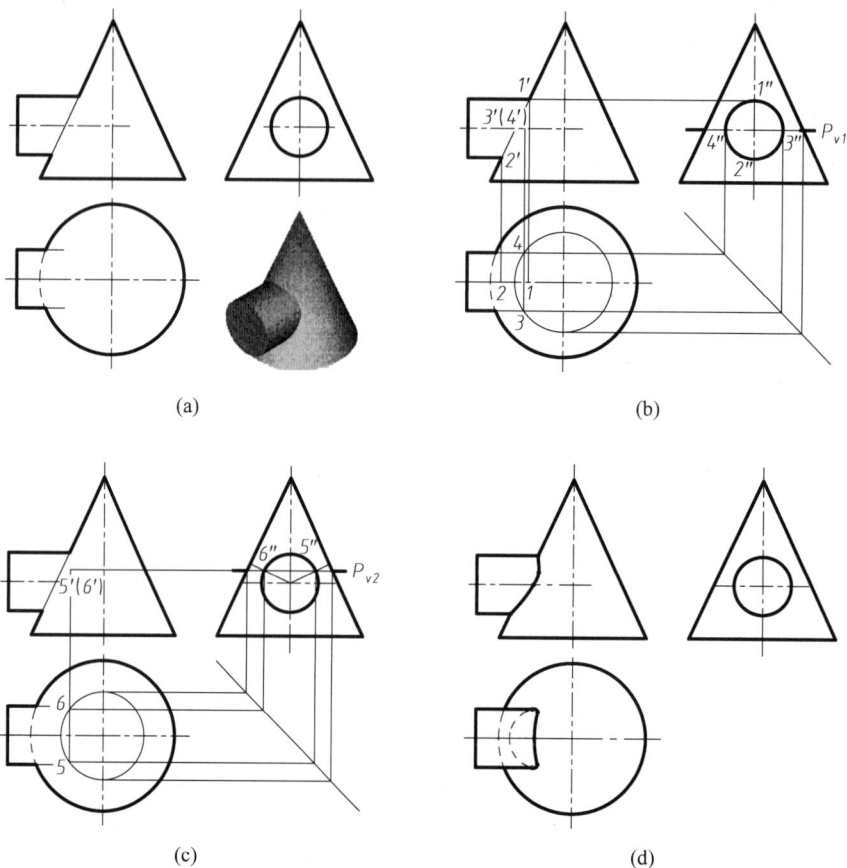

(a)　　　　　　　　　　　　　(b)

(c)　　　　　　　　　　　　　(d)

图 3-25　圆柱与圆锥相贯

　　由于圆锥的轴线垂直于水平投影面,而圆柱的轴线平行于水平投影面,故可用一水平面 P 作为辅助平面来进行截切,得到的截交线分别为圆和两平行直线,圆与两平行直线的交点即为相贯线上的点。

　　作图:

　　(1)求特殊点。如图 3-25(b)所示,在侧面投影上可直接得到最高、最低点 I、II 两点的侧面投影 $1''$、$2''$,由 $1''$、$2''$ 可直接求出 $1'$、$2'$ 和 1、2;在侧面投影上可得到最前、最后点 III、IV 的投影 $3''$、$4''$,过 III、IV 作一水平面 P_1,即可求得 3、4 和 $3'$、$4'$。其中,3、4 还是相贯线水平投影可见与不可见的分界点。

　　在图 3-25(c)所示的侧面投影中,从圆的中心向圆锥面外形轮廓作垂线,与圆相交于两点,交点即为相贯线上最右两点 V、VI 的侧面投影 $5''$、$6''$。过 V、VI 作一辅助水平面 P_2,切圆柱为两直线,切圆锥为一个圆,直线与圆的交点即为 5、6,进而求得 $5'$($6'$)。

　　(2)求一般点。根据需要,可在适当位置再作一些辅助水平面,求出相贯线上的其他一般点,作图方法同(1)。

　　(3)判别可见性按次序光滑连接各点的同面投影,如图 3-25(d)所示。因为相贯线前后对称,故其正面投影重合在一起;水平投影中由于圆柱面的下半部分不可见,故以相贯线上

Ⅲ、Ⅳ两点的水平投影 3、4 为分界点,不可见部分画虚线,可见部分画实线。

3.4.3　相贯线的特殊情况

两回转体相交,一般情况下相贯线为封闭的空间曲线。但在某些特殊情况下,也可能是平面曲线或直线。掌握了这些情况就可以直接判别相贯线的投影,从而简化作图,提高作图效率。

(1) 当两个回转体轴线相交,且外公切于一个球面时,这两个曲面的相贯线为椭圆曲线,当两回转体的轴线同时平行于一个投影面时,则相贯线的正面投影积聚为两条相交直线,如图 3-26 所示。

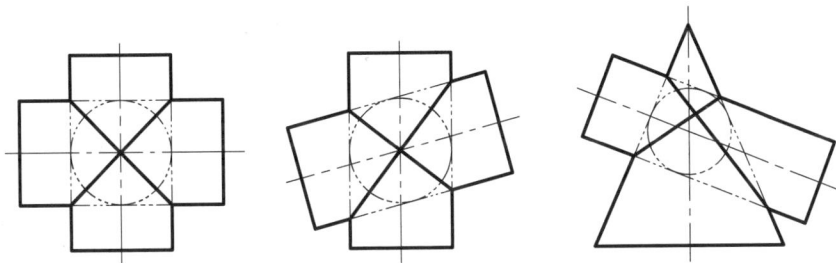

图 3-26　相贯线的特殊情况(一)

(2) 两个同轴回转体(即轴线在同一直线上的两个回转体)的相贯线是垂直于轴线的圆,如图 3-27 所示。

(3) 两个共锥顶的圆锥的相贯线是一对相交直线;两个轴线平行的圆柱的相贯线是一对平行直线,如图 3-28 所示。

3.4.4　相贯线的简化画法

在机械制图中,当不需要精确画出相贯线时,可采用简化画法。

1. 用圆弧代替非圆曲线

如图 3-29(a)所示,两圆柱轴线垂直相交,其相贯线

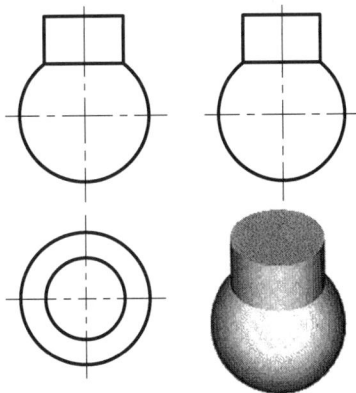

图 3-27　相贯线的特殊情况(二)

的投影可以用一段圆弧来代替,该圆弧的圆心位于小圆柱的轴线上,半径为大圆柱的半径。

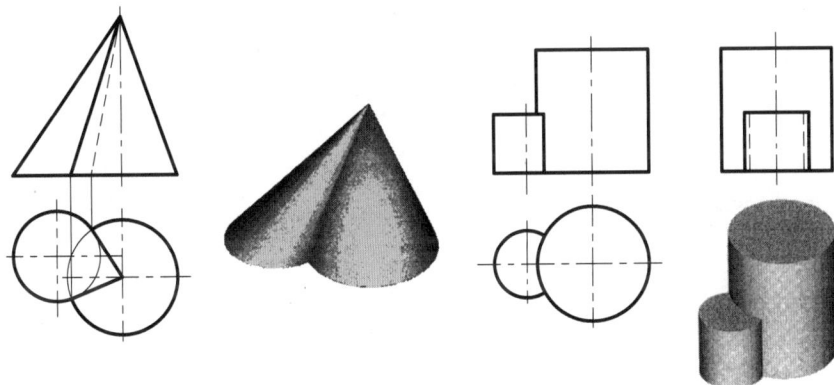

图 3-28　相贯线的特殊情况(三)

2. 用"模糊"画法表示相贯线

如图 3-29(b)所示,圆柱与圆台相贯,只要求在图样上将相贯体的形状、大小和相对位置清楚地表示出来即可,因为相贯线在生产过程中会自然形成。这种简化画法既真实又模糊,可以满足生产实际中的设计要求。

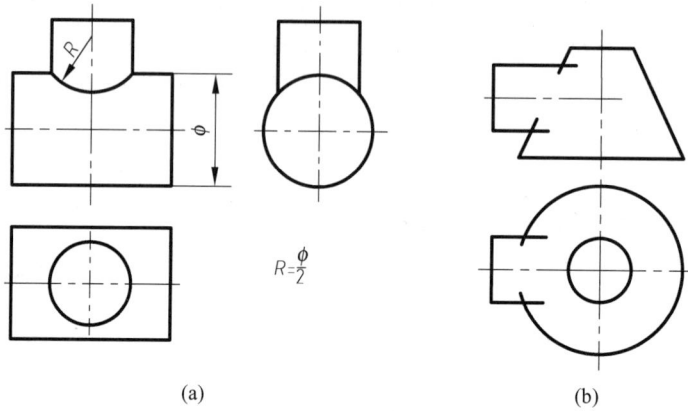

(a)　　　　　　　　　　　　　　　(b)

图 3-29　相贯线的简化画法

第4章 组合体的视图

任何机器零件,从几何形体角度而言,都可看作由若干基本体或简单体经过一定的方式构成的组合体。本章将学习组合体的画图、看图及尺寸标注等内容。

4.1 三视图的形成及投影规律

4.1.1 三视图的形成

1. 三视图的形成

用正投影法绘制出的物体的图形称为视图。

为了准确地表达物体的形状,将物体置于如图 4-1 所示的三投影面体系的第一分角内,并使其处于观察者与投影面之间,分别向 V、H、W 面投射,即可得到第一分角画法的 3 个视图,分别称为主视图、俯视图和左视图。

主视图——由前向后投射,在 V 面所得到的视图。

俯视图——由上向下投射,在 H 面所得到的视图。

左视图——由左向右投射,在 W 面所得到的视图。

其中主视图应尽量反映物体的主要形状特征。

2. 三视图的配置

将三投影面体系中的 3 个投影面展开后,便可得到如图 4-2 所示的三视图的配置。以主视图为准,俯视图在它的正下方,左视图在它的正右方。画三视图时,应按上述规定配置。按规定配置的三视图不需要标注视图的名称及投影方向。

由于视图所表示的物体形状与物体和投影面之间的距离无关,绘图时可省略投影面边框线及投影轴(见图 4-2)。

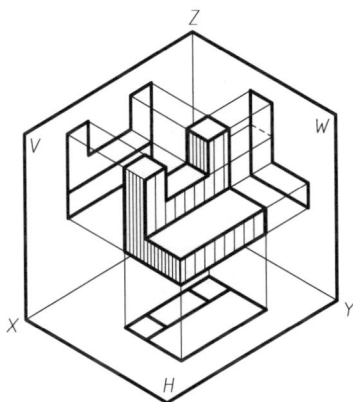

图 4-1 三视图的形成

图 4-2 三视图的配置

4.1.2 三视图间的对应关系

1. 三个视图的三等关系

如图 4-2 所示,主视图反映了物体的长度和高度,俯视图反映了物体的长度和宽度,左视图反映了物体的宽度和高度。展开后的三视图之间存在:主、俯视图长度相等,即"长对正";主、左视图高度相等,即"高平齐";俯、左视图宽度相等,即"宽相等"。"长对正,高平齐,宽相等"是三视图的投影规律。三视图之间的三等关系不仅适合于整个物体的投影,也适合于物体上每个局部结构的投影。

2. 视图与物体的方位关系

方位关系是指当观察者面对 V 面看图时,物体的上、下、左、右、前、后 6 个方位在三视图中的对应关系。主视图反映了物体的上、下和左、右关系,俯视图反映了物体的前、后和左、右关系,左视图反映了物体的上、下和前、后关系,如图 4-3 所示。

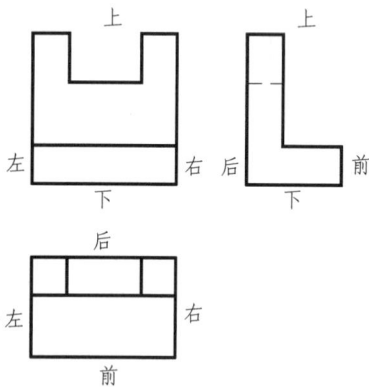

图 4-3 视图与物体的方位关系

需要特别注意的是:俯、左视图除了反映宽度相等以外还具有相同的前、后对应关系。以主视图为基准,俯、左视图中靠近主视图的一侧,均表示物体的后面,远离主视图的一侧,均表示物体的前面。弄清楚 3 个视图 6 个方位的关系,对绘图、读图、判断物体之间的相对位置十分重要。

4.2 组合体及其形体分析法

4.2.1 组合体的构成方式及其表面结合形式

1. 组合体的构成方式

组合体是由基本形体构成的。组合体按其构成方式的不同,可分为叠加类、挖切类和综合类。叠加类通常指该形体由若干基本体或简单体经过直接的堆合而形成,如图 4-4(a)所示。挖切类主要指该形体是由某个基本体经过若干次切割、穿孔而形成,如图 4-4(b)所示。综合类是指该形体是综合应用叠加与挖切的方法而形成,如图 4-4(c)所示。

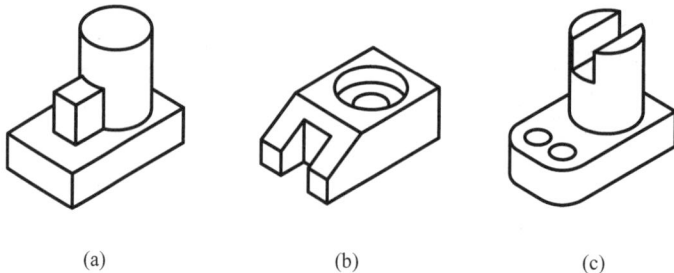

(a)   (b)   (c)

图 4-4 组合体构成方式

(a)叠加类;(b)挖切类;(c)综合类

2. 表面结合形式

各基本体在组合过程中,其表面间的结合形式有平齐(共面)、相交和相切 3 种情况。

平齐是指两基本体表面间(平面与平面或曲面与曲面)共处同一面的位置,如图 4-5(a)所示。

相交是指两基本体表面(平面与平面、曲面与曲面或平面与曲面)之间直接交合,相交处有交线,如图 4-5(b)所示。

相切是指两基本体表面(平面与曲面或曲面与曲面)之间光滑过渡,相切处无线,如图 4-5(c)所示。

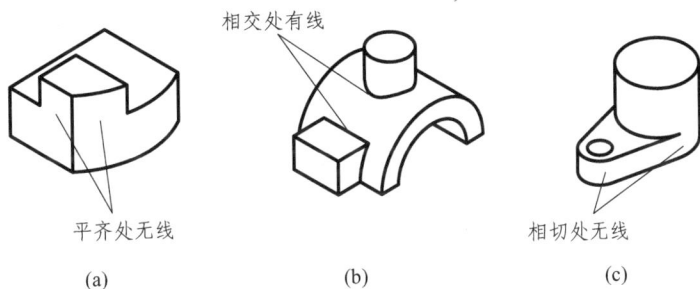

图 4-5　组合体表面结合形式

4.2.2　形体分析法与线面分析法

1. 形体分析法

形体分析法是假想把组合体分解成若干个基本体,经叠加或挖切等方式组成,并分析这些基本体的形状、大小、相对位置及表面结合形式,从而得到组合体的完整形体。这种方法可以帮助我们深入地了解形体,是使复杂形体简单化的一种思维方法。在画图、看图和尺寸标注过程中,常常要运用形体分析这一基本方法。

图 4-6(a)所示的轴承座,可假想分解为 4 个部分,如图 4-6(b)所示。底板可看成是一个长方体,其 4 个侧棱被倒成了圆角,并挖去了 4 个圆孔,下部中间位置开有方槽;座子为一个挖去半圆柱槽的长方体,位于底板上面的正中部位;两个肋板均为三棱柱,对称地分布在

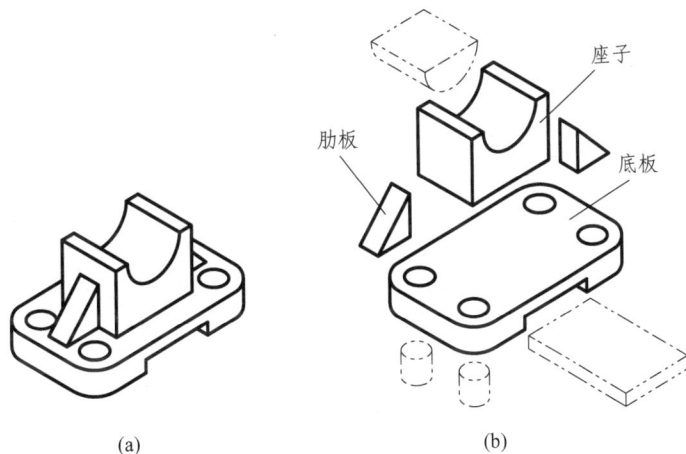

图 4-6　轴承座的形体分析

底板上面座子的两侧。

2. 线面分析法

在绘制或阅读组合体视图时,对比较复杂的组合体通常在运用形体分析法的基础上,对不易表达或难懂的局部,有时需要结合线、面的投影进行分析。如分析组合体的表面形状、组合体上面与面的相对位置、组合体的表面交线等,来帮助表达或读懂这些局部的形状。这种方法称为线面分析法。

下面接合两个实例谈谈线面分析法的应用。

如图 4-7(a)所示,已知组合体的三视图,现在要构思组合体的形状。分析思路如下:该形体的基本体是一个长方体,但被一些平面切割后,产生了较复杂的交线。先将主视图分成几个线框,再找出对应投影。主视图中线框 a',在俯视图中有与其长对正的类似形线框 a,而在左视图中找不到与其高平齐的类似形线框,它必对应积聚性斜线 a'',这说明 A 面是侧垂面。线框 b' 和 c' 按长对正在俯视图上均找不到类似形线框,只能找到线段 b、c,说明 B、C 均是正平面,其左视图也各是一直线。线框 d 在主视图上找不到与其对应的类似形线框,它必对应积聚性线段 d',说明 D 面是水平面。由此可以构思出该形体,如图 4-7(b)所示。

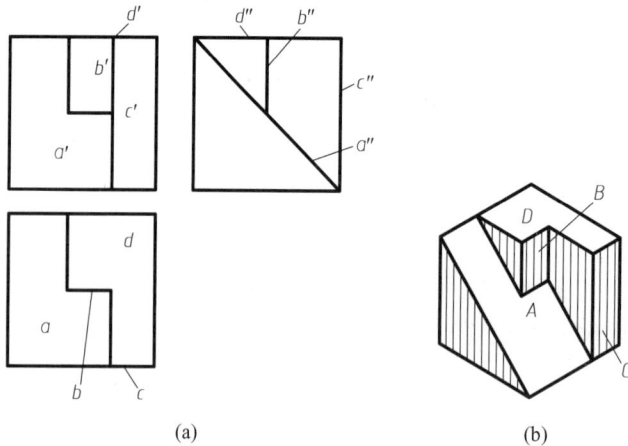

图 4-7　线面分析法读图(一)

再如图 4-8(a)所示,同样可以采用线面分析法根据三视图构思该立体。该形体的基本体是一个长方体,由 R 面为侧垂面可知,在长方体前方切去一角,形成直角梯形棱柱。然后看主视图上的 V 形槽,V 形槽的两个侧面 P 和 Q 是正垂面,P 和 Q 的交线为正垂线,P、Q 和 R 面的交线均为一般位置直线。由此构思出如图 4-8(b)所示的立体形状。

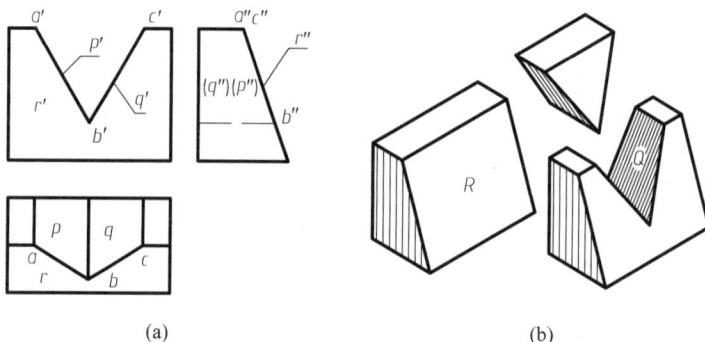

图 4-8　线面分析法读图(二)

4.3　组合体三视图画法

画组合体的视图时,通常要先对组合体进行形体分析,了解其组合情况,再选择合适的方向作为主视图的投影方向,然后按投影关系,画出组合体的各个视图。现以图 4-9 所示的支架为例,讨论其作图过程。

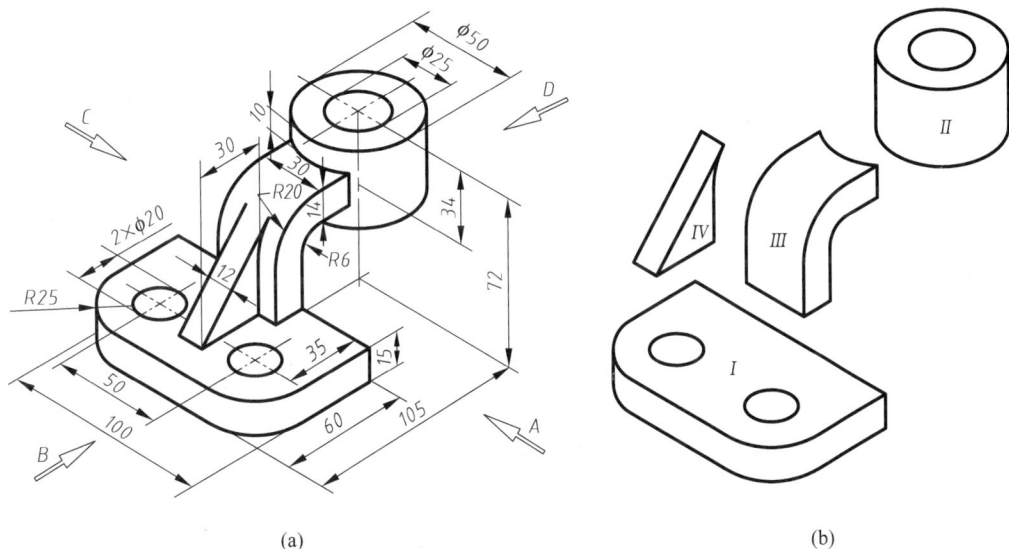

(a)　　　　　　　　　　　　　　　　(b)

图 4-9　支架立体图及形体分析

4.3.1　形体分析

图 4-9 所示的支架由底板Ⅰ、空心圆柱体Ⅱ、支承弯板Ⅲ和肋板Ⅳ组合而成。支架的宽度方向有前、后对称面,支承弯板的右上部与空心圆柱体侧表面的中部直接相交;支承弯板的左下部与底板相叠加,且右侧面处平齐;肋板的斜面与支承弯板上的圆柱面相切,与底面相交。

4.3.2　视图选择

1. 主视图选择

主视图是表达组合体的一组视图中最主要的视图,人们在画图或读图时总是先从主视图开始入手。主视图的选择应考虑能尽量反映出组合体的形体特征,就是说所选的主视图应能较清楚或较多地反映组合体各组成部分的形状特征及相对位置。

在图 4-9(a)中,将支架按自然位置安放后,对由箭头 A、B、C、D 4 个方向投影所得的视图进行比较,确定主视图。

如图 4-10 所示,在这 4 个方向投影中,空心圆柱与底板的变化不大,而支承弯板和肋板从 A 或 C 方向投影时,则较好地反映出其形状特征,且 4 个部分的相对位置关系也能较清楚地表达出来。若选 D 向作为主视图,则虚线较多。B 向要比 D 向清楚些,但各组成部分的形状(特别是支承弯板和肋板形状)和相对位置表达得不充分。选 C 向作为主视图虽然和 A 向没有太多差别,但在画左视图时会出现较多虚线。比较而言,选 A 向作为主视图的投影方向最好。

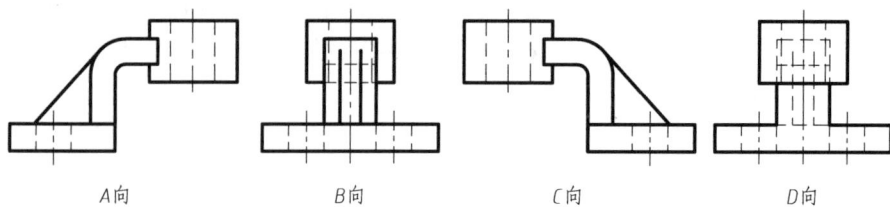

A向　　　　　B向　　　　　C向　　　　　D向

图 4-10　主视图投影方向选择

2. 其他视图的确定

在主视图的位置与投影方向确定后,俯视图和左视图的投影将随之确定。实际应用中,其他视图的数量多少与所表达的对象有关,应尽量做到图形少、表达清楚。

4.3.3　画图步骤

在对组合体作充分了解的基础上(如上面所进行的形体分析与视图选择),其三视图的具体画法过程如下。

(1) 选比例、定图幅。根据形体大小和复杂程度,选取合适的、符合国家标准的图幅和比例。

(2) 图面布置。按视图数量、图幅和比例,均匀地布置视图位置。先确定各视图中起定位作用的对称中心线、轴线和其他直线的位置。

(3) 画底稿。根据形体分析法得到的各基本体的形状及相对位置,逐一画出各基本体的视图。在逐个画基本体时,应做到先主要后次要;先整体后局部;几个视图结合起来画。特别要注意处理好各基本体投影时相互遮挡和表面间的连接问题。对形状较复杂的局部,例如具有相贯线和截交线的地方,适当作线面分析,以帮助想象和表达,减少投影图中的疏误。

(4) 检查、加深。底稿完成后,要仔细检查,修正错误,擦去多余图线,再按规定线型逐一加深。

4.3.4　画图举例

画出图 4-9 所示支架的三视图。

该支架的形体分析、视图选择前面均已做了详细分析,按其所确定的尺寸大小。

作图:如图 4-11 所示。

(1) 如图 4-11(a)所示,画底板基本外形(长方体)的三视图,其在图中的位置要兼顾另外几个形体。

(2) 如图 4-11(b)所示,按底板左端面与空心圆柱体轴线之间的距离 105mm,以及底板底面与圆柱体顶面之间的距离 72mm,画出空心圆柱体的三视图。

(3) 如图 4-11(c)所示,根据支承弯板的底面与底板的顶面相叠合,右上部与空心圆柱相交,画出支承弯板的三视图。

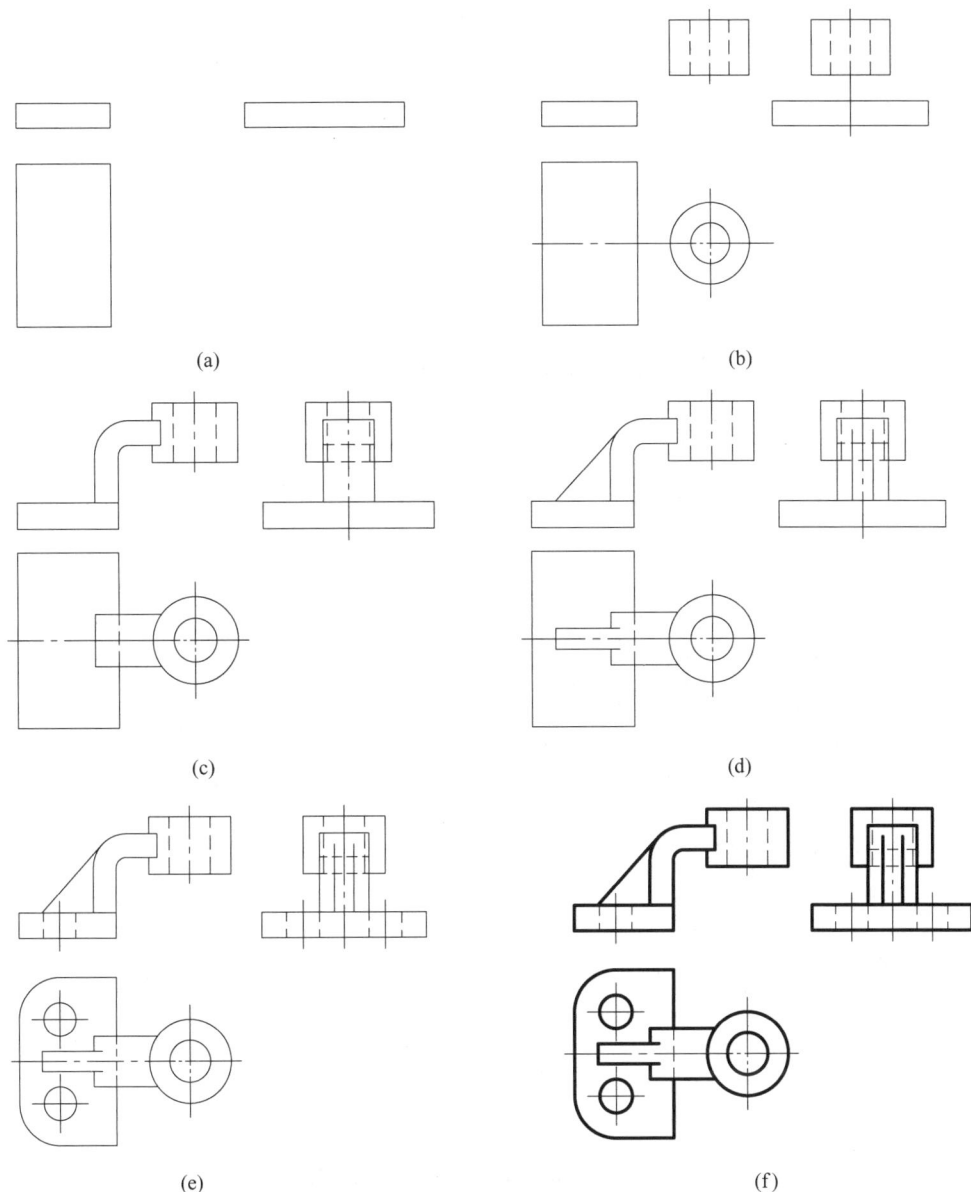

图 4-11　支架三视图的作图过程

　　(4) 如图 4-11(d)所示,按照肋板的斜面与底板相交与支承弯板的柱面相切,画肋板的三视图,图中不画切线的投影。

　　(5) 如图 4-11(e)所示,画底板的细部结构(孔和圆角)。

　　(6) 最后进行校核和加深,作图结果如图 4-11(f)所示。

　　对切割式组合体而言,一般是一基本形体经过一系列截切面(平面或曲面)切割而成的,其画法与上有所不同。首先仍是分析形体,分析该组合体在没有切割前完整的形体:由哪些截切面切割,每一个截面的位置和形状;然后逐一画出每一个切口的三面投影,如图 4-12(f)所示组合体是一个半圆柱体经过若干次切割而成。图 4-12(a)~(e)为该组合体的画图过程。

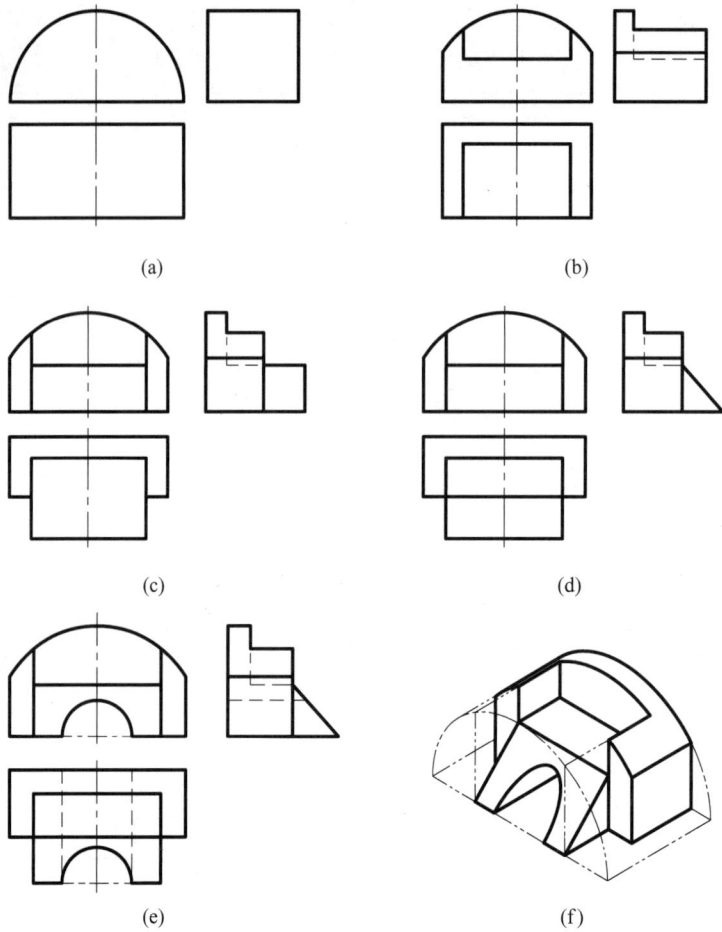

(a)　　　　　　　　　　　　　(b)

(c)　　　　　　　　　　　　　(d)

(e)　　　　　　　　　　　　　(f)

图 4-12　切割式组合体的作图过程

(a) 基本体为半圆柱;(b) 截切两边、中间开槽;(c) 挖切前端部;

(d) 前端部形成斜坡;(e) 底部挖去半圆孔,完形;(f) 完形后的立体图

4.4　组合体尺寸注法

　　视图只能表达组合体的形状。组合体各部分的真实大小及相对位置要通过标注尺寸来确定。标注组合体尺寸的基本要求是:正确、完整、清晰。正确是指符合国家标准规定,如前面所讨论的平面图形尺寸标注的要求,都适合于组合体的尺寸标注。因此,本节主要学习在标注组合体尺寸时如何达到完整和清晰的要求。

4.4.1　标注尺寸要完整

　　为了准确表达组合体的大小,图样上的尺寸要标注完整,既不能遗漏,也不能重复。形体分析法是保证组合体尺寸标注完整的基本方法。图样上一般要标注出组合体必需的定形尺寸、定位尺寸和总体尺寸。

1. 定形尺寸

确定形体形状大小的尺寸称为定形尺寸。在三维空间中,定形尺寸一般包括长、宽、高3个方向的尺寸。由于各基本形体的形状特点不同,因而定形尺寸的数量也各不相同,图 4-13 所示为常见基本体所需的尺寸。

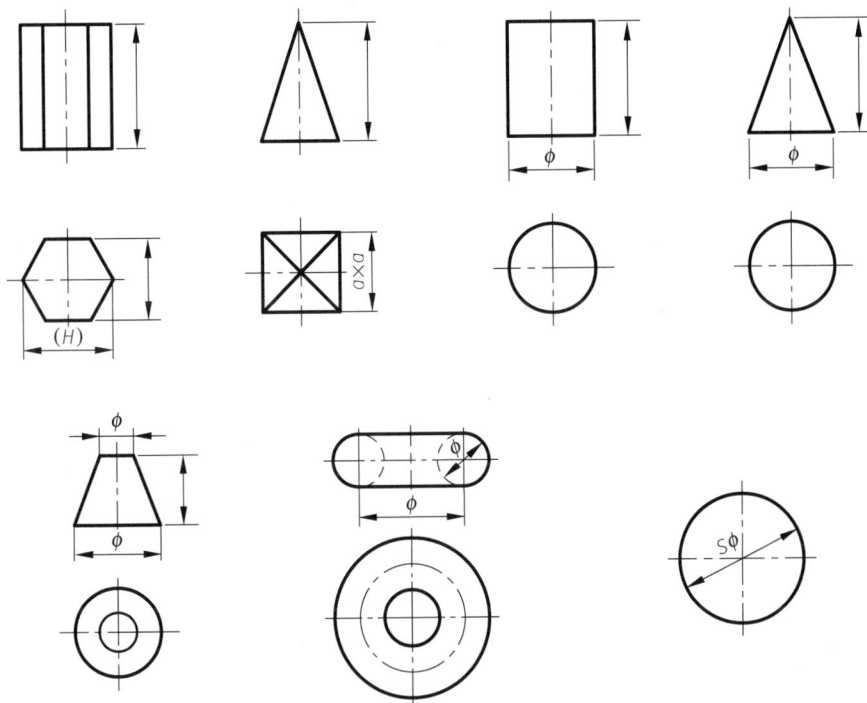

图 4-13 常见基本体的尺寸标注

2. 尺寸基准和定位尺寸

标注尺寸的起点就是尺寸基准。在三维空间中应该有长、宽、高 3 个方向的尺寸基准,每个方向需有一个主要基准,可以有若干个辅助基准。一般采用组合体的对称面、轴线和较大的平面作为尺寸基准,如图 4-14 所示。

定位尺寸是确定形体间相对位置的尺寸。两个形体间应该有 3 个方向的定位尺寸,如图 4-15 所示。若两形体间在某方向处于叠加(或挖切)、共面、对称、同轴的情况之一时,就可省略一个定位尺寸,如图 4-16 所示。

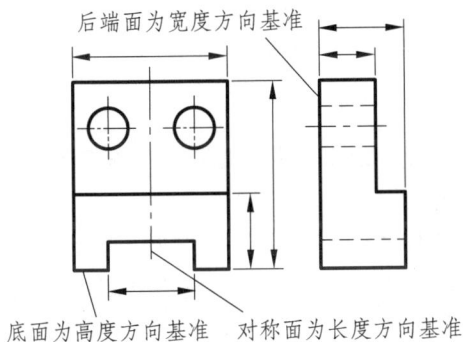

图 4-14 组合体尺寸基准

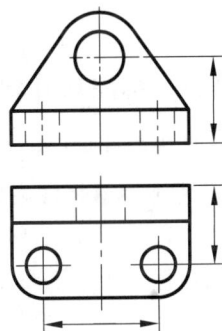

图 4-15 组合体的定位尺寸

3. 总体尺寸

为了表示组合体所占体积的大小,一般需标注组合体的总长、总宽和总高,称为总体尺寸。有时形体尺寸就反映了组合体的总体尺寸,如图 4-17 所示,底板的长和宽就是该组合体的总长和总宽,因此不必另外标注,否则需要调整尺寸。因按形体标注定形尺寸和定位尺寸后,尺寸已完整,若再加注总体尺寸就会出现多余尺寸,必须在同方向减去一个尺寸。如图 4-17 中,在高度方向上,加注总高尺寸后,应去掉一个基本体的高度尺寸,因此图中去掉了圆柱体的高度尺寸。

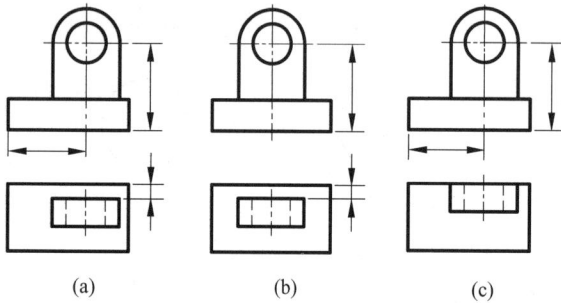

图 4-16 定位尺寸的省略比较图

(a) 一般情况;(b) 对称;(c) 表面平齐

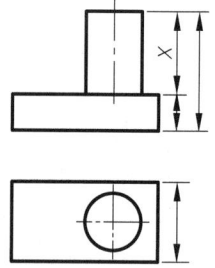

图 4-17 调整总体尺寸

当组合体的端部不是平面而是回转面时,该方向一般不直接标注总体尺寸,通常由确定回转面轴线的定位尺寸和回转面的定形尺寸(半径或直径)来间接确定,如图 4-18 所示。

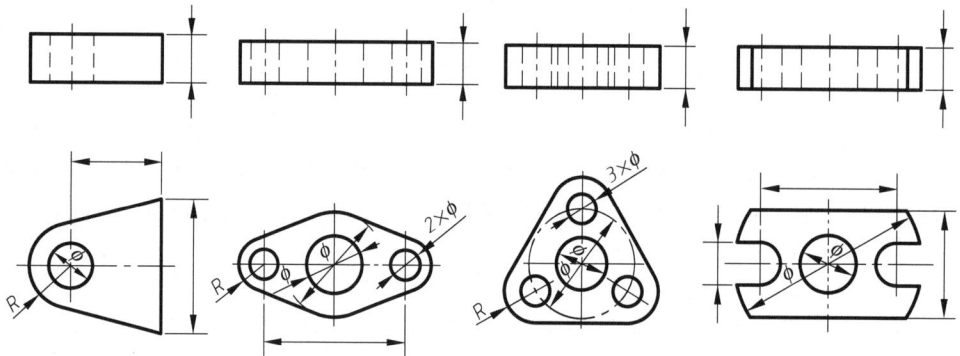

图 4-18 不直接标注总体尺寸的图例

4.4.2 标注尺寸要清晰

清晰是指尺寸标注的位置排列清楚,便于看图。通常需要考虑以下几个方面。

1. 尺寸应尽量标注在形状特征明显的视图上

如图 4-19(a)所示形体的中下部燕尾槽处的尺寸标注,标注在主视图上就比标注在俯视图上好。对直径尺寸不要注写半径值,同轴回转体的直径应尽量标注在投影为非圆的视图上。而半径尺寸或定位圆尺寸应标注在投影为圆弧或圆的视图上,如图 4-19(b)中所作的比较。尺寸尽量不要标注在虚线上。

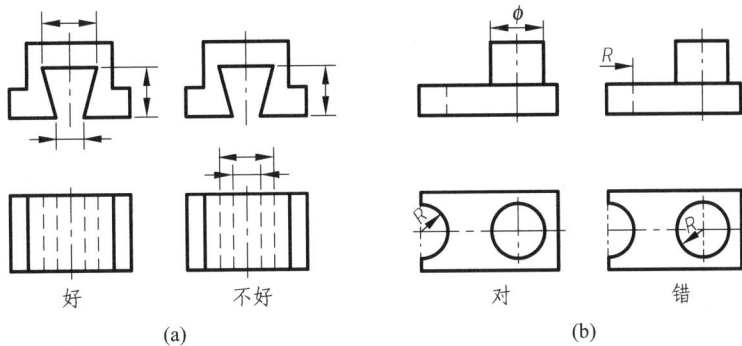

图 4-19 考虑形状特征标注尺寸

2. 同一基本体的定形尺寸及有关联的定位尺寸应尽量集中标注（见图 4-20）

3. 标注尺寸要排列整齐

同一方向上几个连续尺寸应尽量标注在同一条尺寸线上，如图 4-21 所示。要避免尺寸线与另一尺寸界线相交。

4. 截交线与相贯线上不标注尺寸

平面截切立体时，当截平面的位置一旦确定，截交线自然产生，故不应标注截交线本身的形状尺寸，只需标注确定截平面的位置尺寸；对相贯线而言，当两立体的形状、大小、相对位置确定时，相贯线随之确定，故也不应在相贯线上标注尺寸，如图 4-22 所示。

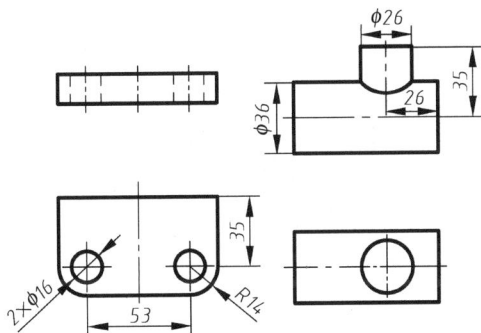

图 4-20 相关联的尺寸应集中标注

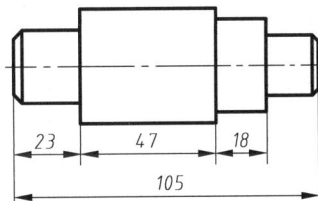

图 4-21 标注尺寸要排列整齐

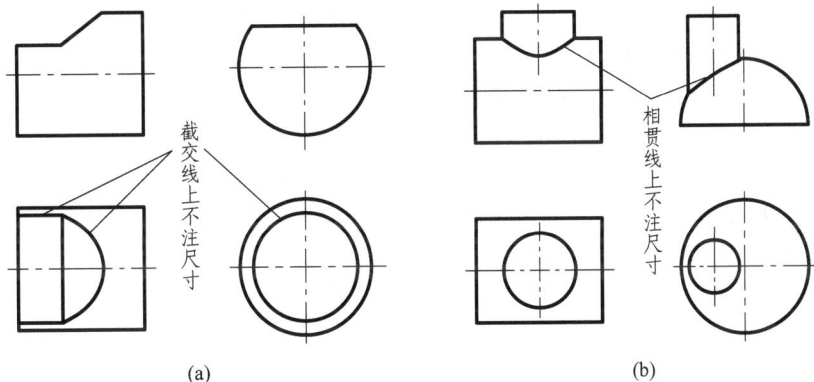

图 4-22 截交线与相贯线上不标注尺寸

4.4.3　组合体尺寸标注步骤及标注示例

下面以图 4-23(a)所示的立体为例,说明标注组合体尺寸的步骤与方法。

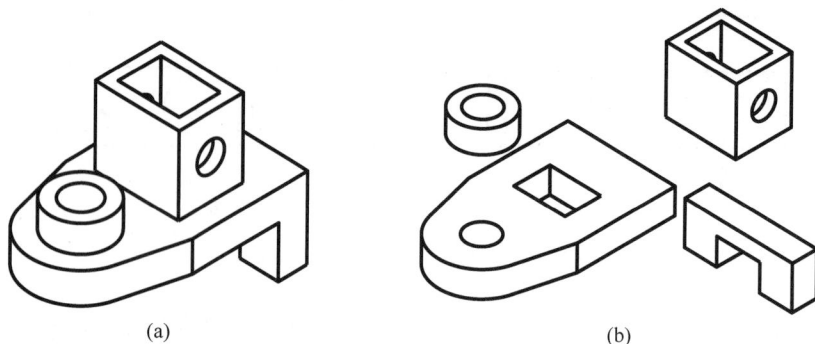

(a)　　　　　　　　　　　　　　(b)

图 4-23　组合体立体及分解图

1. 形体分析,初步考虑各基本体的定形尺寸

根据前面所述的形体分析法,该组合体可分解为 4 个简单立体,如图 4-23(b)所示,各基本体的尺寸如图 4-24 所示。

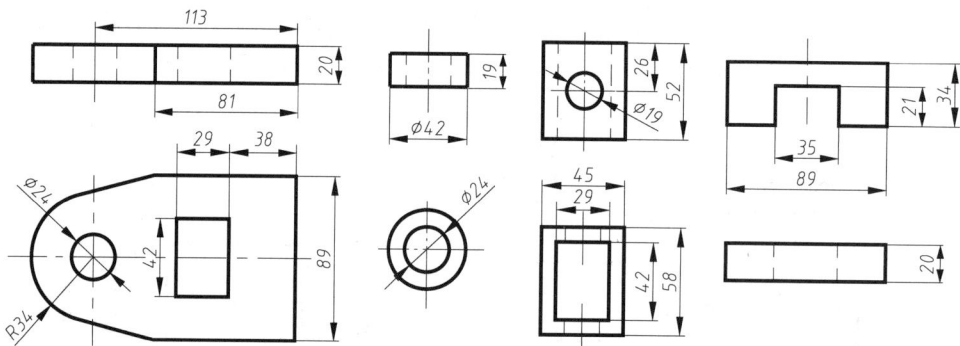

图 4-24　各基本体的尺寸标注

2. 选定尺寸基准

该组合体高度方向可以底板的底面为主要尺寸基准;宽度方向以前后对称面为基准,长度方向以底板右端面为主要基准,如图 4-25(a)所示。

3. 逐个标注各个基本体的定形和定位尺寸

如图 4-25(b)和(c)所示。

4. 调整总体尺寸

标注完各基本体的定形、定位尺寸后,要对每个方向的总体尺寸作必要的调整,注意不要额外多加尺寸,如图 4-25(d)所示。

5. 检查

最后,对已标注的尺寸,按正确、完整、清晰进行检查,如有遗漏或不妥,再作补注或适当的修改。

(a)

(b)

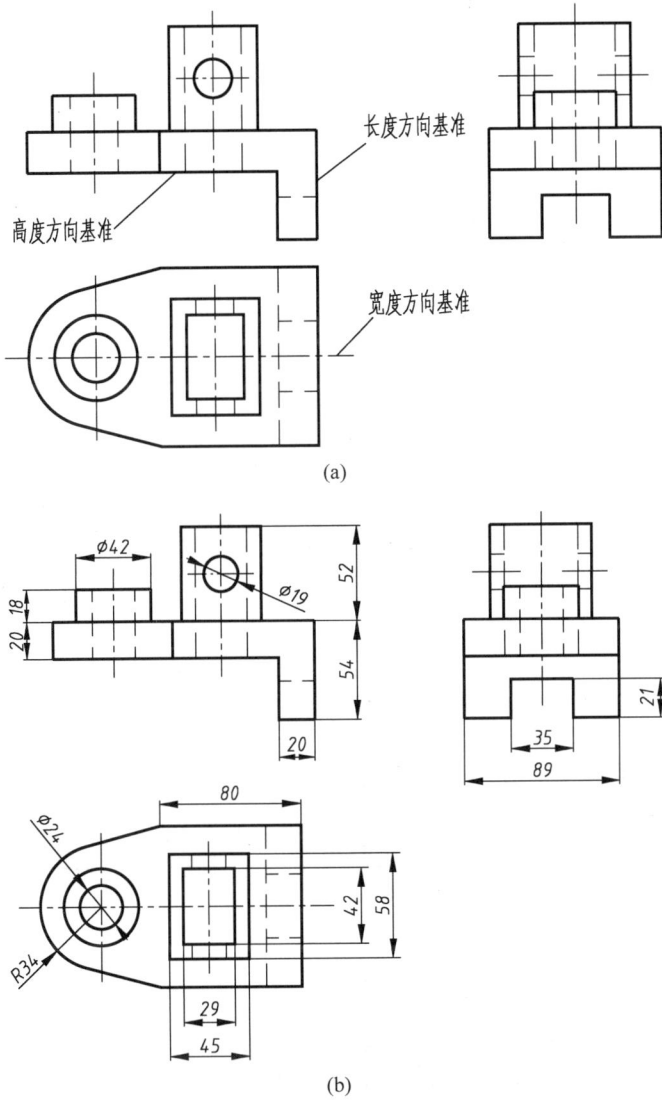

图 4-25 组合体的尺寸标注步骤

（a）选定基准；（b）标注定形尺寸；（c）标注定位尺寸；（d）调整总体尺寸及完成尺寸标注

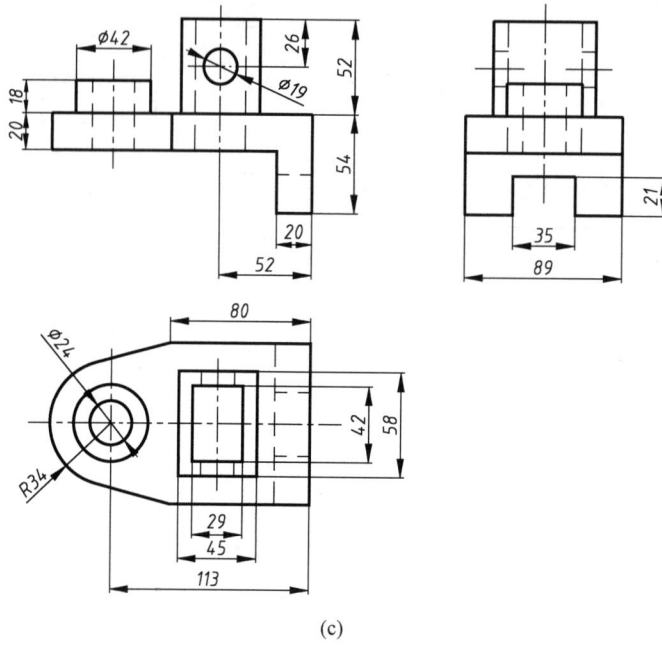

(c)

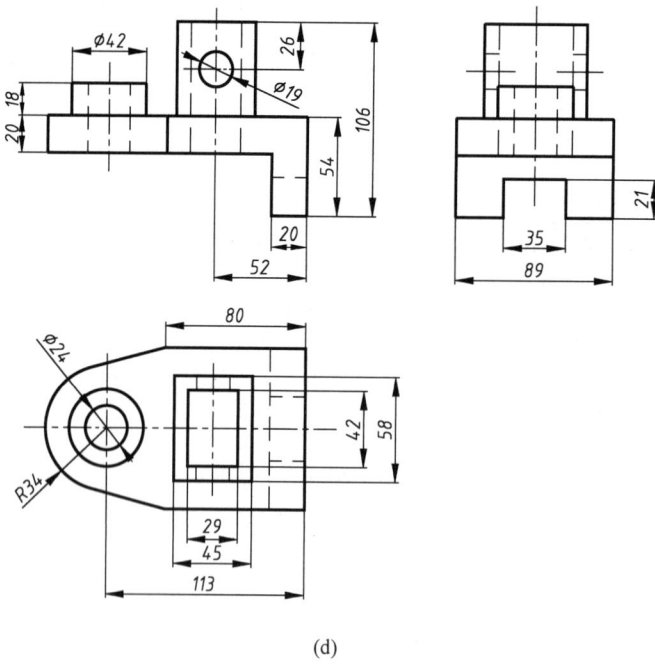

(d)

图 4-25 （续）

4.5　组合体视图的看图方法

看图是画图的逆过程,画图是把空间的组合体用正投影法表示在平面上,而看图则是根据已有的视图,运用投影规律,想象出组合体的空间形状。

4.5.1　看图要点

1. 要从反映形体特征的视图入手,几个视图联系起来看

一个组合体常需要两个或两个以上的视图才能表达清楚,其中主视图通常是最能反映组合体的形体特征和各形体间相互位置的。因而在看图时,一般从主视图入手,几个视图联系起来看,才能准确识别各形体的形状和形体间的相对位置,切忌看了一个视图就轻易下结论。一个视图不能唯一确定组合体的形状,如图 4-26 所示。某些情况下,两个视图也不能唯一确定组合体的形状,如图 4-27 所示。

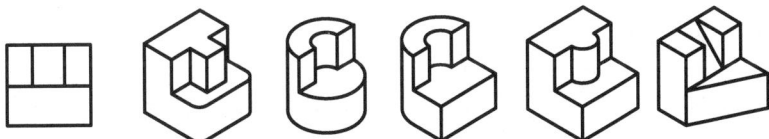

图 4-26　一个视图不能唯一确定物体形状的示例

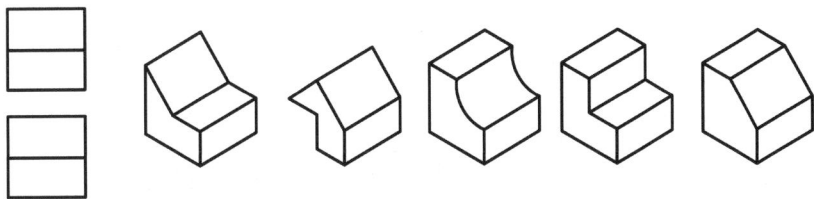

图 4-27　两个视图不能唯一确定物体形状的示例

2. 要明确视图中线框、图线的含义,识别形体表面间的相互位置

视图中每个封闭线框表示物体上某个表面(平面或曲面)的投影。如图 4-28 所示,主视图中 a' 处为圆柱面的投影,b' 处为平面的投影,c' 处为圆柱面及切平面的投影。俯视图中封闭线框 d 为立体顶部平面的投影。

视图中的每条图线可能表示 3 种情况:

(1) 平面或柱面的积聚性投影,如图 4-29 中的Ⅲ。

(2) 面与面(平面与平面;平面与曲面;曲面与曲面)交线的投影,如图 4-29 中的Ⅱ。

(3) 曲面投影的转向轮廓,如图 4-29 中的Ⅰ。

看图时对形体各表面间的相互位置的识别也是非常重要的。当组合体某个视图出现几个线框相连,或线框内还有线框时,通过对照投影关系,区分出它们的前、后、上、下、左、右和相交等位置关系,帮助想象形体,如图 4-30 所示。

3. 要把想象中的形体与给定的视图反复对照

看图的过程是不断把想象中的形体与给定视图进行对照的过程,或者说看图的过程是

不断修正想象中的组合体的思维过程。既要做到视图中的每条图线都与想象中的形体相对应,同时也要保证想象中形体的投影轮廓与给定视图不发生矛盾,切不可轻易下结论。现以图 4-31 为例分析。

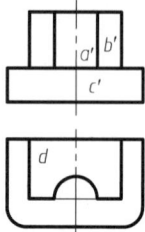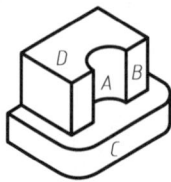

图 4-28　视图封中闭线框表示一个面

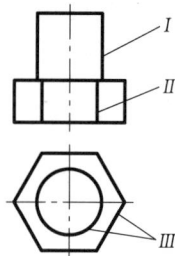

图 4-29　视图中图线的含义

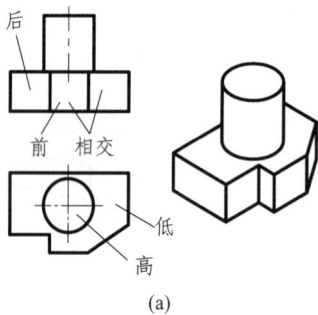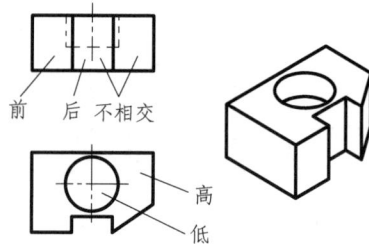

(a)　　　　　　　　　　　　　　(b)

图 4-30　分析表面间的相对位置

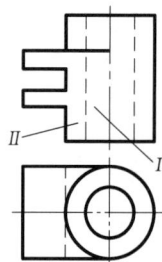

(a)　　　　　　　　(b)　　　　　　　　(c)

图 4-31　把想象中的形体与给定的视图认真对照

　　由图 4-31(a)所给定的两个视图去想象空间形体,粗略看一般可认为是一个圆筒,左侧面中部安置一个开槽的长方体所构成的组合体,且长方体的宽度与圆筒外直径相同,如图 4-31(b)所示。仔细分析则不然,因为若按所想象的形体,长方体底平面(水平面)与圆柱相交的交线为半圆,主视图上的投影(Ⅰ 处)应有一条直线段,故 Ⅱ 处不应再为圆柱,实际形状如图 4-31(c)所示。

4.5.2　看图的方法

1. 用形体分析法看图

形体分析法同样也是看图的基本方法,这时虽不能直观得出组合体的组合情况,但仍然可通过所给定的视图分解为若干部分,通过划分线框、对照投影,找出各视图中的相关部分,分别想象出各部分的形状,然后综合起来把各个组成部分按图示位置加以组合,构思出立体的整体形状,下面以图 4-32 为例说明看图具体步骤。

1) 分线框、对投影

从主视图入手,按照投影原理,几个视图联系起来看,把组合体大致分成几个部分。如图 4-32(a)所示,由所给定的视图可看出该组合体大体由 A、B、C、D 4 部分组成。

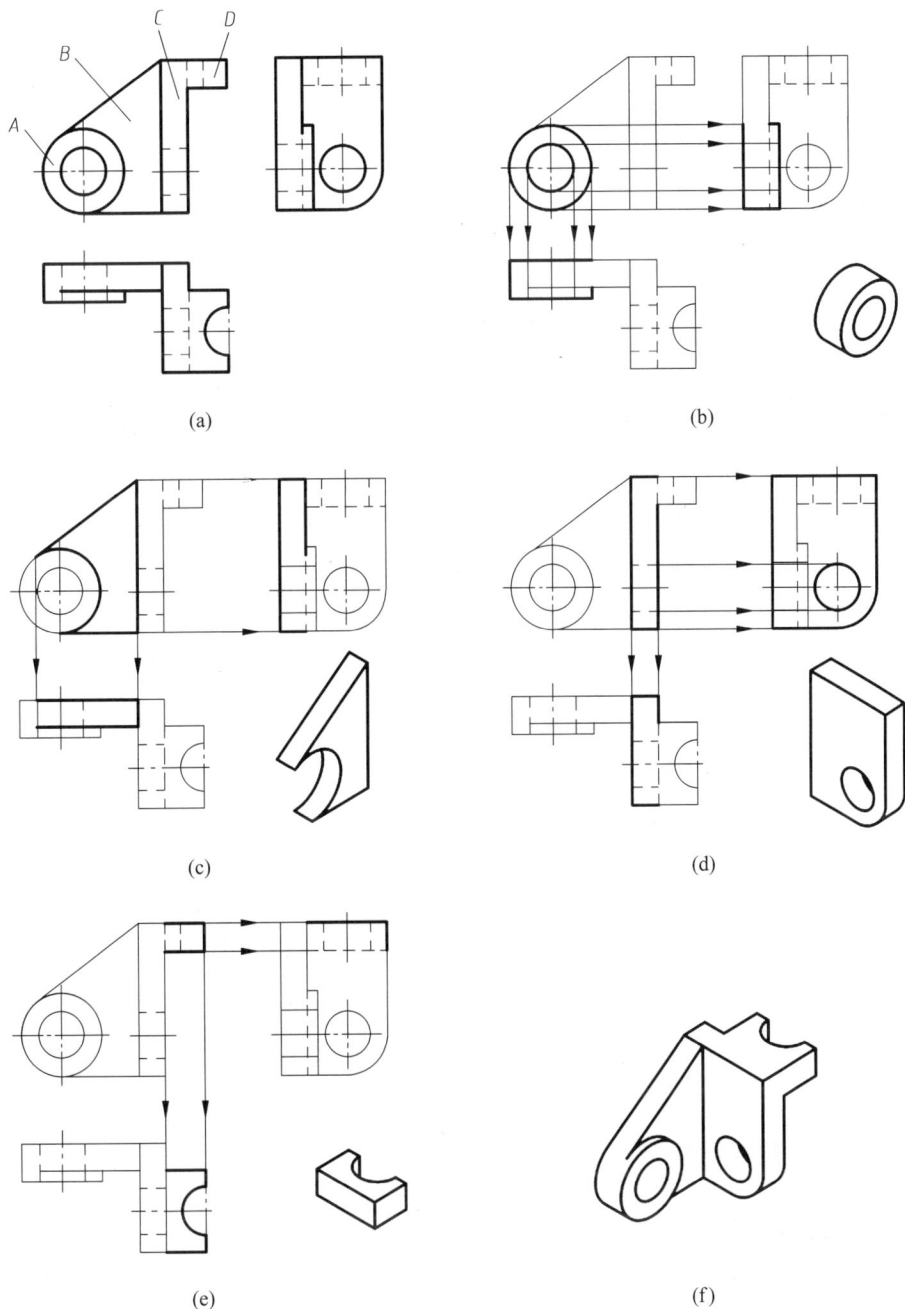

(a)　　　　　　　　　　　　　　　　(b)

(c)　　　　　　　　　　　　　　　　(d)

(e)　　　　　　　　　　　　　　　　(f)

图 4-32　根据给定视图想象组合体空间形状

(a) 看图实例;(b) 想象形体 A;(c) 想象形体 B;(d) 想象形体 C;(e) 想象形体 D;(f) 综合起来想整体

2) 识形体、定位置

根据每一部分的视图想象出形体,并确定它们的相互位置,如图 4-32(b)~(e)所示。

3) 综合起来想整体

确定各个形体及相互位置后,整个组合体的形状也就清楚了,如图 4-32(f)所示。此时需要把看图过程中想象的组合体与给定视图的各部分逐个对照检查。

【例 4-1】 根据图 4-33(a)所示的主、俯视图,想象出它的形状,补画左视图。

分析:根据所给的主、俯视图,通过画线框对投影,可看出该立体由 3 部分组成,A 处的基本形体为长方体,B 处为半个圆筒,安放在 A 的上后方位置,C 处为 U 形状的小凸台,与 B 相交,位置在前面。

作图:如图 4-33(b)~(d)所示,逐个分析各个组成部分的具体形状,分别画出其左视图,画图时需注意形体间的表面连接关系,如形体 B 与 C 的表面交线,最后整理得出整体形状。

(a)　　　　　　　　　　　　　　　　(b)

(c)　　　　　　　　　　　　　　　　(d)

图 4-33　用形体分析法求第三投影

(a) 题目;(b) 补画形体 A 的左视图;(c) 补画形体 B、C 的左视图;(d) 完成左视图、想象空间形状

2. 用线面分析法看图

看图时对某些不便用形体分析法进行分析的物体(如某些切割体或组合体中某些复杂部位),可用线面分析法进行处理。根据封闭线框表示一个面和图线的 3 种含义逐个面或逐条线地进行分析,围成立体表面的每个面的投影都求出了,整个物体的投影也就解决了。

如图 4-34(a)所示,根据所给的两个视图想象其形状,补画第三视图。分别对照主、俯视图可看出,该立体是在一个长方体的基础上被截平面(一个正垂面和一个铅垂面)截切两次而形成的。通过画线框对投影,主视图上封闭线框(五边形)$1'2'3'4'5'$,对应在俯视图上是一条直线,根据该五边形(铅垂面)的两个投影,很容易求出它的侧面投影 $1''2''3''4''5''$,如图 4-34(b)所示。同理可求出四边形(正垂面),水平投影为 4567 的侧面投影,如图 4-34(c)所示。最后考虑没有被完全截切的长方体侧表面的投影情况,可得出该物体的左视图及物体整体形状,如图 4-34(d)所示。

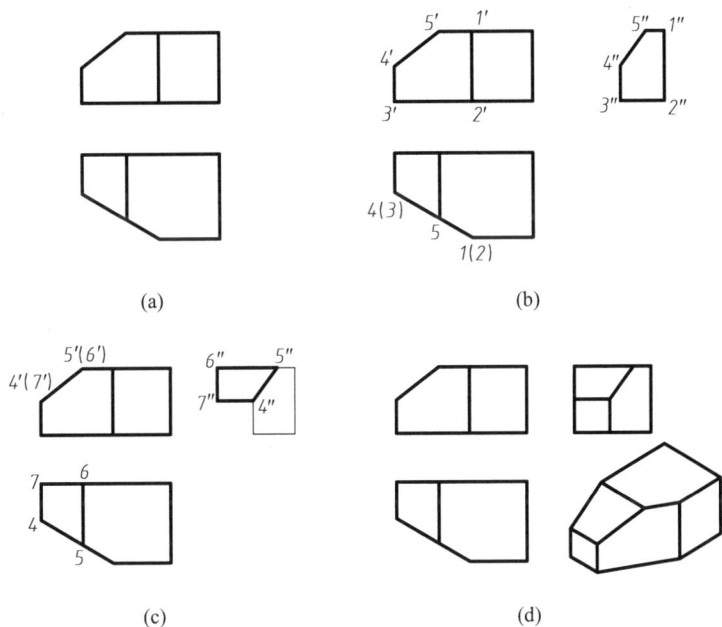

图 4-34　用线面分析法求第三投影

(a) 题目;(b) 补画五边形的侧面投影;(c) 补画四边形的侧面投影;(d) 完成左视图、想象空间形状

4.6　组合体构形设计

根据已知条件构思组合体的形状、大小并表达成图形的过程称为组合体的构形设计。

组合体的形体构形设计的目的,主要是培养根据一个视图利用基本几何体构思组合体的形状,进一步提高空间构思能力和看图能力。

4.6.1　组合体的构形原则

进行组合体构形设计时,必须考虑以下几点:

(1) 组合体的构形应基本符合工程上物体结构的设计要求。

(2) 构形应符合物体结构的工艺要求且便于成形。组成组合体的各基本体应尽可能简单,一般采用常用回转体和平面立体,尽量不用不规则曲面,这样有利于画图、标注尺寸及制造。所设计的组合体在满足功能要求的前提下,结构应简单紧凑。

(3) 组合体的各形体间应互相协调、造型美观,构形应体现稳定、平衡或静中蕴动等造型艺术效果。

（4）构形应具有创新性。在满足要求的条件下,构形应充分发挥空间想象能力,设计出具有多种不同风格且结构新颖的形体。

4.6.2　组合体构形设计的方法

1. 构形设计

根据给出的一个或两个视图,构思出不同结构的组合体的方法,称为构形设计。由于一个视图不能完全确定物体的形状,则根据物体的一个视图就可以构思出不同的形体。如图 4-35(a)所示,按所给的俯视图构思组合体,由于俯视图含 6 个封闭线框,上表面可有 6 个表面,它们可以是平面或曲面,其位置可高、可低、可倾斜,整个外框可表示底面,可以是平面、曲面或斜面,这样就可以构思出许多方案。如图 4-35(b)、(c)、(d)所示。

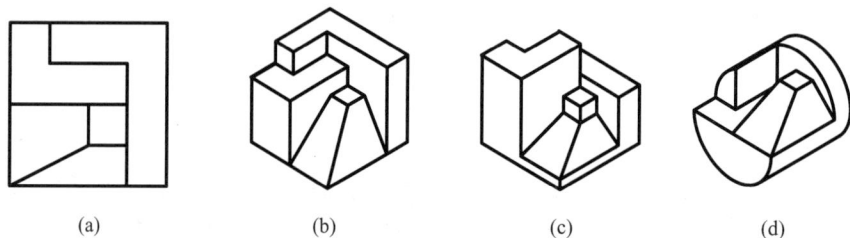

(a)　　　　　(b)　　　　　(c)　　　　　(d)

图 4-35　由俯视图构思三种不同形状的物体

有时,即使给出了物体的两个视图也不能完全确定其形状。如图 4-36(a)所示,由于给出的主、俯两视图没有表达出各组成部分的位置特征,因此它的形状不是唯一的,由此可构思出不同的形体,如图 4-36(b)、(c)、(d)所示。

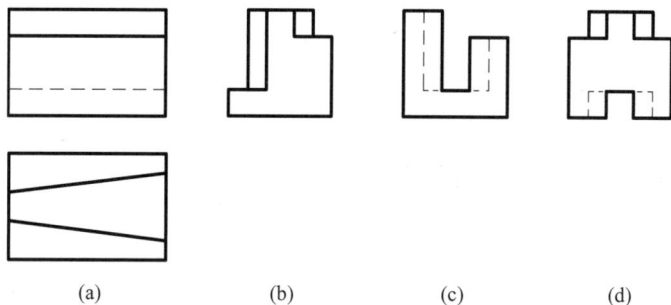

(a)　　　　　(b)　　　　　(c)　　　　　(d)

图 4-36　三种不同的左视图

2. 切割法设计

给定一基本体,经过不同的切割方式而构成不同的组合体的方法称为切割法设计。如图 4-37 所示主、俯视图,可以表达多种组合体,可以认为由一个四棱柱或圆柱体分别经 1~5 次切割获得,可分别用 5 个左视图表示。

将一个立体进行一次切割即得到一个新的表面,该表面可以是平面、曲面,可凸、可凹等,变换切割方式和切割面间的相互关系,即可生成多种组合体。如图 4-38(a)所示圆柱体,若将其顶面用不同的方式切割,可得到如图 4-38(b)所示的多种形体,但其俯视图均为圆形。

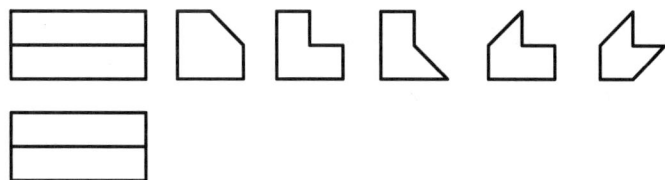

(a)

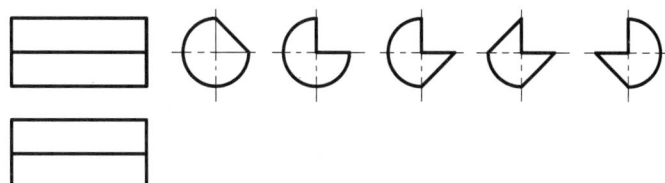

(b)

图 4-37　基本体切割后构成的组合体

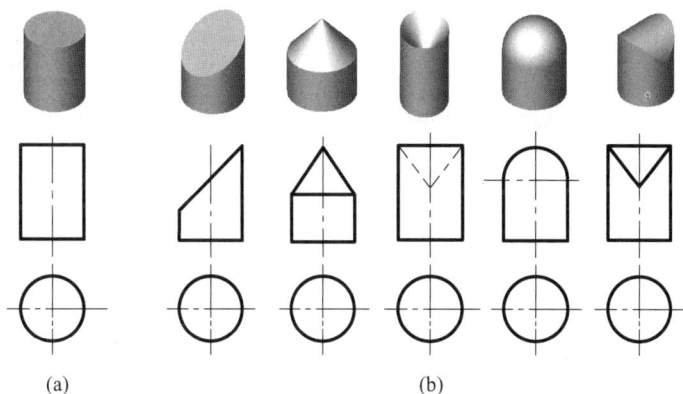

(a)　　　　　　　　　　　　　(b)

图 4-38　圆柱一次切割后构成的几何体

3. 叠加法设计

组合体可由多个基本形体叠加而成。如图 4-39(c)所示有 4 个基本形体,它们可叠加组合形成多种形体,如图 4-39(a)、(b)所示为其中两种叠加组合方案。

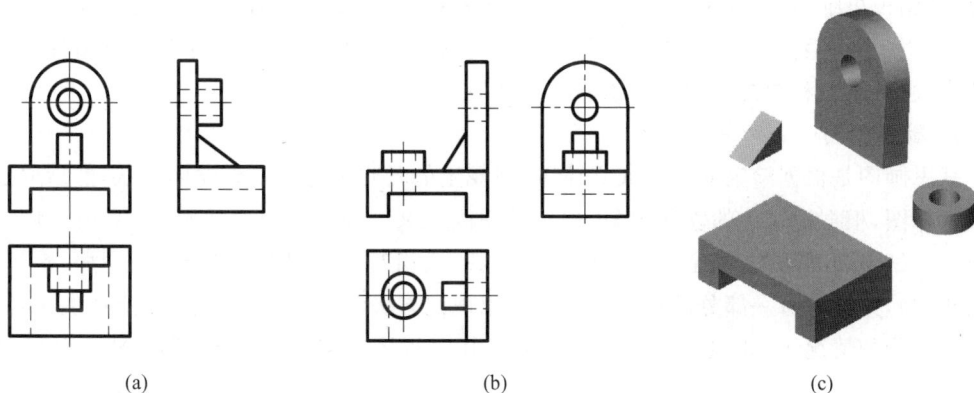

(a)　　　　　　　　　　　(b)　　　　　　　　　　(c)

图 4-39　叠加法设计组合体

4.6.3　形体构形设计应注意的问题

（1）组合体各组成部分应牢固连接，两个形体组合时不能是点接触、线接触或面连接。如图 4-40(a)所示形体间为点接触，图 4-40(b)所示形体间为线接触，图 4-40(c)所示形体间为面接触，这些都是错误的。

（2）封闭的内腔不便于成形，一般不要采用，如图 4-41 所示。

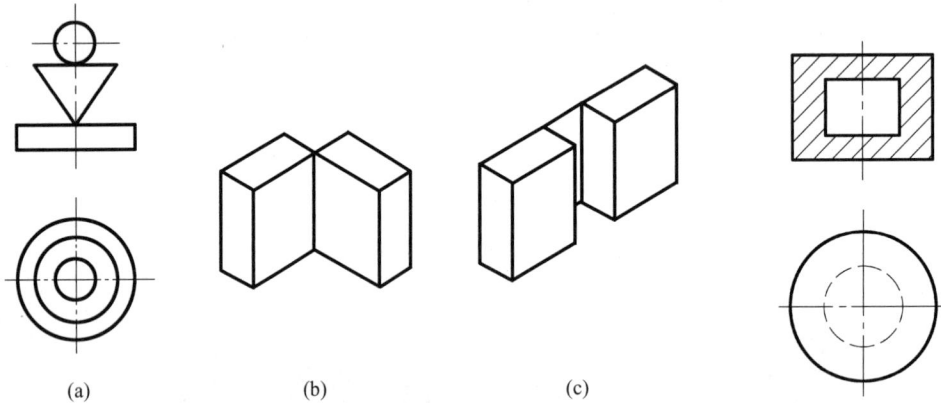

(a)　　　　　　　　(b)　　　　　　　　(c)

图 4-40　构形设计错误示例

(a) 点接触；(b) 线接触；(c) 面接触

图 4-41　形体组合中不要出现封闭的内腔

4.7　图视思维看图

"图视思维"是作者经过多年的教学实践总结出的看图方法。图视思维介绍的是如何根据已知视图的特点，想象形状的思维基础。指导看图思维的基本方法是形体分析法和线面分析法，作者通过几个典型看图题例的剖析，借以克服看图时纯凭经验想象的缺点，开阔看图思路，培养空间思维的敏感性，从而培养空间形体构思的创新能力。"图视思维"看图方法介绍了默思画图、物体变位、仿形设计、一面视图的构形、组合构形，构形分向穿孔、构形配孔、凹凸构形和切割与组合的构形共九种空间形体的构思和表达方法，以模拟实际的构形与设计。"图视思维"看图方法充分利用了模拟仿真技术，对空间形体进行广泛的构思和彼此联想，剖析了一些复杂的组合体，因而具有新颖性、独特性和创造性，对于培养创造性空间想象能力、思维能力和图视能力起到了非常好的启发作用。

1. 默思画图

默思画图是根据给定的模型或立体图，在规定的时间内完成观察立体形状，然后取走模型或立体图，根据记忆中的立体表象，把三视图画出来。为了记牢立体形状，必须运用形体分析法仔细地观察物体，确定基本形体组成的数量、相对位置以及组合形式(叠加、挖切、相交或相切)，并确定每一部分的特征形体。应用识记方法，在大脑中形成完整立体表象，然后在没有实物的情况下，再现立体形状，并画出其三视图。默思画图举例如图 4-42 所示的立体。

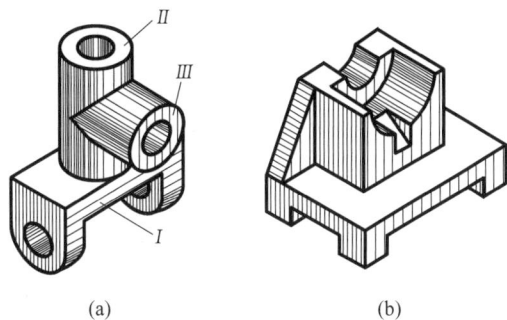

图 4-42　默思画图图例

2. 凹凸构形

组合体的组合方式有叠加和挖切,在基本体上挖切使表面下凹或形成内孔,基本体的叠加使表面凸起。所谓凹凸构形是根据给定物体的凹凸关系,构思一个物体与给定物体的凹凸形式相反,两者相配使之成为一个完整体,并画出其三视图。

例如根据图 4-43(a)给出的三视图,设计一个物体与其相配,并画出其三视图(见图 4-43(b))。逆向想象,即将空腔想为实体,将实体想为空腔部分,凹设计为凸,凸设计为凹。这种思维方式,可以开发学习者的逆向思维能力,培养图视能力。

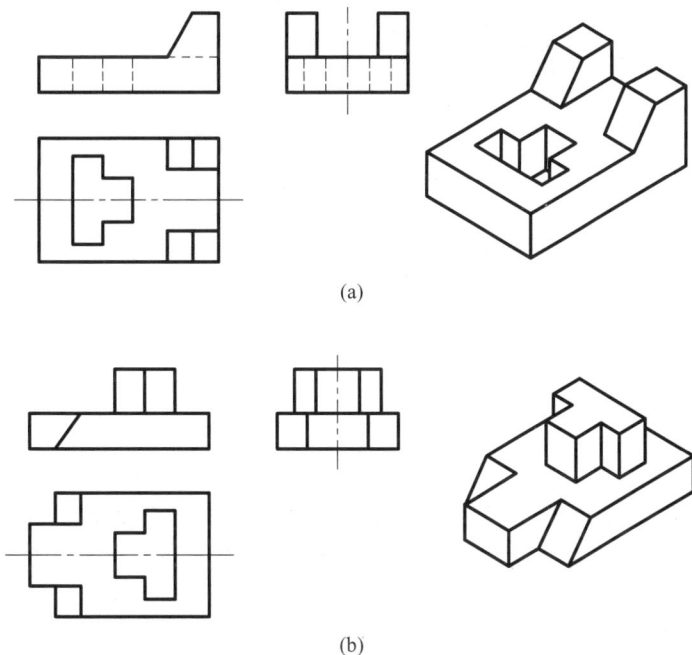

(a)

(b)

图 4-43　凹凸构形设计

3. 仿形设计

仿形设计就是仿照已知物体的结构特点,根据已知的一面视图,设计类似的物体,并画出其他两面视图。如图 4-44(a)所示物体的结构特点,根据俯视图,进行仿形设计。设计的步骤为

(1) 读懂所给物体的视图(见图 4-44(a)),了解已知物体的结构特点。

（2）根据图 4-44(b)的俯视图进行构形。

（3）比较图 4-44(a)、(b)的俯视图，可以发现两者均有相类似的线框 1、2 和 3，因而可构思确定所设计的物体也是前后高、中间低且有通孔的形状，只是中间的圆孔变成了长圆形孔，两侧的平面变成了长圆柱面，其立体形状如图 4-44(b)所示。最后画出主、左视图。

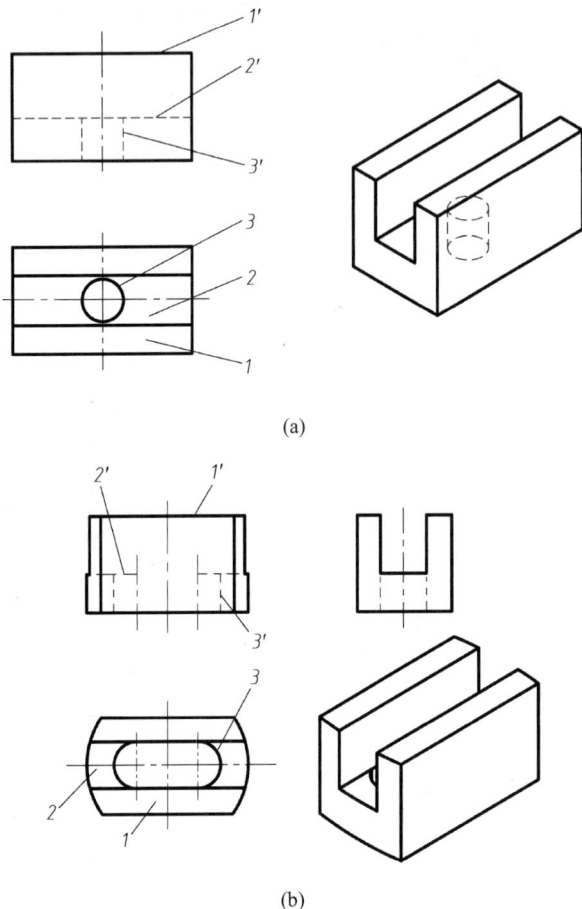

(a)

(b)

图 4-44　仿形设计构形

4. 组合构形

组合体是由各种基本体按不同的组合方式和相对位置组合而成的，相同的基本体，组合方式和相对位置不同，就可构成不同的形体。所谓组合构形就是根据已知的几个基本体，构形既反映这些基本体的形状和大小，又能组成一整体，如图 4-45(b)、(c)所示的两组三视图，就是由 4-45(a)所示的 3 个基本体构成的。

5. 拉伸设计

拉伸法适合于形体在某一方向投影具有积聚性的柱状物体，它是将图形沿某一方向拉伸进行构思的。根据组合体各形体特征形状的方向，拉伸法又可以分为两类。

（1）分层拉伸法。当各形体的特征线框都集中在某一视图上时，可将各形体按层次同方向拉伸，此时应先设想把该视图归位（俯、左视图需旋转后再归位），再分别把各特征线框沿其投射方向拉伸给定的距离，即形成多层的柱状体。

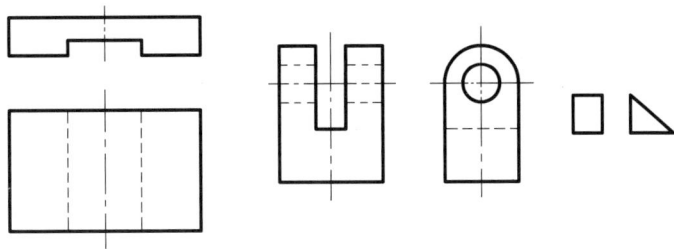

(a)

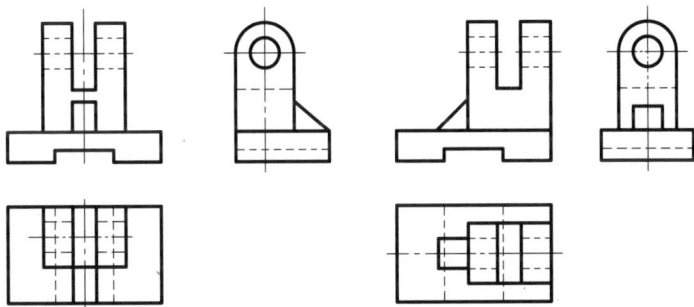

(b)　　　　　　　　　　　　　　　(c)

图 4-45　组合构形

　　如图 4-46(a)所示,对照三视图的投影关系,可知该组合体的两形体的特征线框 1″、2″均集中在左视图。因此先设想把左视图旋转归位,并把特征线框所示的平面向左分别拉伸,其拉伸长度为主视图所给定尺寸 X_1 与 X_2,于是就得到图 4-46(b)所示物体的形状。

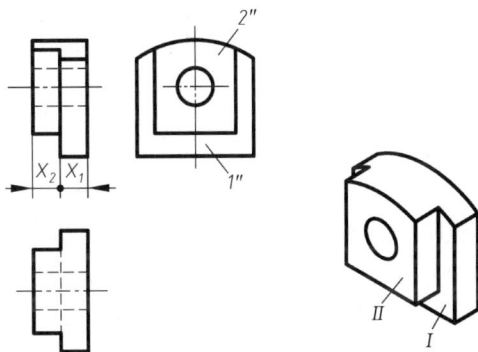

(a)　　　　　　　　　　　　(b)

图 4-46　分层拉伸法

（2）分向拉伸法。当各形体的特征线框分别位于不同视图上时,设想分别把各特征线框所在的视图归位,并沿各自相应的方向拉伸,最后形成具有不同方向特征形状的柱状类物体。

图 4-47(a)所示,对照已知两视图的投影关系,可知俯视图线框 1、主视图线框 2′是该物体的特征线框。想象时先把俯视图归位,并将特征线框 1 从水平面位置往上拉伸高度 H,形成燕尾槽体Ⅰ;再按俯视图的位置关系把主视图的线框 2′从形体Ⅰ的前端向前拉伸宽度 B;物体形状即构思产生,如图 4-47(b)所示。

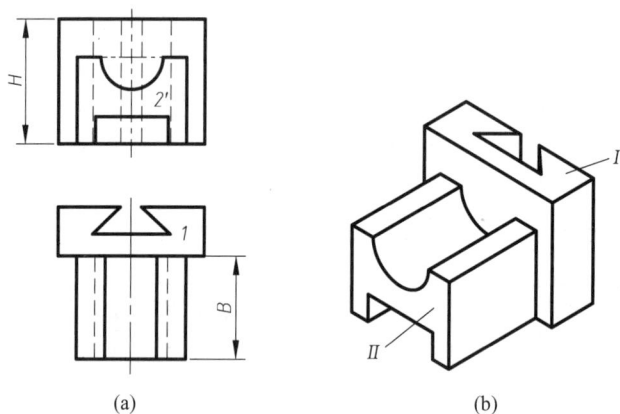

(a)　　　　　　　　　　　(b)

图 4-47　分向拉伸法

6. 类似形线框的对应关系

对于缺口形体形成的类似形线框中的缺口方向是读图的一个难点。例如图 4-48(a)主视图中的线框 1′,对应俯视图线框 1,两个线框都是可见线框(实线框),所以主、俯视图的 V 形缺口方向一致,即实、实线框对应,线框方向同向性。显然图 4-48(b)的画法是错误的。

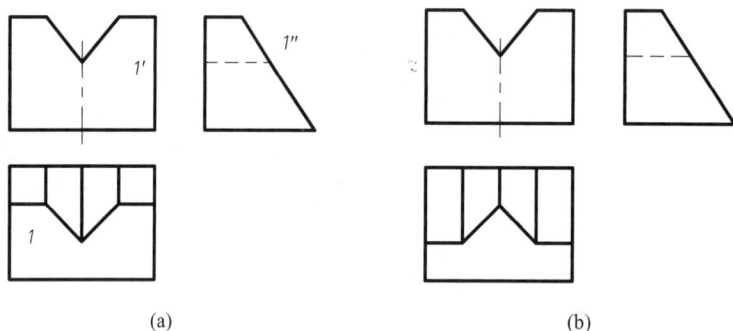

(a)　　　　　　　　　　　(b)

图 4-48　类似形线框的对应关系(一)

(a)正确;(b)错误

根据这个规律还可以推导出另外两个规律。如图 4-49(a)中的主视图中的实线框是可见线框 1′与不可见线框 2′相重合,不可见线框 2′对应不可见线框 2,所以主、俯视图 V 形缺口方向相同。即虚、虚线框对应,线框方向同向性。显然图 4-49(b)的画法是错误的。

如图 4-50(a)主视图中的实线框 1′,对应俯视图的虚线框 1,这两个线框的 V 形缺口方向正好相反,即虚、实线框对应,线框方向异向性。显然图 4-50(b)的画法是错误的。

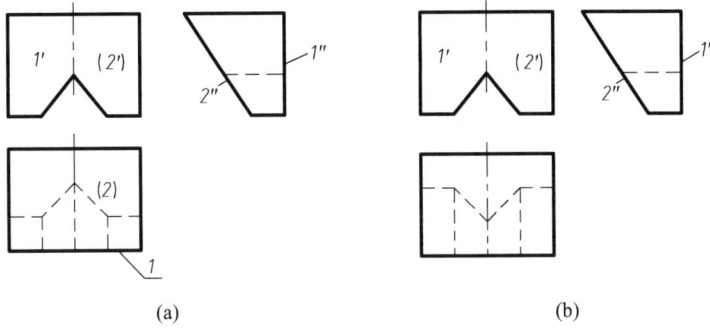

图 4-49　类似形线框的对应关系(二)

(a) 正确；(b) 错误

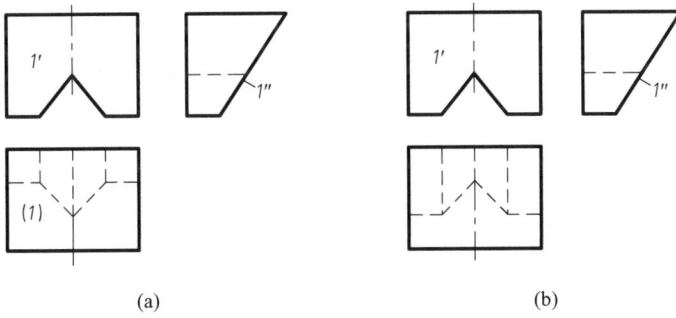

图 4-50　类似形线框的对应关系(三)

(a) 正确；(b) 错误

第 5 章 轴 测 图

前面讲述的多面正投影图能准确地表达机件各部分的形状、相对位置和大小,具有度量性好、作图简便等优点,是工程上应用最广的图样,如图 5-1(a)所示。但它的直观性差,缺乏立体感,必须具有一定的图学知识才能看懂。为此,工程上还常用一种富有立体感的单面投影图来表达物体,以弥补多面投影图的不足。这种单面投影图称为轴测图,如图 5-1(b)所示。

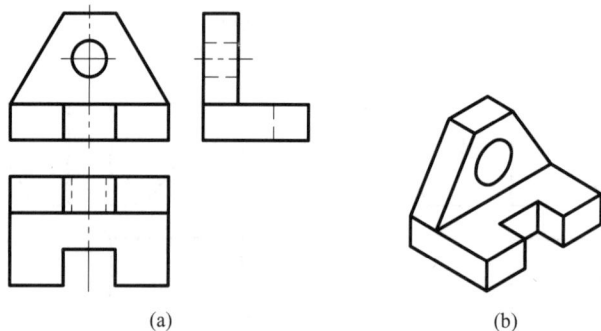

(a)   (b)

图 5-1 多面正投影与轴测投影的比较

轴测图能用一面投影同时反映立体长、宽、高 3 个方向的尺度,所以直观性好。但它不能真实反映立体的尺寸和形状。因此,在工程上常用作辅助图样。

本章主要介绍轴测图的基本知识以及正等轴测图和斜二轴测图的画法。

5.1 轴测图的基本知识

5.1.1 轴测图的形成

图 5-2 表明了正投影图和轴测投影图的形成方法。假想将物体放在一空间直角坐标体

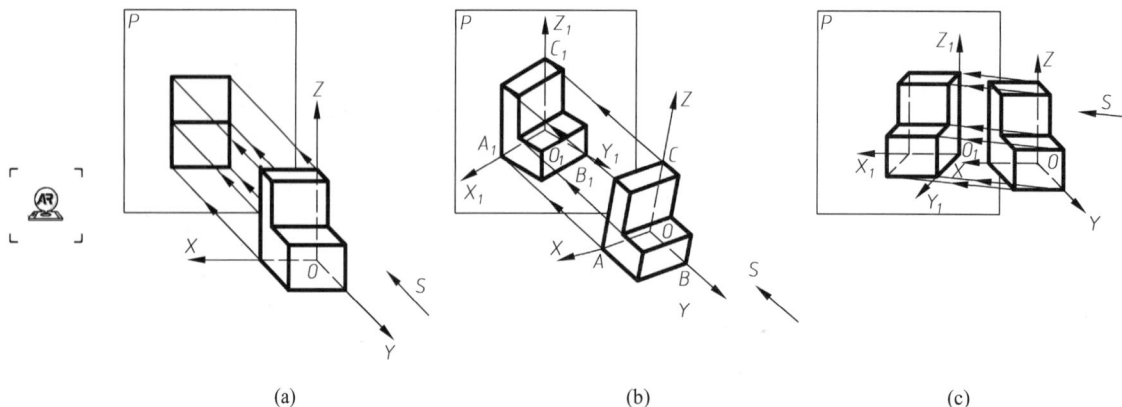

(a)   (b)   (c)

图 5-2 不同投影图的形成

系中,其坐标轴与物体上 3 条互相垂直的棱线重合,O 为原点。在图 5-2(a)中,物体的 XOZ 面与投影面 P 平行,投射方向 S 垂直于投影面,得到的投影为单面正投影图。

在图 5-2(b)中,将物体绕 O 点旋转,使物体的 X、Y、Z 轴均与投影面形成一个夹角,投射方向 S 仍垂直于投影面,这样得到的投影图称为正轴测投影图。

在图 5-2(c)中,物体的 XOZ 面仍与投影面 P 平行,改变投射方向 S,使它倾斜于投影面 P,这样得到的投影图称为斜轴测投影图。

在轴测投影中,投影面 P 称为轴测投影面,投射方向 S 称为轴测投射方向。

5.1.2　轴测图的轴测轴、轴间角及轴向伸缩系数

轴测轴:确定物体空间位置的参考直角坐标系的 3 根坐标轴 OX、OY、OZ 在轴测投影面上的投影 O_1X_1、O_1Y_1、O_1Z_1,称为轴测轴。

轴间角:相邻两轴测轴之间的夹角,即角 $\angle X_1O_1Y_1$、$\angle X_1O_1Z_1$、$\angle Y_1O_1Z_1$。

轴向伸缩系数:轴测轴上单位长度与相应空间直角坐标上单位长度之比。

X_1、Y_1、Z_1 轴的轴向伸缩系数分别用 p_1、q_1、r_1 表示,$p_1 = O_1A_1/OA$,$q_1 = O_1B_1/OB$,$r_1 = O_1C_1/OC$,如图 5-2 所示。

5.1.3　轴测图的投影特性

由于轴测投影采用的是平行投影,因此具有平行投影的基本特性:

(1)平行性:物体上互相平行的线段,在轴测图上仍然互相平行。

(2)定比性:物体上两平行线段或同一直线上的两线段长度之比,在轴测图上保持不变。

(3)从属性:直线上的点投影后仍在直线的轴测投影上;平面上的线段投影后仍在平面的轴测投影上。

(4)实形性:物体上平行于轴测投影面的直线和平面,在轴测图上反映实长和实形。

5.1.4　轴测图的分类

(1)根据投射方向与轴测投影面的相对位置关系,可将轴测图分为正轴测图和斜轴测图两种。

正轴测图:投射方向与轴测投影面垂直,即用正投影法得到的轴测图,如图 5-2(b)所示。

斜轴测图:投射方向与轴测投影面倾斜,即用斜投影法得到的轴测图,如图 5-2(c)所示。

(2)根据轴向伸缩系数的不同,又可分 3 种。

① 等轴测图。3 个轴向伸缩系数都相等的轴测图,即 $p_1 = q_1 = r_1$。包括正等轴测图和斜等轴测图,简称正等测和斜等测。

② 二轴测图。有 2 个轴向伸缩系数相等的轴测图,即 $p_1 = q_1 \neq r_1$,或 $p_1 = r_1 \neq q_1$,或 $p_1 \neq q_1 = r_1$。包括正二轴测图和斜二轴测图,简称正二测和斜二测。

③ 三轴测图。3 个轴向伸缩系数均不相等的轴测图,即 $p_1 \neq q_1 \neq r_1$。包括正三轴测图和斜三轴测图,简称正三测和斜三测。

在工程上用得较多的是正等轴测图和斜二轴测图,本章主要介绍正等轴测图和斜二轴测图的画法。

5.2　正等轴测图

5.2.1　轴间角和轴向伸缩系数

在正等轴测图中,由于空间的 3 根坐标轴都倾斜于轴测投影面,所以 3 条轴向直线的投影都将缩短,即 p_1、q_1、r_1 小于 1。正等轴测图中的 3 个轴间角相等,都是 $120°$,如图 5-3 所示。根据理论计算,其轴向伸缩系数 $p_1=q_1=r_1=0.82$。为了便于作图,在画正等轴测图时,常采用各轴向的简化伸缩系数,即 $p_1=q_1=r_1=1$,这样沿轴向的尺寸就可以直接量取物体实长,但画出的正等轴测图比原投影放大 $1/0.82≈1.22$ 倍。在作图时,Z 轴画成铅垂位置,X 轴与 Y 轴可以用 $30°$ 三角板画出。

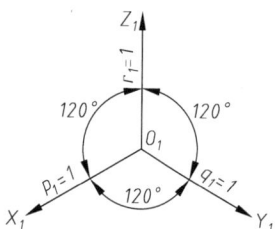

图 5-3　正等轴测图的轴间角和轴向伸缩系数

5.2.2　平面立体正等轴测图的画法

绘制平面立体正等轴测图的方法,有坐标法、切割法和叠加法 3 种。

1. 坐标法

坐标法是画轴测图的基本方法。所谓坐标法就是根据立体表面上每个顶点的坐标,画出它们的轴测投影,然后连成立体表面的轮廓线,从而获得立体轴测投影的方法。下面举例说明用坐标法画正等轴测图的步骤。

【例 5-1】　如图 5-4 所示,已知正六棱柱的主、俯视图,求作正等轴测图。

作图:

(1) 在两视图上确定直角坐标系,坐标原点取正六棱柱顶面的中心(见图 5-4)。

(2) 画轴测轴,分别在 X、Y 方向上量取长度 A、B,再利用平行性及六边形边长作出顶面的轴测投影(见图 5-5(a)和(b))。

(3) 根据正六棱柱的高度,在 Z 方向截取 H,作出底面各点轴测投影(见图 5-5(c))。

(4) 连接各边与棱线,擦去作图线,即完成正六棱柱的正等轴测图(见图 5-5(d))。

2. 切割法

切割法是对于某些以切割为主的立体,可先画出其切割前的完整形体,再按形体形成的过程逐一切割而得到立体轴测图的方法。

图 5-4　正六棱柱的视图

【例 5-2】　如图 5-6(a)所示,已知一平面立体的三视图,绘制其正等轴测图。

分析:从投影图可知,该立体是在长方体的基础上,切去左上方的三棱柱及正前上方的一个四棱柱后形成的。绘图时应先用坐标法画出长方体,然后逐步切去各个部分,绘图步骤如图 5-6 所示。

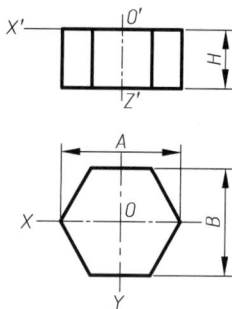

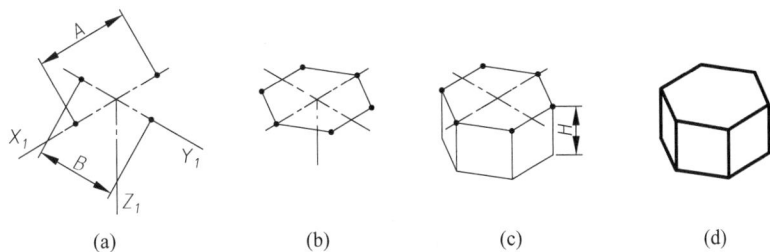

图 5-5　作正六棱柱的正等轴测图

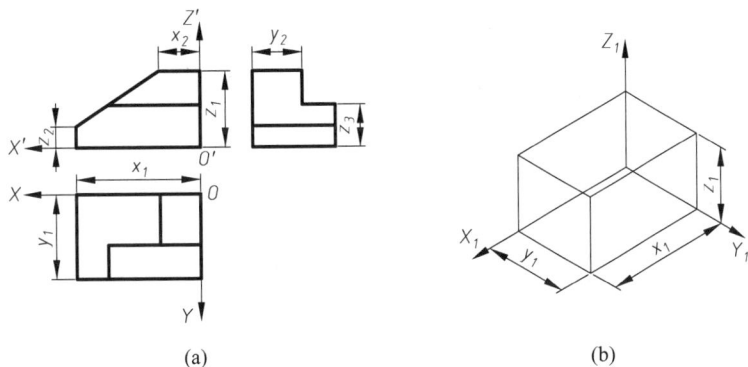

图 5-6　切割法作正等轴测图

（a）定坐标；（b）画长方体；（c）切去左上角；（d）切去前上角；（e）整理完成全图

3. 叠加法

叠加法是对于某些以叠加为主的立体,可按形体形成的过程逐一叠加从而得到立体轴测图的方法。

【**例 5-3**】　作出图 5-7(a)所示平面立体的正等轴测图。

分析：该平面立体由底板、背板、右侧板 3 部分组成。利用叠加法,分别画出这 3 部分的轴测投影,即得到该平面立体的正等轴测图。其作图步骤如图 5-7 所示。

实际上,大多数立体既有切割又有叠加,在具体作图时切割法和叠加法总是交叉并用。

5.2.3　曲面立体的正等轴测图的画法

曲面立体表面除了直线轮廓线外,还有曲线轮廓线,工程中用得最多的曲线轮廓线就是圆或圆弧。

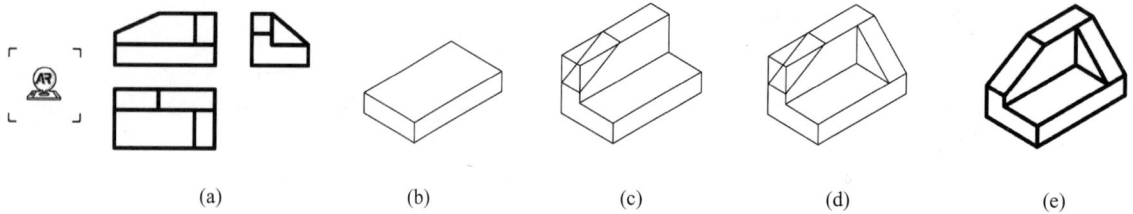

图 5-7　叠加法作正等轴测图

(a) 三视图；(b) 画底板；(c) 画背板；(d) 画右侧板；(e) 擦去作图线,描粗加深

1. 平行于坐标面的圆的正等轴测投影

根据正等轴测图的形成原理可知,平行于坐标面的圆的正等轴测是椭圆。根据理论分析,坐标面(或其平行面)上圆的正等轴测投影(椭圆)的长轴方向与该坐标面垂直的轴测轴垂直,短轴方向与该轴测轴平行。即

水平椭圆的长轴⊥OZ 轴,短轴//OZ 轴或在 OZ 轴上；

正平椭圆的长轴⊥OY 轴,短轴//OY 轴或在 OY 轴上；

侧平椭圆的长轴⊥OX 轴,短轴//OX 轴或在 OX 轴上。

2. 圆的正等轴测(椭圆)的画法

1) 一般画法

对于处在一般位置平面或坐标面(或与坐标面平行的平面)上的圆,可以用坐标法作出圆上一系列点的轴测投影,然后光滑地连接起来即得圆的轴测投影。图 5-8(a)所示为一水平面上的圆,其正等轴测的作图步骤如下：

(1) 首先画出 X、Y 轴,并在其上按直径大小直接定出 1、2、3、4 点；

(2) 过 OY 轴上的 A、B 等点作一系列平行 OX 轴的平行弦,然后按坐标法作出这些平行弦的轴测投影；

(3) 光滑地连接各点,即为该圆的轴测投影(椭圆),如图 5-8(b)所示。

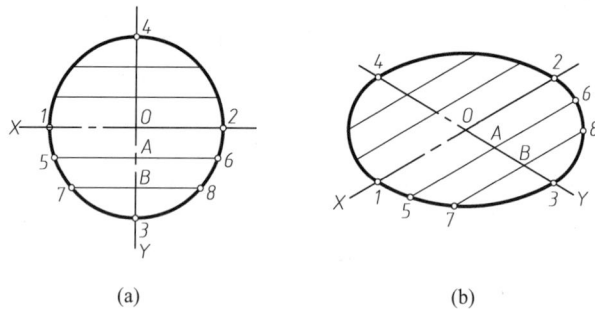

图 5-8　圆的正等轴测的一般画法

(a) 水平面上的圆；(b) 圆的轴测投影

2) 近似画法

为了简化作图,该椭圆常采用菱形法近似画法,即用 4 段圆弧近似代替椭圆弧,不论圆平行哪个投影面,其轴测投影的画法均相同,如图 5-9 所示直径为 ϕ 的水平圆正等轴测投影的画法。作图步骤如下：

（1）先确定原点与坐标轴，并作圆的外切正方形，切点为 a、b、c、d，如图 5-9（a）所示。

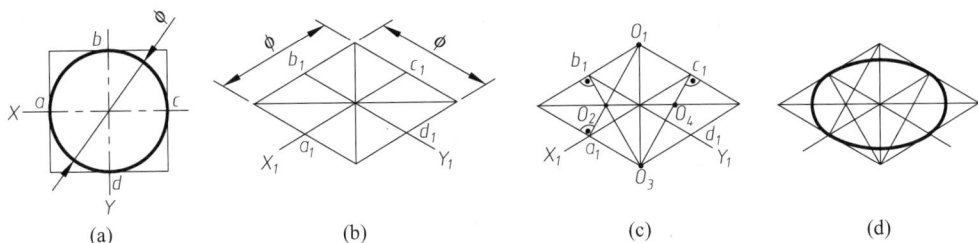

图 5-9 菱形法的近似椭圆画法

（2）作轴测轴和切点 a_1、b_1、c_1、d_1，通过切点作外切正方形的轴测投影，即得菱形，并作菱形的对角线，如图 5-9（b）所示。

（3）过 a_1、b_1、c_1、d_1 作各边垂直线，得圆心 O_1，O_2，O_3，O_4，如图 5-9（c）所示。

（4）以 O_1、O_3 为圆心，O_1a_1 为半径，作圆弧 a_1d_1、b_1c_1；以 O_2、O_4 为圆心，O_2a_1 为半径，作圆弧 a_1b_1、c_1d_1，连成近似椭圆，如图 5-9（d）所示。

图 5-10 画出了平行于 3 个坐标面上圆的正等轴测图，它们都可用菱形法画出。只是椭圆的长、短轴的方向不同，并且 3 个椭圆的长轴构成等边三角形。

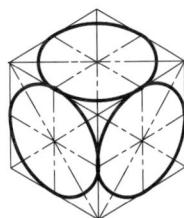

图 5-10 平行于 3 个坐标面的圆正等轴测图

3. 回转体的正等轴测图的画法

画回转体的正等轴测图，只要先画出底面和顶面圆的正等轴测图——椭圆，然后作出两椭圆的公切线即可。

【例 5-4】 如图 5-11（a）所示，已知圆柱的主、俯视图，作出其正等轴测图。

作图：

（1）确定坐标系，原点确定为顶圆的圆心，XOY 坐标面与顶圆重合如图 5-11（a）所示；

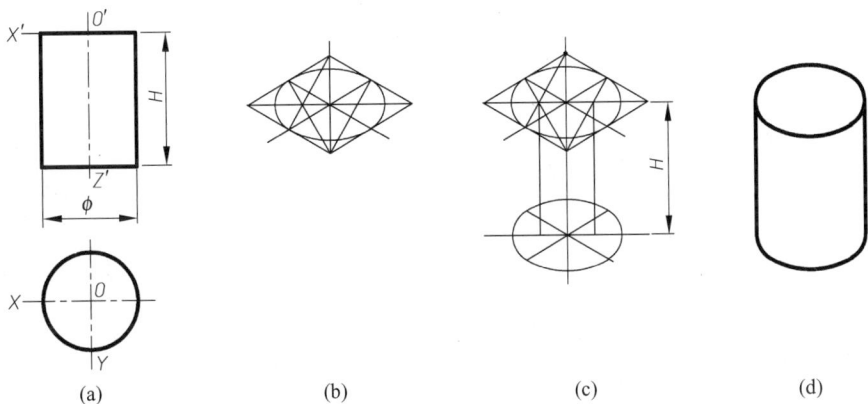

图 5-11 圆柱的正等轴测图画法

（2）用菱形法画出顶面圆的轴测投影——椭圆，将该椭圆沿 Z 轴向下平移 H，即得底圆的轴测投影，如图 5-11（b）和（c）所示；

（3）作椭圆的公切线，擦去不可见部分，加深后即完成作图，如图 5-11(d)所示。

4. 圆角的正等轴测图的画法

立体上 1/4 圆角在正等轴测图上是 1/4 椭圆弧，可用近似画法作出，如图 5-12 所示。作图时根据已知圆角半径 R，找出切点 A_1、B_1、C_1、D_1，过切点分别作圆角邻边的垂线，两垂线的交点即为圆心，以此圆心到切点的距离为半径画圆弧即得圆角的正等轴测图。底面圆角可将顶面圆弧下移 H 即可，如图 5-12(b)和(c)所示。

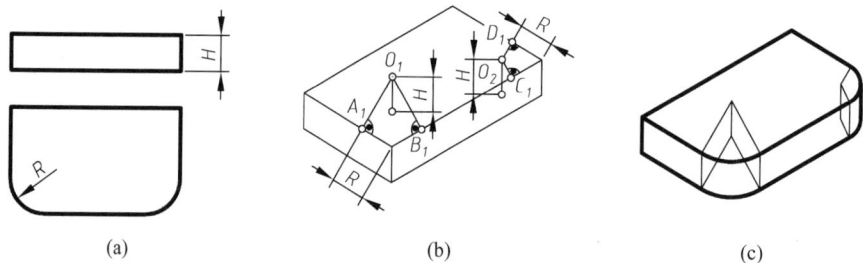

(a)   (b)   (c)

图 5-12   1/4 圆角的正等轴测图画法

5.2.4   综合作图

画组合体轴测图时，先用形体分析法分解组合体，然后将分解的形体按坐标用叠加法依次画出各部分的轴测图。在作图过程中还要注意各个形体的结合关系。

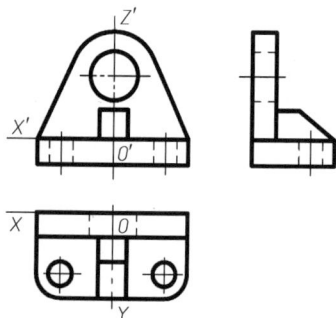

图 5-13   直角支板的视图

【**例 5-5**】   画出如图 5-13 所示的直角支板的正等轴测图。

作图：

（1）在投影图上定出坐标系，如图 5-13 所示。

（2）画底板和侧板的正等轴测图，如图 5-14(a)所示。

（3）画底板圆角、侧板上圆孔及上半圆柱面的正等轴测图，如图 5-14(b)所示。

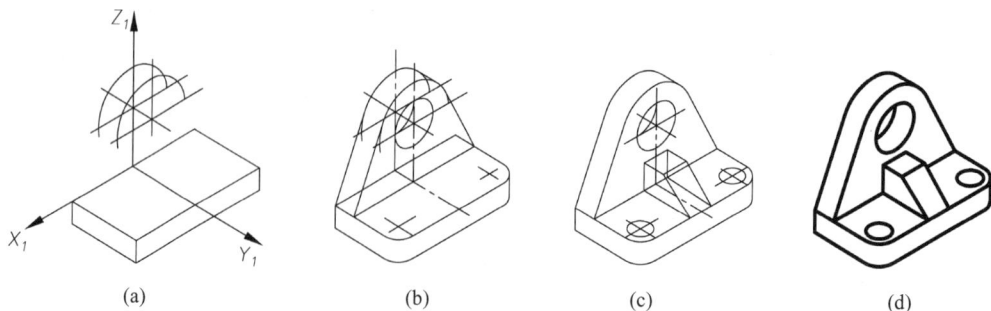

(a)   (b)   (c)   (d)

图 5-14   直角支板的正等轴测图画法

（4）画底板圆孔和中间肋板的正等轴测图，如图 5-14(c)所示。

（5）整理并加深即完成全图，如图 5-14(d)所示。

5.3　斜二轴测图

将物体连同确定其空间位置的直角坐标系,用斜投影法投射到与 XOZ 坐标面平行的轴测投影面上,便得到物体的斜二轴测图,简称斜二测。

由于轴测投影面平行于 XOZ 坐标面,因此物体上平行于 XOZ 坐标面的直线段和平面图形,在斜二测中反映实长和实形。所以轴间角 $\angle X_1O_1Z_1=90°$(轴测轴 Z_1 按习惯处于铅垂位置),X_1、Z_1 轴向伸缩系数 $p_1=r_1=1$。

至于轴测轴 Y_1 的方向和轴向伸缩系数是随着斜投影的方向与轴测投影面的倾斜度而变化的,均可以任意选定。但为了画图简便,同时立体感又比较强,国家标准规定:轴测轴 Y_1 与水平线成 45°,其轴向伸缩系数 $q_1=0.5$,如图 5-15(b)所示。

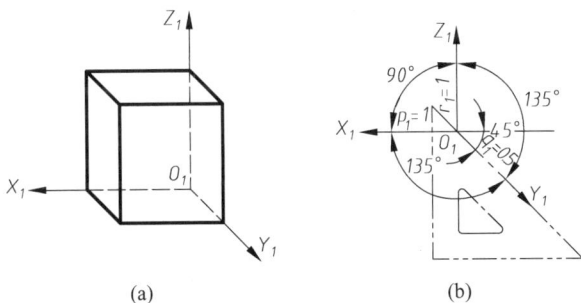

图 5-15　斜二轴测图轴间角

斜二测的特点是物体上与轴测投影面平行的表面在轴测投影中反映实形。因此画斜二测时,应尽量使物体上形状复杂的一面平行于 $X_1O_1Z_1$ 面。斜二测的画法与正等测的画法相似,但它们的轴间角不同,而且其伸缩系数 $q_1=0.5$,所以画斜二测时,沿 Y_1 轴方向的长度应取物体上相应长度的一半。

【例 5-6】　画出如图 5-16(a)所示组合体的斜二轴测图。

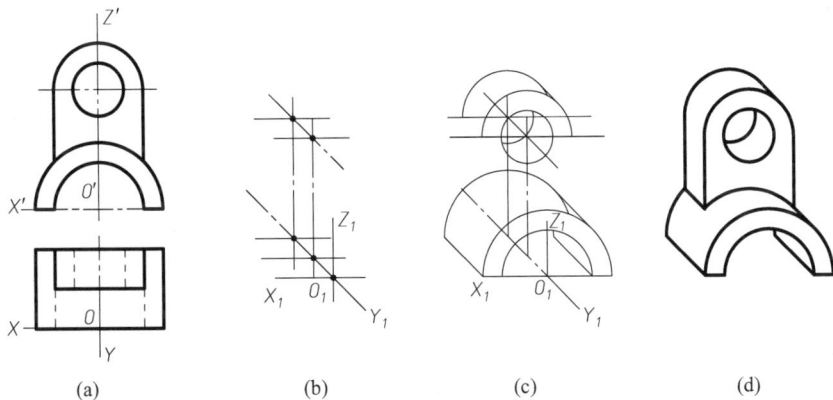

图 5-16　斜二轴测图的画法

分析:由投影图可知,组合体的形状特点是在一个方向有相互平行的圆。选择圆的平面平行于坐标面 $X_1O_1Z_1$,则这些圆的斜二测仍为圆,因此只要正确地作出这些圆的圆心的

斜二测,就可方便地作出这个组合体的斜二测。具体的作图方法和步骤如下:

(1) 定坐标轴,如图 5-16(a)所示;

(2) 画轴测轴,定圆心,如图 5-16(b)所示;

(3) 画圆并作公切线,如图 5-16(c)所示;

(4) 擦去多余线并按规定加粗即完成作图,如图 5-16(d)所示。

第6章 机件常用表达方法

在生产实践中,有些简单的机件,往往只需用一个或两个视图并注上尺寸,就可以表达清楚,但有些形状比较复杂的机件,用 3 个视图也难以清楚地表达它的内外结构。因此,要想把机件的形状表达得正确、完整、清晰、简练,以便于他人看图,就要根据机件的结构特点与复杂程度,采用不同的表达方法。为此,国家标准《机械制图》(GB/T 4458.1—2002,GB/T 4458.6—2002)和《技术制图》(GB/T 17451—1998,GB/T 17452—1998)在图样画法中规定了视图、剖视图、断面图、简化画法和其他规定画法供绘图时选用。本章将讲述相关的规定画法。

6.1 视　　图

将机件向投影面投射所得的图形称为视图。它一般只表达机件的可见部分,必要时才画出其不可见部分。视图主要用来表达机件的外部结构形状,可分为基本视图、向视图、局部视图和斜视图 4 种。

6.1.1 基本视图

将机件向基本投影面投射所得的图形称为基本视图。

国家标准《机械制图》规定,采用正六面体的 6 个面为基本投影面。即在原有 3 个投影面的基础上,再增加 3 个投影面构成一个六投影面体系,将机件放在正六面体中,由前、后、左、右、上、下 6 个方向,分别向 6 个基本投影面投射,得到 6 个基本视图。其名称分别为主视图(由前向后投射得到的视图)、左视图(由左向右投射得到的视图)、俯视图(由上向下投射得到的视图)、右视图(由右向左投射得到的视图)、仰视图(由下向上投射得到的视图)、后视图(由后向前投射得到的视图)。

将 6 个投影面展开的方法如图 6-1 所示。规定正立投影面不动,将其余各面按箭头所指方向旋转展开,与正立投影面形成一个平面。

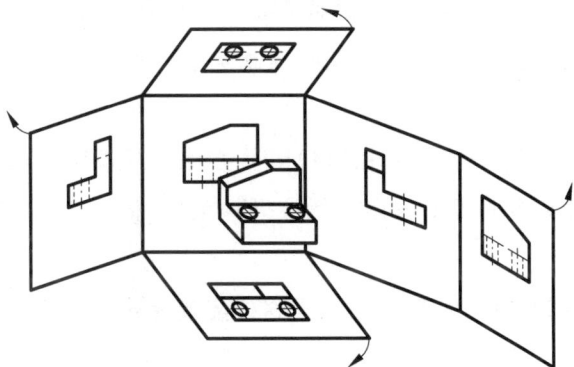

图 6-1　6 个基本投影面的展开

展开后视图的配置如图 6-2 所示,各视图之间保持"长对正、高平齐、宽相等"的投影关系,即:

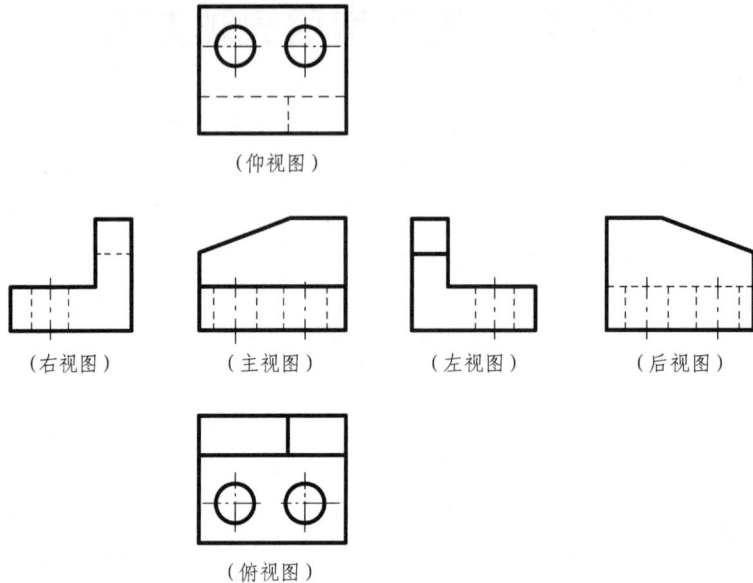

图 6-2　6 个基本视图的配置

主视图、俯视图、仰视图、后视图等长;

主视图、左视图、右视图、后视图等高;

俯视图、仰视图、左视图、右视图等宽。

左、右、俯、仰视图中靠近主视图的一边代表物体的后面,远离主视图的一边代表物体的前面。在同一张图纸内,若按图 6-2 所示配置各基本视图时,一律不标注视图的名称。

在表达某一机件时,并非要同时选用 6 个基本视图。具体视图的选择要根据机件形状的复杂程度和结构特点确定,一般优先选用主、俯、左 3 个视图。

6.1.2　向视图

在实际工作中,由于图纸大小的限制,或者是为了更合理的利用图纸,常遇到不能按规定位置配置基本视图的情况。为此,国家标准规定了一种可以自由配置的视图,称为向视图。

向视图标注方式如图 6-3 所示:在向视图上方用大写拉丁字母标出名称为"×",在相应的视图附近用箭头指明投射方向并标注同样的字母"×",如图 6-3 中"A""B""C"所示。

向视图是基本视图的另一种表达方式,是移位配置后的基本视图。向视图的投射方向必须与基本投影面垂直,并必须完整地画出投射后所得的图形。

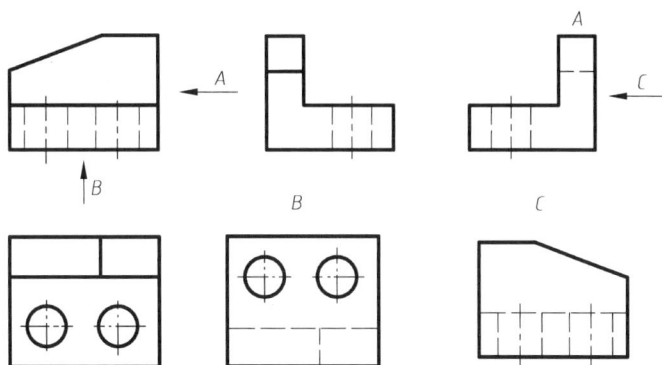

图 6-3　向视图的标注方式

6.1.3　局部视图

局部视图是将机件的某一部分向基本投影面投射所得的视图。当机件的主体形状已由一组基本视图表达清楚,该机件上仍有部分结构尚需表达,而又没有必要再画出完整的基本视图时,可采用局部视图。如图 6-4 所示的机件,用主、俯两个基本视图已清楚地表达了主体形状,但还有左、右两侧的凸台和其中一侧的肋板宽度没有表达。若再增加左视图和右视图,就显得烦琐和重复,此时可采用两个局部视图,分别表达左右凸台和肋板的结构。

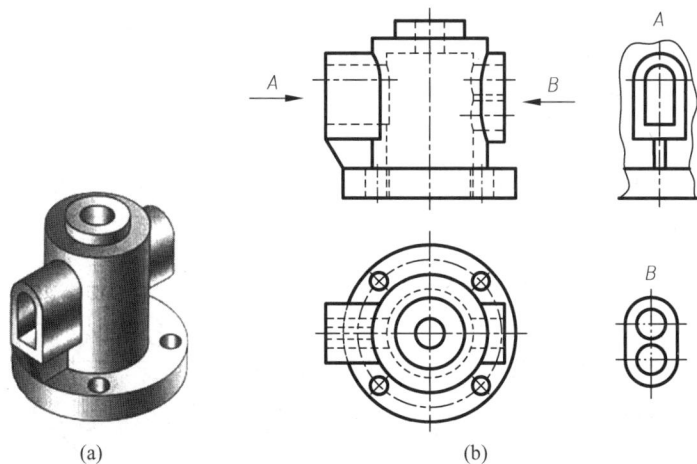

图 6-4　局部视图

在机械图样中,局部视图的配置可选用以下两种方式:

(1) 按基本视图的配置形式配置,如图 6-4 中的图 A;

(2) 按向视图的配置形式配置,如图 6-4 中的图 B。

局部视图的标注及画法:

(1) 局部视图一般需要标注,标注方法为在相应的视图附近用箭头标明所要表达的部位和投射方向,并注上相应字母,在局部视图的上方标注视图的名称,如图 6-4 中的"A"视图所示。但当局部视图按投影关系配置,中间又没有其他图形隔开时,可省略标注。当局部视图按向视图的配置形式配置时,应按向视图的标注方法进行标注,如图 6-4 中的"B"视图所示。

（2）局部视图表达的是机件的局部结构，局部视图的断裂边界用波浪线或双折线表示。但当所表示的局部结构完整，且其投影的外轮廓线又成封闭时，波浪线可省略不画，如图 6-4 中的"B"视图和图 6-5 中的"B"视图所示。波浪线不应超出机件实体的投影范围，如图 6-4 中的"A"视图所示。

（3）在不致引起误解的前提下，对称机件的视图可只画 1/2 或 1/4，但需在对称中心线的两端分别画出两条与之垂直的平行短细实线（对称符号），如图 6-6 所示。

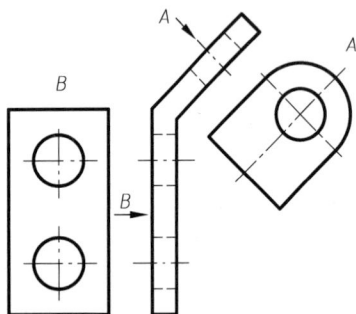

图 6-5 局部视图与斜视图

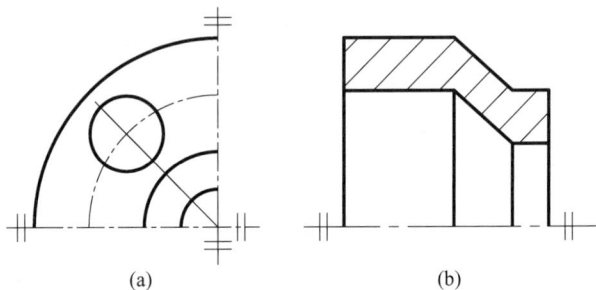

图 6-6 对称机件的局部视图
(a) (b)

6.1.4 斜视图

将机件向不平行于基本投影面的平面投射所得的视图称为斜视图。当机件某一部分的结构形状是倾斜的，且不平行于任何基本投影面时，无法在基本投影面上表达该部分的实形。若要表达该部分的结构可采用斜视图。此时，可选择一个与机件倾斜部分平行，且垂直于某一基本投影面的平面为辅助投影面，将该部分的结构形状向辅助投影面投射而得到其实形，如图 6-7(b)所示。

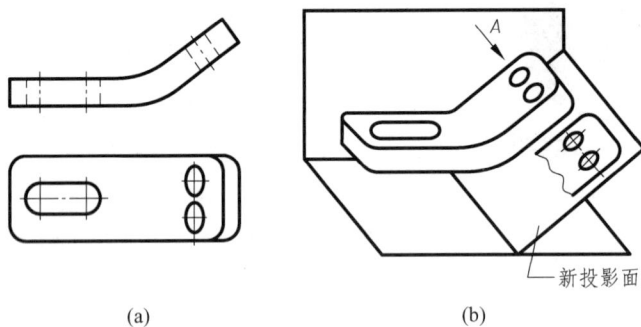

图 6-7 支板斜视图的形成
（a）基本视图；（b）斜视图的形成

斜视图通常按向视图的配置形式配置和标注。箭头一定要垂直于被表达的倾斜部分，而字母以及符号均要按水平位置书写，如图 6-8(a)所示"A"视图。有时为了合理地利用图纸或作图方便，允许将斜视图旋转配置，标注时加旋转符号（半径为字高的半圆弧）"⌒×"或"×⌒"，其字母靠近箭头端，旋转符号的方向与图形旋转方向一致，如图 6-8(b)所示"A"

视图。

　　斜视图主要是用来表达机件上倾斜部分的实形,故其余部分不必全部画出,断裂边界用波浪线或双折线表示,如图 6-8 所示。当表示的结构是完整的,且外形轮廓线封闭时,波浪线可省略不画,如图 6-5 中的"A"视图所示。

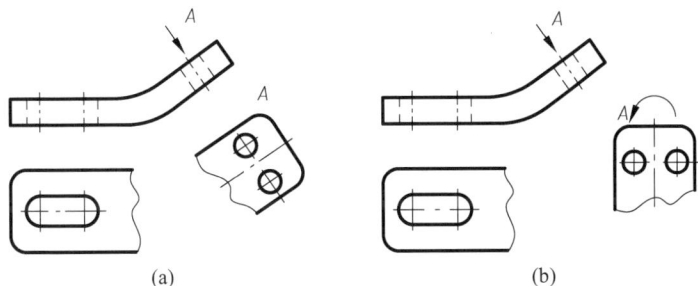

图 6-8　支板的斜视图布置形式
(a)一种布置形式;(b)另一种布置形式

6.2　剖　视　图

　　视图主要用于表达机件的外部形状,而其内部结构用虚线来表示。当机件的内部结构复杂时,视图上虚线很多,如图 6-9 所示支架的主视图、图 6-10 所示轴承座的俯视图和左视图。这些虚线既影响图形的清晰度又不便标注尺寸。为此,国家标准规定可用剖视图来表示机件的内部结构。

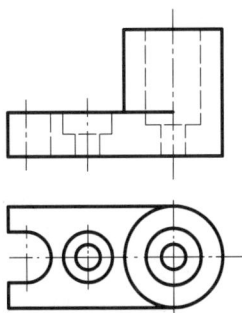

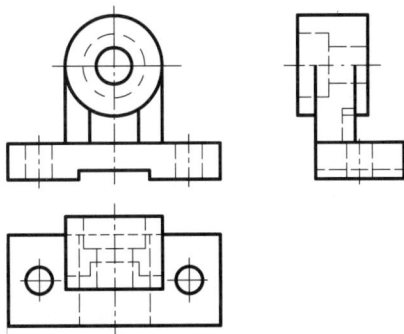

图 6-9　支架视图　　　　　　图 6-10　轴承座视图

6.2.1　剖视图的概念

　　为了清楚地表达机件的内部结构形状,可如图 6-11 所示,假想用一平面剖开机件,将位于观察者与剖切面之间的部分移去,将剩余部分向投影面投射所得的图形称为剖视图,简称剖视。

　　用来剖切被表达机件的假想平面或曲面,称为剖切面。假想用剖切面剖开机件,剖切面与机件的接触部分,称为剖面区域。指示剖切面位置的线(点画线),称为剖切线。指示剖切面起、讫和转折位置(用粗短画表示)及投射方向(用箭头表示)的符号,称为剖切符号,如图 6-12 所示。

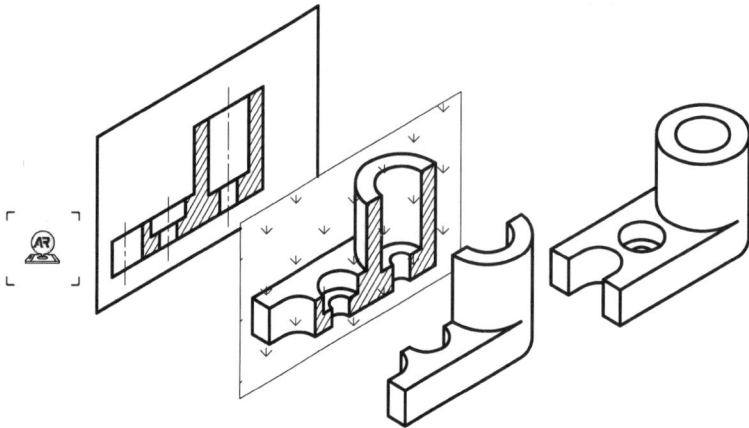

图 6-11　剖视的概念

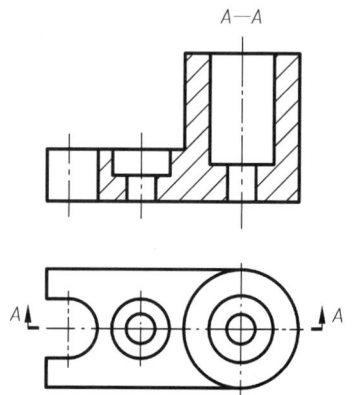

图 6-12　支架全剖视图

6.2.2　画剖视图的方法、步骤

1. 剖视图的画法

1) 确定剖切面的位置

剖切平面一般应通过机件的对称面且平行于相应的投影面,即通过机件的对称中心线或通过机件内部的孔、槽的轴线,如图 6-11 所示。

2) 画出机件轮廓线

机件经过剖切后,内部不可见轮廓变为可见,将原来表示内部结构的虚线改画成粗实线,同时剖切面后面机件的可见轮廓也要用粗实线画出,如图 6-11 所示。

3) 填充剖面区域

剖面区域一般应画出剖面符号,以区分机件上被剖切到的实体部分和未被剖切到的空心部分。剖面符号与机件的材料有关,表 6-1 是国家标准规定常用材料的剖面符号。若不需表示材料的类别时,可用通用剖面线表示,通用剖面线最好与主要轮廓线或剖面区域的对称线成 45°。对金属材料制成机件的剖面符号,一般应画成与主要轮廓线或剖面区域的对称线成 45°的一组平行细实线,如图 6-12 所示的主视图。剖面线之间的距离视剖面区域的大小而异,在同一张图纸中,同一机件的各个剖面区域其剖面线画法应一致。当图形主要轮廓线或剖面区域的对称线与水平线夹角成 45°或接近 45°时,该图形的剖面线可画成与主要轮廓线或剖面区域的对称线成 30°或 60°的平行线,其倾斜方向仍与其他图形的剖面线方向一致,如图 6-13 所示。

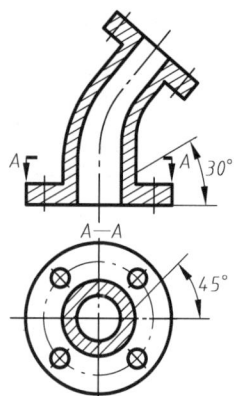

图 6-13　剖面线的画法

表 6-1　常用材料的剖面符号

材料名称	剖面符号	材料名称		剖面符号
金属材料,通用剖面线(已有规定剖面符号者除外)		混凝土		
非金属材料(已有规定剖面符号者除外)		木材	纵剖面	
型砂、填砂、粉末冶金、砂轮、陶瓷刀片等			横剖面	
玻璃及其他透明材料		木质胶合板		
砖		液体		

2. 剖视图的标注

为了便于看图时找出剖视图与其他视图的投影关系,一般应在相应视图上画出剖切符号,为粗短画线。在粗短画线处注上大写拉丁字母"×",在剖视图正上方标注出剖视图的名称"×—×",如图 6-12、图 6-14(a)所示。

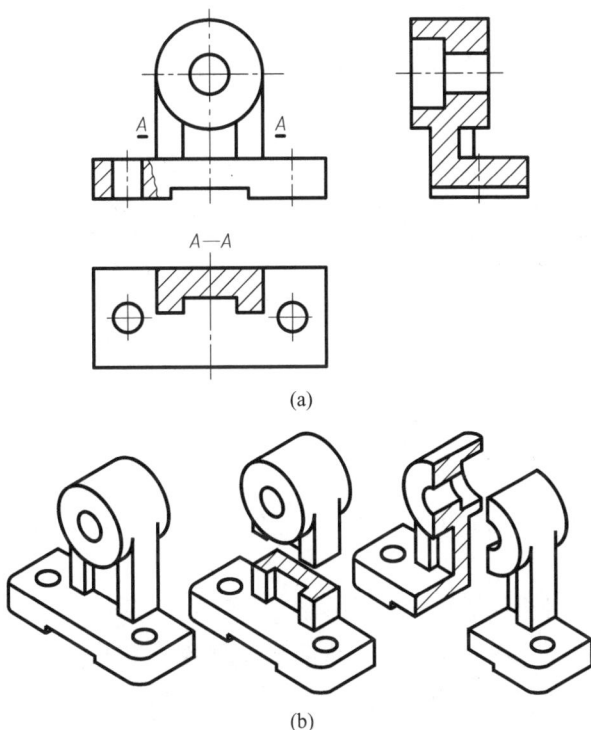

(a)

(b)

图 6-14　轴承座剖视图

当剖视图按投影关系配置,中间又没有其他图形隔开时,可省略箭头,如图 6-14(a)中的 $A—A$ 剖视图,在主视图中的剖切符号可省略箭头标注;当剖切平面通过机件的对称平面或基本对称平面,且剖视图按投影关系配置,中间又没有其他图形隔开时,可全部省略标注,如图 6-14(a)中左视图的标注均全部省略。

3. 画剖视图时应注意的几个问题

(1) 由于剖切是假想的,所以将一个视图画成剖视图后,其他视图仍按完整的机件画出,如图 6-12 中的俯视图。

(2) 画剖视图时,在剖切面后面的可见部分一定要全部画出,在剖切面后面的不可见轮廓线一般不画,只有对尚未表达清楚的结构,才用虚线表示。

(3) 要仔细分析剖切面后面的形状,可见部分都要画出,不能遗漏。图 6-15 所示的几例说明机件的内部空腔形状不同,投影后的剖视图也是不同的。

(4) 根据表达机件的实际需要,在一组视图中,可以同时在几个视图中采用剖视,如图 6-14(a)中轴承座的 3 个视图中均采用了剖视。

(5) 零件上的肋板、轮辐、紧固件、轴,如纵向剖切时通常按不剖处理,如图 6-18 所示。

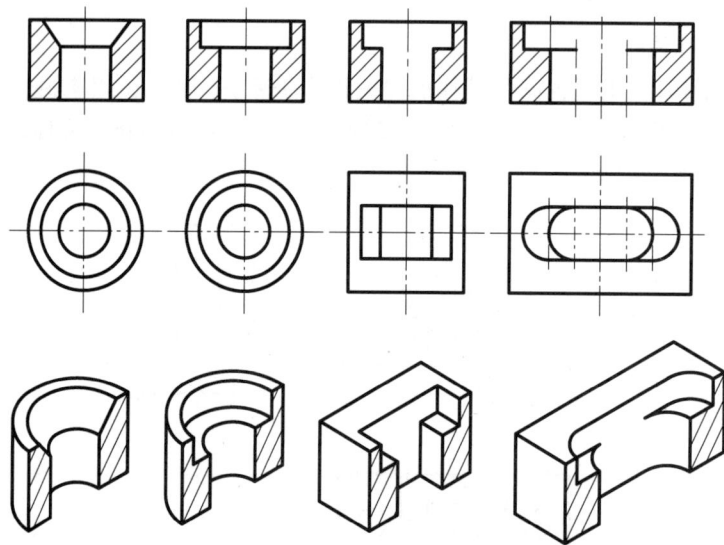

图 6-15　几种孔槽的剖视图

6.2.3　剖视图的种类

根据剖切范围的不同程度,可将剖视图分为全剖视图、半剖视图和局部剖视图 3 种。

1. 全剖视图

用剖切面完全地剖开机件所得的剖视图称为全剖视图。图 6-12 中的主视图、图 6-14(a)中的俯、左视图。由于全剖视图是将机件完全地剖开,机件外形的表达受到影响,因此,全剖视图一般适用于外形简单、内部结构复杂且不对称的机件。

对于一些具有空心回转体的机件,即使结构对称,但由于外形简单,也常采用全剖视图,如图 6-16 所示。

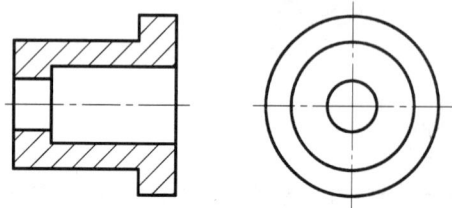

图 6-16　对称机件的全剖视图

2. 半剖视图

当机件具有对称平面时,向垂直于对称平面的投影面上投射所得的图形,可以对称中心线为界,一半画成剖视图用来表达机件的内部结构形状,另一半画成视图用来表达机件的外部结构形状,如图 6-17(b)所示,这种组合的图形称为半剖视图。

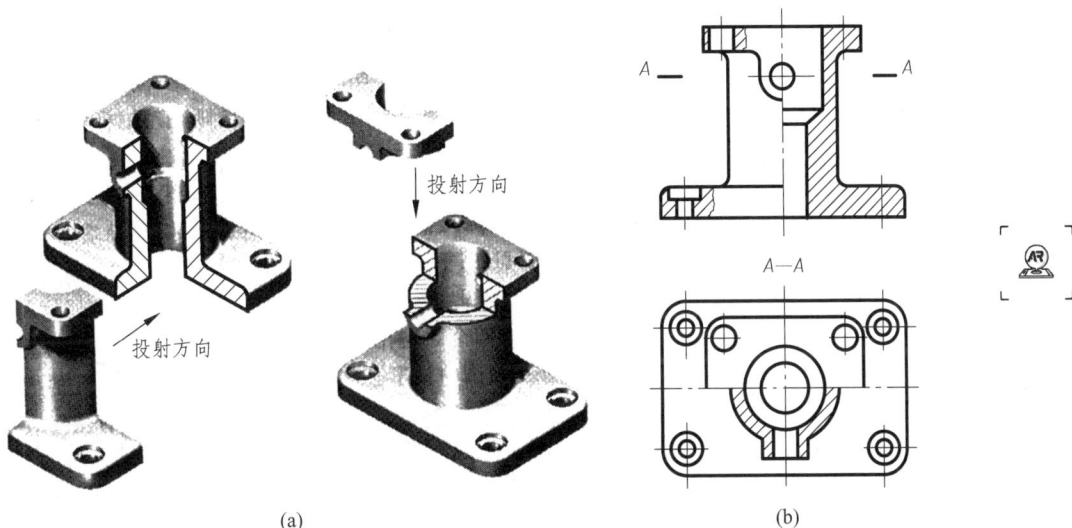

(a)　　　　　　　　　　　　　　(b)

图 6-17　半剖视图的剖切方法

半剖视图主要用于内外形状都需要表达、结构对称的机件,如图 6-17 所示。当机件的形状接近对称,且不对称部分已另有图形表达清楚时,也可以画成半剖视图,如图 6-18 所示。

半剖视图的标注:半剖视图标注规则与全剖视相同。图 6-17(b)中的主视图标注全部省略,由于机件上下结构不对称,故在俯视图中标注了"$A—A$",由于俯视图按投影关系布置,故可省略箭头。

画半剖视图应注意如下问题:

(1) 视图和剖视图的分界线应是细点画线,不应画成粗实线或虚线。

(2) 半剖视图中由于图形对称,机件的内部形状已在半个剖视图中表示清楚,所以在不剖的半个外形视图中,虚线应省去不画,如图 6-17(b)中的主、俯视图和图 6-18 主视图所示。

(3) 画半剖视图时,不应影响其他视图的完整性。所以,如图 6-19 中的主视图采用了半剖,但俯视图不应缺少 1/4 图形。

(4) 当对称机件的轮廓线与中心线重合时,不宜采用半剖视图表示,如图 6-20 所示。

3. 局部剖视图

用剖切面局部地剖开机件,以波浪线或双折线为分界线,一部分画成视图以表达机件外部形状,其余部分画成剖视图以表达内部结构,这样所得的图形称为局部剖视图。

局部剖视图是一种较为灵活的表达方法,适用范围较广,常用于下列情况:

(1) 需要同时表达不对称机件的内外形状时,可以采用局部剖视图,如图 6-21(b)所示。

(2) 当对称机件的轮廓线与对称中心线重合时,不宜采用半剖视图,可采用局部剖视,如图 6-20 所示。

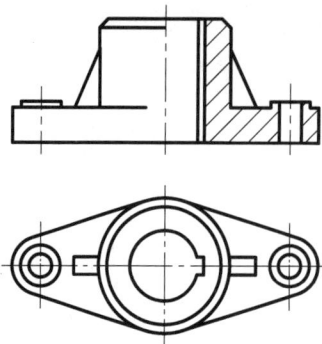

图 6-18　机件形状近似对称,可用半剖视图表达示例

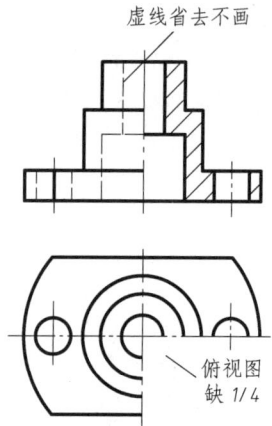

图 6-19　半剖视图的错误画法

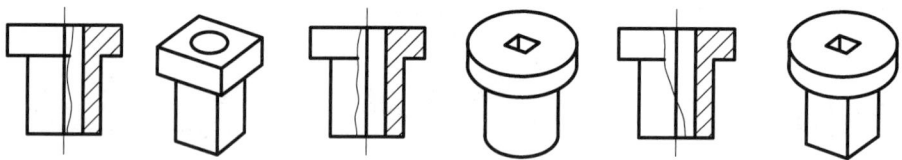

图 6-20　对称机件的局部剖视图

(3) 表达机件底板、凸缘上的小孔等结构。如图 6-21(b)中为表达底板上的小孔,主视图上采用了局部剖视。

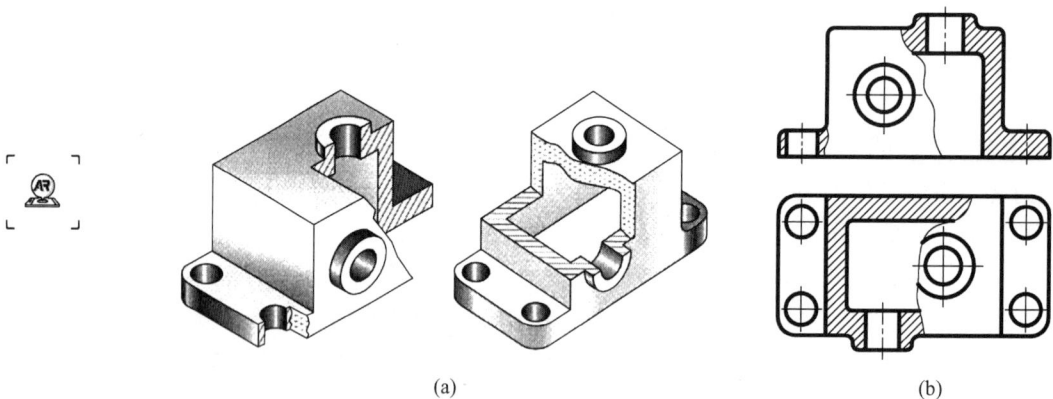

(a)

(b)

图 6-21　局部剖视图

局部剖视与全剖视的主要区别在于它是局部地而不是全部地剖开机件。因此,局部剖视存在一个分界线问题。这个分界线是被剖切部分和未剖部分的分界线,也可以说是视图与剖视图的分界线,还可以认为是断裂面的投影。关于波浪线的画法,应注意以下几点:

(1) 局部剖视图与视图之间用波浪线或双折线分界,但同一图样上一般采用一种线型。

(2) 波浪线或双折线必须单独画出,不能与图样上其他图线重合,如图 6-20、图 6-22(a)所示。只有当被剖切结构为回转体时,才允许将该结构的轴线作为局部剖视图与视图的分界线,如图 6-23 所示。

不能用轮廓线代替波浪线

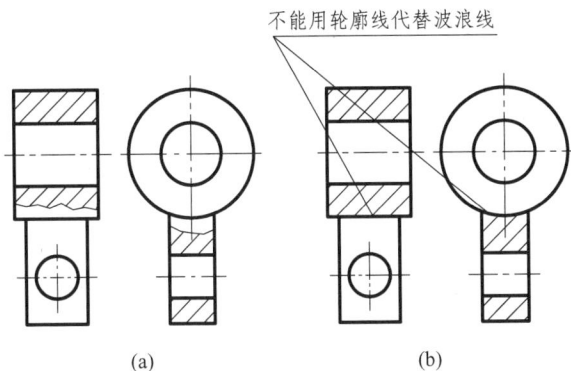

图 6-22 波浪线应单独画出
（a）正确；（b）错误

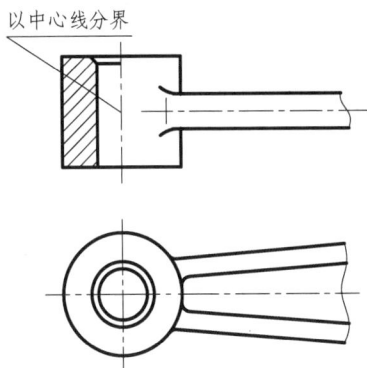

以中心线分界

图 6-23 中心线可作为分界线的示例

（3）波浪线应画在机件实体部分，在通孔或通槽中应断开，不能穿空而过。如图 6-24 所示。当用双折线时，没有此限制，如图 6-25 所示。

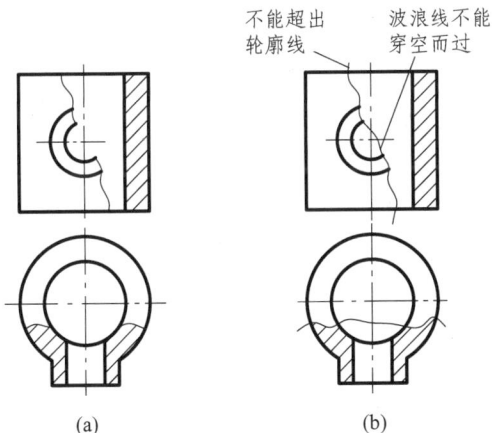

不能超出
轮廓线

波浪线不能
穿空而过

图 6-24 波浪线画法
（a）正确；（b）错误

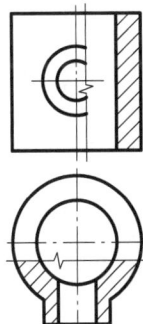

图 6-25 双折线画法

（4）波浪线不能超出视图轮廓之外，如图 6-24（a）所示。当用双折线时，双折线要超出轮廓线少许，如图 6-25 所示。

局部剖视图一般可省略标注，但当剖切位置不明显或局部剖视图未按投影关系配置时，则必须加以标注。

局部剖视图中的剖切位置与范围应根据实际需要决定，剖切范围的确定一般是在尽可能保留需要表达的外部形状的前提下，以尽量大的剖切区域展示内部形状。同一机件的表达上局部剖视不宜采用过多，否则会使图形过于零乱。

6.2.4 剖切面的种类

根据机件的结构特点，可选择适当的剖切面获得上述 3 种剖视图。根据剖切面相对于投影面的位置及剖切面组合数量的不同，国家标准将剖切面分为 3 类：单一剖切面、几个平行的剖切平面和几个相交的剖切平面(交线垂直于某一基本投影面)。

1. 单一剖切面

仅用一个剖切面剖开机件。单一剖切面包括单一剖切平面、单一斜剖切平面和单一剖切柱面,它们均可剖切机件得到 3 种剖视图。

(1) 单一剖切平面。本节前述图例均为单一剖切平面,用单一剖切平面可剖切机件得到全剖视图(见图 6-12~图 6-14)、半剖视图(见图 6-17)和局部剖视图(见图 6-21)。

(2) 单一斜剖切平面。用一个不平行于任何基本投影面的平面作为剖切平面剖开机件。若机件上有倾斜的内部结构需要表达时,可选择一个与该倾斜部分平行的辅助投影面,用一个平行于该投影面的剖切平面剖开机件,在辅助投影面上获得的剖视图,如图 6-26(b) 中“$A—A$”剖视图。用这种方法获得的剖视图,必须标注出剖切面位置、投射方向和剖视图名称。为了看图方便,应尽量使剖视图与剖切面投影关系相对应,剖视图一般按投影关系配置在与剖切符号相对应的位置,也可将剖视图移至图纸的其他适当位置。在不致引起误解时允许将图形旋转,但旋转后的标注形式应为“$\curvearrowleft×—×$”,如图 6-26(c)所示。

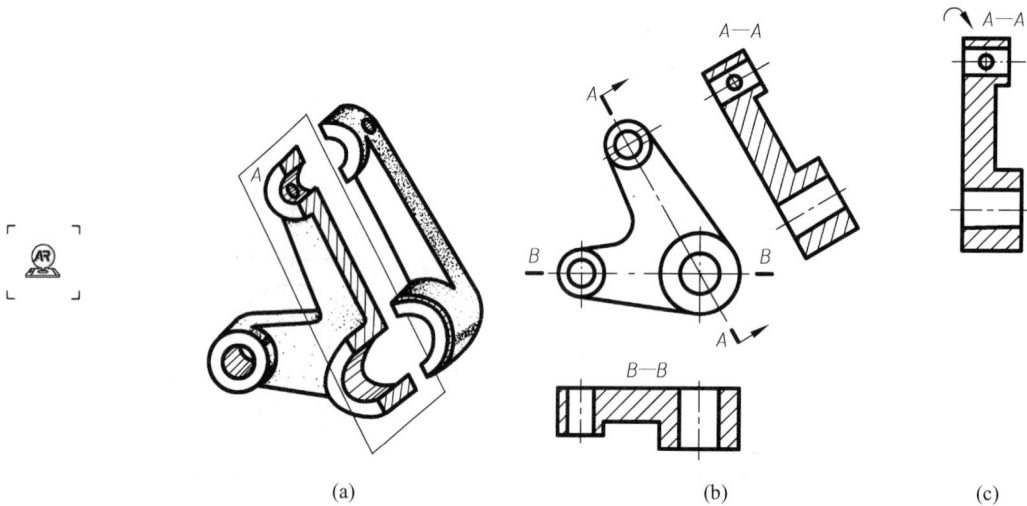

图 6-26　用不平行于基本投影面的单一剖切面获得的全剖视图

(3) 单一剖切柱面。如图 6-27 所示的扇形块,为了表达该零件分布在圆周上的孔与槽等结构,可以采用圆柱面进行剖切。用剖切柱面剖切得到的剖视图一般采用展开画法。此时,应在剖视图名称后加注“$×—×$展开”字样。

2. 几个平行的剖切平面

当机件上具有几种不同的结构要素(如孔、槽等),它们的中心线排列在几个互相平行的平面上时,可采用几个平行的平面同时剖开机件,如图 6-28 所示。几个平行的剖切平面可能是两个或两个以上,具体个数应根据机件的结构需要而选用,各剖切平面的转折处必须是直角。

采用几个平行的剖切平面时应注意的几个问题:

(1) 虽然各个剖切平面不在同一个平面上,但剖切后所得到的剖视图应看成一个完整的图形,在剖视图中不能画出剖切平面转折处的分界线,如图 6-29 中的主视图。

（2）剖切平面的转折处不应与图中的轮廓线重合，如图 6-30 中的俯视图。

（3）要正确选择剖切平面的位置，在剖视图中不应出现不完整的要素，如图 6-31（a）所示。

（4）当机件上有两个要素在图形上具有公共对称中心线或轴线时，允许各画一半不完整的要素，如图 6-31（b）所示。

（5）采用几个平行的剖切平面剖切机件时必须要标注。标注方法是在剖切平面的起、讫、转折处画上剖切符号，标上同一字母，并在起、讫处画上箭头表示投射方向。在所画的剖视图的上方中间位置用同一字母写出其名称"×—×"，如图 6-28（a）所示。国家标准规定，剖切符号、剖切线和字母的组合标注如图 6-32（a）所示。剖切线也可省略不画，如图 6-32（b）所示。剖视图按基本视图配置时，箭头可省略不画，如图 6-28（a）所示。

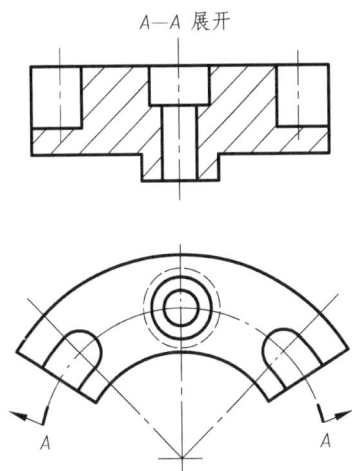

图 6-27　单一剖切柱面

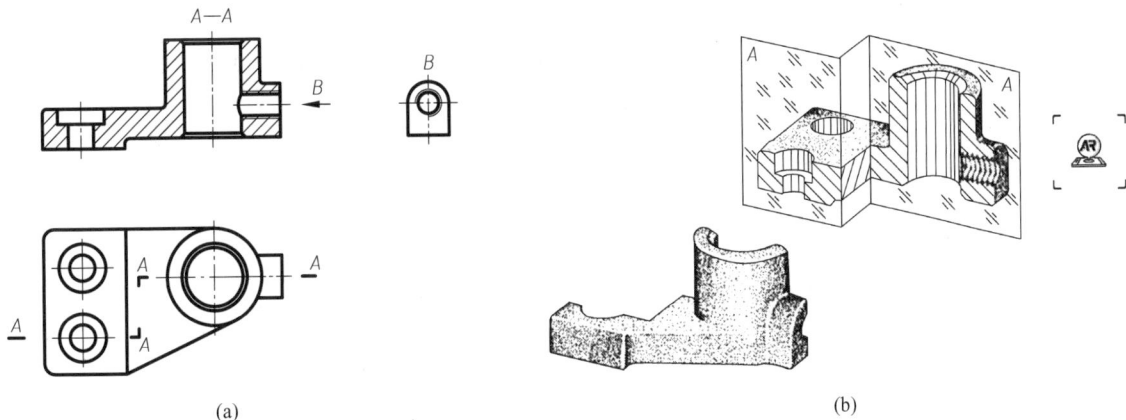

(a)　　　　　　　　　　　　　　　　　　(b)

图 6-28　几个平行的剖切面剖切

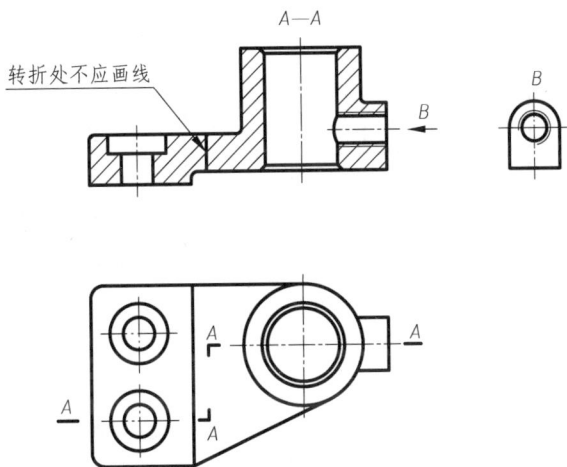

图 6-29　几个平行的剖切面剖切的常见错误（一）

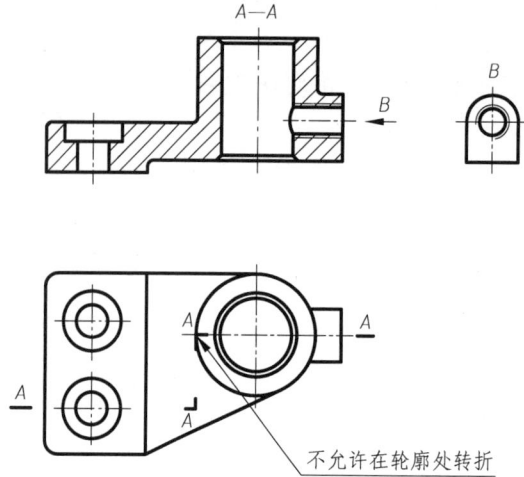

图 6-30　几个平行的剖切面剖切的常见错误(二)

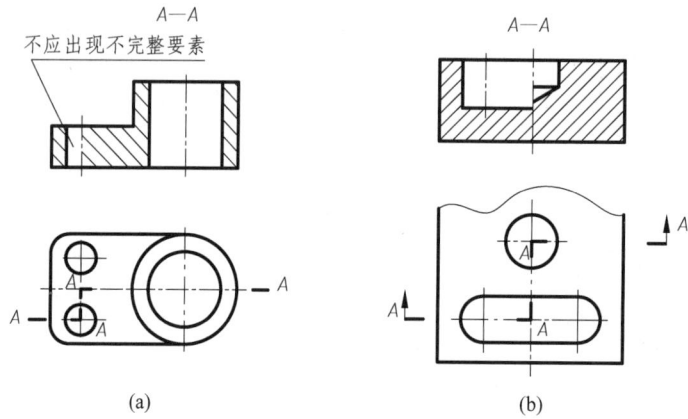

图 6-31　用几个平行的剖切面剖切机件

(a) 出现不完整要素的错误画法；(b) 允许出现不完整要素的示例

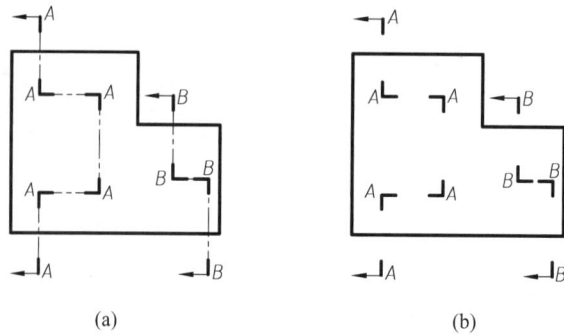

图 6-32　几个平行剖切平面的标注

(a) 剖切符号、剖切线和字母的组合标注；(b) 省略剖切线

3. 几个相交的剖切平面（交线垂直于某一基本投影面）

1）用两个相交的剖切平面剖切

用两个相交的剖切平面剖开机件时，先假想按剖切位置剖开机件，然后将被倾斜剖切面剖开的结构及其有关部分旋转到与选定的基本投影面平行后再进行投射，得到如图 6-33（b）所示的"A—A"全剖视图。

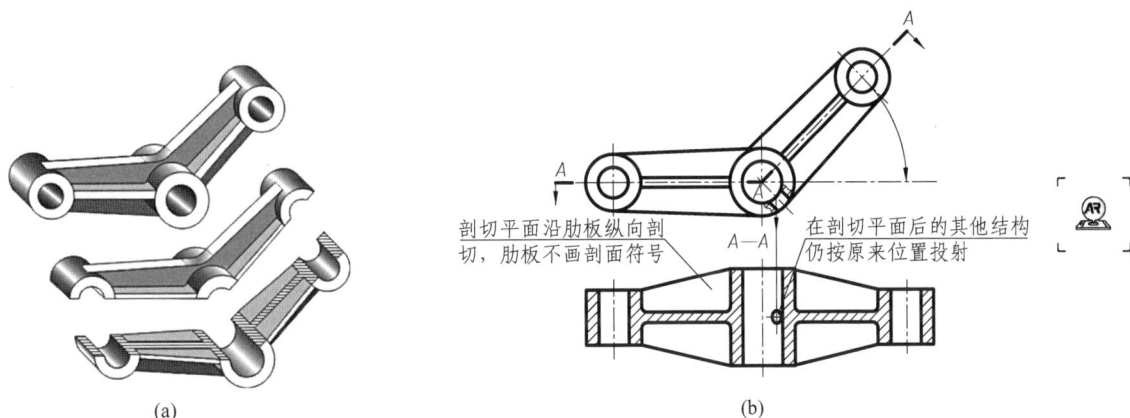

(a)　　　　　　　　　　　(b)

剖切平面沿肋板纵向剖切，肋板不画剖面符号

在剖切平面后的其他结构仍按原来位置投射

A—A

图 6-33　相交的剖切面剖切机件

这种剖切方法主要用于表达具有公共回转轴线的机件内部形状和盘、盖、轮等机件的成辐射状分布的孔、槽等内部结构。

采用两个相交的剖切平面剖切表达机件时应注意以下几个问题：

（1）当机件具有明显的回转轴时，两个剖切面的交线应与机件上的回转轴线相重合，并垂直于某一基本投影面，如图 6-33（b）所示。

（2）被倾斜的剖切平面剖开的结构，应绕两剖切面的交线旋转到与选定的投影面平行后再进行投射。但处在剖切平面后的其他结构，规定仍按原来位置投射，如图 6-33（b）所示机件下部的小圆孔，在"A—A"剖视图中仍按原来位置投射画出。

（3）当相交两剖切平面剖切到机件上的结构产生不完整要素时，规定这部分按不剖绘制，如图 6-34 所示。

（4）采用两个相交的剖切平面剖切机件时必须进行标注，标注方法与用几个平行的平面剖切方法相同。

2）用一组相交的剖切平面剖切

如图 6-35 所示的机件，不宜采用前面讲的两个相交的剖切面剖切，如采用一组相交的剖切面剖切就能充分表达其结构。采用一组相交的剖切面剖切，其画法和标注如图 6-35、图 6-36 所示。如遇到机件的某些内部结构投影重叠而表达不清楚或剖切平面为圆柱面时，可将其展开画出，但在剖视图上方应标注"×—×展开"，如图 6-36（b）所示。

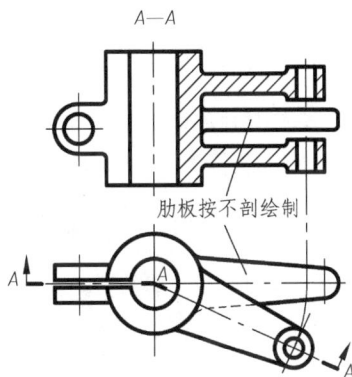

A—A

肋板按不剖绘制

图 6-34　剖切后产生不完整要素的规定

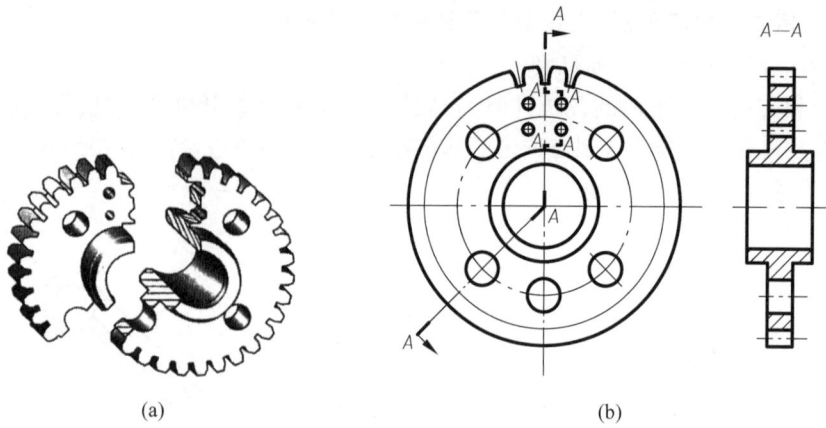

(a)   (b)

图 6-35 用一组相交的剖切平面剖切(一)

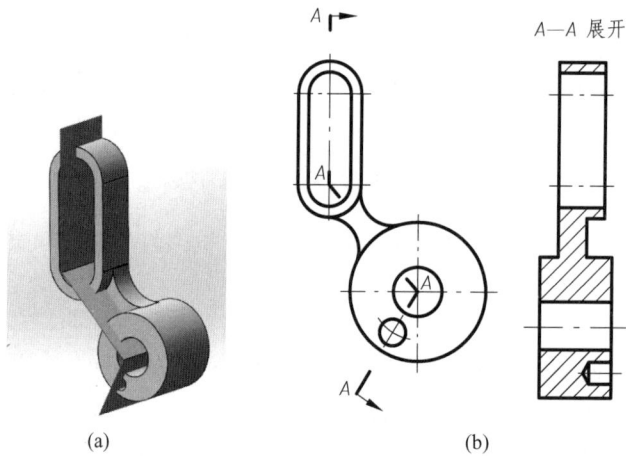

(a)   (b)

图 6-36 用一组相交的剖切平面剖切(二)

6.3 断 面 图

6.3.1 断面图的形成

假想用剖切面将机件某处切断,仅画出剖切面与机件实体接触部分(截断面)的图形,称为断面图,简称断面。如图 6-37(a)所示的轴,为了表示左端键槽的深度,假想在键槽处用一

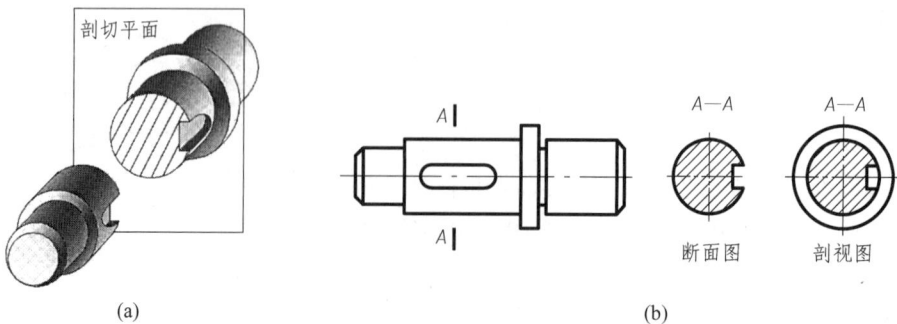

(a)   (b)

图 6-37 断面图的形成

个垂直于轴线的剖切平面将轴切断,只画出断面的形状,并在断面画上剖面符号。

画断面图时,应特别注意断面图与剖视图的区别,断面图只画出机件的断面形状,而剖视图除了画出断面形状以外,还必须画出机件剖切面后面的轮廓线,如图 6-37(b)所示。

断面图主要用于表达机件某部位的断面形状,如机件上的肋板、轮辐、键槽、杆件及型材的断面等。

6.3.2　断面图的分类

根据断面图配置位置的不同,断面图可分为移出断面和重合断面两种。

1. 移出断面

画在视图轮廓线之外的断面图称为移出断面。

1) 移出断面的画法

(1) 移出断面的轮廓线用粗实线绘制,并在断面上画上规定的剖面符号,如图 6-38 所示。

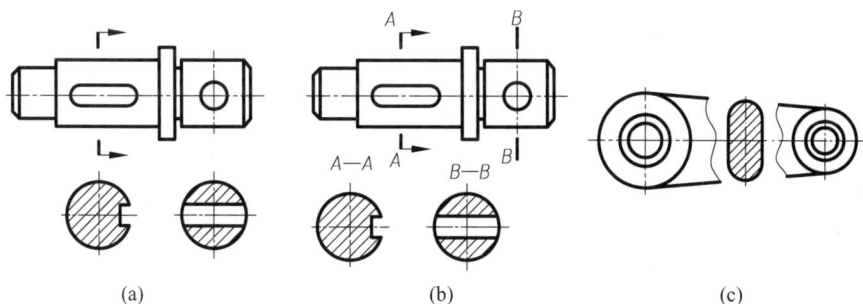

图 6-38　移出断面图的画法(一)

(2) 当剖切平面通过回转面形成的孔或凹坑的轴线时,这些结构按剖视绘制,如图 6-39 所示。

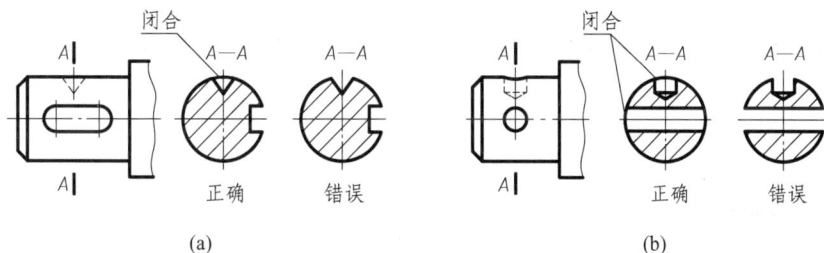

图 6-39　移出断面图的画法(二)

(3) 当剖切平面通过非圆形通孔,导致出现完全分离的两个断面时,这些结构应按剖视绘制,如图 6-40(a)所示。

(4) 剖切平面一般应垂直于被剖切结构的主要轮廓线或轴线,如图 6-40(b)所示。当遇到如图 6-40(c)所示的肋板结构时,可用两个相交的剖切面,分别垂直于左、右肋板剖切机件,所得到的断面图,中间应用波浪线断开,如图 6-40(c)所示。

2) 移出断面的配置

(1) 移出断面应尽量配置在剖切符号或剖切线(指示剖切面位置的线,用点画线表示)

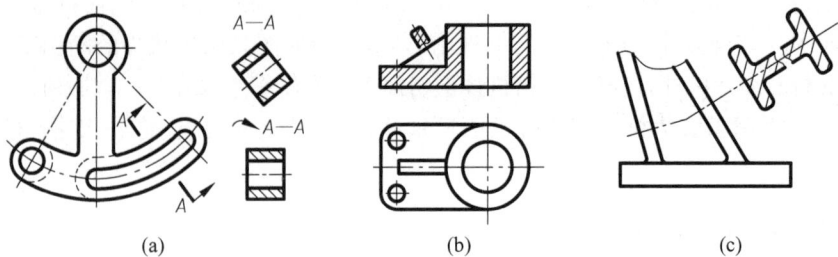

图 6-40 移出断面图的画法(三)

的延长线上,如图 6-38(a)所示。

(2) 移出断面也可按投影关系配置,如图 6-39 所示。或配置在其他适当位置,如图 6-38 (b)所示。

(3) 当断面图形对称时,也可画在视图的中断处,如图 6-38(c)所示。

3) 移出断面的标注

(1) 移出断面一般应用粗短画线表示剖切位置,用箭头表示投射方向并注上字母,在断面图的上方应用同样字母标出相应的名称"×—×",如图 6-38(b)、图 6-40(a)所示。

(2) 配置在剖切符号或剖切线的延长线上的移出断面图,如果断面图不对称可省略字母,但应标注投射方向;如果图形对称可省略标注,如图 6-38(a)、图 6-40(b)所示。

(3) 没有配置在剖切线延长线上的对称移出断面或按投影关系配置的移出断面,均可省略箭头,如图 6-38(b)、图 6-39 所示。

(4) 配置在视图中断处的移出断面均可不作标注,如图 6-38(c)所示。

2. 重合断面

画在视图轮廓线之内的断面图,称为重合断面。

(1) 重合断面的画法:重合断面的轮廓线用细实线绘制,当视图中的轮廓线与重合断面轮廓线重叠时,视图中的轮廓线仍然应连续画出,不可间断,如图 6-41 所示。

(2) 重合断面的标注:对称的重合断面不必标注,如图 6-42(a)所示;不对称的重合断面可省略标注,如图 6-42(b)所示。

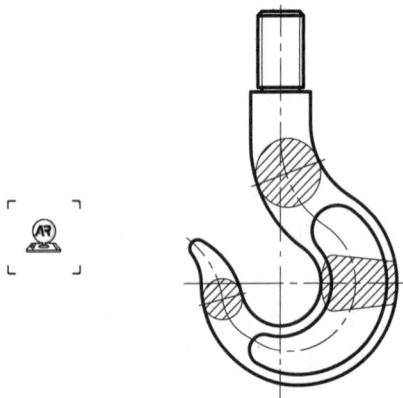

图 6-41 重合断面图

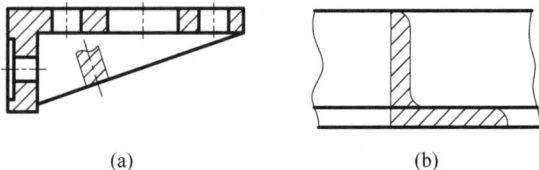

图 6-42 重合断面图的标注

(a) 支架;(b) 角钢

6.4　局部放大图及其他规定简化画法

6.4.1　局部放大图

当机件上某些结构在原图上表达不够清楚或不便标注尺寸时,可将这些细小部分结构用大于原图的比例单独画出,这种用大于原图比例画出机件上局部结构的图形,称为局部放大图,如图 6-43 所示。局部放大图可画成视图、剖视图、断面图,与被放大部分的表示方法无关。

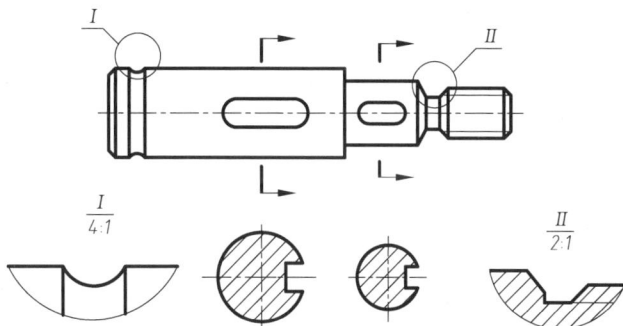

图 6-43　局部放大图

局部放大图的配置与标注:

(1) 局部放大图应尽量配置在被放大部分的附近,并用细实线圈出被放大的部位;

(2) 当同一机件上有几个被放大的部位时,必须用罗马数字依次标明被放大的部位,并在局部放大图的上方标注出相应的罗马数字和采用的比例;

(3) 当机件上被放大的部分仅有一处时,只需在局部放大图的上方注明所采用的比例;

(4) 局部放大图中所标注的比例与原图所采用的比例无关,它仅表示放大图中的图形尺寸与实物之比。

6.4.2　有关肋板、轮辐等结构的规定画法

机件上的肋板、轮辐、薄壁等结构,如按纵向剖切均不画剖面符号,用粗实线将它们与其相邻结构分开,如图 6-44 所示。当回转体零件上均匀分布的肋板、轮辐、孔等结构不处于剖

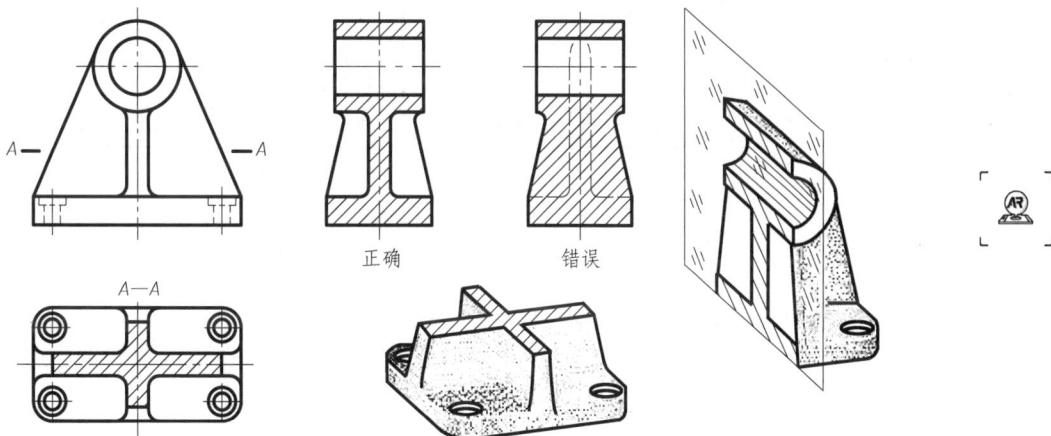

正确　　　　错误

图 6-44　肋板剖切的画法

切平面上时,可将这些结构旋转到剖切平面上画出,如图 6-45 所示。

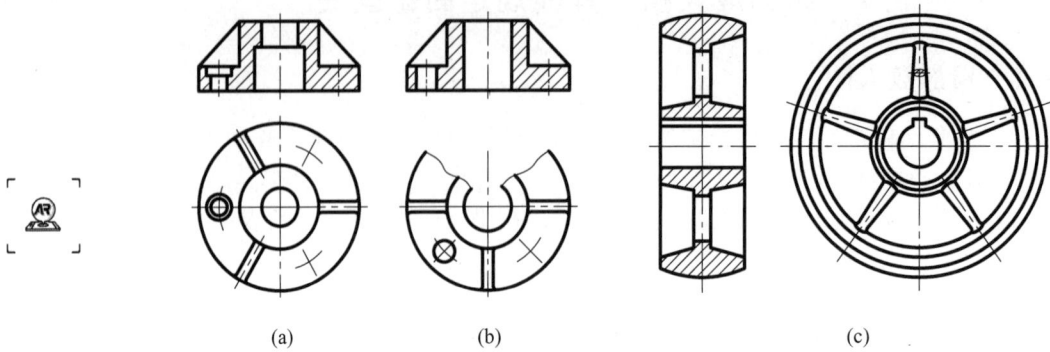

图 6-45　均布孔、肋和轮辐的画法

6.4.3　简化画法

（1）相同孔的简化画法:若干直径相同且按一定规律分布的孔,可以仅画出一个或几个,其余只需用细点画线表示其中心位置,并标注孔的总数,如图 6-46 所示。

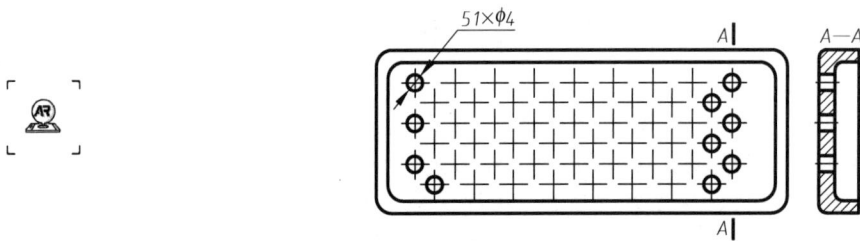

图 6-46　相同孔的简化画法

（2）相同结构的简化画法:当机件具有若干相同结构(齿、槽等),并按一定规律分布时,只需画出几个完整的结构,其余用细实线连接,但必须在图中注明该结构的总数,如图 6-47 所示。

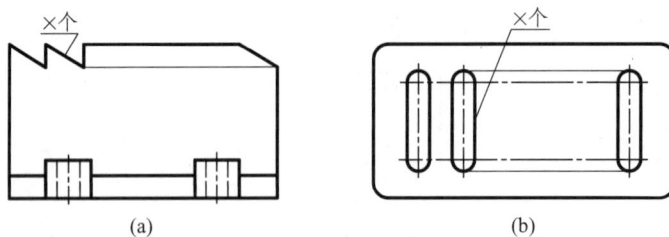

图 6-47　相同结构的简化画法

（3）网状物及滚花的示意画法:网状物、编织物或机件上的滚花部分,可在轮廓线附近用细实线示意画出,也可省略不画,并在适当位置注明这些结构的具体要求,如图 6-48 所示。

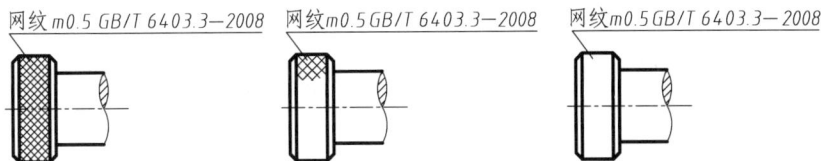

图 6-48　网状物及滚花的示意画法

（4）平面的表示画法：当图形不能充分表达平面时，可用平面符号（两条相交的细实线）表示，如图 6-49 所示。

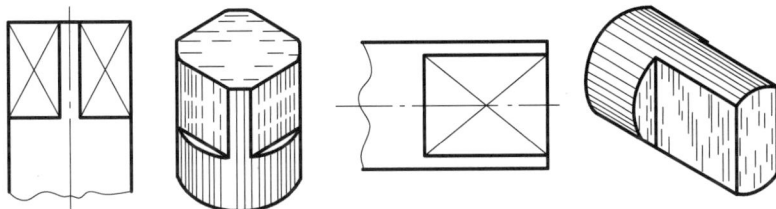

图 6-49　回转体上平面的表示法

（5）移出断面剖面符号画法：在不致引起误解的情况下，机件图中的移出断面允许省略剖面符号，但剖切位置和断面图的标注必须遵照原来的规定，如图 6-50 所示。

（6）倾斜圆的规定画法：与投影面倾斜角度小于或等于 30°的圆或圆弧，其投影可用圆或圆弧代替，如图 6-51 所示。

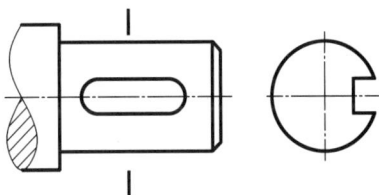

图 6-50　剖面符号的省略

（7）圆柱形法兰孔的规定画法：圆柱形法兰和类似零件上均匀分布的孔，可按图 6-52 所示的方法绘制。

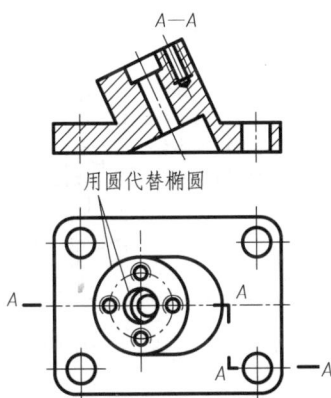

图 6-51　倾斜圆的规定画法

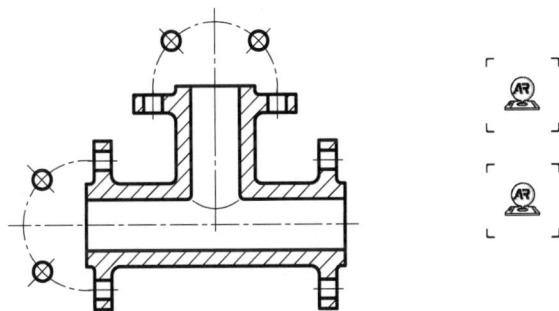

图 6-52　圆柱形法兰孔的简化画法

（8）折断画法：对于较长的机件（轴、杆、型材等），当沿长度方向的形状一致或按一定规律变化时，可将其断开缩短绘制，但尺寸仍要按机件的实际长度标注，如图 6-53 所示。

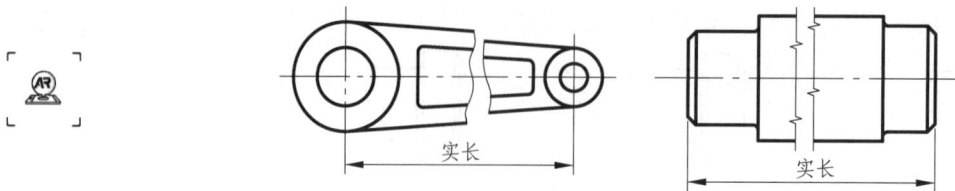

图 6-53　较长机件断开后的画法

6.5　机件表达方法综合举例

前面介绍了机件的各种表达方法——视图、剖视图、断面图、简化画法等。在实际生产中,机器零件是多种多样的,究竟怎样选用上面的各种表达方法,需要根据机件的复杂程度及其结构特点进行具体分析。一个表达方案的确定,既要使所选取的每个视图、剖视图、断面图有表达内容和重点,又要注意它们之间的相互联系和分工;既要简化绘图工作,又要表达清楚,便于读图。总之,在完整清晰地表达出机件各部分的结构形状及相对位置的前提下,力求看图方便,绘图简便,视图数量越少越好。为了更好地掌握各种表达方法,需要勤于思考,反复练习。

确定一个好的表达方案,一般可以通过以下步骤进行。下面以图 6-54 所示的轴承座为例,讨论表达方法的综合运用。

1. 分析形体

图示轴承座是前后对称的机件,其主体为安放轴的圆筒,圆筒的左面有方形凸缘,凸缘上有 4 个小孔。下面部分是一个长方形的安装板,安装板上有 6 个相同的通孔;圆筒与安装板之间由具有空腔的支架连接;支架由前、后、左、右 4 个壁所构成,在支架的右壁与主体圆筒、安装板相接处有一块平行于正面的肋板。

2. 选择主视图

1)摆放位置

自然平放,即按工作位置放置。

2)投射方向

通常选择最能反映机件内、外结构的形状特征和位置特征的方向作为主视图的投射方向。该轴承座初步考虑有 A、B 两个主视图投射方向,如图 6-54 所示。选 A 作为主视图投射方向能较好地反映轴承座的形状特征,但其内部结构和位置特征反映不够清楚;如果选 B 作为主视图投射方向,并采用全剖视则

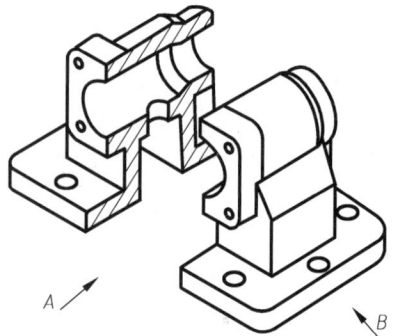

图 6-54　轴承座

能较好地反映内部结构和位置特征,故选 B 作为主视图投射方向。

3. 选择其他视图

将主视图尚未表达清楚的结构形状,选用其他视图补充表达。因为该轴承座前后对称,所以采用了 A—A 半剖视左视图,既保留了外形,又可以清晰地表达出圆筒以及支架的内腔。由于主、左两视图已将轴承座的内部形状表达清楚,所以俯视图只需画出外形,用一个

局部剖视表达方形凸缘上的盲孔即可。另外,在主视图上用一个重合断面来表达右端肋板的厚度,这样就完整、清楚地表达了轴承座的内外结构,如图 6-55 所示。

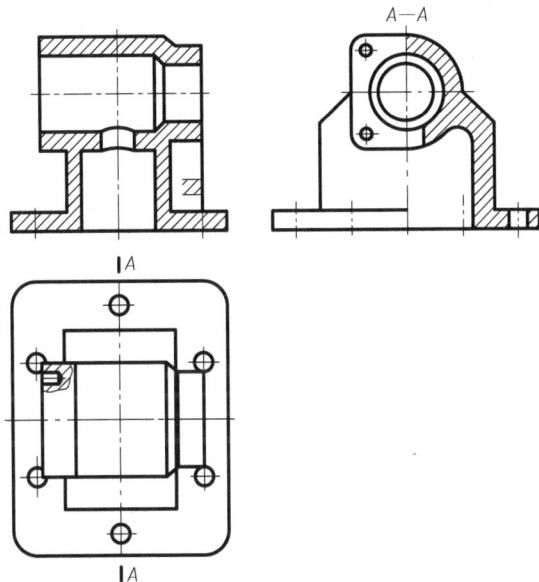

图 6-55　轴承座表达方案

6.6　第三角投影画法简介

在表达机件结构时,虽然世界各国都采用正投影法表达机件的结构形状,但有些国家采用第一角画法,如中国、俄罗斯、德国等国,有些国家则采用第三角画法,如美国、英国、日本等国。为了适应国际科学技术交流,这里对第三角投影的画法作一简单介绍。

6.6.1　第三角投影法

如图 6-56 表示 3 个互相垂直的投影面:V、H、W,将 W 面左侧的空间分成 4 个分角,其编号如图所示,将机件放在第三分角(V 面的后方,H 面的下方和 W 面的左方)向各投影面进行正投影,从而得到相应的正投影图。这种画法称为第三角投影法。

6.6.2　第三角投影法的特点

(1) 将物体放在第三分角内,使投影面处于观察者与物体之间,并假想投影面是透明的,从而得到物体的投影图。在 V、H、W 3 个投影面上的投影图,分别称为主视图、俯视图、右视图,如图 6-57(a)所示。

(2) 展开时,V 面不动,H、W 面按箭头方向旋转,如图 6-57(a)展开后,三视图的配置如图 6-57(b)所示。

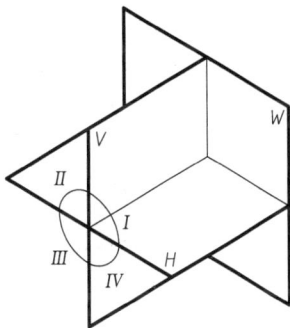

图 6-56　四个分角

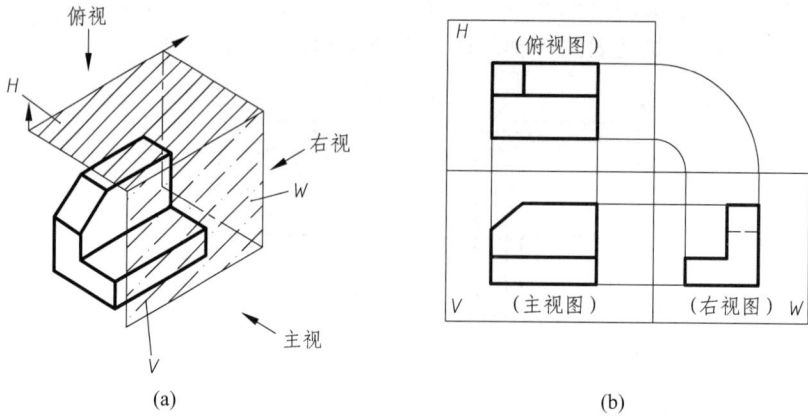

图 6-57 第三分角中三视图的形成和投影规律

(3) 三视图之间的关系：第三角投影的三视图之间，同样符合"长对正，高平齐，宽相等"的投影规律。但应注意方向：在俯视图和右视图中，靠近主视图的一边是物体前面的投影。

(4) 第三角投影法中 6 个基本视图的配置如图 6-58 所示。

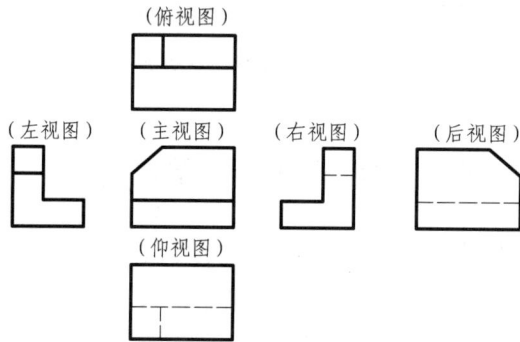

图 6-58 第三分角中 6 个基本视图的配置

6.6.3 第三角画法的标志

国家标准 GB/T 14692—2008《技术制图 投影法》中规定，采用第三角画法时，必须在图样中画出第三角投影的识别符号，而在采用第一角画法时，如有必要也可画出第一角投影的识别符号。两种投影的识别符号如图 6-59 所示。

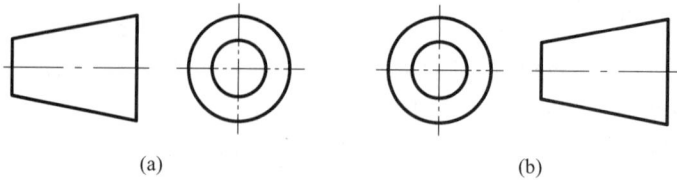

图 6-59 两种投影法的标志符号

(a) 第一角投影符号；(b) 第三角投影符号

第7章 标准零件与常用零件

螺纹连接件、齿轮等是机器上的常用零件,它们的结构和尺寸已全部(标准零件)或部分(常用零件)标准化了,并由专用的刀具和机床来保证。常用的标准零件有螺栓、螺柱、螺母、键、销等,常见的常用零件有齿轮、弹簧等。国家标准制定了其规定画法和规定标注。

本章主要介绍标准零件和常用零件的基本知识、规定画法和标注以及相关标准表格的查用等内容。

7.1 螺纹及螺纹连接件

7.1.1 螺纹

螺纹是指在圆柱(圆锥)表面上,沿着螺旋线所形成的具有相同断面的连续凸起和沟槽,凸起部分称为螺纹的牙顶,沟槽部分称为螺纹的牙底。在圆柱(圆锥)外表面上制出的螺纹称为外螺纹,在圆柱(圆锥)内表面上制出的螺纹称为内螺纹(见图 7-1)。内、外螺纹成对使用,用于连接紧固零件。

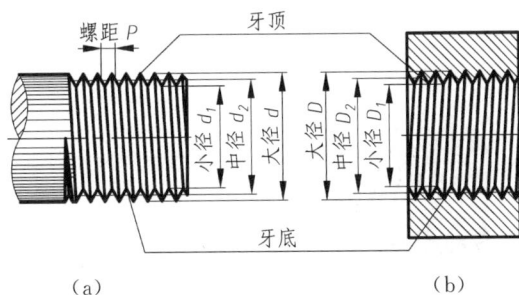

图 7-1　外螺纹与内螺纹

螺纹的基本要素

螺纹的基本要素有 5 个:牙型、直径、线数、螺距和旋向。内、外螺纹配合时,这五要素必须都相同。

1) 螺纹牙型

指在通过螺纹轴线断面上螺纹的轮廓形状。常用的螺纹牙型有三角形、梯形、锯齿形等(见表 7-1)。

2) 螺纹直径(大径、小径、中径)

大径(D、d):螺纹的最大直径。亦即与外螺纹牙顶或内螺纹牙底相重合的假想圆柱的直径,又称为螺纹的公称直径。大写字母表示内螺纹,小写字母表示外螺纹。

小径(D_1、d_1):螺纹的最小直径。亦即与外螺纹牙底或内螺纹牙顶相重合的假想圆柱的直径。

表 7-1　常用标准螺纹

种　类		牙型符号	牙　型	说　明
连接螺纹	普通螺纹 粗牙螺纹	M	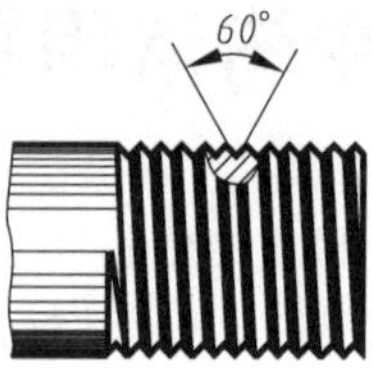	常用的连接螺纹,一般常用粗牙螺纹。在相同的大径下,细牙螺纹的螺距较小,切入较浅,多用于薄壁或紧密连接的零件
	管螺纹 螺纹密封管螺纹	Rc Rp R_1 或 R_2	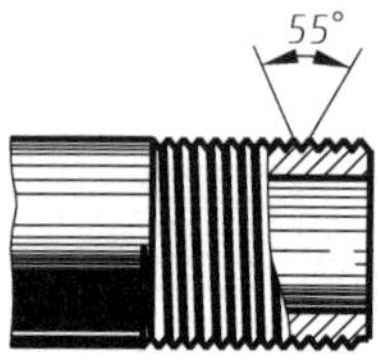	包括圆锥内螺纹与圆锥外螺纹,圆柱内螺纹与圆锥外螺纹两种连接形式。必要时,允许在螺纹副内添加密封物,以保证连接的紧密性。适用于管子、管接头、旋塞、阀门等 　Rc:圆锥内螺纹 　Rp:圆柱内螺纹 　R_1:与圆柱内螺纹相配合的圆锥外螺纹 　R_2:与圆锥内螺纹相配合的圆锥外螺纹
	非螺纹密封管螺纹	G	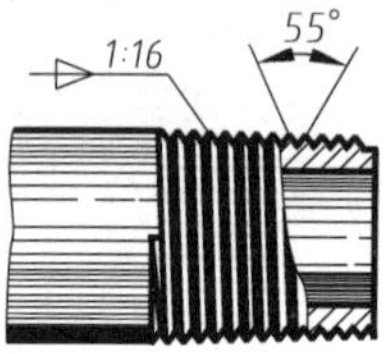	螺纹本身不具有密封性,若要求连接后具有密封性,可压紧被连接件螺纹副外的密封面,也可在密封面间添加密封物。适用于管接头、旋塞、阀门等
传动螺纹	梯形螺纹	Tr	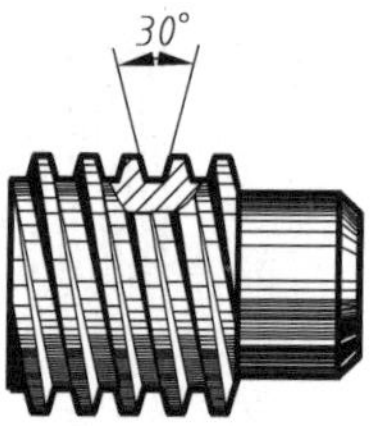	用于传递运动和动力,如机床丝杠、尾架丝杠等
	锯齿形螺纹	B	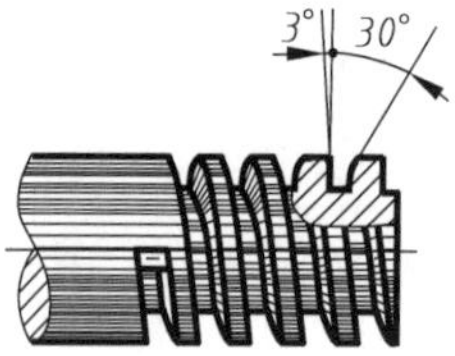	用于传递单向动力,如千斤顶螺杠等

　　中径(D_2、d_2):在螺纹大径与小径之间的一个直径。在中径线上,牙型的凸起和沟槽宽度相等。

　　3)线数(n)

　　线数指螺旋线的条数,在圆柱(圆锥)表面上只加工出一条螺旋线称为单线螺纹;加工出多条螺旋线称为多线螺纹(见图 7-2)。常用单线螺纹。

　　4)螺距(P)与导程(P_h)

　　螺纹上相邻两牙在中径线上对应点之间的轴向距离称为螺距。同一条螺旋线上相邻两牙在中径线上对应点之间的轴向距离称为导程。单线螺纹 $P=P_h$；多线螺纹 $P_h=nP$（见图 7-2）。

5）旋向

螺纹分为右旋与左旋两种。顺时针旋入的螺纹称为右旋螺纹，逆时针旋入的螺纹称为左旋螺纹（见图 7-3），一般常用的是右旋螺纹。

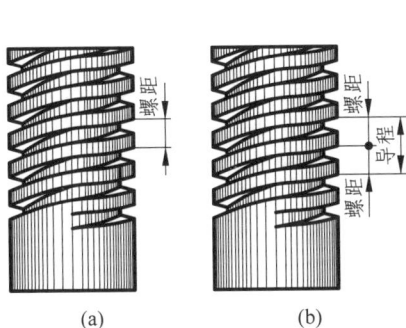

图 7-2　单线螺纹和双线螺纹

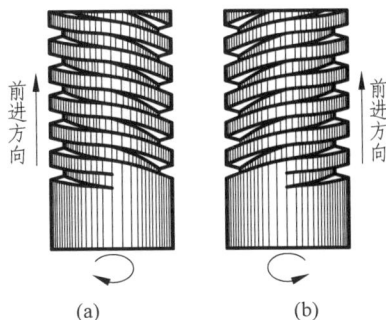

图 7-3　螺纹的旋向
(a) 左旋；(b) 右旋

7.1.2　螺纹的分类

（1）按标准化程度分：凡牙型、大径和螺距均符合标准的螺纹称为标准螺纹；牙型符合标准，而大径、螺距不符合标准的称为特殊螺纹；若牙型也不符合标准的则称为非标准螺纹。

（2）按用途分：连接螺纹（粗牙普通螺纹、细牙普通螺纹、管螺纹）；传动螺纹（梯形螺纹、锯齿形螺纹等）。传动螺纹用来传递运动和动力。

7.1.3　螺纹的规定画法及标注

螺纹的真实投影比较复杂，因此，国家标准制定的是规定画法。

1. 外螺纹

外螺纹的牙顶用粗实线绘制，牙底用细实线绘制，并一直画到倒角处。在投影为圆的视图中，牙顶圆用粗实线绘制，表示牙底的细实线圆只画约 3/4 圈，螺杆的倒角圆省略不画，螺纹终止线用粗实线绘制（见图 7-4）。螺纹收尾一般不画，若画时，用与轴线成 30°的细实线画出（见图 7-4(b)）。

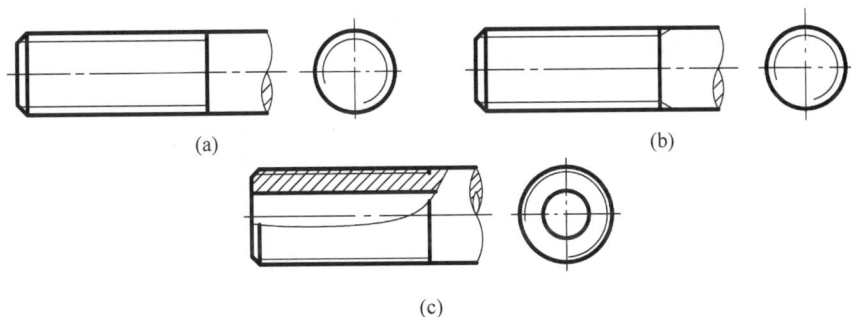

图 7-4　外螺纹的画法

2. 内螺纹

在剖视图中,内螺纹牙顶(小径)用粗实线绘制,牙底(大径)用细实线绘制。螺纹终止线用粗实线绘制,剖面线画到粗实线为止。在投影为圆的视图中,牙顶圆用粗实线绘制,表示牙底的细实线圆只画 3/4,倒角圆不画。绘制不通的螺纹孔时,应将钻孔深和螺纹孔深分别画出。内螺纹不剖时,全部用虚线表示(见图 7-5)。内、外螺纹小径均按 0.85 倍大径画出。

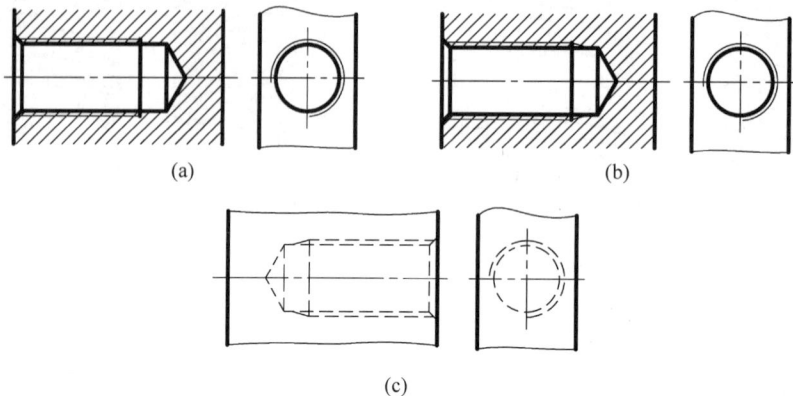

(a)

(b)

(c)

图 7-5 内螺纹的画法

3. 螺纹旋合的画法

内、外螺纹旋合时,旋合部分按外螺纹画出,其余部分按各自的画法画出(见图 7-6)。

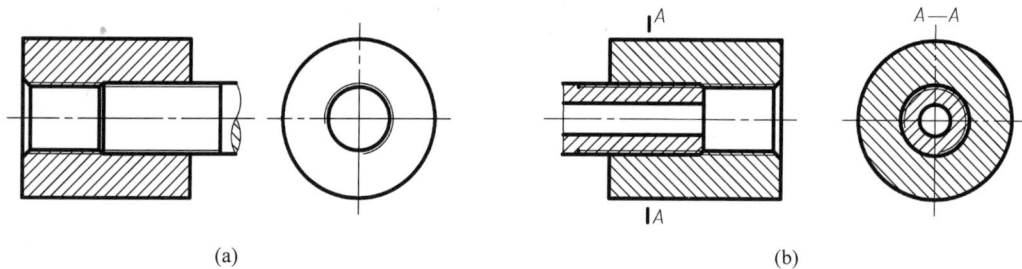

(a)

(b)

图 7-6 内、外螺纹旋合时的画法

4. 螺纹牙型表示法

当需要表示螺纹牙型时,可用局部剖视图或局部放大图表示出几个牙型(见图 7-7)。

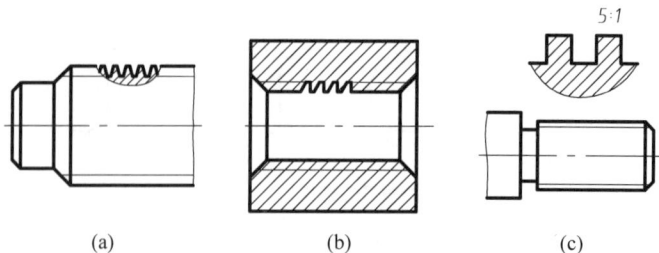

(a)

(b)

(c)

图 7-7 螺纹牙型的表示法

5．螺纹相贯时的画法

螺纹相贯时,在钻孔与钻孔相交处应画出相贯线,如图 7-8 所示。

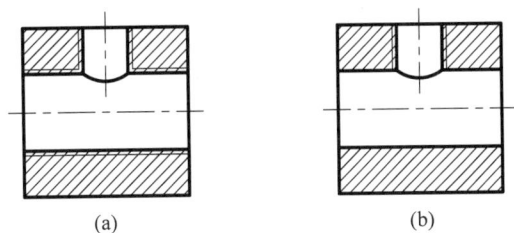

(a)　　　　　　　　　　　　(b)

图 7-8　内螺纹相贯时的画法

6．螺纹的规定标注

由于各种螺纹都是按规定画法画出的,为了区别不同类型的螺纹,国家标准 GB/T 197—2018《普通螺纹　公差》制定了螺纹的规定标注。

1）普通螺纹的标注

完整的螺纹标记由螺纹特征代号、尺寸代号、公差带代号及其他有必要做进一步说明的其他信息 4 部分组成:

特征代号	尺寸代号	公差带代号	其他信息
M	公称直径×P_h 导程 P 螺距	中径和顶径公差带代号	旋合长度　旋向

（1）特征代号。普通螺纹特征代号用字母"M"表示。

（2）尺寸代号。单线螺纹的尺寸代号为:公称直径×螺距。对于粗牙螺纹,螺距项可以省略,例如 M16。多线螺纹的尺寸代号为:公称直径×P_h 导程 P 螺距。

（3）公差带代号。公差带代号包括中径公差带代号和顶径公差带代号。公差带代号由表示公差等级的数值和表示公差带位置的字母(内螺纹用大写字母;外螺纹用小写字母)组成。如果中径公差带代号与顶径公差带代号相同,则应只标注一个公差带代号。

（4）其他信息。标记内有必要说明的其他信息包括螺纹的旋合长度和旋向。

对于短旋合长度组和长旋合长度组的螺纹,在公差带代号后分别标注代号 S 和 L。旋合长度代号与公差带代号间用"—"号分开,中等旋合长度组螺纹不标注旋合长度代号 N。

对于左旋螺纹,应在旋合长度代号之后标注旋向代号 LH。旋合长度代号与旋向代号间用"—"号分开。右旋螺纹不标注旋向代号。

（5）标记示例。

M8×1—5g6g:公称直径为 8mm,螺距为 1mm 的单线细牙普通螺纹,中径公差带为 5g,大径公差带为 6g 的外螺纹。中等旋合长度和右旋省略。

M16×P_h3 P1.5—6H:公称直径为 16mm,导程为 3mm,螺距为 1.5mm,中径和小径公差带为 6H 的双线内螺纹。

2）梯形螺纹的标注(GB/T 5796.4—2022)

梯形螺纹的完整标记,由螺纹代号、公差带代号及旋合长度代号组成。其具体的标记格式,分下列两种情况。

单线梯形螺纹:

$$\boxed{\text{Tr}}\,\boxed{\text{公称直径}}\times\boxed{\text{螺距}}-\boxed{\text{中径公差带代号}}-\boxed{\text{旋合长度}}-\boxed{\text{旋向代号}}$$

多线梯形螺纹：

$$\boxed{\text{Tr}}\,\boxed{\text{公称直径}}\times\boxed{\text{导程 }P\text{ 螺距}}-\boxed{\text{中径公差带代号}}-\boxed{\text{旋合长度}}-\boxed{\text{旋向代号}}$$

（1）螺纹代号：包括牙型代号、公称直径、导程（或螺距）、旋向代号。

梯形螺纹的牙型代号为"Tr"。左旋螺纹的旋向代号为 LH，右旋不标注。例如 Tr32×6—LH；Tr32×6。

（2）公差带代号：公差带代号只包括中径公差带。

（3）旋合长度代号：旋合长度代号分为中(N)和长(L)两种，用中等旋合长度(N)，不标注代号"N"。例如 Tr32×12 $P6$—7e—L—LH 为梯形螺纹的完整标记。

3）锯齿形螺纹的标注(GB/T 13576.4—2008)

锯齿形螺纹牙型符号为"B"，旋向代号放在尺寸代号后面，多线螺纹为导程(P 螺距)，其余各项的含义与标注方法均同梯形螺纹。标记示例：

B40×7—7A 表示公称直径为 40mm，螺距为 7mm，中径公差带代号为 7A，中等旋合长度的右旋锯齿形内螺纹。

B40×14($P7$)—8c—L 表示公称直径为 40mm，导程为 14mm，螺距为 7mm，中径公差带代号为 8c，长旋合长度的右旋双线锯齿形外螺纹。

普通螺纹、梯形螺纹和锯齿形螺纹在图上的标注示例，见表 7-2。

表 7-2　普通螺纹、梯形螺纹、锯齿形螺纹的标注示例

螺纹种类	标 注 示 例	说　　明
普通螺纹	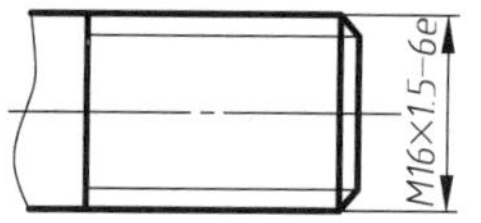 M16×1.5—6e	表示公称直径为 16mm，螺距为 1.5mm 的右旋细牙普通螺纹(外螺纹)，中径和顶径公差带代号均为 6e，中等旋合长度
	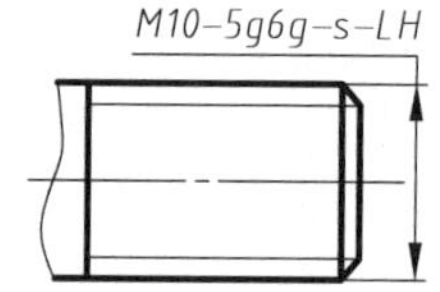 M10—5g6g—s—LH	表示公称直径为 10mm 的粗牙普通螺纹(外螺纹)，中径公差带代号为 5g，顶径公差带代号为 6g，短旋合长度，左旋
	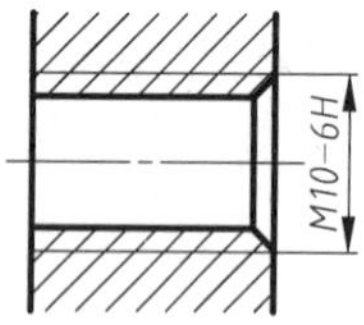 M10—6H	表示公称直径为 10mm 的右旋粗牙普通螺纹(内螺纹)，中径和顶径公差带代号均为 6H，中等旋合长度
梯形螺纹	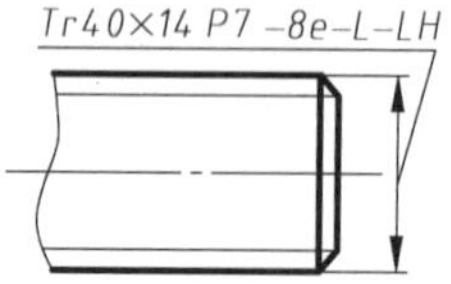 Tr40×14 P7 —8e—L—LH	表示公称直径为 40mm，导程为 14mm，螺距为 7mm 的双线梯形外螺纹，中径公差带代号为 8e，长旋合长度，左旋
锯齿形螺纹	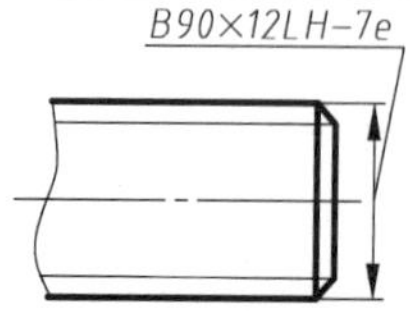 B90×12LH—7e	表示公称直径为 90mm，螺距为 12mm 的单线左旋锯齿形外螺纹，中径公差带代号为 7e，中等旋合长度

4) 管螺纹的标注(GB/T 7307—2001)

管螺纹分为用螺纹密封的管螺纹和非螺纹密封的管螺纹,标记的内容和格式如下。

55°螺纹密封管螺纹: 螺纹特征代号 尺寸代号 旋向代号

55°非螺纹密封管螺纹: 螺纹特征代号 尺寸代号 公差等级代号 旋向代号

上述螺纹标记中的螺纹代号分两类:①用螺纹密封的管螺纹特征代号:Rc 表示圆锥内螺纹;R_1 表示与圆柱内螺纹相配合的圆锥外螺纹,R_2 表示与圆锥内螺纹相配合的圆锥外螺纹;Rp 表示圆柱内螺纹。②非螺纹密封圆柱管螺纹特征代号:G。

两类螺纹中的尺寸代号(见表 7-3),标注在螺纹特征代号之后,例如 Rp1,Rc1/2,G3/4 等。

公差等级代号(只有非密封的外管螺纹分为 A、B 两个公差等级)标注在尺寸代号之后,例如 G3/4A;内螺纹不标注公差等级代号。

螺纹为右旋不标注;左旋时应标注"LH",例如 Rc1/2—LH。

管螺纹的标注如表 7-3 所示。应注意管螺纹的尺寸代号并不是螺纹的大径,因而这类螺纹需用指引线自大径引出标注。作图时可根据尺寸代号查出螺纹的大径。例如尺寸代号为"1"时,螺纹的大径为 33.249mm。

表 7-3　管螺纹标注示例

螺纹种类	标注示例	说　　明
用螺纹密封的管螺纹	Rp1	表示尺寸代号为 1,用螺纹密封的圆柱内螺纹
	$R_2$1/2-LH	表示尺寸代号为 1/2,用螺纹密封的圆锥外螺纹,左旋
	Rc1/2	表示尺寸代号为 1/2,用螺纹密封的圆锥内螺纹
非螺纹密封的管螺纹	G1	表示尺寸代号为 1,非螺纹密封的圆柱内螺纹
	G3/4B	表示尺寸代号为 3/4,非螺纹密封的 B 级圆柱外螺纹

7.1.4　螺纹连接件

用螺纹连接和紧固的零件称为螺纹连接件,螺纹连接件是标准零件。常见的螺纹连接件有:螺栓、螺柱、螺钉、螺母、垫圈等(见图 7-9),螺纹连接件的尺寸、结构形状、材料、技术要求均已标准化,根据标准连接件的规定标记,在相应的标准手册中能查出有关尺寸。

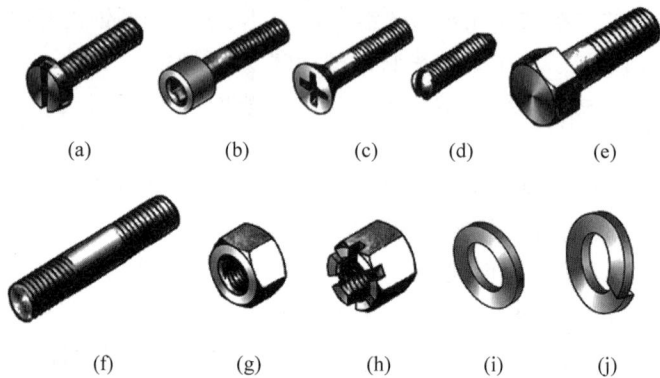

图 7-9　螺纹连接件

(a) 开槽盘头螺钉;(b) 内六角圆柱头螺钉;(c) 十字槽沉头螺钉;(d) 开槽锥端紧定螺钉;(e) 六角头螺栓;(f) 双头螺柱;(g) Ⅰ型六角螺母;(h) 六角开槽螺母;(i) 平垫圈;(j) 弹簧垫圈

1. 螺栓连接

螺栓连接由螺栓、螺母和垫圈构成,用于两个或两个以上较薄零件的连接,并且被连接零件均钻成通孔(见图 7-10)。图 7-11 所示为螺栓连接中 3 种连接件的比例画法。

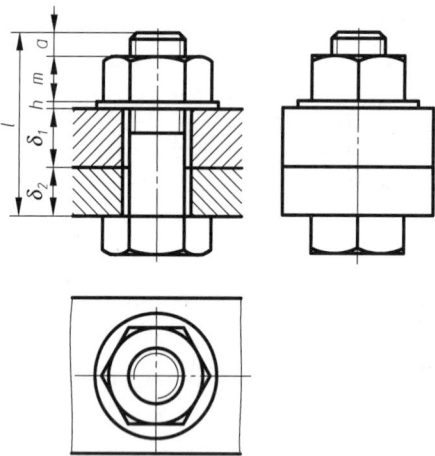

图 7-10　螺栓连接

图 7-12 所示为螺栓连接比例画法的作图步骤。螺栓有各种长度规格,螺栓的公称长度 $L \geqslant \delta_1 + \delta_2 + h + m + a(0.2d \sim 0.3d)$,其中 δ_1、δ_2 为被连接件的厚度,a 为螺栓的伸出长度。L 值要查有关表格而定。在装配图中,螺栓连接可采用简化画法(见图 7-13)。

2. 螺柱连接

螺柱连接由双头螺柱、螺母、垫圈组成。双头螺柱没有头部,两端均为螺纹,连接时,螺

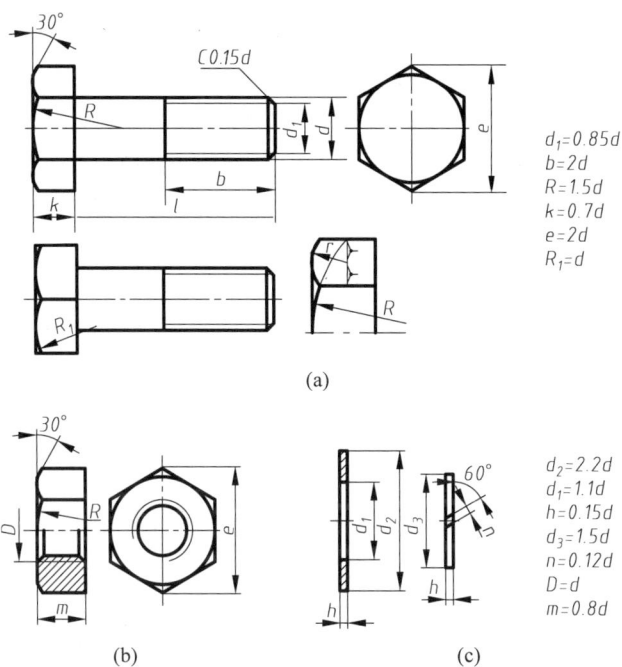

$d_1=0.85d$
$b=2d$
$R=1.5d$
$k=0.7d$
$e=2d$
$R_1=d$

$d_2=2.2d$
$d_1=1.1d$
$h=0.15d$
$d_3=1.5d$
$n=0.12d$
$D=d$
$m=0.8d$

图 7-11　螺栓、螺母、垫圈的比例画法

柱一端直接旋入零件,称为旋入端,另一端用螺母拧紧(见图 7-14)。螺柱的公称长度 $L \geqslant \delta + h + m + a(0.2d \sim 0.3d)$,如图 7-15 所示。

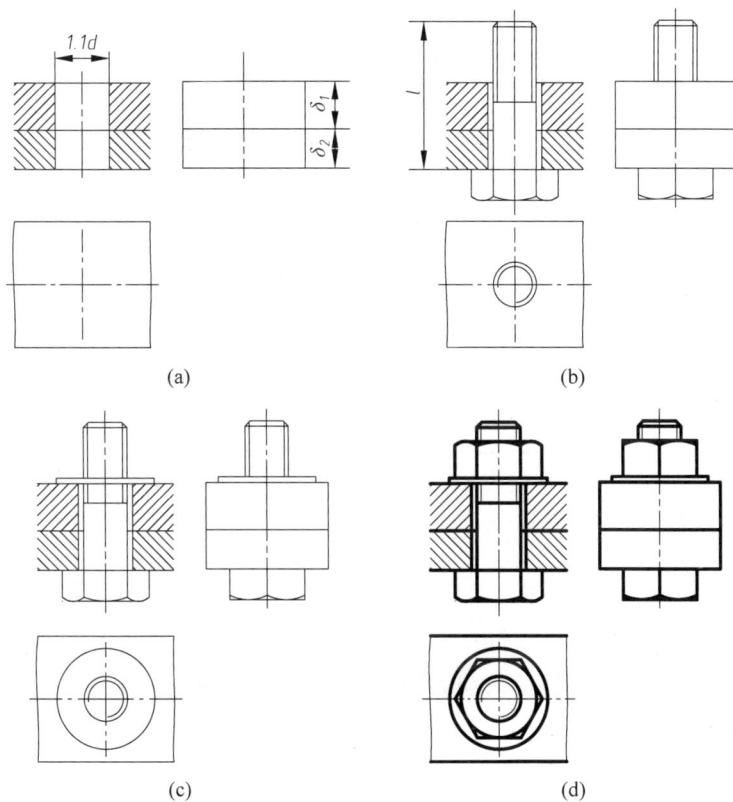

图 7-12　螺栓连接的画图步骤

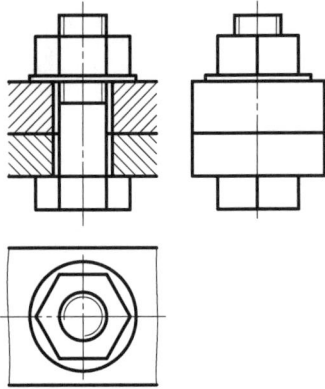

图 7-13　装配图中可用简化画法

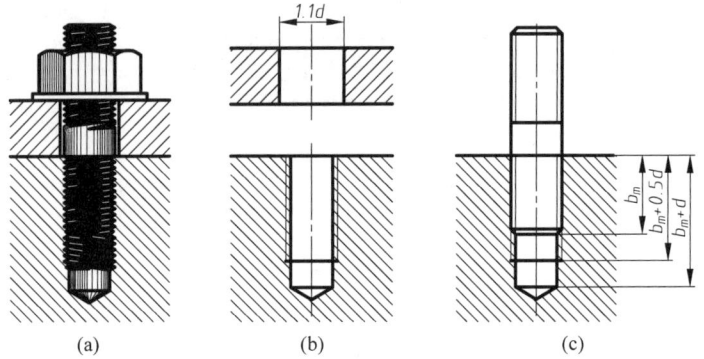

图 7-14　双头螺柱的比例画法

双头螺柱的旋入端长度 b_m 与材料有关。钢为 $b_m=d$，铸铁为 $b_m=1.25d$ 或 $b_m=1.5d$，铝为 $b_m=2d$。机体上螺孔的深度应大于旋入端长度 b_m，一般取 $b_m+0.5d$，钻孔深取 b_m+d（见图 7-14(c)）。

装配图中螺柱连接可采用简化画法，如图 7-15(b)所示，将螺杆端部及螺母、螺栓六角头因倒角而产生的截交线省略不画；图 7-15(b)所示的是弹簧垫圈，画成与水平线成 60° 上向左，下向右的两条线；螺孔中的钻孔深度也可省去不画（见图 7-16）。在装配图中的螺纹连接件建议采用如图 7-16 所示的简化画法。

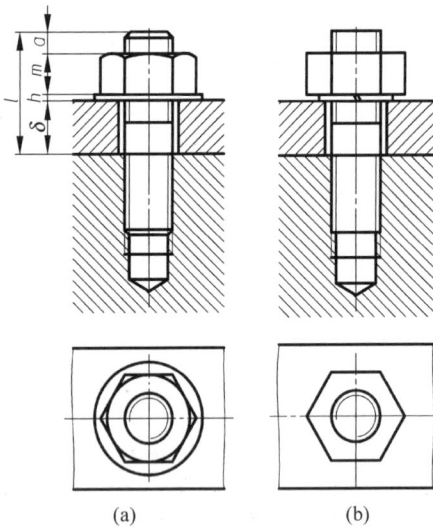

图 7-15　双头螺柱连接的两种画法

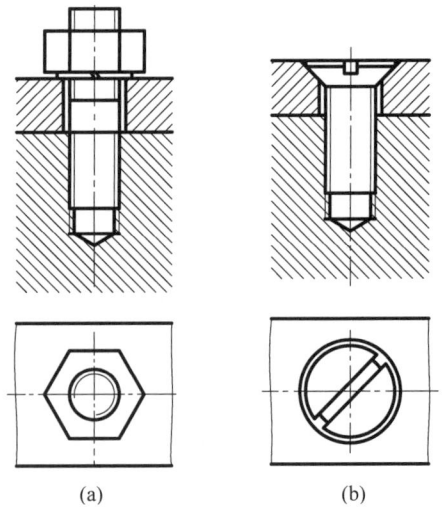

图 7-16　提倡采用的简化画法

3. 螺钉连接

螺钉连接不用螺母，而是将螺钉直接拧入机件的螺孔里，与螺柱连接类似。螺钉连接多用于受力不大的情况。根据螺钉头部形状的不同而有多种形式（见图 7-17）。螺钉的公称长度 $L \geqslant \delta + b_m$，δ 为通孔零件的厚度。

紧定螺钉用来固定两零件的相对位置，使它们不产生相对运动。如图 7-18 所示，用一个开槽锥端紧定螺钉旋入轮毂的螺孔,使螺钉的 90°锥顶角与轴上的 90°锥坑压紧,从而将轴、轮毂固定在一起。

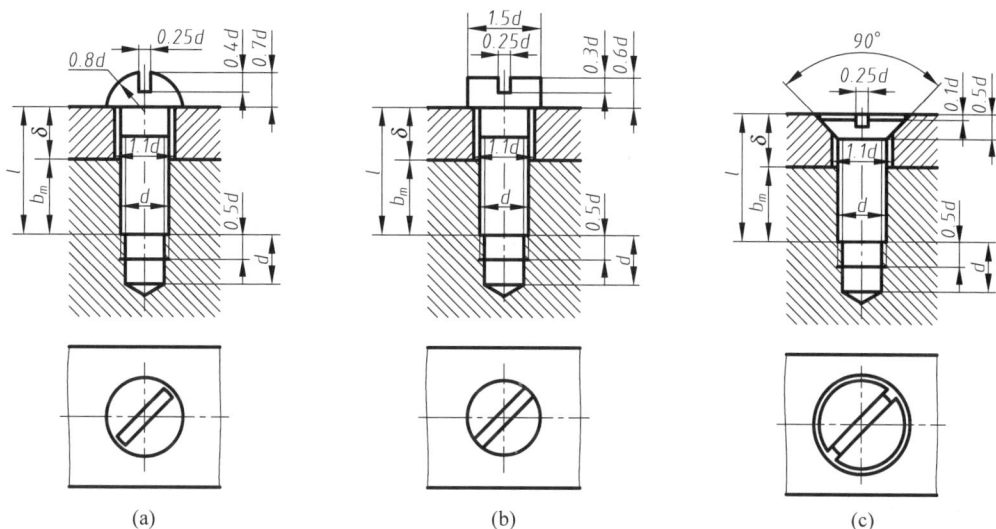

图 7-17　螺钉连接的比例画法

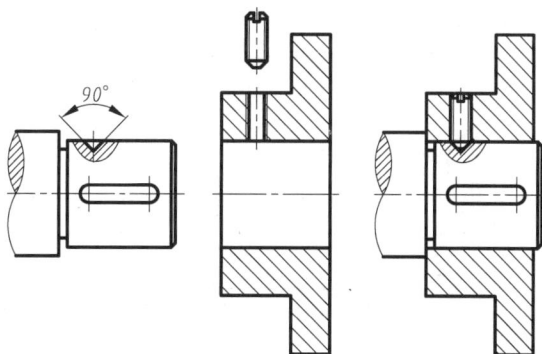

图 7-18　紧定螺钉连接

4. 螺纹连接件连接画法中的注意事项

(1)两零件接触的表面仅画一条线,非接触表面要画两条线。

(2)在剖视图中,相邻 2 个(或 3 个)零件的剖面线应相反,或者方向相同但间距不等。

(3)当剖切平面通过标准件的轴线时,这些标准件均按不剖绘制。

5. 螺纹连接件的规定标记(见表 7-4)

表 7-4　常用螺纹连接件及其标记示例

序号	名称(标准号)	图例及规格尺寸	标记示例
1	六角头螺栓—A 和 B 级 (GB/T 5782—2016)		螺纹规格 $d=$M8,公称长度 $l=$40mm,性能等级为 8.8 级,不经表面处理,A 级的六角头螺栓: 螺栓 GB/T 5782 M8×40

序号	名称(标准号)	图例及规格尺寸	标记示例
2	双头螺柱 $b_m=1d$ (GB/T 897—1988)	35　　M8	两头均为粗牙普通螺纹,$d=8$mm,$l=35$mm,性能等级为4.8级,不经表面处理,B型,$b_m=1d$的双头螺柱: 螺柱 GB/T 897 M8×35
3	Ⅰ型六角螺母— A和B级 (GB/T 6170—2015)	M8	螺纹规格 $D=$M8,性能等级为10级,不经表面处理,A级的Ⅰ型六角螺母: 螺母 GB/T 6170 M8
4	平垫圈—A级 (GB/T 97.1—2002)	公称尺寸 8mm	标准系列,公称尺寸 $d=8$mm,性能等级为200HV级不经表面处理的A级平垫圈: 垫圈 GB/T 97.1 8
5	标准型弹簧垫圈 (GB 93—1987)	公称尺寸 8mm	规格8mm,材料为65Mn,表面氧化的标准型弹簧垫圈: 垫圈 GB 93 8
6	开槽盘头螺钉 (GB/T 67—2016)	25　　M8	螺纹规格 $d=$M8,公称长度 $l=25$mm,性能等级为4.8级,不经表面处理开槽盘头螺钉: 螺钉 GB/T67 M8×25
7	开槽沉头螺钉 (GB/T 68—2016)	45　　M8	螺纹规格 $d=$M8,公称长度 $l=45$mm,性能等级为4.8级,不经表面处理开槽沉头螺钉: 螺钉 GB/T 68 M8×45
8	内六角圆柱头螺钉 (GB/T 70.1—2008)	30　　M8	螺纹规格 $d=$M8,公称长度 $l=30$mm,性能等级为8.8级,表面氧化的内六角圆柱头螺钉: 螺钉 GB/T 70.1 M8×30
9	开槽锥端紧定螺钉 (GB/T 71—2018)	25　　M8	螺纹规格 $d=$M8,公称长度 $l=25$mm,性能等级为14H级,表面氧化的开槽锥端紧定螺钉: 螺钉 GB/T 71 M8×25

7.2　键、销和滚动轴承

7.2.1　键及其连接

键是标准件,用键将轴与轴上的传动件,如齿轮、皮带轮等连接起来,起传递扭矩、动力的作用(见图7-19)。

1. 键的标记

常用的键有普通平键、半圆键和钩头楔键。每一种形式的键,都有相应的标准号和规定

图 7-19 键连接

标记,见表7-5。选用时,根据传动情况确定键的形式。根据轴径查标准手册,选择键宽 b 和键高 h,再根据轮毂长度选择键长 L 的标准值。键槽的表示方法及尺寸标注,如图 7-20 和图 7-21 所示。

表 7-5 键及其标记示例

序号	名称(标准号)	图 例	标记示例
1	普通平键 (GB/T 1096—2003)		$b=8$ mm、$h=7$ mm、$L=25$ mm 的普通平键(A 型) GB/T 1096 键 8×7×25
2	半圆键 (GB/T 1099.1—2003)		$b=6$ mm、$h=10$ mm、$D=25$ mm 的半圆键 GB/T 1099.1 键 6×10×25
3	钩头楔键 (GB/T 1565—2003)		$b=18$ mm、$h=11$ mm、$L=100$ mm 的钩头楔键 GB/T 1565 键 18×11×100

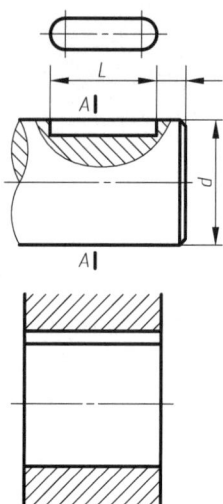

图 7-20　平键槽的表示方法及尺寸标注

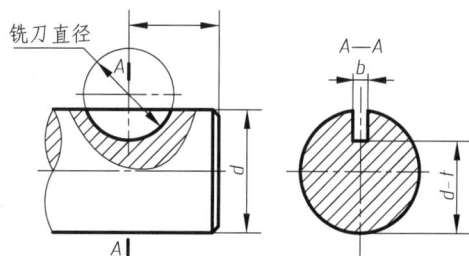

图 7-21　半圆键槽的表达方法及尺寸标注

2. 键连接画法

普通平键和半圆键的侧面是工作面,在装配图画法中,键与键槽侧面不留间隙。键的顶面是非工作面,与轮毂键槽顶面应留有间隙,如图 7-22、图 7-23 所示。

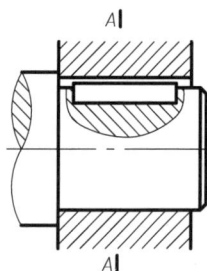

图 7-22　普通平键连接

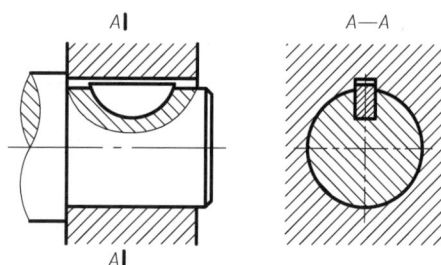

图 7-23　半圆键连接

钩头楔键顶面有 1∶100 的斜度,连接时将键打入键槽。顶面和底面同为工作面,与槽底无间隙。而键的两侧为非工作面,但有配合要求也应画一条线(见图 7-24)。

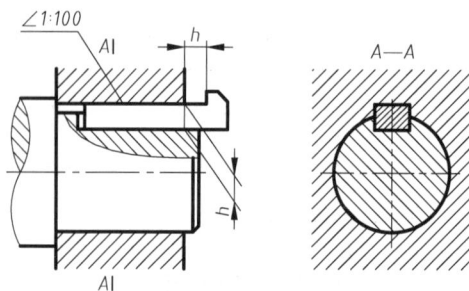

图 7-24　钩头楔键连接

7.2.2　销及其连接

1. 常用销及其标记

销是标准件,常用的有圆柱销、圆锥销和开口销等。圆柱销、圆锥销用作零件间的连接及定位;开口销用来防止螺母松动或固定零件。每一种形式的销,都有相应的标准号和规定标记,见表 7-6。

表 7-6　销及其标记示例

序号	型　式	名称及标准编号	标记示例
1	圆柱销 GB/T 119.1—2000	≈15° 圆柱销　GB/T　119.1—2000	$d=10$mm、公差为 m6、公称长度 $l=60$mm、材料为钢、不经淬火、不经表面处理的 A 型圆柱销 销 GB/T 119.1 10 m6×60
2	圆锥销 GB/T 117—2000	A型(磨削) 1:50 圆锥销　GB/T　117—2000	$d=10$mm、$l=60$mm、材料为钢、热处理硬度 28～38HRC、表面处理的 A 型圆锥销 销 GB/T 117 10×60
3	开口销 GB/T 91—2000	开口销	$d=5$mm、$l=50$mm 的开口销 销 GB/T 91 5×50

2. 销连接画法

销的装配要求较高,销孔要与被连接零件装配后同时加工。锥销孔的直径指的是小端直径,标注时采用旁注法(见图 7-25、图 7-26)。

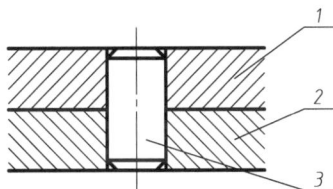

图 7-25　圆柱销连接　　　　　　　图 7-26　圆锥销连接

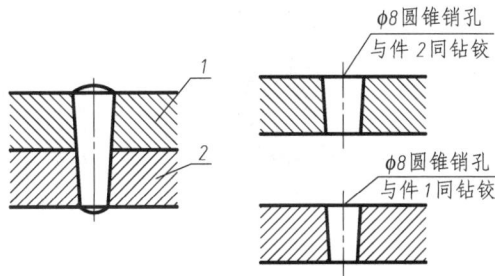

7.2.3　滚动轴承

滚动轴承是支承传动轴的部件,由于它具有结构紧凑、摩擦阻力小等优点,故在机器中应用广泛。

1. 滚动轴承的结构、分类

滚动轴承可分为4部分,如图7-27所示。内圈装在轴上,与轴紧密结合在一起;外圈装在轴承座孔内,与轴承座孔紧密结合在一起;滚动体形式有圆球、圆柱、圆锥等,排列在内、外圈之间;保持架用来把滚动体分开。

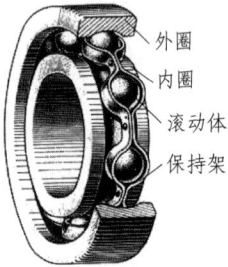

外圈
内圈
滚动体
保持架

图7-27　滚动轴承的结构

常用滚动轴承的画法见表7-7。滚动轴承按受力方向可分为3类。

向心轴承:主要承受径向载荷,如深沟球轴承;

推力轴承:只承受轴向载荷,如平底推力球轴承;

向心推力轴承:同时承受径向、轴向载荷,如圆锥滚子轴承。

表 7-7　常用滚动轴承的画法

名称及代号	结构形式	规定画法	特征画法
深沟球轴承 GB/T 276—2013 类型代号 6 主要参数 D、d、B			
推力球轴承 GB/T 301—2015 类型代号 5 主要参数 D、d、T			

续表

名称及代号	结构形式	规定画法	特征画法
圆锥滚子轴承 GB/T 297—2015 类型代号 3 主要参数 D、d、T、B、C			

2. 滚动轴承的画法

滚动轴承是标准部件,不需要画出部件图。在装配图中,可采用通用画法、规定画法和特征画法画出(见图 7-28、图 7-29 和表 7-7)。

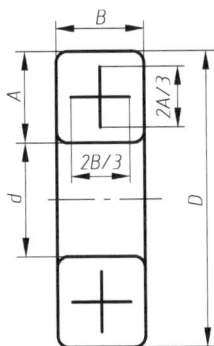

图 7-28　滚动轴承的通用画法

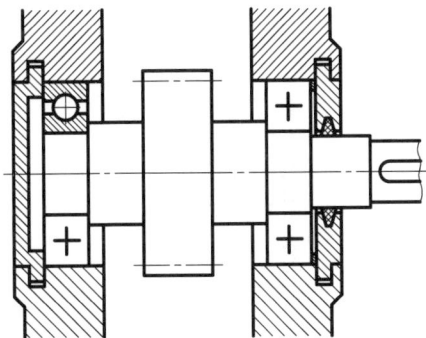

图 7-29　滚动轴承装配图画法

3. 滚动轴承的代号

滚动轴承代号由前置代号、基本代号、后置代号组成。

1)基本代号

表示滚动轴承的基本类型、结构和尺寸,是滚动轴承的基础。滚动轴承(滚针轴承除外)基本代号由轴承类型代号、尺寸系列代号、内径代号构成。

(1)类型代号用数字或字母表示,见表 7-8。

(2)尺寸系列代号用数字表示,由轴承的宽(高)度系列代号和直径代号组合而成。常用的轴承类型、尺寸系列代号及轴承类型代号与尺寸系列代号的组合见表 7-9。

(3)内径代号用数字表示。表示滚动轴承公称内径的内径代号见表 7-10。

表 7-8　滚动轴承类型代号

代号	轴 承 类 型	代号	轴 承 类 型
0	双列角接触球轴承	6	深沟球轴承
1	调心球轴承	7	角接触球轴承
2	调心滚子轴承和推力调心滚子轴承	8	推力圆柱滚子轴承
3	圆锥滚子轴承	N	圆柱滚子轴承(双列或多列用字母 NN 表示)
4	双列深沟球轴承	U	外球面球轴承
5	推力球轴承	QJ	四点接触球轴承

2) 前置、后置代号

前置、后置代号是轴承在结构形状、尺寸、公差、技术要求等有变化时,在其基本代号前、后添加的补充代号。前置代号用字母表示,后置代号用字母(或加数字)表示。其具体编制规则及含义可查阅有关标准。

如滚动轴承 6206 所表示的意义如下:

6 ——类型代号,表示深沟球轴承;

2 ——尺寸系列代号"02"(宽度系列代号 0,直径系列代号 2);

06 ——内径代号($d=6\times5mm=30mm$)。

表 7-9　常用的轴承类型代号、尺寸系列代号及组成的组合代号

轴承类型	简　图	类型代号	尺寸系列代号	组合代号	标准号
圆锥滚子轴承		3	02	302	GB/T 297
		3	03	303	
		3	13	313	
		3	20	320	
		3	22	322	
		3	23	323	
		3	29	329	
		3	30	330	
		3	31	331	
		3	32	332	
推力球轴承		5	11	511	GB/T 301
		5	12	512	
		5	13	513	
		5	14	514	
深沟球轴承		6	17	617	GB/T 276
		6	37	637	
		6	18	618	
		6	19	619	
		16	(0) 0	160	
		6	(1) 0	60	
		6	(0) 2	62	
		6	(0) 3	63	
		6	(0) 4	64	

表 7-10 滚动轴承内径代号及其示例

轴承公称内径/mm		内 径 代 号	示 例
0.6~10(非整数)		用公称内径毫米数直接表示,在其与尺寸系列代号之间用"/"分开	深沟球轴承 618/2.5 $d=2.5$mm
1~9(整数)		用公称内径毫米数直接表示,对深沟及角接触球轴承 7、8、9 直径系列,内径与尺寸系列代号之间用"/"分开	深沟球轴承 618/5 $d=5$mm
10~17	10 12 15 17	00 01 02 03	深沟球轴承 6200 $d=10$mm
20~480 (22、28、32 除外)		公称直径除以 5 的商数,商数为个位数,需在商数左边加"0",如 08	调心滚子轴承 23208 $d=40$mm
大于等于 500 以及 22、28、32		用公称内径毫米数直接表示,但在与尺寸系列代号之间用"/"分开	调心滚子轴承 230/500 $d=500$mm 调心滚子轴承 62/22 $d=22$mm

7.3 齿 轮

齿轮是机械传动中应用广泛的一种零件,用来传递运动和动力。根据齿轮传动情况,可将其分为 4 种(见图 7-30)。

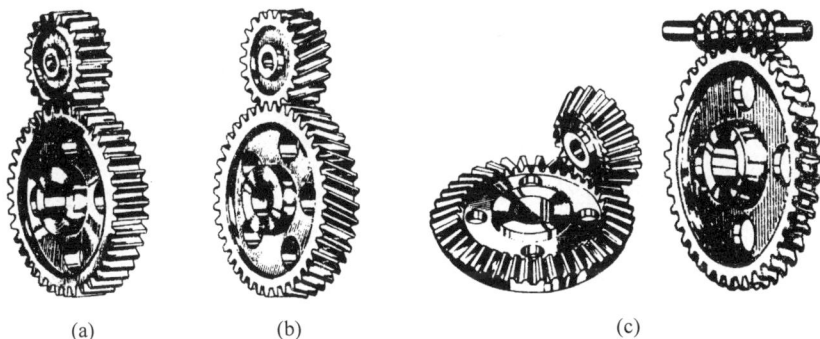

图 7-30 常见的齿轮传动形式

(a) 圆柱齿轮;(b) 圆锥齿轮;(c) 蜗轮蜗杆

圆柱齿轮传动:用于两平行轴之间的传动;

圆锥齿轮传动:用于两相交轴之间的传动;

蜗轮蜗杆传动:用于两轴垂直交叉时的传动;

齿轮齿条传动:用于转动和移动之间的运动转换。

齿轮分为标准齿轮与非标准齿轮,具有标准齿的齿轮称为标准齿轮。下面仅介绍具有渐开线齿形的标准齿轮的基本知识与规定画法。

1. 直齿圆柱齿轮各部分名称及有关参数(见图 7-31)

(1)齿数(z)——齿轮上轮齿的个数。

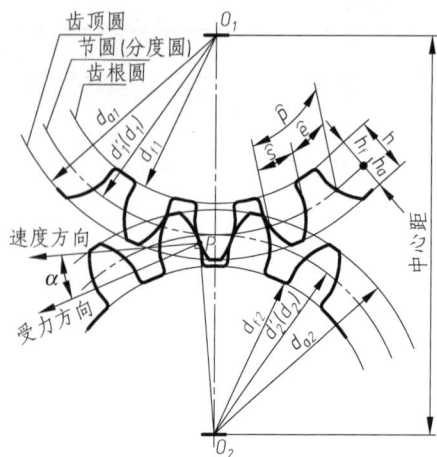

图 7-31 直齿圆柱齿轮各部分名称和代号

（2）齿顶圆直径（d_a）——通过齿轮顶部的圆的直径。

（3）齿根圆直径（d_f）——通过齿轮根部的圆的直径。

（4）分度圆直径（d）——在齿顶圆与齿根圆之间，齿厚与齿槽宽度相等的假想圆称为分度圆。它是齿轮设计和加工时计算尺寸的基准圆。

（5）齿高（h）——齿顶圆与齿根圆之间的径向距离；齿顶高（h_a）——齿顶圆与分度圆之间的径向距离；齿根高（h_f）——齿根圆与分度圆之间的径向距离。

（6）齿距（p）——分度圆上相邻两齿廓对应点之间的弧长；

齿厚（s）——每一个轮齿在分度圆上所占的弧长；

齿槽宽（e）——每一个齿槽在分度圆上所占的弧长。

对于标准齿轮，分度圆上齿厚与齿槽相等，故 $p=s+e=2s=2e$ 或 $s=e=p/2$。

（7）模数（m）——分度圆周长 $\pi d=pz$，即 $d/z=p/\pi$，令 $p/\pi=m$（模数），则 $d=mz$。模数的实际意义是什么呢？由于模数 m 与齿距 p 成正比，故模数 m 大，齿距 p 也就大，故齿轮也大，承载能力强。为了便于设计和制造，国家标准已经将模数标准化了，见表 7-11，使用时优先选用第一系列。

表 7-11　标准模数（摘自 GB/T 1357—2008）　　　　　　　　mm

第一系列	1　1.25　1.5　2　2.5　3　4　5　6　8　10　12　16　20　25　32　40　50
第二系列	1.125　1.375　1.75　2.25　2.75　3.5　4.5　5.5　(6.5)　7　9　11　14　18　22　28　36　45

注：选用时应优先选用第一系列，括号内的模数尽可能不用；本表未摘录小于 1 的模数。

（8）压力角（α）——齿轮在分度圆上啮合点 P 的受力方向与两分度圆的公切线之间的夹角。我国规定的标准压力角 $\alpha=20°$。只有模数和压力角都相同的齿轮，才能互相啮合。设计齿轮时，首先要确定模数和齿数，其他各部分尺寸都可以通过公式计算出来（见表 7-12）。

表 7-12　标准直齿圆柱齿轮基本尺寸计算公式

基本参数：模数 m，齿数 z

序号	名　称	符号	计　算　公　式
1	齿距	p	$p=\pi m$
2	齿顶高	h_a	$h_a=m$
3	齿根高	h_f	$h_f=1.25m$
4	齿高	h	$h=2.25m$
5	分度圆直径	d	$d=mz$
6	齿顶圆直径	d_a	$d_a=m(z+2)$
7	齿根圆直径	d_f	$d_f=m(z-2.5)$
8	中心距	a	$a=m(z_1+z_2)/2$

2. 直齿圆柱齿轮的规定画法

1）单个直齿圆柱齿轮的画法

（1）齿顶圆及齿顶线用粗实线绘制。

（2）分度圆及分度线用点画线绘制。

（3）齿根圆及齿根线用细实线绘制，也可省略不画；在剖视图中，齿根线用粗实线绘制。

（4）在剖视图中，当剖切平面通过齿轮轴线时，轮齿按不剖处理。齿轮的其他部分均按投影画出（见图 7-32）。

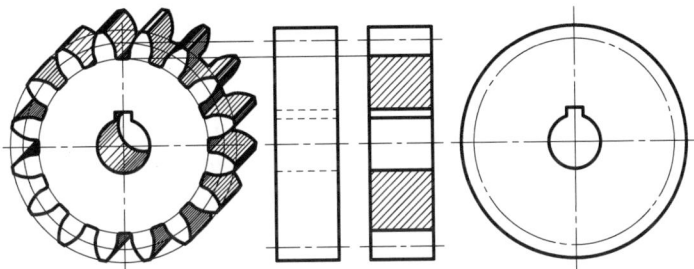

图 7-32　直齿圆柱齿轮的规定画法

图 7-33 所示是直齿圆柱齿轮的零件图，不仅要表示出齿轮的形状、尺寸、技术要求，还应有说明齿轮的模数、齿数等参数的表格。

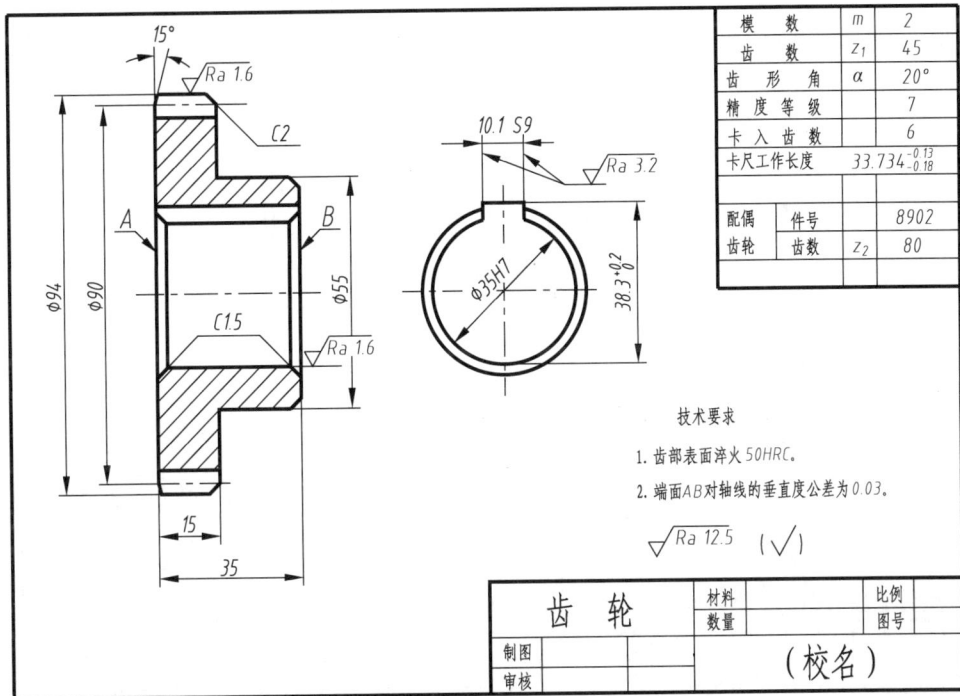

模　　数	m	2
齿　　数	z_1	45
齿　形　角	α	20°
精　度　等　级		7
卡　入　齿　数		6
卡尺工作长度		$33.734^{-0.13}_{-0.18}$
配偶	件号	8902
齿轮	齿数 z_2	80

技术要求

1. 齿部表面淬火 50HRC。

2. 端面 AB 对轴线的垂直度公差为 0.03。

$\sqrt{Ra\ 12.5}$ （$\sqrt{}$）

齿　　轮	材料		比例	
	数量		图号	
制图			（校名）	
审核				

图 7-33　直齿圆柱齿轮零件图

2）两齿轮啮合的规定画法

两齿轮相互啮合时，分度圆处于相切的位置，此时分度圆又称为节圆。两齿轮啮合部分的规定画法如下：

（1）在投影为圆的视图中，两节圆相切。齿顶圆画粗实线，啮合区的齿顶圆也可不画。齿根圆省略不画（见图 7-34(a)）。

（2）在非圆投影的外形视图中，啮合区的齿顶线和齿根线可不画，节线用粗实线绘制（见图 7-34(b)）。

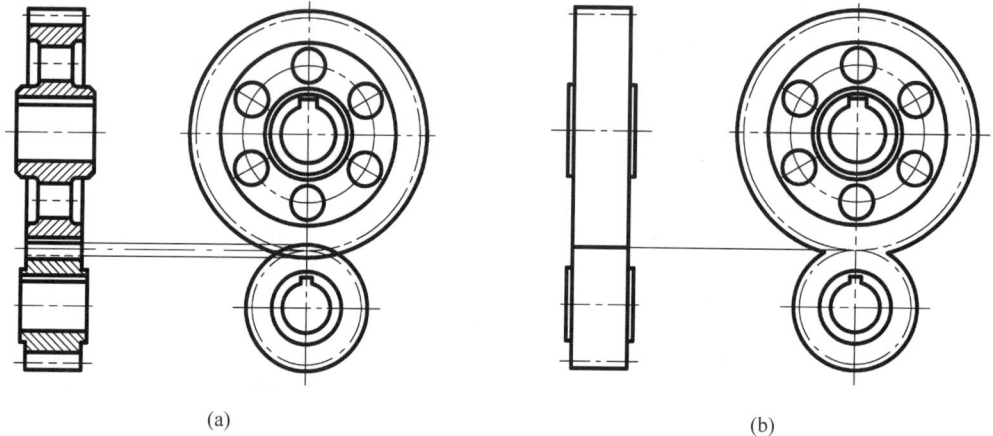

(a)   (b)

图 7-34　直齿圆柱齿轮啮合画法

（3）在非圆投影的剖视图中，两齿轮节线相切，用点画线绘制。齿根线用粗实线绘制。齿顶线的画法是将其中一个齿轮的轮齿作为可见，齿顶线用粗实线绘制；另一齿轮的轮齿被挡住，齿顶线画虚线，也可不画（见图 7-34(a)）。不管两齿轮齿宽是否相等，一个齿轮的齿根线与另一个齿轮的齿顶线之间均应有 0.25m 的间隙，如图 7-35 所示。

图 7-35　直齿圆柱齿轮啮合区的画法

（4）对于斜齿，在非圆外形图上用 3 条平行的细实线表示齿线方向，如图 7-36、图 7-37 所示。

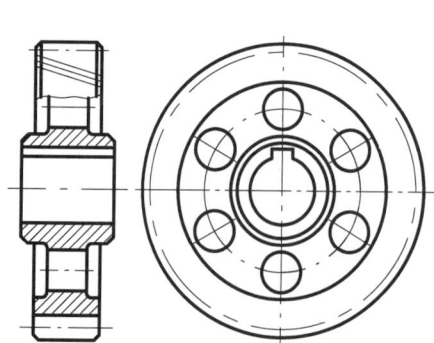

图 7-36　斜齿圆柱齿轮的画法　　　　　图 7-37　斜齿圆柱齿轮啮合的画法

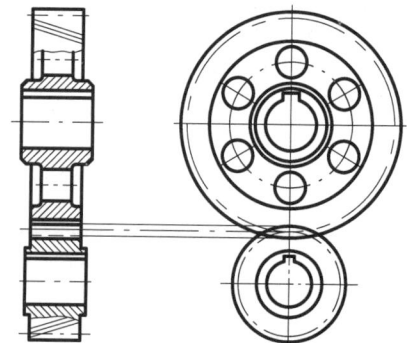

7.4　弹　　簧

　　弹簧在机器设备中,起减震、复位、测力、贮能等作用。其特点是外力去除后,能立即恢复原状。常用的弹簧种类如图 7-38 所示,这里主要介绍圆柱螺旋压缩弹簧的有关参数及画法。

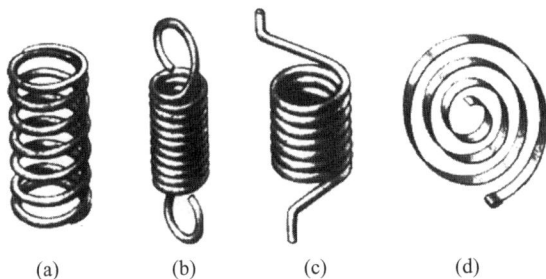

图 7-38　常见弹簧种类

(a)压缩弹簧;(b)拉伸弹簧;(c)扭转弹簧;(d)平面涡卷弹簧

7.4.1　圆柱螺旋压缩弹簧的有关参数

　　(1) d——弹簧丝直径(见图 7-39)。

　　(2) D——弹簧的外径。

　　(3) D_1——弹簧的内径,$D_1 = D - 2d$。

　　(4) D_2——弹簧的中径,$D_2 = (D + D_1)/2 = D_1 + d = D - d$。

　　(5) n——保持相等节距并参与工作的圈数,称之为有效圈数。

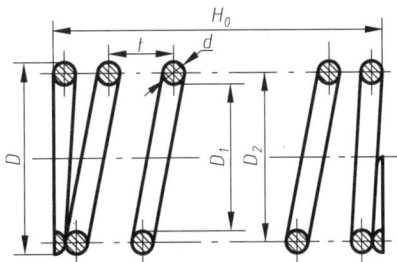

图 7-39　圆柱螺旋压缩弹簧各部分参数

　　(6) n_0——为使圆柱压缩弹簧工作平稳,两端受力均匀,制造时将弹簧两端并紧磨平,这些圈只起支撑作用而并不参与工作,称为支撑圈。一般为 1.5、2、2.5 圈,常用 2.5 圈。

　　(7) n_1——有效圈数和支撑圈数的总和称为总圈数。

　　(8) t——相邻有效圈上对应点之间的轴向距离称为节距。

　　(9) H_0——未受载荷时,弹簧的高度称为自由高度,$H_0 = nt + (n_0 - 0.5)d$。

　　(10) L——展开长度,制造弹簧时所需的簧丝长度,$L \approx n_1 \sqrt{(\pi D_2)^2 + t^2}$。

7.4.2　圆柱螺旋压缩弹簧的画法

1. 单个圆柱螺旋压缩弹簧的画法(见图 7-40)

　　(1) 在平行于弹簧轴线的投影的视图中,其各圈的轮廓均应画成直线。

　　(2) 有效圈数在 4 圈以上的弹簧,可在每端只画 1~2 圈(支撑圈除外),中间用点画线连接。

　　(3) 无论支撑圈多少,均可按 2.5 圈绘制。

　　(4) 无论是右旋还是左旋弹簧,均可画成右旋。但左旋弹簧,无论是画成左旋弹簧还是画成右旋弹簧,均要加注"左"字。

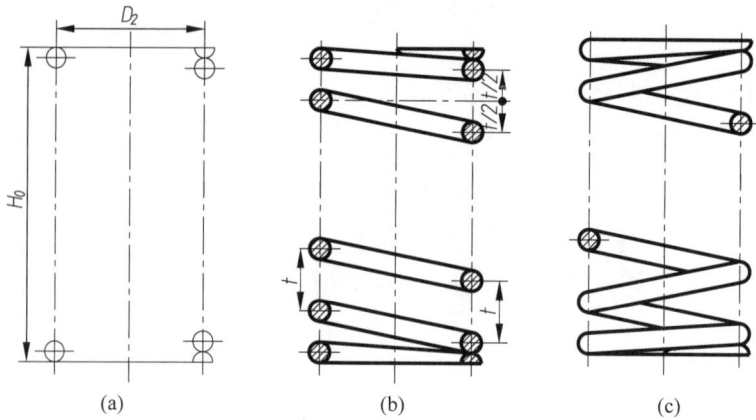

图 7-40　圆柱螺旋压缩弹簧的画法
(a)画支撑圈部分；(b) 弹簧剖视图；(c) 弹簧视图

2. 在装配图中弹簧的简化画法

在装配图中,弹簧被看成实心物体,因而被弹簧挡住的结构一般不画出。弹簧中间各圈采用省略画法后,弹簧的结构均按不可见处理。可见轮廓只画到弹簧丝的轮廓或簧丝断面中心线处也就是弹簧中径处为止,如图 7-41(a)所示；直径小于 2mm 的弹簧,可涂黑表示,如图 7-41(b)所示,也可用示意图绘制,如图 7-41(c)所示。

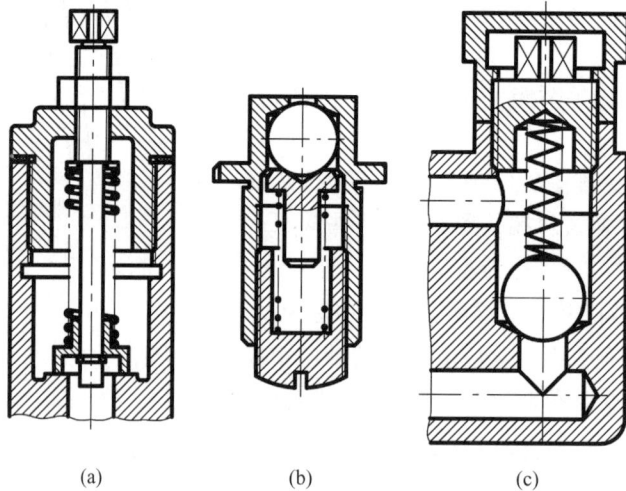

图 7-41　装配图中弹簧的画法

3. 弹簧零件图

弹簧是常用零件,设计时应画零件图。在零件图中,应注出与制造、试验有关的尺寸、参数和技术要求等。

图 7-42 所示是圆柱螺旋压缩弹簧的图样格式示例。弹簧的尺寸参数应直接标注在图形上,其他参数可在技术要求中说明。在主视图上方,应绘出表示弹簧力学性能曲线,力学性能曲线应画成斜直线,用粗实线绘出。

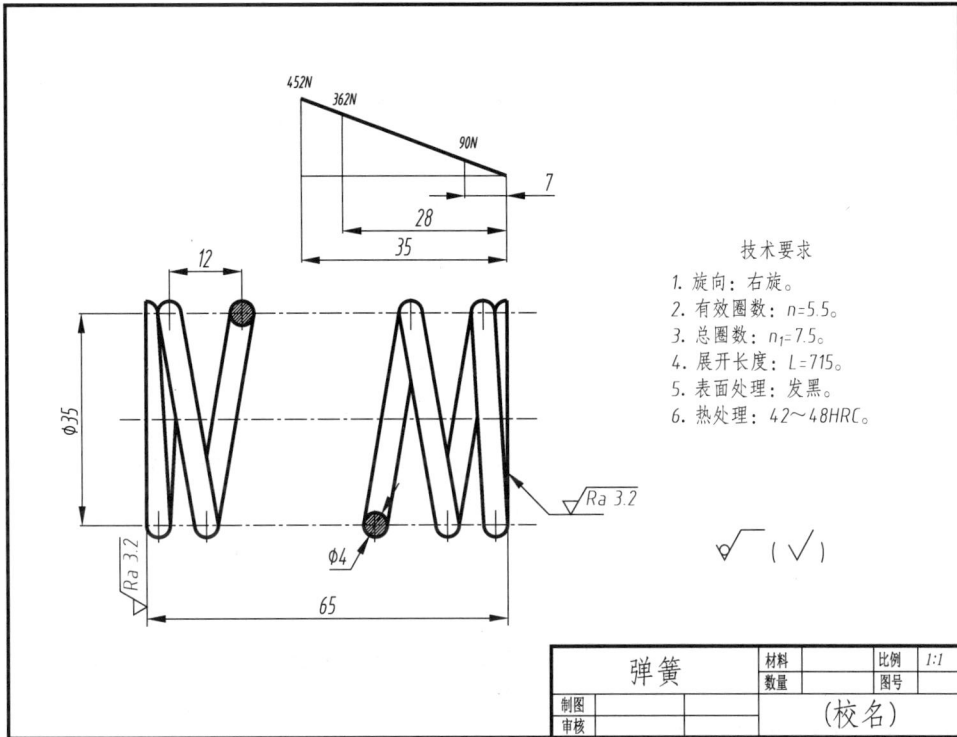

技术要求
1. 旋向：右旋。
2. 有效圈数：$n=5.5$。
3. 总圈数：$n_1=7.5$。
4. 展开长度：$L=715$。
5. 表面处理：发黑。
6. 热处理：$42\sim48HRC$。

图 7-42　圆柱螺旋压缩弹簧图样格式

第8章 零 件 图

任何机器或部件都是由零件装配起来的,零件是组成机器或部件最基本的单元。表达单个零件形状、大小和技术要求的图样称为零件图。零件图是设计和生产中的重要技术文件,是制造和检验零件的依据。在生产过程中必须先依靠零件图中的尺寸、材料和数量进行备料,然后按图样所表达的零件形状、尺寸、技术要求进行加工,最后根据技术要求进行检验。

零件按其形状特点可分为轴套类、轮盘类、支架类、箱体类等4类典型零件。

本章主要介绍零件图的作用和内容,视图选择,尺寸标注,零件上常见的工艺结构,技术要求,绘制和阅读零件图的方法等内容。

8.1 零件图的作用和内容

8.1.1 零件图的作用

零件图是反映设计者意图,用于生产部门组织生产的重要技术文件,它表达了机器或部件对该零件的要求,是制造和检验零件的依据。

8.1.2 零件图的内容

图 8-1 所示是端盖的零件图。从图中可以看出,一张完整的零件图,应该包括以下基本内容:

(1)图形。一组图形,其中包括视图、剖视图、断面图、局部放大图和简化画法等,用以完整、清晰、准确地表达零件内、外结构和形状。

(2)尺寸。因为零件图是制造、检验零件的依据,所以必须标注出组成零件各部分形体的大小及其相对位置,即制造和检验零件时所需的全部尺寸,且要正确、完整、清晰、合理。

(3)技术要求。用一些规定的代号、数字、字母和文字注解等,简明、正确地给出零件在制造、检验和使用时应达到的要求(如表面粗糙度、尺寸公差、形位公差、表面处理及热处理要求等内容)。

(4)标题栏。说明零件的名称、数量、材料、比例及设计、绘图、审核等人员的签名等。标题栏是读图的切入点,是读者了解图样内容的开始。

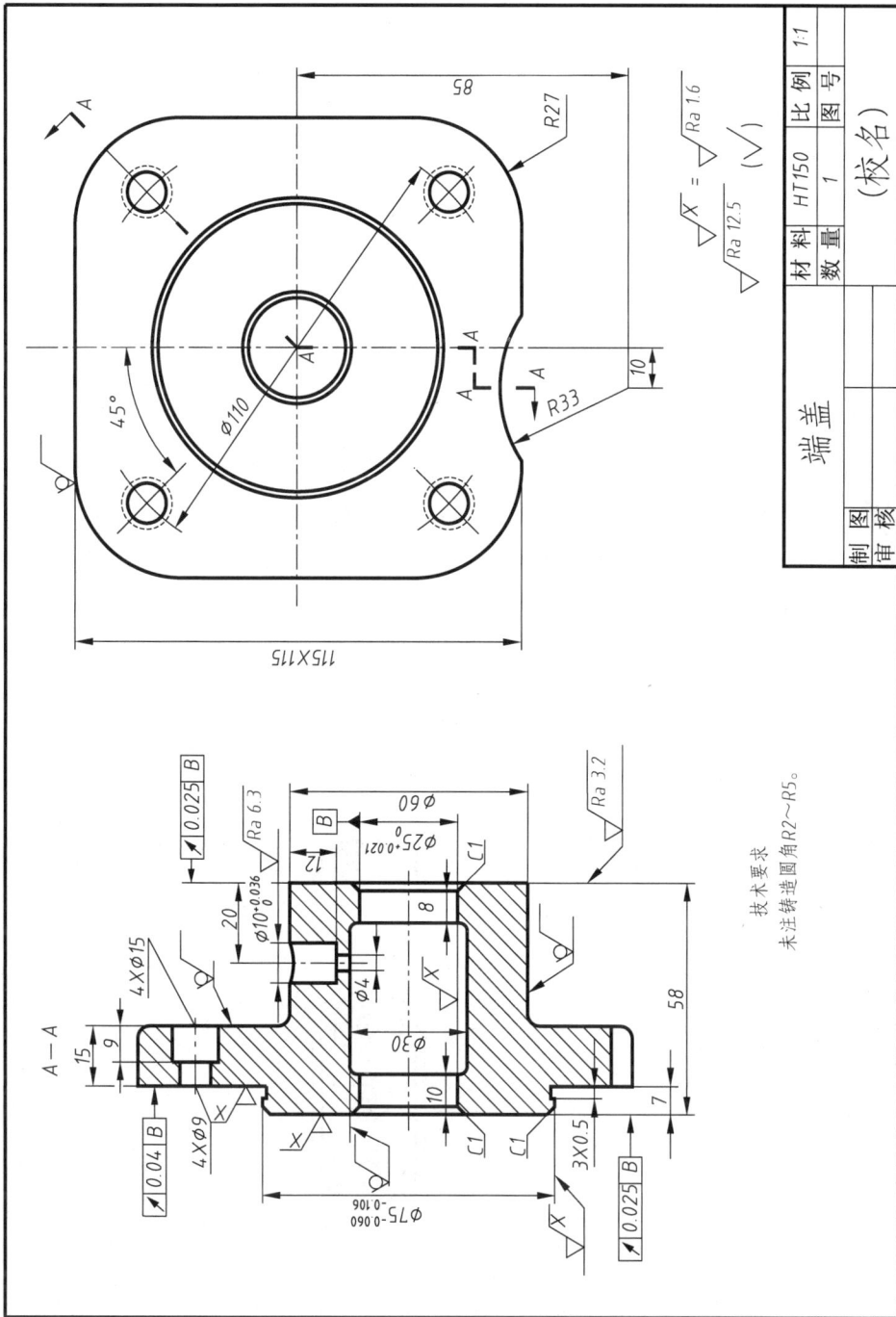

图 8-1　端盖零件图（1）

8.2　零件图的视图选择

8.2.1　零件主视图的选择

主视图是最重要的视图。在表达零件时,首先应确定主视图,然后再根据零件的复杂程度确定其他视图。在选择主视图时,应考虑以下几个原则:

(1) 加工位置原则。加工位置是指零件在机床上的装夹位置。为了使制造者看图方便,主视图的选择应尽量符合零件的主要加工位置。如轴、套、轮盘类零件,其主要加工工序是车削,故通常按这些工序的加工位置选取主视图,即轴线水平横放。

(2) 工作位置原则。工作位置是指零件在机器或部件中安装和工作时所处的位置。按照零件的工作位置选取主视图,读图比较直观,便于安装。有些零件加工部位较多,需要在不同的机床上加工,如支架、箱体类零件,这些零件一般需按工作位置选取主视图。

图 8-2　轴承盖轴测图

(3) 形状特征原则。形状特征原则是指选取最能反映零件形状特征的投影方向,作为主视图的投射方向。即在主视图上尽可能多地展现零件内外结构、形状以及各组成形体之间的相对位置。如图 8-2 所示的轴承盖,如按图 8-3(a)选择主视图,清楚地表达了零件的形状,若按图 8-3(b)选择主视图时,形状特征则不明显。

另外,还应合理地利用图纸幅面,既完整、清晰地表达了零件结构形状,又使图纸幅面利用合理。若按图 8-3(b)选择主视图,则图幅就未合理使用。

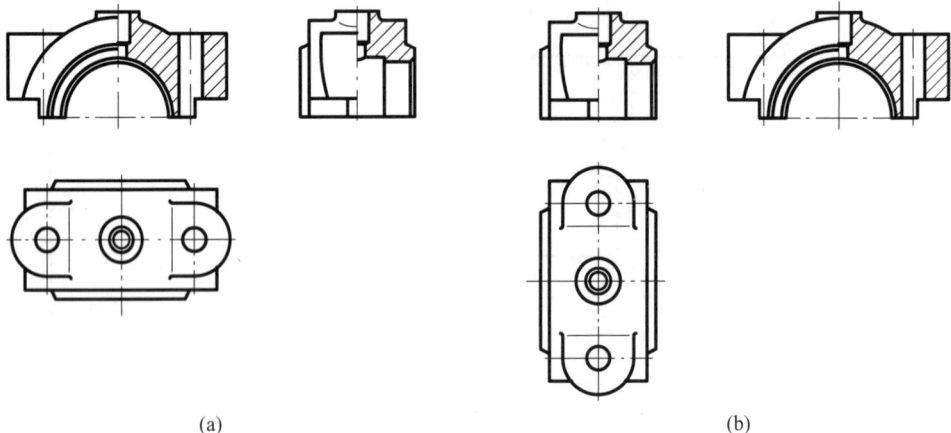

(a)　　　　　　　　　　　　　　　　　(b)

图 8-3　合理选择视图

(a) 选择视图合理；(b) 选择视图不合理

8.2.2 其他视图的选择

零件的表达,需要选择哪些视图,主要根据零件的复杂程度和结构特点而定。主视图确定之后,合理选择其他视图,以弥补主视图的不足,达到完整、清晰表达出零件形状的目的。选择其他视图时,要注意以下几点:

(1) 每个视图都应有明确的表达重点,各个视图互相配合,互相补充而不重复;

(2) 视图数量要恰当,在把零件内、外形状、结构表达清楚的前提下,视图数量尽量少,避免重复表达。

8.2.3 各典型零件的视图选择

零件种类繁多,结构形状也不尽相同。但可根据它们的结构、用途、加工制造等方面特点,将零件分为轴套、轮盘、支架、箱体等 4 类典型零件。每一类零件结构上相似,所以,在视图选择上有共同之处。

1. 轴、套类零件

轴、套类零件包括各种轴、套筒等。轴主要支承传动零件(如皮带轮、齿轮等)。一般是装在机体孔中,用于定位、支承、导向或保护传动零件等。轴套类零件的结构形状比较简单,具有轴向尺寸大于径向尺寸的特点,零件上常见的工艺结构有轴肩、键槽、圆角和倒角等。

轴套类零件的切削加工主要在车床上进行,所以,一般主视图按加工位置选取,即轴线水平横放。这样,既符合轴的工作位置,也反映了轴类零件的结构特征。较长轴可用折断画法;未表达清楚的局部结构形状如键槽、退刀槽等,可采用断面图、局部放大图等补充表达(见图 8-4)。

2. 轮盘类零件

轮盘类零件包括齿轮、手轮、端盖等,其毛坯多为铸件或锻件。轮盘用键、销与轴连接,用以传递运动和扭矩。盘盖可起支承、定位和密封等作用。轮盘类零件的结构形状特点是轴向尺寸小,而径向尺寸较大。零件的主体多数是由同轴回转体构成,并在径向分布有螺孔、销孔、轮辐等结构,如图 8-1 和图 8-5 所示。

轮盘类零件一般选择两个视图:主视图为轴向剖视图,表达轴向断面的结构;左视图是径向视图,表达外形特征。基本视图未能表达清楚的结构形状,可用断面图或局部视图表达,较小结构可用局部放大图表达。

3. 支架类零件

支架类零件包括拨叉、连杆等零件,多为运动件,通常起传动、连接等作用,其毛坯多为铸件或锻件。它们的结构形状差别较大,结构不规则,外形比较复杂,但都是由支承部分、工作部分和连接部分所组成。

支架类零件加工工序比较多,所以,一般按工作位置和形状特征原则选择主视图。当工作位置是倾斜的或不固定时,可将其摆正画主视图。常用局部剖视表达主体外形和局部内形,对其倾斜结构常用倾斜的剖切平面、相交的剖切平面或是断面图等方法表达,如图 8-6 所示。

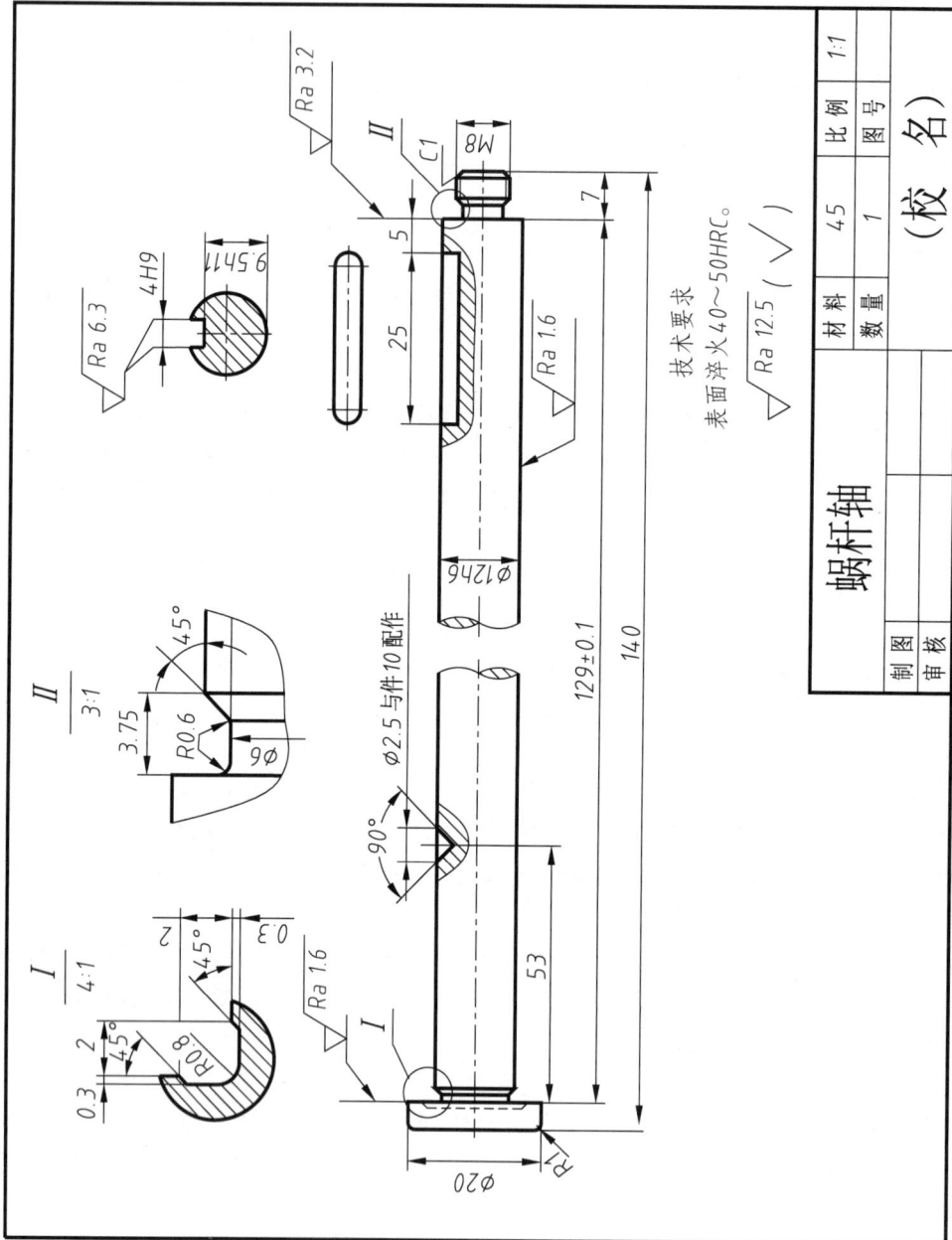

图 8-4　轴类零件图

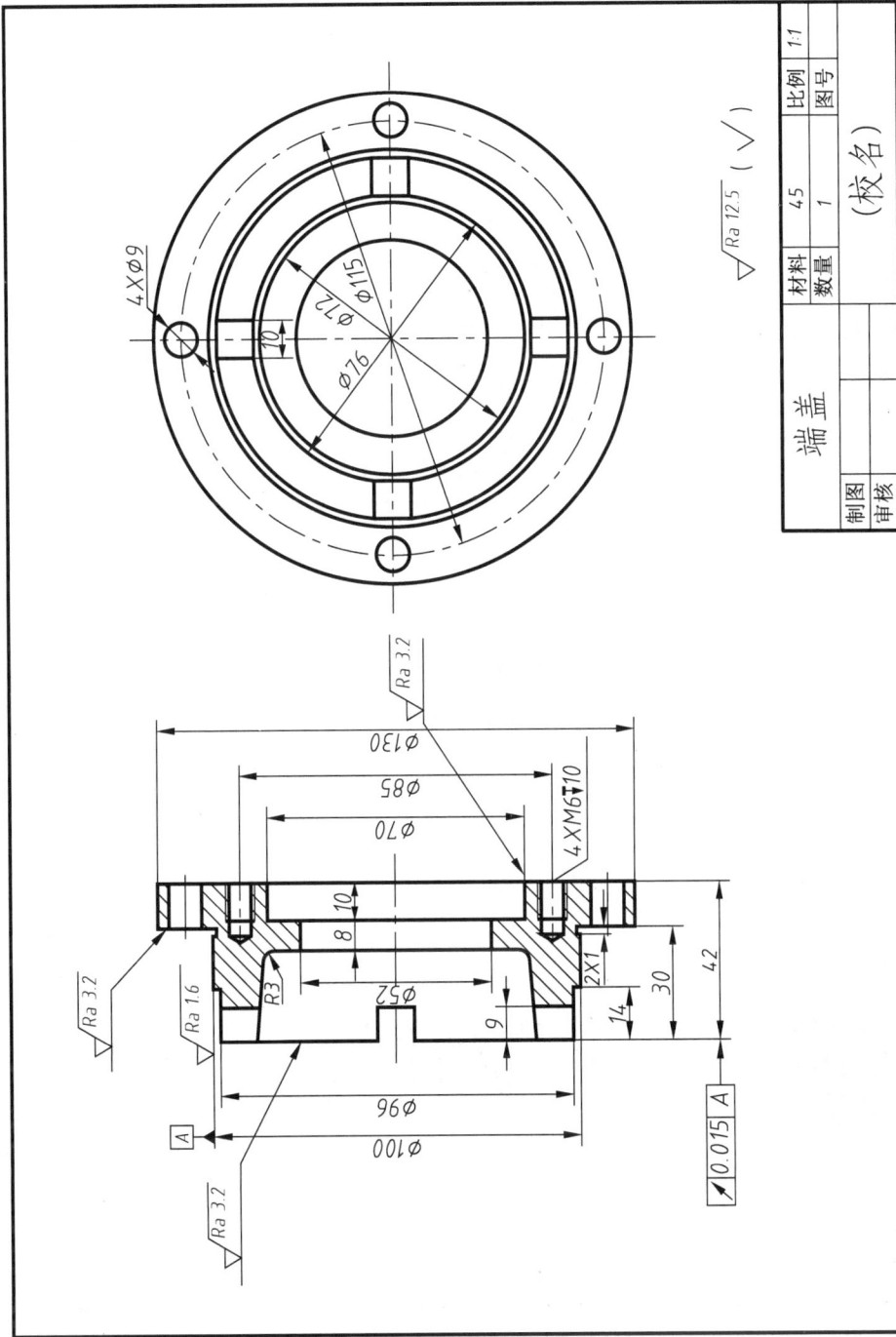

图 8-5　端盖零件图（2）

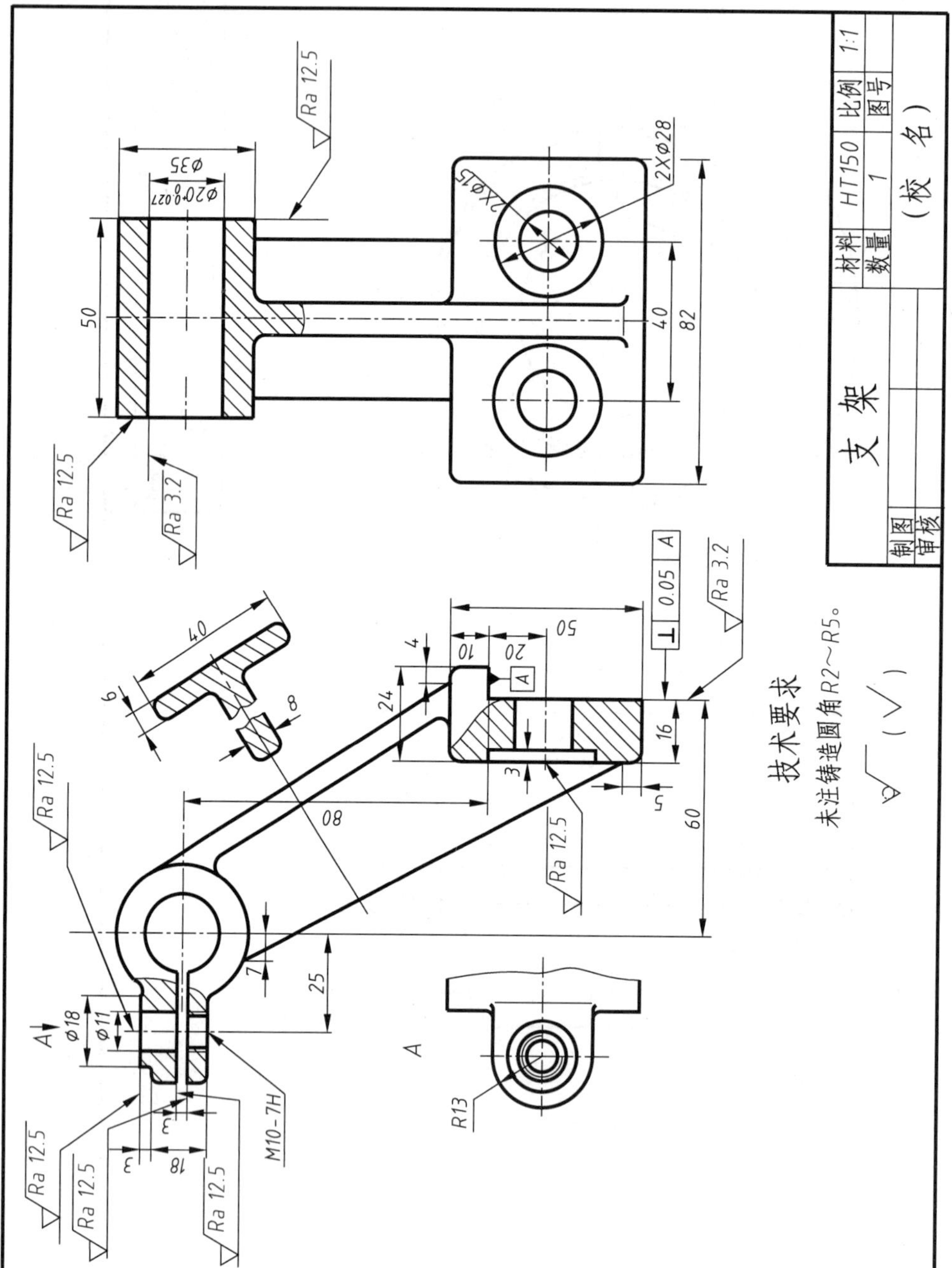

技术要求

未注铸造圆角 R2~R5。

图 8-6　支架类零件图

图 8-6 所示支架的主视图是按工作位置和形状特征原则选择的，它表达了支架结构的特征，左上方的局部剖视图表达开槽凸缘的上边是光孔，下边是螺纹孔，右下方固定板的局部剖视表示沉孔结构，斜向连接肋板的移出断面表达连接肋板是 T 形的。左视图表示固定板形状及两个沉孔的分布情况，上方为圆筒的局部剖视图。A 向局部视图表示了开槽凸缘的形状。

4. 箱体类零件

箱体类零件一般是机器或部件中的主要零件。它主要对其他零件起支承、包容、定位等作用，毛坯多为铸件。

箱体类零件的内、外结构都比较复杂，并多带有安装孔的底板，上面常有凸台或凹坑结构，还有轴承孔、肋板等结构，过渡线较多。

由于箱体类零件加工部位多，因此主视图多按形状特征和工作位置选择。主视图常采用剖视，其投影方向应反映形体特征，由于箱体类零件的外形和内腔都很复杂，所以，常需 3 个或 3 个以上的基本视图，并作适当剖视表达主体结构。基本视图没有表达清楚的部分可用局部剖视、断面等表达。对加工表面的截交线、相贯线和非加工表面的过渡线应认真分析。

图 8-7 所示是减速器箱体零件图，共有 4 个基本视图和 2 个局部视图，根据视图的配置关系可知，A—A 剖视图为主视图，按工作位置配置，在俯视图上，可找到其剖切平面的剖切位置 A—A。左视图为全剖视图，在主视图上，可找到其剖切平面的剖切位置 B—B。A—A、B—B 剖视图和表达外形的俯视图是按投影规律配置的。C—C 剖视图和 2 个局部视图 D、E，可以从标注中找出它们与基本视图之间的投影关系。

8.3　零件图的尺寸标注

零件图的尺寸标注要正确、完整、清晰、合理。对于前三项要求，前面已有介绍，这里主要讨论尺寸标注的合理性问题。

所谓尺寸标注的合理性，是指标注的尺寸既要符合零件的设计要求，又要便于加工和检验。这就要根据零件的设计和工艺要求正确地选择尺寸基准和恰当地配置尺寸。显然，只有具备较多的零件设计和工艺知识，才能满足尺寸标注合理的要求，而有关这方面的知识，要通过今后专业课的学习和参加生产实践来掌握，这里只作初步介绍。

8.3.1　尺寸基准的选择

尺寸基准是指零件在设计、制造和测量时，确定尺寸位置的几何要素。基准的选择直接影响零件能否达到设计要求，以及加工是否可行和方便。根据基准的作用，基准可分为两类。

1. 设计基准

根据机器的结构和设计要求，用以确定零件在机器中位置的一些面、线、点，称为设计基准。如图 8-8(a)所示，依据轴线及右轴肩确定齿轮轴在机器中的位置，因此该轴线和右轴肩端平面分别为齿轮轴径向和轴向的设计基准。

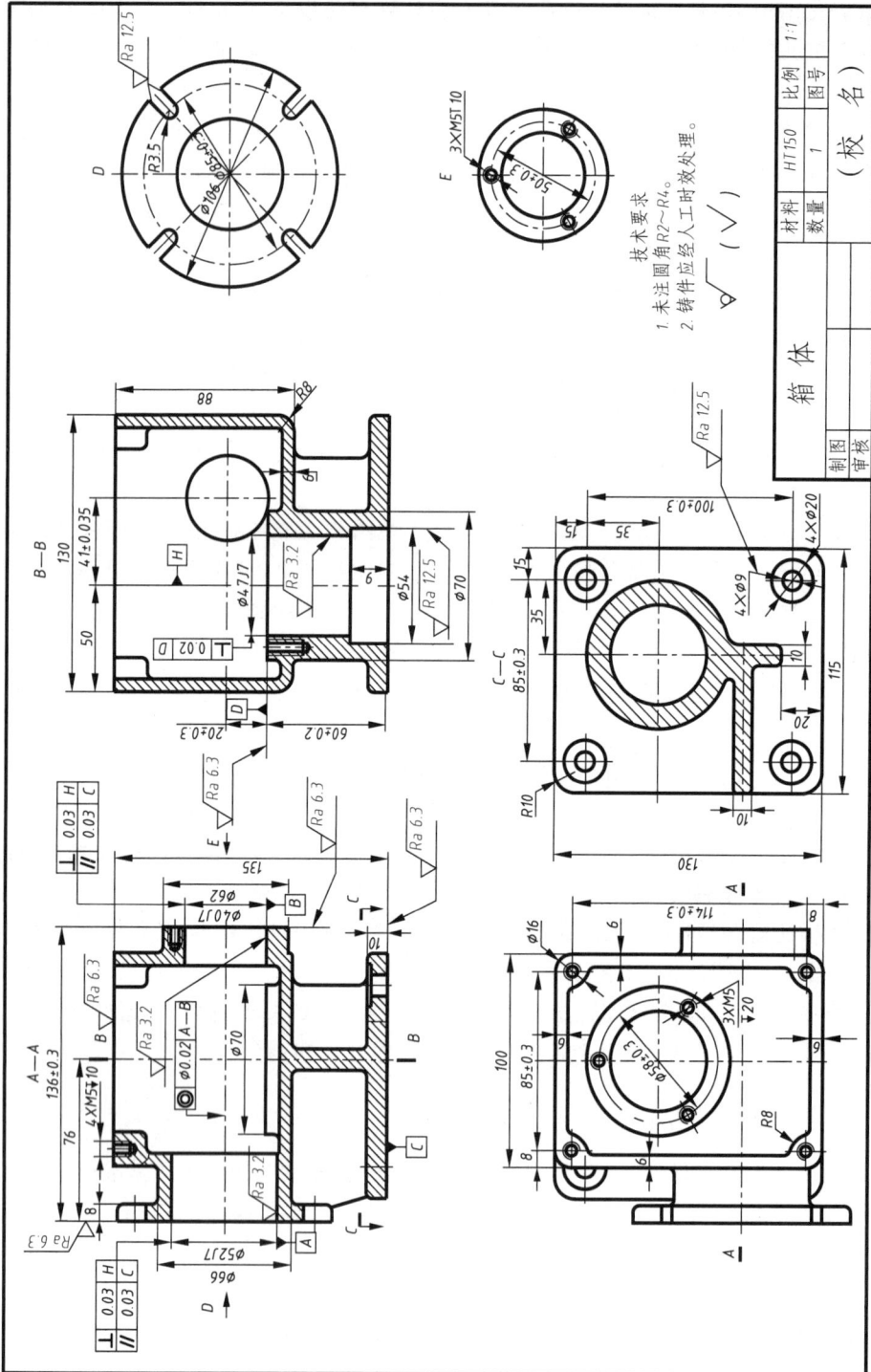

图 8-7　减速器箱体零件图

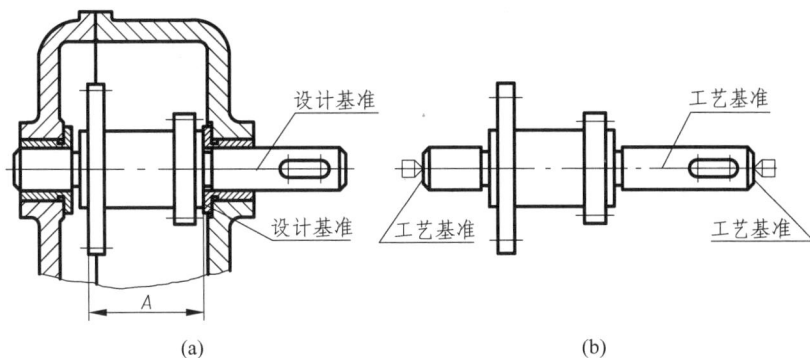

图 8-8　设计基准与工艺基准

2. 工艺基准

根据零件加工制造、测量和检验等工艺要求所选定的一些面、线、点,称为工艺基准,如图 8-8(b)所示。根据工艺基准的原则该零件的轴线和左、右端面分别作为径向和轴向的工艺基准。

一般情况下设计基准与工艺基准是可以做到统一的,当两者不能统一时,要按设计基准标注尺寸。

可作为设计基准或工艺基准的面、线、点主要有:大的平面、孔的轴线等。

8.3.2　合理标注尺寸应注意的一些问题

1. 功能尺寸必须直接注出

影响产品工作性能和装配技术要求的尺寸,称为功能尺寸。为了保证零件质量,又要避免不必要地提高产品成本,在加工时,图样中所标注的尺寸都必须保证其精度要求,没有注出的尺寸则不保证。因此,功能尺寸必须直接注出,如图 8-9(a)所示。

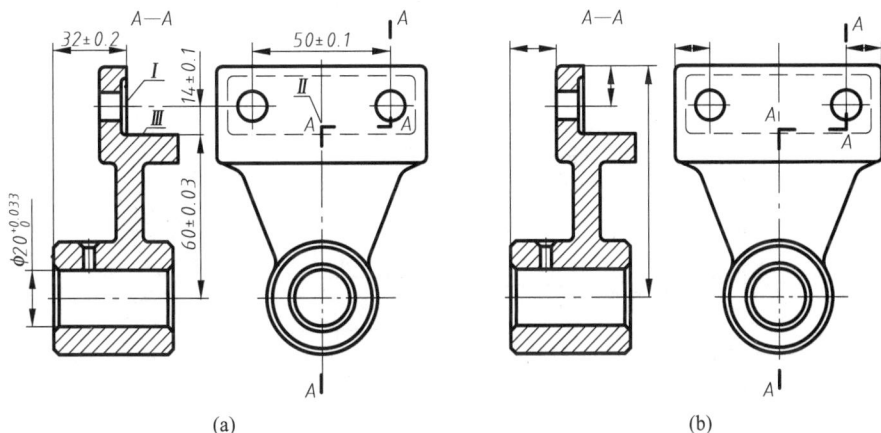

图 8-9　轴承架的功能尺寸

(a)正确注法；(b)错误注法

图 8-9(a)表示从设计基准出发标注轴承架的功能尺寸。轴承架在机器中的位置是由接触面Ⅰ、Ⅱ、Ⅲ来确定的,这 3 个面分别是轴承架长、宽和高的设计基准。图 8-9(b)所示的注法是错误的。从这里可以看出,如果不考虑零件的设计和工艺要求,标注零件图的尺寸,往往不能达到合理性的要求。

2. 不能标注成封闭尺寸链

如图 8-10(b)所示,尺寸是首尾相接组成了封闭的图形,称为封闭尺寸链。若尺寸 A 比较重要,则尺寸 A 将受到尺寸 B、C 的影响而难于保证,因此,不能注成封闭尺寸链。解决的方法是将不重要的尺寸 B 不标注尺寸,称为开口环。这种标注方法,尺寸 A 也就不受尺寸 C 的影响,A、C 尺寸的误差都可积累到不注尺寸的开口环 B 上,如图 8-10(a)所示。

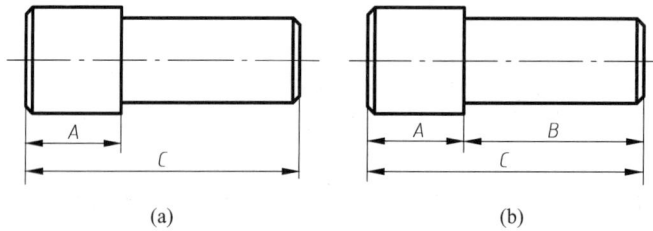

(a)   (b)

图 8-10　不注成封闭尺寸链

(a)正确注法;(b)错误注法

3. 标注尺寸要考虑工艺要求

(1) 按加工顺序标注尺寸:既符合加工过程,又便于加工测量。如图 8-11 所示的小轴,仅尺寸 51 是功能尺寸(长度方向),要直接注出,其余都按加工顺序标注。为了便于备料,注出了轴的总长 128(见图 8-12(a));为了加工 $\phi35$ 的轴颈,直接注出了尺寸 25(见图 8-12(b));调头加工 $\phi40$ 的轴颈,应直接注出尺寸 74(见图 8-12(c));在加工 $\phi35$ 时,应保证功能尺寸 51(见图 8-12(d));为了加工键槽孔,注出了键槽长 45 和键槽的定位尺寸 3(见图 8-12(e))。这样标注既保证了设计要求,又符合加工顺序。

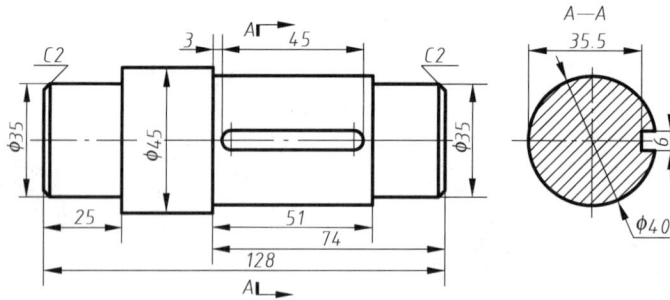

图 8-11　轴的零件图

(2) 要符合制造工艺要求。如图 8-13(a)中所示的轴承盖半圆孔,是与轴承座的半圆孔合在一起加工出来的。因此,不应标注半径尺寸而应注出直径 $\phi40$ 和 $\phi45$。图 8-13(b)所示是轴的零件图,它的半圆键也要求标注直径尺寸而不能标注半径尺寸。

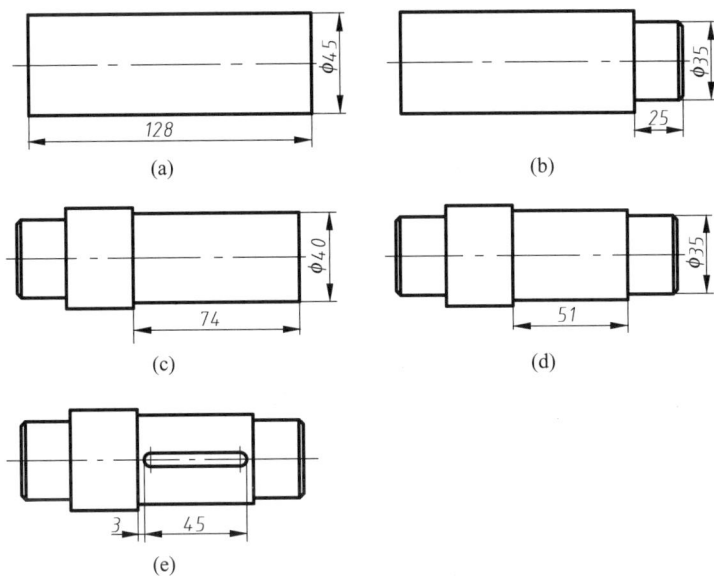

图 8-12　轴的加工顺序与标注尺寸的关系

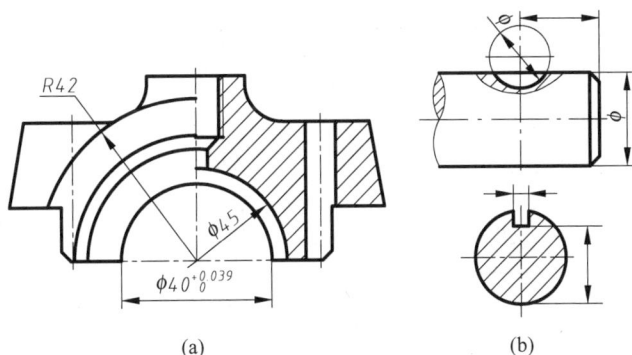

图 8-13　标注尺寸要符合制造工艺要求

（3）毛坯面尺寸标注。在同一方向有若干毛坯面，一般只能有一个毛坯面与加工面有联系尺寸，即以加工面定位，其他毛坯面与毛坯面间应有尺寸联系，如图 8-14 所示。

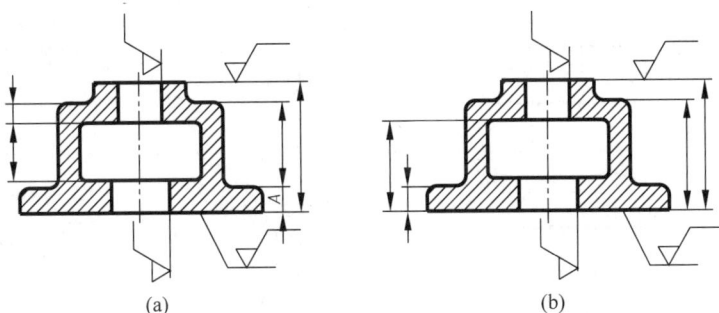

图 8-14　毛坯尺寸标注
（a）合理；（b）不合理

（4）要便于测量，尽量做到使用普通量具就能直接测量尺寸（见图 8-15）。

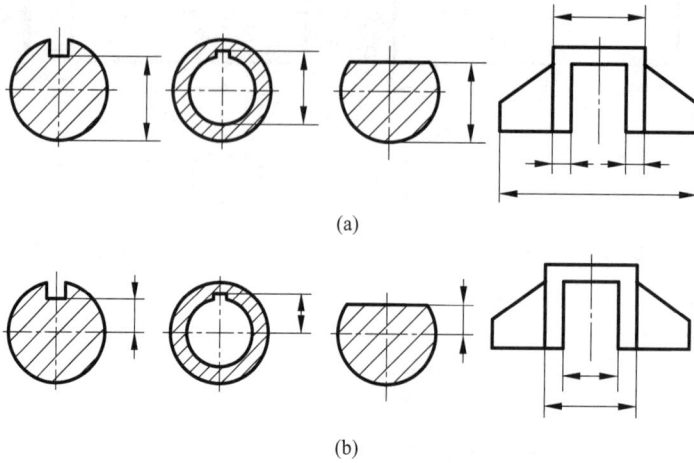

(a)

(b)

图 8-15　标注尺寸要便于测量

（a）便于测量；（b）不便于测量

零件上常见结构的尺寸注法见表 8-1。

表 8-1　零件上常见结构的尺寸注法

序号	类型	简化注法		一般注法
1	光孔			
2				
3	螺孔			
4				

续表

序号	类型	简化注法		一般注法
5		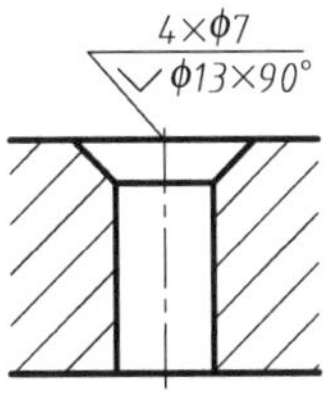 4×φ7 ⌵φ13×90°	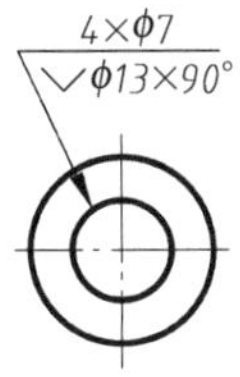 4×φ7 ⌵φ13×90°	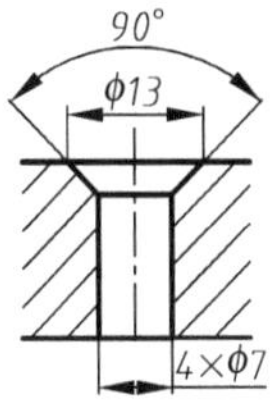 90° φ13 4×φ7
6	沉孔	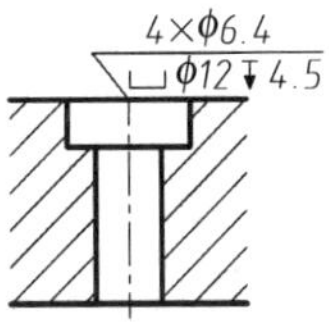 4×φ6.4 ⊔φ12↧4.5	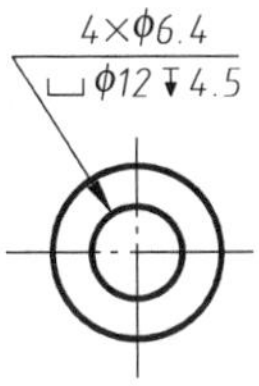 4×φ6.4 ⊔φ12↧4.5	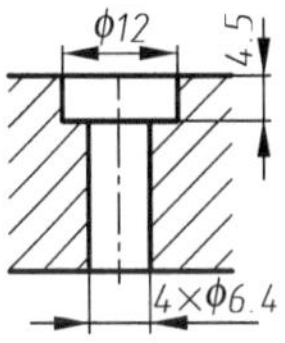 φ12 4.5 4×φ6.4
7		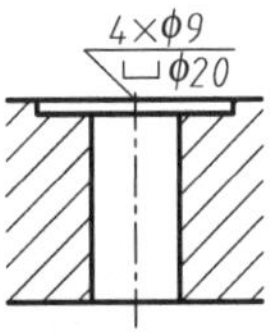 4×φ9 ⊔φ20	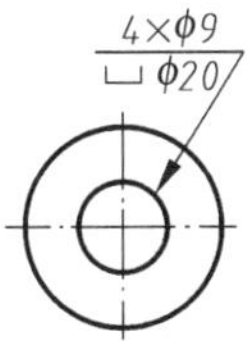 4×φ9 ⊔φ20	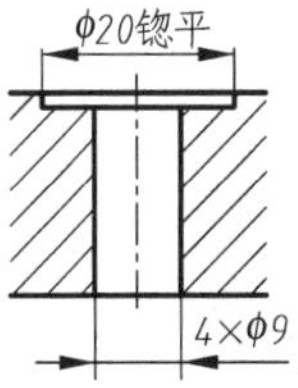 φ20锪平 4×φ9
8	45° 倒角 注法	 C1	C1	C1
9	30° 倒角 注法	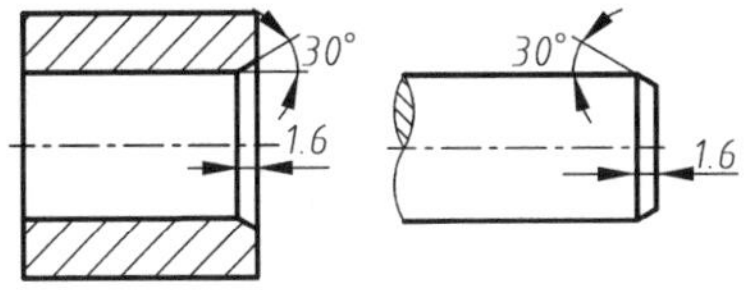 30° 1.6	30° 1.6	
10	退刀 槽越 程槽 注法	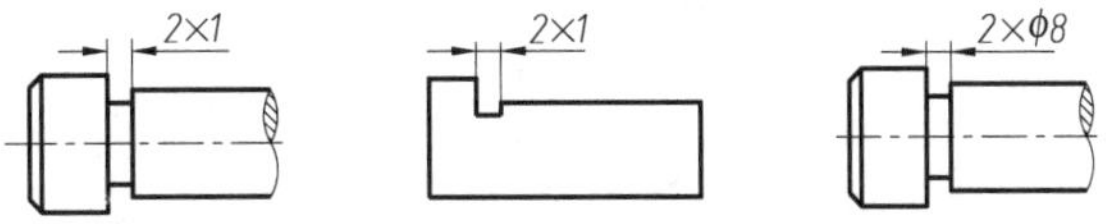 2×1	2×1	2×φ8

8.4 零件上常见的工艺结构

零件的结构形状,不仅要满足零件在机器中使用的要求,而且在制造零件时还要符合制造工艺的要求。常见的工艺结构有铸造工艺结构和机械加工结构,根据两种不同的工艺方法,产生的结构特点也不同,无论是在画图或是在看图中都要注意。下面介绍这两种常见的工艺结构。

8.4.1　零件上铸造工艺结构

1. 拔模斜度

铸造零件在制造毛坯时,为了将木模从型砂中顺利取出来,在铸件的外壁或内壁上沿拔模方向常做成一定的斜度,称为拔模斜度,如图 8-16(a)所示。一般斜度为 1∶20,铸件的拔模斜度在图中也可不画、不注。

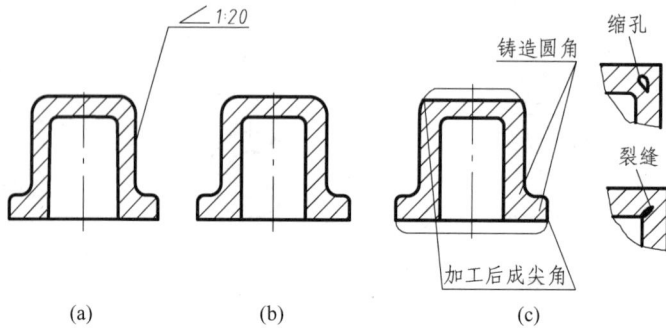

图 8-16　拔模斜度及铸造圆角

2. 铸造圆角

为了便于铸件造型时拔模,防止浇铸铁水时冲坏砂型转角处,同时避免铁水冷却时产生缩孔和裂缝,应将铸件转角制成圆角,这种圆角称为铸造圆角。画图时,应注意毛坯面的转角处都要有圆角;若是加工面,则圆角被加工掉了,要画成尖角或倒角,如图 8-16 所示。

3. 过渡线

由于铸件毛坯表面的转角处有圆角,因此其表面交线不明显。为了便于看图,仍然要画出交线,但交线两端不与轮廓线的圆角相交,这种交线称为过渡线。过渡线的画法与没有圆角时的交线画法完全相同,只是在表示时有些差别,是用细实线绘制。在视图中常见过渡线的画法,如图 8-17～图 8-19 所示。

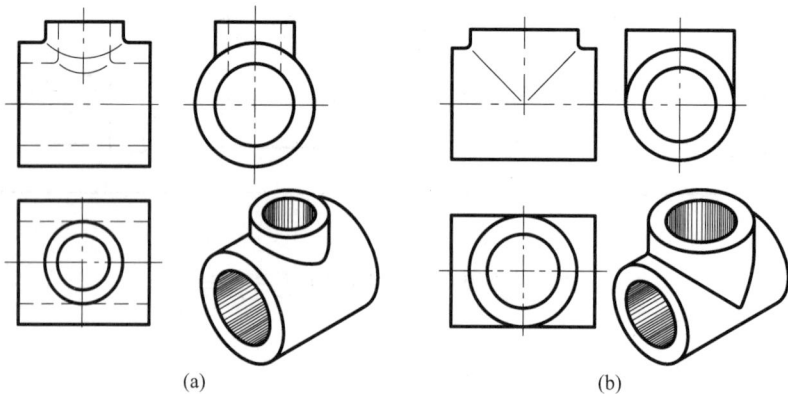

图 8-17　两曲面相交的过渡线画法

4. 铸件壁厚

为保证铸件的铸造质量,防止铸件壁厚不均匀导致铁水冷却速度不同而产生缩孔、裂纹

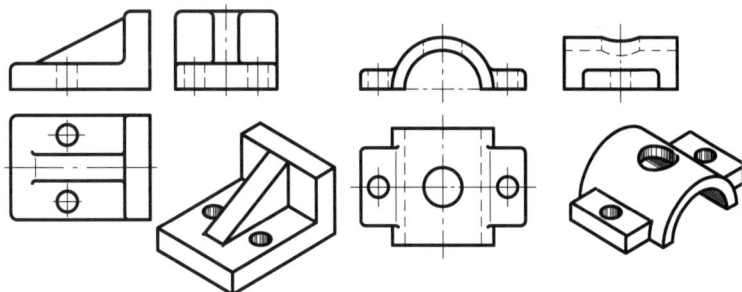

图 8-18 平面与平面、平面与曲面相交的过渡线画法

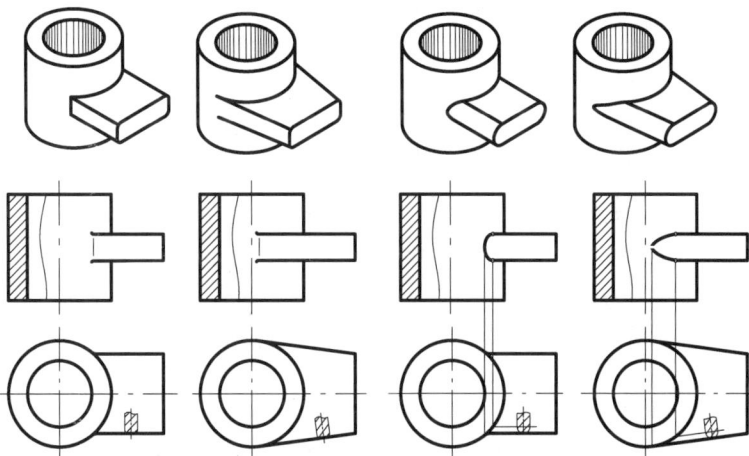

图 8-19 肋板与圆柱过渡线画法

等铸造缺陷,应使铸件壁厚均匀或逐渐变化,不宜相差过大,在两壁相交处应有拔模斜度,如图 8-20 所示。

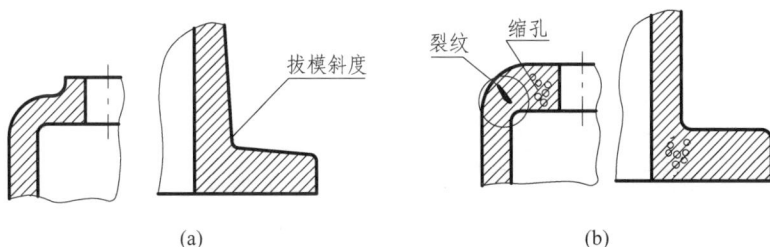

(a)   (b)

图 8-20 铸件壁厚

(a) 正确;(b) 不正确

8.4.2 零件上的机械加工工艺结构

1. 倒角和圆角

为了去掉切削零件时产生的毛刺、锐边,在使用中操作安全、保持装配面便于装配,常在轴或孔的端部等处加工成倒角,其画法及尺寸注法如图 8-21 所示。倒角多为 45°,有时也为 30°或 60°。45°倒角注成 C,如 $C2$(倒角度数 45°,宽度为 2)。

为了避免在台肩等转折处由于应力集中而产生裂纹,常常加工出圆角(见图 8-22)。

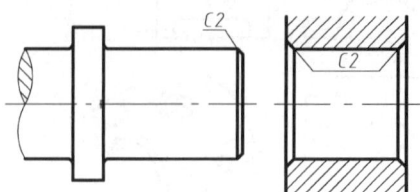

图 8-21　倒角画法及尺寸标注　　　　　　图 8-22　圆角画法及尺寸标注

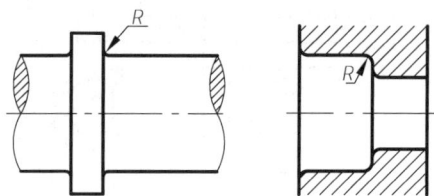

2. 退刀槽和砂轮越程槽

为了在切削零件时容易退出刀具,保证加工质量及装配时与相关零件易于靠紧,常在加工表面的台肩处先加工出退刀槽(见图 8-23(a)、(b))或砂轮越程槽(见图 8-23(c))。

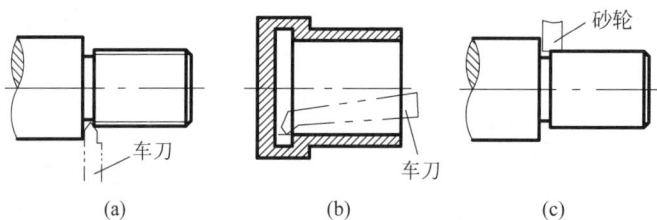

(a)　　　　　　　　　(b)　　　　　　　　(c)

图 8-23　退刀槽和砂轮越程槽

3. 钻孔

用钻头钻孔时,被加工零件的结构设计应考虑到加工方便。此外,应避免钻头单边受力产生弯曲将孔钻斜,或使钻头折断。因此,钻头的轴线应垂直于被钻孔的端面。如果钻孔表面是斜面或曲面,应预先设置与钻孔方向垂直的平面、凸台或凹坑,如图 8-24(a)所示。钻削盲孔时,在孔的底部有 120°锥角,钻孔深度尺寸不包括锥角。在钻阶梯孔的过渡处也存在 120°的锥角的圆台,其圆台孔深也不包括锥角,如图 8-24(b)所示。

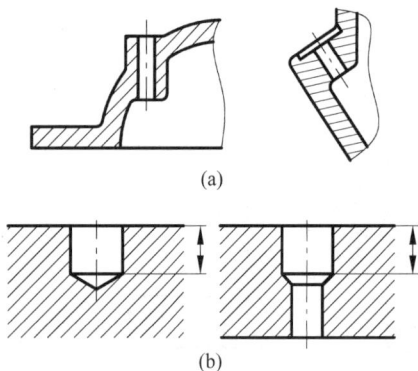

(a)

(b)

图 8-24　钻孔结构及钻孔深度

4. 凸台或凹坑

为使配合面接触良好,并减少切削加工面积,应在接触处制成凸台或凹坑等结构(见图 8-25)。

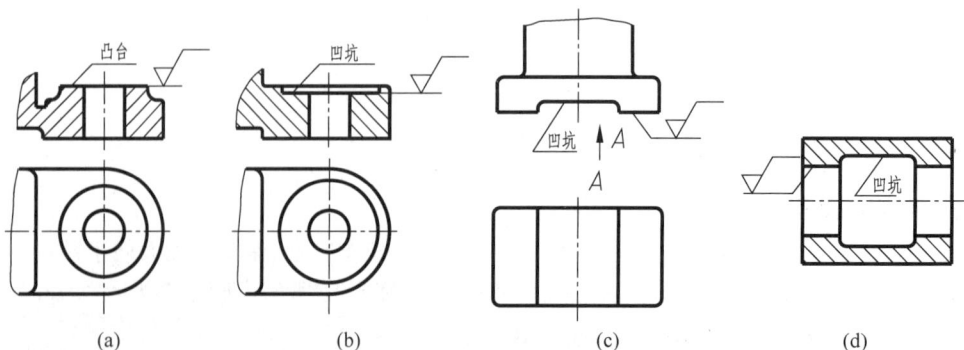

(a)　　　　　(b)　　　　　(c)　　　　　(d)

图 8-25　凸台或凹坑

8.5 零件图上的技术要求

作为指导生产的重要技术文件,零件图上除了视图和各种尺寸外,还必须有制造该零件时应达到的质量要求,通常称为技术要求。零件图上的技术要求是指用一些规定的符号、数字、字母和文字注释,简明、准确地说明零件在使用、制造和检验时,应达到的一些要求。它主要包括零件表面结构、极限与配合、几何公差、材料的热处理与表面处理要求等。

8.5.1 表面结构

表面结构包括表面粗糙度、表面波纹度、表面纹理、表面缺陷和表面几何形状等。国家标准 GB/T 131—2006《产品几何技术规范(GPS) 技术产品文件中表面结构的表示法》具体规定了表面结构的各项要求在图样上的表示法,本节只简要介绍常用的表面粗糙度表示法。

1. 表面粗糙度的概念

在机械加工的零件表面,由于刀具在零件表面上留下刀痕和切削时表面金属的塑性变形等影响,使零件表面存在着间距较小的轮廓峰谷,这种在加工表面上具有较小间距和峰谷所组成的微观几何形状特征,称为表面粗糙度,如图 8-26 所示。机器设备对零件各个表面的要求不一样,如配合性质、耐磨性、抗腐蚀性、密封性、外观要求等,因此,对零件表面粗糙度的要求也有不同。一般来说,凡零件上有配合要求或有相对运动的表面,表面粗糙度参数值要求小。

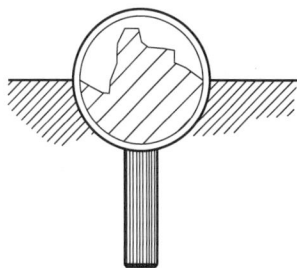

图 8-26 表面粗糙度的概念

零件表面粗糙度是评定零件表面质量的一项技术指标,零件表面粗糙度要求越高,表面粗糙度参数值就越小,加工成本也就越高。因此,应在满足零件表面功能的前提下,合理选用表面粗糙度参数。

2. 表面粗糙度的评定参数

对于零件表面结构微观几何特性,可由三大类参数加以评定,即轮廓参数(GB/T 3505—2009)、图形参数(GB/T 18618—2009)和支承率曲线参数(GB/T 18778.2—2003、GB/T 18778.3—2006)。其中在我国机械图样中最常用的评定的参数是轮廓参数,它包括 R 参数(粗糙度参数)、W 参数(波纹度参数)和 P 参数(原始轮廓参数)。

评定零件表面粗糙度的主要参数有轮廓算术平均偏差 Ra 和轮廓最大高度 Rz,使用时优先选用参数 Ra。

1) 轮廓算术平均偏差 Ra

轮廓算术平均偏差 Ra 是指在取样长度 lr(用于判别具有表面粗糙度特征的一段基准线长度)内,被测轮廓上各点至基准线 OX 距离绝对值的算术平均值,如图 8-27 所示,用公式可表示为

$$Ra = \frac{1}{lr}\int_0^{lr} |Z(X)|\, dX \approx \frac{1}{n}\sum_{i=1}^{n} |Zi|$$

轮廓算术平均偏差 Ra 数值见表 8-2。

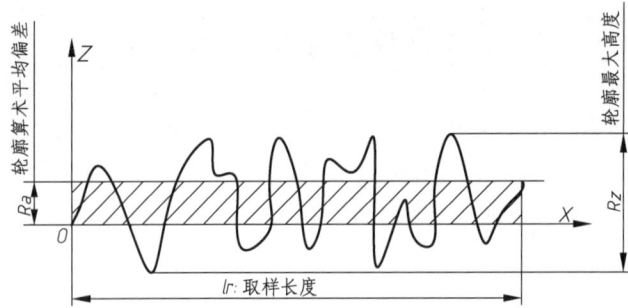

图 8-27　表面粗糙度的图示表达

表 8-2　轮廓算术平均偏差 Ra 值　　　　　　　　　　　μm

0.012	0.025	0.05	0.10	0.20	0.40	0.80
1.6	3.2	6.3	12.5	25	50	100

2）轮廓最大高度 Rz

在取样长度 lr 内，轮廓峰顶线（通过轮廓最高点并与基准线平行的线）和轮廓谷底线（通过轮廓最低点并与基准线平行的线）之间的距离为 Rz，如图 8-27 所示。

3. 表面粗糙度的图形符号

在图样中，对表面结构的要求可用几种不同的图形符号表示。标注时，图形符号应附加对表面结构的补充要求。在特殊情况下，图形符号也可以在图样中单独使用，以表达特殊意义。

各种图形符号及其含义见表 8-3。

表 8-3　表面粗糙度符号的意义及画法

符号名称	符　号	含　义
基本图形符号		基本图形符号，简称基本符号 表示对表面结构有要求的符号，以及未指定工艺方法的表面。基本符号仅用于简化代号的标注，当通过一个注释解释时可单独使用，没有补充说明时不能单独使用
扩展图形符号		要求去除材料的图形符号，简称扩展符号 在基本符号上加一横线，表示指定表面是用去除材料的方法获得，如：车、铣、钻、磨、剪切、抛光、腐蚀、电火花加工、切割等
扩展图形符号		不允许去除材料的图形符号，简称扩展符号 在基本符号上加一圆圈，表示指定表面是用不去除材料的方法获得，如铸、锻、冲压、热轧、冷轧、粉末冶金等；或者是保持上道工序的状况或原供应状况
完整图形符号		完整图形符号，简称完整符号 在上述三个符号的长边上均可加一横线，用于对表面结构有补充要求的标注

续表

符号名称	符　　号	含　　义
工件轮廓各表面的图形符号		当在图样某个视图上构成封闭轮廓的各表面有相同的表面结构要求时,应在完整符号上加一圆圈,标注在图中工件的封闭轮廓线上,如果标注会引起歧义时,各表面应分别标注
	$Ra\ 3.2$	符号画法 图形符号的尺寸见表 8-4

表 8-4　图形符号的尺寸(GB/T 131—2006)　　　　　　　　　mm

数字和字母高度 h	2.5	3.5	5	7	10	14	20
符号线宽	0.25	0.35	0.5	0.7	1	1.4	2
字母线宽							
高度 H_1	3.5	5	7	10	14	20	28
高度 H_2(最小值)	7.5	10.5	15	21	30	42	60

4. 表面粗糙度图形符号的组成及注写位置

为了明确表面粗糙度要求,除了标注表面粗糙度参数和数值外,必要时应标注补充要求。在标注的完整符号中,对表面粗糙度的单一要求和补充要求应注写在图 8-28 所示的指定位置。

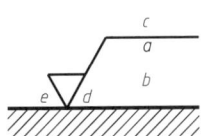

位置a——注写结构参数代号、极限值、取样长度等
位置a和b——注写两个或多个表面结构要求
位置c——注写加工方法、表面处理、涂层或其他加工工艺要求等
位置d——注写所要求的表面纹理和纹理方向
位置e——注写所要求的加工余量

图 8-28　表面粗糙度要求的注写位置

5. 表面结构参数及标注

在图样上标注表面粗糙度要求时,除标注粗糙度参数(从粗糙度轮廓上计算所得的参数——R 轮廓参数)的代号和数值(如 $Ra\ 1.6$ 和 $Rz\ 6.3$)外,还应标注取样长度、评定长度和极限值等信息(为了简化标注,标准中规定了一系列的默认值,不必在代号中标注),下面分别对这些参数及其标注作介绍。

1) 取样长度和评定长度

(1) 取样长度(lr)　用于判别被评定轮廓不规则特征的一段基准线长度。截取的长度不同,测出的数值不同。选择的取样长度过小,所包含的峰谷数可能过少,这样就不能确切地反映该表面的粗糙度。因此,在通常情况下,所选取的取样长度,一定要包含 5 个以上的峰谷,否则应选择较大的一级数值。

(2) 评定长度(ln)　用于判别被评定轮廓所必需的一段长度,零件加工表面的粗糙度不一定均匀一致,若按相同的取样长度 lr 一次测量几段,所得粗糙度数值不尽一致,有时差别甚至很大。为了充分合理地反映加工表面的粗糙度,在测量时必须选取一段能反映这种特性的最小长度,它可能包括一个或几个取样长度,这个长度就是评定长度。

标准中规定,粗糙度参数的默认评定长度 ln,由 5 个取样长度 lr 构成: $ln = 5 \times lr$。

2) 极限值及其判断规则

极限值是指图样上给定的粗糙度参数值(单向上限值、下限值、最大值或双向上限值和下限值)。极限值的判断规则是指在完工零件表面上测出实测值后,如何与给定值比较,以判断其是否合格的规则。极限值的判断规则有两种:

(1) 16%规则。当所注参数为上限值时,用同一评定长度测得的全部实测值中,大于图样上规定值的个数不超过测得值总个数的 16%时,则该表面是合格的。

对于给定表面参数下限值的场合,如果用同一评定长度测得的全部实测值中,小于图样上规定值的个数不超过总数的 16%时,该表面也是合格的。

(2) 最大规则。最大规则是指在被检的整个表面上测得的参数值中,一个也不应超过图样上的规定值。为了指明参数的最大值,应该在参数代号后面增加一个"max"的标记,例如,Rz max。

16%规则是所有表面结构要求标注的默认规则。当参数代号后无"max"字样者均为"16%规则"(默认)。

当标注单向极限要求时,一般是参数的上限值(16%规则或最大规则的极限值),此时不必加注说明;如果是指参数的下限值,则应在参数代号前加"L",例如,L Ra 6.3(16%规则)、L Ra max 1.6(最大规则)。

表示双向极限时应标注极限代号,上限值在上方用 U 表示,下限值在下方用 L 表示。

3) 传输带

划分零件表面轮廓的基础是波长。每种轮廓都定义在一定的波长范围内,这个波长范围被称为该轮廓的传输带,用截止短波波长值和截止长波波长值表示。传输带的截止长、短波波长值分别由长波滤波器和短波滤波器限定。传输带的标注用长、短滤波器的截止波长(单位:mm)表示,短波波长在前,长波波长在后,并用连字符"-"隔开,例如 0.008-0.8。

如果采用默认传输带,则在参数代号前不标注传输带。如果两个截止波长中有一个为默认值,则只标注另一个,且应保留连字符,例如-0.8,表示短波波长为默认值。

6. 表面粗糙度代号的含义

表面粗糙度代号的含义及其解释见表 8-5。

表 8-5　表面粗糙度高度参数标注示例及其意义

序号	符号	意义
1	√ Rz 3.2	表示不允许去除材料,单向上限值,默认传输带,R 轮廓,粗糙度的最大高度 3.2 μm,评定长度为 5 个取样长度(默认),"16%规则"(默认)
2	√ Rzmax 6.3	表示去除材料,单向上限值,默认传输带,R 轮廓,粗糙度最大高度的最大值 6.3 μm,评定长度为 5 个取样长度(默认),"最大规则"
3	√ U Ra 3.2 L Ra 0.8	表示去除材料,双向极限值,两极限值均使用默认传输带,R 轮廓,上限值算术平均偏差 3.2 μm,下限值算术平均偏差 0.8 μm,评定长度均为 5 个取样长度(默认),"16%规则"(默认)

序号	符 号	意 义
4	$\sqrt{\quad}$ L Ra 1.6	表示任意加工方法,单向下限值,默认传输带,R 轮廓,算术平均偏差 1.6 μm,评定长度为 5 个取样长度(默认),"16%规则"(默认)
5	$\sqrt{\quad}$ Ra 1.6	表示去除材料,单向上限值,默认传输带,R 轮廓,粗糙度的算术平均偏差 1.6 μm,评定长度为 5 个取样长度(默认),"16%规则"(默认)

7. 表面粗糙度要求在图样上的标注

表面粗糙度要求对每一表面一般只标注一次,并尽可能注在相应的尺寸及其公差的同一视图上。除非另有说明,所标注的表面粗糙度要求是对完工零件表面的要求。表 8-6 列举了表面粗糙度的标注示例。

表 8-6 表面粗糙度要求在图样上的标注方法示例

要 求	图 例	说 明
表面粗糙度要求的注写方向		表面粗糙度的注写和读取方向与尺寸的注写和读取方向一致
表面粗糙度要求标注在轮廓线上或指引线上		表面粗糙度要求可标注在轮廓线上,其符号应从材料外指向并接触表面
		必要时,表面粗糙度要求也可以用带箭头或黑点的指引线引出标注
表面粗糙度要求在特征尺寸线上的标注		在不引起误解的情况下,表面粗糙度要求可以标注在给定的尺寸线上
表面粗糙度要求在几何公差框格上的标注		表面粗糙度可标注在几何公差框格的上方

续表

要求	图 例	说 明
表面粗糙度要求在延长线上的标注	√Rz 1.6　√Rz 6.3　√Rz 6.3　√Rz 6.3　√Rz 1.6	表面粗糙度可以直接标注在延长线上，或用带箭头的指引线引出标注。 圆柱或棱柱表面粗糙度要求只标一次
表面粗糙度要求在延长线上的标注	√Ra 3.2　√Rz 1.6　√Ra 6.3　√Ra 3.2	如果棱柱的每个表面有不同的表面粗糙度要求时，则应分别单独标注
大多数表面（包括全部）有相同表面粗糙度要求的简化标注	√Rz 6.3　√Rz 1.6　√Rz 6.3　√Rz 1.6　√Rz 3.2 (√)　√Rz 3.2 (√Rz 1.6 √Rz 6.3)	如果工件的多数表面有相同的表面粗糙度要求，则其要求可统一标注在标题栏附近。此时，表面粗糙度要求的符号后面要加上括号，并在括号内画出基本符号或已标注表面的表面粗糙度要求
多个表面有共同要求的注法	√z　√y　√z = √U Rz 1.6 L Ra 0.8　√y = √Ra 3.2	可用带字母的完整符号，以等式的形式，在图形或标题栏附近，对有相同表面结构要求的表面进行标注

　　表面粗糙度是保证零件表面质量的技术要求。它的选用既要满足零件表面的功能，又要考虑零件加工经济合理。因此在满足功能的前提下，尽量选用较大的数值，以减少生产成本。具体选用时常采用类比法：工作表面的数值应小于非工作表面的数值，配合表面的数值应小于非配合表面的数值，相对运动速度高的表面的数值应小于运动速度低的表面的数值。表 8-7 为表面粗糙度 Ra 的数值以及与其相对应的加工方法和应用举例，供选用时参考。

表 8-7　**Ra 数值与其相应的加工方法和应用举例**

$Ra/\mu m$	表面特征	主要加工方法	应用举例
50	明显可见刀痕	粗车、粗铣、粗刨、钻、粗纹锉刀和粗砂轮加工	为表面粗糙度最低的表面，一般很少应用
25	可见刀痕		
12.5	微见刀痕	粗车、刨、立铣、平铣、钻	不接触表面、不重要的接触面，如螺钉孔、倒角、机座底面等
6.3	可见加工痕迹		
3.2	微见加工痕迹	精车、精铣、精刨、铰、镗、粗磨等	没有相对运动的零件接触面，如箱、盖、套筒要求紧贴的表面、键和键槽工作表面；相对运动速度不高的接触面，如支架孔、衬套、带轮轴孔的工作表面
1.6	看不见加工痕迹		
0.80	可辨加工痕迹方向		

续表

$Ra/\mu m$	表面特征	主要加工方法	应用举例
0.40	微辨加工痕迹方向	精车、精铰、精拉、精镗、精磨等	要求有很好配合的接触面,如与滚动轴承配合的表面、锥销孔等;相对运动速度较高的接触面,如滚动轴承的配合表面、齿轮轮齿的工作表面等
0.20	不可辨加工痕迹方向		
0.10	暗光泽面		
0.05	亮光泽面	研磨、抛光、超级精细研磨等	精密量具的表面、极重要零件的摩擦面,如汽缸的内表面、精密机床的主轴颈、坐标镗床的主轴颈等
0.025	镜状光泽面		
0.012	雾状镜面		
0.006	镜面		

8.5.2 极限与配合

极限与配合是零件图和装配图中一项重要的技术要求,也是检验产品质量的技术指标。它们的应用几乎涉及国民经济的各个部门。国家标准对极限与配合的有关问题做了相应的规定。

1. 零件的互换性

从一批规格相同的零件中任选一件,不经任何修配,就能装到机器或部件上去,并能满足使用要求的性质称为互换性。现代化工业要求机器零(部)件具有互换性。这样,既能满足各生产部门广泛的协作要求,又能进行高效率的专业化生产。如常用的螺钉、螺栓、螺母、垫片等零件具有互换性。

保证零件的互换性并不是要求每个零件都做得绝对一样。在生产实际中,由于各种因素的影响,如刀具、机床精度、工人技术水平等,实际制成的零件尺寸与理论设计尺寸不可能完全一样,在使用上也没这个必要,而是根据零件的工作要求,给零件的尺寸规定一个许可的误差范围(公差)来保证零件的互换性。

2. 公差的基本概念、术语和定义

以图 8-29 为例,说明相关术语的概念及含义。

(1) 公称尺寸——由图样规范确定的理想形状要素的尺寸,如图 8-29 中的 $\phi25$。

(2) 实际尺寸——拟合组成要素的尺寸,通过测量得到。

(3) 极限尺寸——尺寸要素的尺寸所允许的极限值,分为上极限尺寸和下极限尺寸。

上极限尺寸:尺寸要素允许的最大尺寸,如 $\phi25.025$ 和 $\phi25.015$。

下极限尺寸:尺寸要素允许的最小尺寸,如 $\phi25$ 和 $\phi25.002$。

(4) 尺寸偏差——某一尺寸减去其公称尺寸所得的代数差。尺寸偏差可能是正值、负值或零,尺寸偏差除零外须冠以符号。

(5) 极限偏差——极限尺寸减去公称尺寸所得的代数差,分为上极限偏差和下极限偏差。

上极限偏差:上极限尺寸减去公称尺寸所得的代数差。

下极限偏差:下极限尺寸减去公称尺寸所得的代数差。

国标规定孔的上、下极限偏差分别用 ES、EI 表示,轴的上、下极限偏差分别用 es、ei 表示。

(6) 尺寸公差——允许尺寸变动的量,即上极限尺寸与下极限尺寸之差,也等于上极限偏差与下极限偏差之差,尺寸公差是一个没有符号的绝对值,恒为正值,如图 8-29 所示。

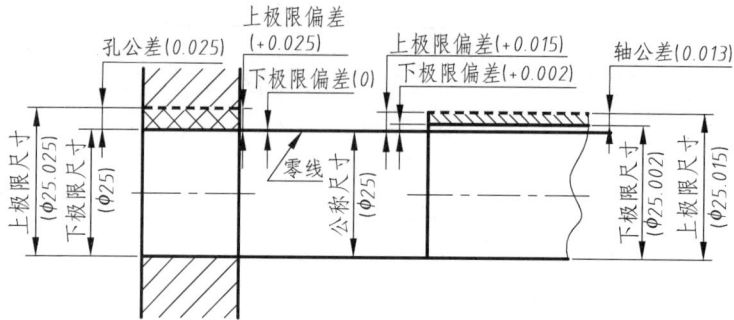

图 8-29　公差的概念与术语

（7）零线——在极限与配合图解中表示公称尺寸的一条直线，即偏差值为 0 的一条基准直线。以其为基准确定偏差和公差，正偏差位于零线上方，负偏差位于零线下方。

（8）公差带——在公差带图解中，由代表上极限偏差和下极限偏差或上极限尺寸和下极限尺寸的两条直线所限定的区域，如图 8-30 所示。

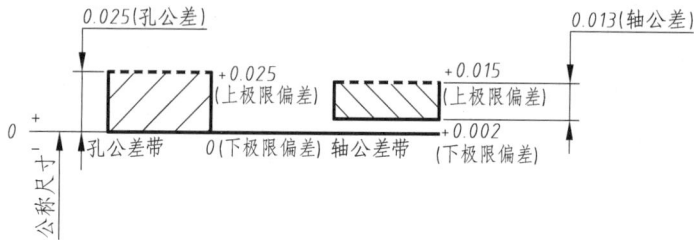

图 8-30　公差带图的概念

（9）标准公差——国家标准在极限与配合制中所规定的任一公差，由公称尺寸和公差等级确定。国家标准为了满足不同零件的要求，将标准公差分为 20 个等级，即 IT01、IT0、IT1、IT2～IT18。IT 代表标准公差，数字代表公差等级。公差等级反映尺寸精确程度，IT01 精度最高，以下逐级降低。同一公称尺寸，公差等级越高，则公差值越小，公差带越窄，即该尺寸的精确程度越高。标准公差数值参见附录 A。

（10）基本偏差——国家标准在极限与配合制中，确定公差带相对公称尺寸位置的那个极限偏差。它可以是上极限偏差或下极限偏差，一般是最接近公称尺寸的那个极限偏差。公差带在零线上方时，基本偏差为下极限偏差；公差带在零线下方时，基本偏差为上极限偏差。

国家标准 GB/T 1800.1—2020《产品几何技术规范（GPS）　线性尺寸公差 ISO 代号体系　第 1 部分：公差、偏差和配合的基础》对孔和轴各规定了 28 种不同的基本偏差。每一种基本偏差用一个基本偏差代号表示，代号为一个或两个拉丁字母，对孔用大写字母 A，…，ZC 表示，对轴用小写字母 a，…，zc 表示。这 28 种基本偏差系列如图 8-31 所示。

轴的基本偏差 a～h 为上极限偏差，其中 h 的基本偏差为 0，其余均为负值。js 在各级标准公差带里完全对称分布在零线两侧，其基本偏差可以是上极限偏差（＋IT/2），也可以是下极限偏差（－IT/2）。从 j～zc 的基本偏差均为下极限偏差。孔和轴的基本偏差呈对称地分布在零线的两侧。

图中画的是"开口"公差带，这是因为基本偏差只表示公差带的位置，而不表示公差带的

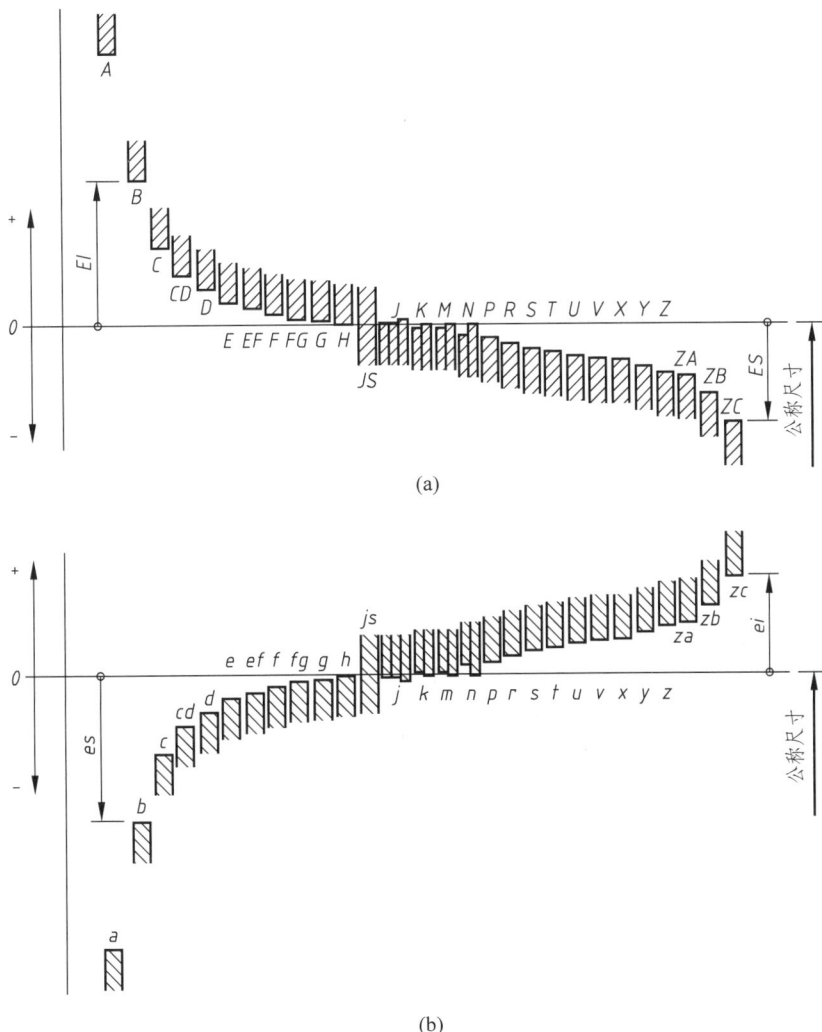

图 8-31 基本偏差系列图

(a) 孔；(b) 轴

大小。图中只画出公差带基本偏差的偏差线，另一极限偏差线则由公差等级决定。

(11) 公差带代号——由基本偏差代号和公差等级代号组成。基本偏差代号用字母表示，大写字母表示孔，小写字母表示轴。如图 8-32 所示，H7 和 f7 分别为公称尺寸为 $\phi50$ 的孔和轴的公差带代号。H、f 为孔和轴的基本偏差代号，确定公差带的位置；7 为公差等级，确定公差带的大小。

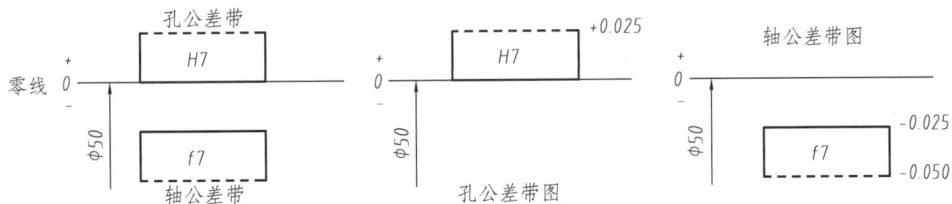

图 8-32 公差带代号及公差带图画法

3. 配合的基本概念、术语和定义

1) 配合的定义与种类

类型相同且待装配的外尺寸要素(轴)和内尺寸要素(孔)之间的关系,称为配合。根据使用的要求不同,孔和轴之间的配合有松有紧,因而配合分为三类:间隙配合、过盈配合、过渡配合。

(1) 间隙配合——孔和轴装配时总是存在间隙的配合。此时,孔的下极限尺寸大于或在极端情况下等于轴的上极限尺寸,在公差带图上孔公差带完全位于轴公差带之上(见图 8-33)。

(2) 过盈配合——孔和轴装配时总是存在过盈的配合。此时,孔的上极限尺寸小于或在极端情况下等于轴的下极限尺寸,在公差带图上孔公差带完全位于轴公差带之下(见图 8-33)。

(3) 过渡配合——孔和轴装配时可能具有间隙或过盈的配合。此时,孔公差带和轴公差带相互交叠(见图 8-33)。

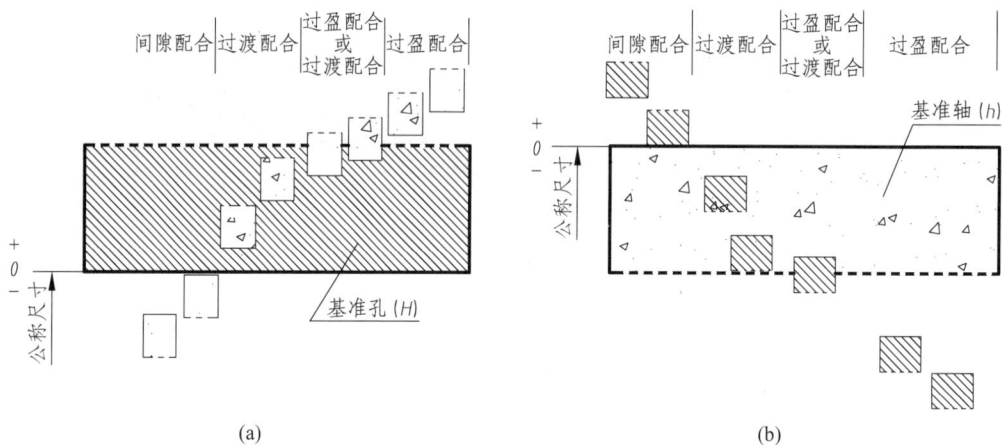

图 8-33　基孔制和基轴制配合

2) ISO 配合制

ISO 配合制是由线性尺寸公差 ISO 代号体系确定公差的轴和孔组成的一种配合制度。国家标准规定了两种配合制:基孔制配合和基轴制配合。

(1) 基孔制配合——孔的基本偏差为零的配合,即孔的下极限偏差等于零的公差带与不同轴的公差带形成各种配合。在基孔制配合中,孔为基准孔,其基本偏差代号为 H,如图 8-33(a)所示。

(2) 基轴制配合——轴的基本偏差为零的配合,即轴的上极限偏差等于零的公差带与不同孔的公差带形成各种配合。在基轴制配合中,轴为基准轴,其基本偏差代号为 h,如图 8-33(b)所示。

4. 公差与配合在零件图上的标注

公差与配合在零件图中的标注,如图 8-34 所示,在零件图中标注尺寸公差应注意以下几点:

(1) 标注偏差数值时,上、下偏差的小数点必须对齐,小数点的位数必须相同;

(2) 当上、下偏差数值为 0 时要标出,并与上、下偏差的整数位对齐;

(3) 当上、下偏差的绝对值相同时,要注出±,且与基本尺寸数值高度相同。

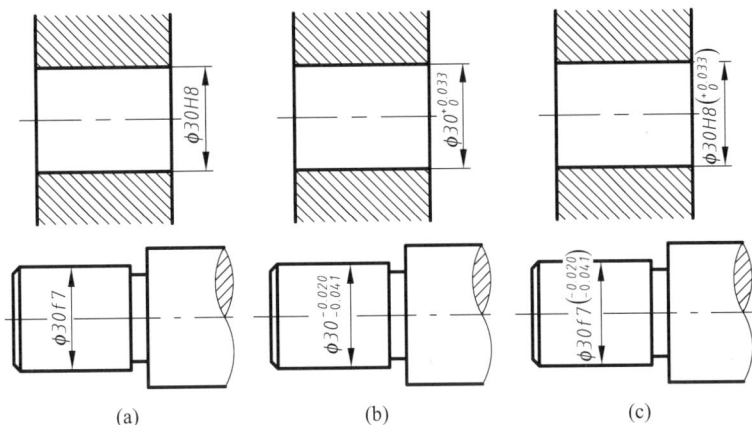

图 8-34　零件图中尺寸公差的标注

5．公差与配合在装配图中的标注

在装配图上标注公差与配合,采用组合式注法:即在公称尺寸后面用分数形式表示,分子为孔的公差带代号,分母为轴的公差带代号。通常分子中含 H 的为基孔制配合,分母中含 h 的为基轴制配合,如图 8-35 所示。

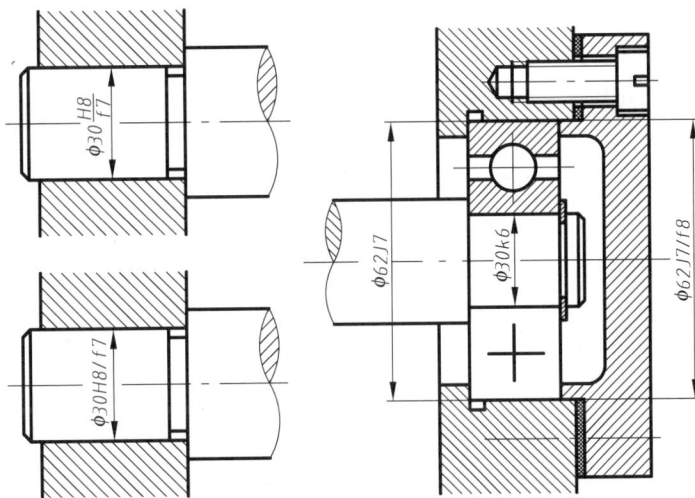

图 8-35　装配图中尺寸公差与配合的标注

8.5.3　几何公差及其标注

在加工零件时,不仅零件尺寸有误差,零件的形状和表面间的相对位置也会有误差。为了满足互换性的要求,对精度较高的零件,不仅要有表面粗糙度、尺寸公差的要求,而且还要保证其几何公差。几何公差包括形状、方向、位置和跳动公差。

1．基本概念

1) 基本术语

要素——指工件上的特定部分,例如点要素、线要素或面要素。要素可以是实际存在的工件轮廓上的点、线、面要素,也可以是由实际要素取得的导出要素,如轴线或中心面等。

被测要素——图样中有几何公差要求的要素，是检测对象。

基准要素——用来确定被测要素的方向和位置的参照要素，它应是公称（理想）要素。

2）形状公差

形状公差指被测对象的实际形状对其理想形状所允许的变动全量（如平面度、直线度、圆度等）。构成零件几何特征的线、面实际形状，相对其理想形状的变动量称为形状误差，如图 8-36（a）所示，经过加工的销轴，轴线变弯曲了，产生了直线度误差。

3）方向、位置公差

位置公差指实际关联要素对基准要素在位置上允许的变动全量（如位置度、同轴度等）。构成零件几何特征的线、面实际位置，相对其理想位置的变动量称为位置误差，如图 8-36（b）所示，阶梯轴加工后，其两段圆柱轴线不在同一条直线上，因而两段圆柱体间产生了同轴度误差。

4）跳动公差

跳动公差是按特定的测量方法定义的综合几何公差（如圆跳动、全跳动）。

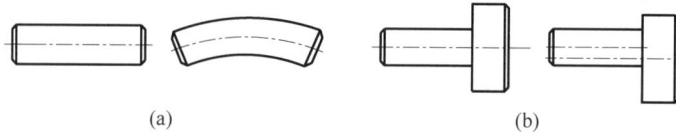

(a)　　　　　　　　　　　(b)

图 8-36　形状与位置误差

2. 几何公差的几何特征和符号

国家标准规定的几何公差的类型、几何特征和符号见表 8-8。

表 8-8　几何特征符号（GB/T 1182—2018）

公差类型	几何特征	符号	有无基准	公差类型	几何特征	符号	有无基准
形状公差	直线度	—	无	位置公差	位置度	⊕	有或无
	平面度	▱	无		同心度（用于中心点）	◎	有
	圆度	○	无				
	圆柱度	⌭	无		同轴度（用于轴线）	◎	有
	线轮廓度	⌒	无				
	面轮廓度	⌓	无		对称度	≡	有
方向公差	平行度	//	有		线轮廓度	⌒	有
	垂直度	⊥	有		面轮廓度	⌓	有
	倾斜度	∠	有	跳动公差	圆跳动	↗	有
	线轮廓度	⌒	有		全跳动	↗↗	有
	面轮廓度	⌓	有				

3. 几何公差在图样上的标注

国标规定，在图样上应用代号标注几何公差。几何公差的代号由几何特征符号（见表 8-8）、几何公差框格和指引线、几何公差数值及其他内容组成，如图 8-37 所示。当无法采用代号标注时,允许在技术要求中用文字说明。

1) 几何公差框格及指引线

几何公差框格用细实线画出,分成两格或多格,一般水平或垂直放置。第一格填写几何公差项目的符号,第二格填写几何公差数值和有关符号,第三格以及以后各格填写基准代号的字母。框格的高度为图样中字体高度的 2 倍,长度按需要确定,框格中的字母和数字高度与图样中的字体高度相同。

2) 指引线

指引线是连接公差框格与指示箭头或基准符号的连线。指引线可自框格的左端或右端引出,也可以由框格的侧边直接连接;指引线可以曲折,但不得多于两次。指引线的箭头指向被测要素的轮廓线或其延长线。当被测要素为轮廓线或轮廓面时,从框格引出的指引线箭头应指在该要素的轮廓线或其延长线上;当被测要素是轴线、中心平面或中心点时,指引线箭头应与该要素的尺寸线对齐。

3) 基准符号

基准符号用一个大写字母表示,标注在基准方格内,并与一个涂黑的或空白的三角形相连来表示基准,如图 8-37(b)所示。表示基准的字母还应标注在公差框格内,无论基准符号在图样上方向如何,方格内的字母均应水平书写。涂黑的或空白的基准三角形含义相同。

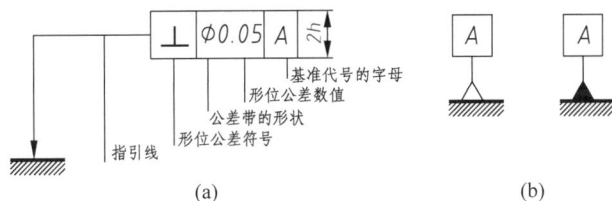

图 8-37　几何公差框格和基准符号

当基准要素是轮廓线或轮廓面时,基准符号应靠近该要素的轮廓线或延长线标注,并与该要素的尺寸线明显错开。当基准要素是轴线、中心平面或中心点时,基准符号应与该要素的尺寸线对齐。

几何公差标注及解释见表 8-9、表 8-10。

表 8-9　形状公差的标注及解释

标 注 示 例	标 注 解 释
	被测要素为平面,指引线箭头指在表示平面的轮廓上,平面度的公差值为 0.015mm
	被测要素为圆柱面,圆柱度的公差为 0.006mm

标 注 示 例	标 注 解 释
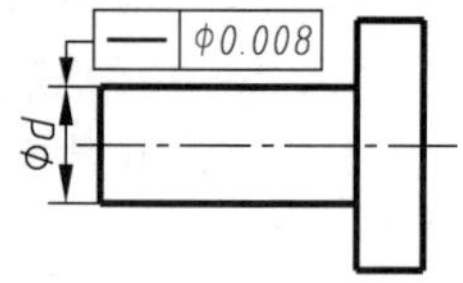	被测要素为 ϕd 的轴线,指引线应与 ϕd 的尺寸线对齐。ϕd 圆柱轴线的直线度公差值为 $\phi 0.008$mm
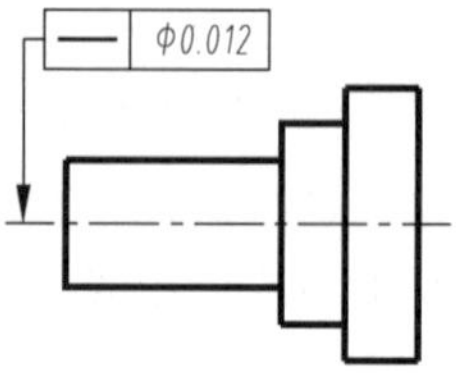	被测要素为公共轴线,指引线的箭头可直接指在轴线上,公共轴线的直线度公差值为 $\phi 0.012$mm

表 8-10　位置公差的标注及解释

标 注 示 例	标 注 解 释
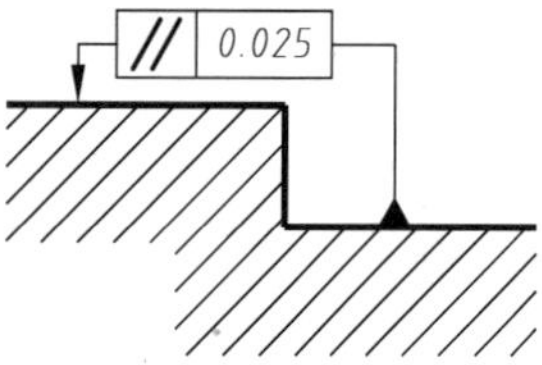	左侧箭头所指平面为被测要素,右侧平面为基准要素,被测平面对于基准平面的平行度公差值为 0.025mm
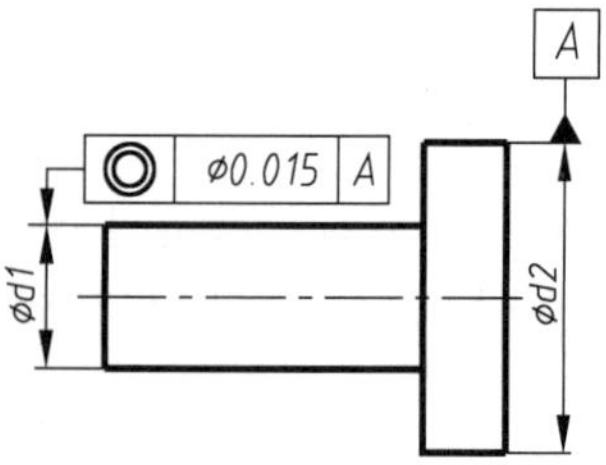	被测要素为 $\phi d1$ 的轴线,基准要素为 $\phi d2$ 的轴线,$\phi d1$ 的轴线对于基准轴线的同轴度公差值为 $\phi 0.015$mm
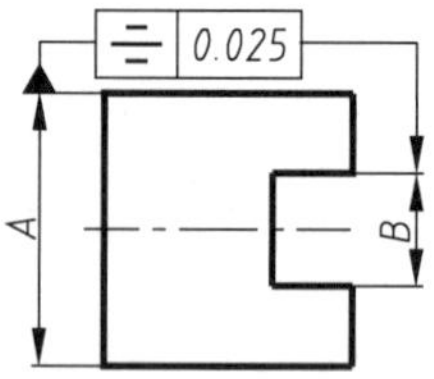	被测要素为槽宽 B 的对称中心面,相对基准要素为尺寸 A 的对称中心面的对称度公差值为 0.025mm
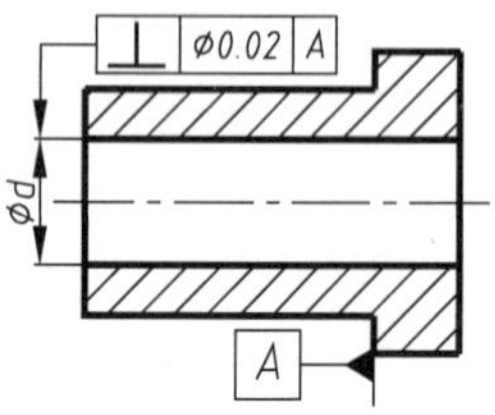	被测要素为 ϕd 内圆柱面的轴线,基准要素为较大圆柱的左端面,ϕd 的轴线对于较大圆柱左端面的垂直度公差值为 $\phi 0.02$mm

续表

标 注 示 例	标 注 解 释
	被测要素为两圆孔(ϕd)的公共轴线,基准要素为底面,ϕd 的公共轴线对于底面的平行度公差值为 0.025mm
	被测要素为中间大圆柱的表面,基准要素为左、右两圆柱的公共轴线,大圆柱表面对于两圆柱公共轴线的圆跳动公差值为 0.02mm

4. 几何公差标注示例

如图 8-38 所示,各框格解释如下:

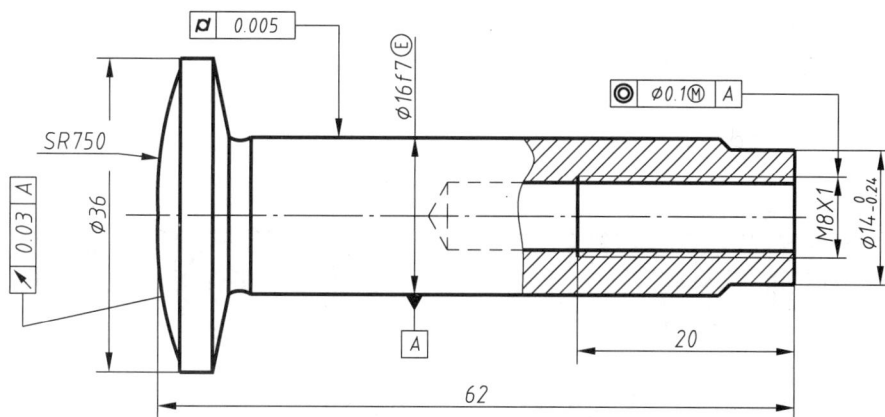

图 8-38 几何公差举例

(1) 圆柱面 $\phi16f7$ 的圆柱度公差为 0.005;

(2) 球面 $SR750$ 对于圆柱面 $\phi16f7$ 轴线的圆跳动公差为 0.03;

(3) 螺纹孔 M8×1 的轴线对于圆柱面 $\phi16f7$ 轴线的同轴度公差为 $\phi0.1$。

8.6　看零件图

看零件图的目的是根据零件图了解零件的名称、用途、材料等内容,通过分析视图,分析尺寸,想象出零件结构形状和大小,了解零件的各项技术要求,以确定加工方法和检验手段。下面以图 8-39 所示的缸体零件图为例,说明看零件图的方法和步骤。

技术要求

1. 铸件不得有缩孔、裂纹等缺陷。
2. 未注铸造圆角R2。
3. 锐边倒角1×45°。
4. 应进行油压实验，5min内不得有漏油现象。

$\sqrt{x} = \sqrt{}^{Ra\,3.2}$

$\sqrt{}\quad(\sqrt{})$

缸　体		材料	HT150	比例	1:1
		数量	1	图号	
制图					
审核		(校　名)			

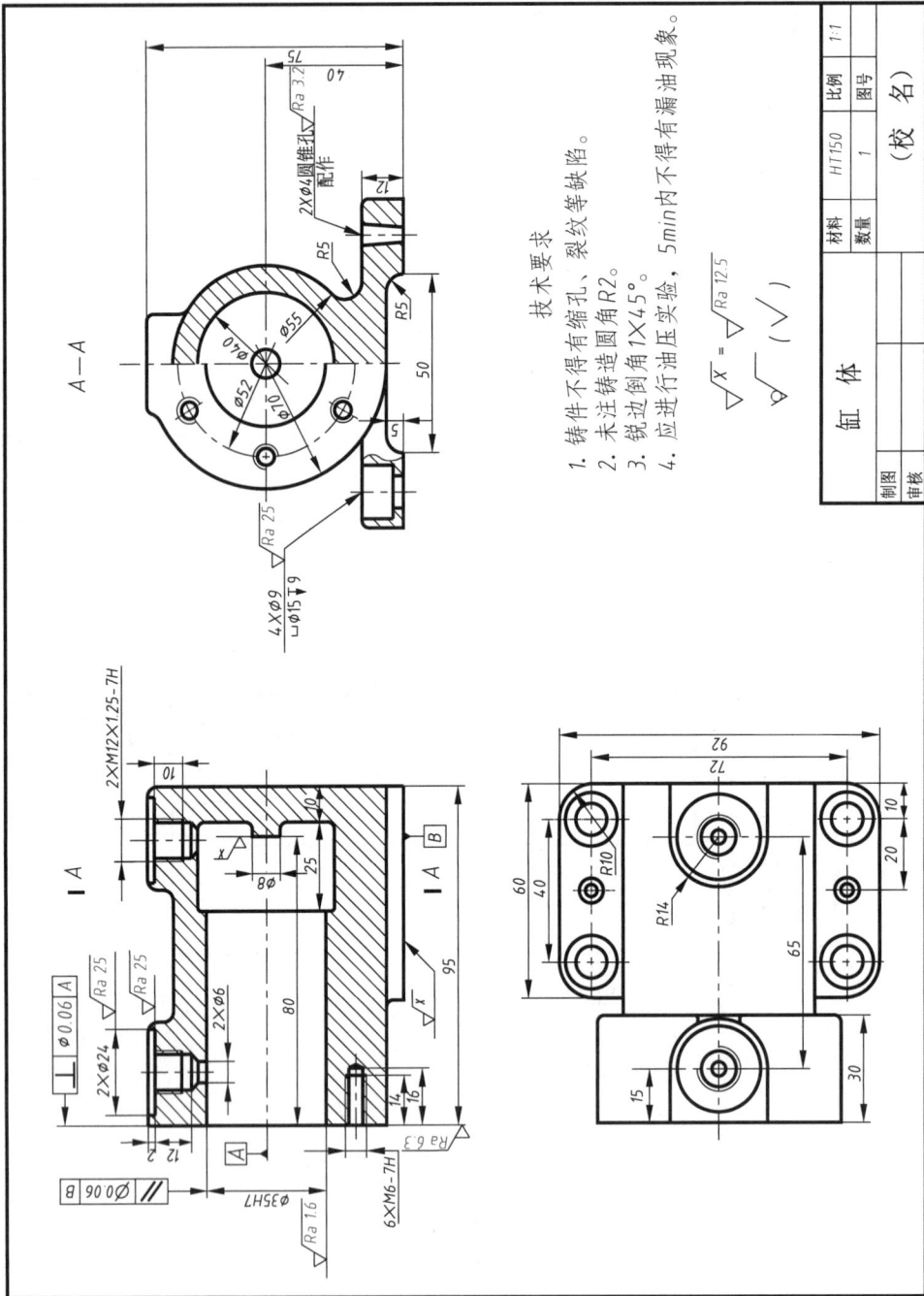

图 8-39　缸体零件图

8.6.1 看标题栏

看零件图标题栏,了解零件的名称、材料、数量、图样比例、图号等,大致了解零件的用途、结构特点等内容。

从图 8-39 缸体零件图标题栏知道,零件名称为缸体,它是液压油缸的主体零件。缸体材料为铸铁,图样比例 1∶1。

8.6.2 分析表达方法和结构形状

先分析主视图,再看其他视图。了解视图的名称、相互间的投影关系,采用的表达方法,搞清楚视图表达方案。

首先运用形体分析法,将主视图分成几部分,在相应的视图上找出该部分的投影,运用投影分析和结构分析方法,明确各部分的结构形状。然后,综合各部分形状,构思出零件的整体结构形状。

如图 8-39 所示,缸体零件图有 3 个基本视图。主视图是全剖视图,剖切平面前后对称,剖视图省略标注。主视图按工作位置放置,反映缸体的内部结构形状。$A—A$ 半剖视图为左视图和表示外形的俯视图按投影关系配置。左视图的外形部分用局部剖视表达底板上通孔的结构形状。

分析视图后,分析缸体的结构形状。缸体左端有带凸台的圆筒,圆筒为均布着 6 个螺孔的法兰。缸体下面有带圆角的长方形底板,底板上有 4 个带沉孔的安装孔和 2 个圆锥销孔,底板下面有通槽。缸体上面的 2 个螺纹通孔是用来注油的。在缸体里面,右端有个 $\phi 8$ 的小凸台,小凸台是用来限制活塞的移动位置。通过对缸体各部分结构形状的分析,可以想象出缸体的整体结构形状。

8.6.3 分析尺寸和技术要求

分析零件长、宽、高 3 个方向的尺寸基准,并从各基准出发,按照形体分析法分析图上标注的尺寸,分析哪些是设计中的主要尺寸,然后,找出定形尺寸和定位尺寸及总体尺寸。

联系零件的结构形状和尺寸,分析图上各项技术要求,了解零件的加工面要求,以便考虑采用相应的加工方法。

如图 8-39 所示,长度方向的主要尺寸基准是左端面,它是缸体和缸盖的结合面,与它有关的定位尺寸有 15,定形尺寸有 30、95 和 80 等。宽度方向以缸体前后对称平面为尺寸基准,与它有关的定位尺寸是 72,定形尺寸是 92、50 和 $R14$ 等。高度方向的尺寸基准为缸体底面,与它有关的定位尺寸是 40。其他技术要求请自行分析。

第 9 章 装 配 图

表达机器或部件的结构、工作原理、各零件装配关系的图样,称为装配图。装配图分总装配图和部件装配图。表示一台完整机器的图样称为总装配图,表示一个部件的图样称为部件装配图。通常总装配图只表示各部件间的相对位置和机器的整体情况,将整台机器按各部件分别画出部件装配图。

本章主要介绍装配图的作用和内容,表达方法及画法,装配图中的尺寸和技术要求,读装配图的方法及由装配图拆画零件图,零件测绘和部件测绘等内容。

9.1 装配图的作用和内容

9.1.1 装配图的作用

(1) 装配图是生产中重要的技术文件。在产品设计中,一般先画出装配图,表示机器或部件的结构形状、装配关系、工作原理和技术要求等内容。装配图是绘制零件图的依据,如图 9-1 所示为减速器轴测装配分解图。

(2) 在生产过程中,根据装配图组装完整的部件或机器。

(3) 在使用和维修机器过程中,通过装配图了解机器或部件的工作原理,结构性能,从而决定其使用、维修方法。

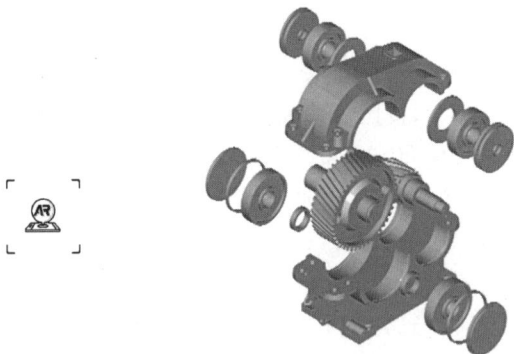

图 9-1 减速器轴测装配分解图

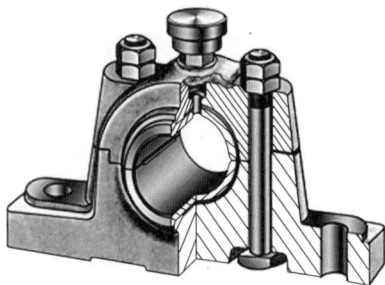

图 9-2 滑动轴承轴测图

9.1.2 装配图的内容

图 9-2 所示是滑动轴承的装配轴测图,图 9-3 所示是滑动轴承的装配图。根据生产上对装配图的要求,一张完整的装配图应包括以下几方面的内容:

(1) 一组视图:用一组视图(包括剖视、断面图等)完整、清晰、准确和简捷地表达机器或部件的工作原理、各零件的相对位置及装配关系、连接方式和重要零件结构形状等内容。

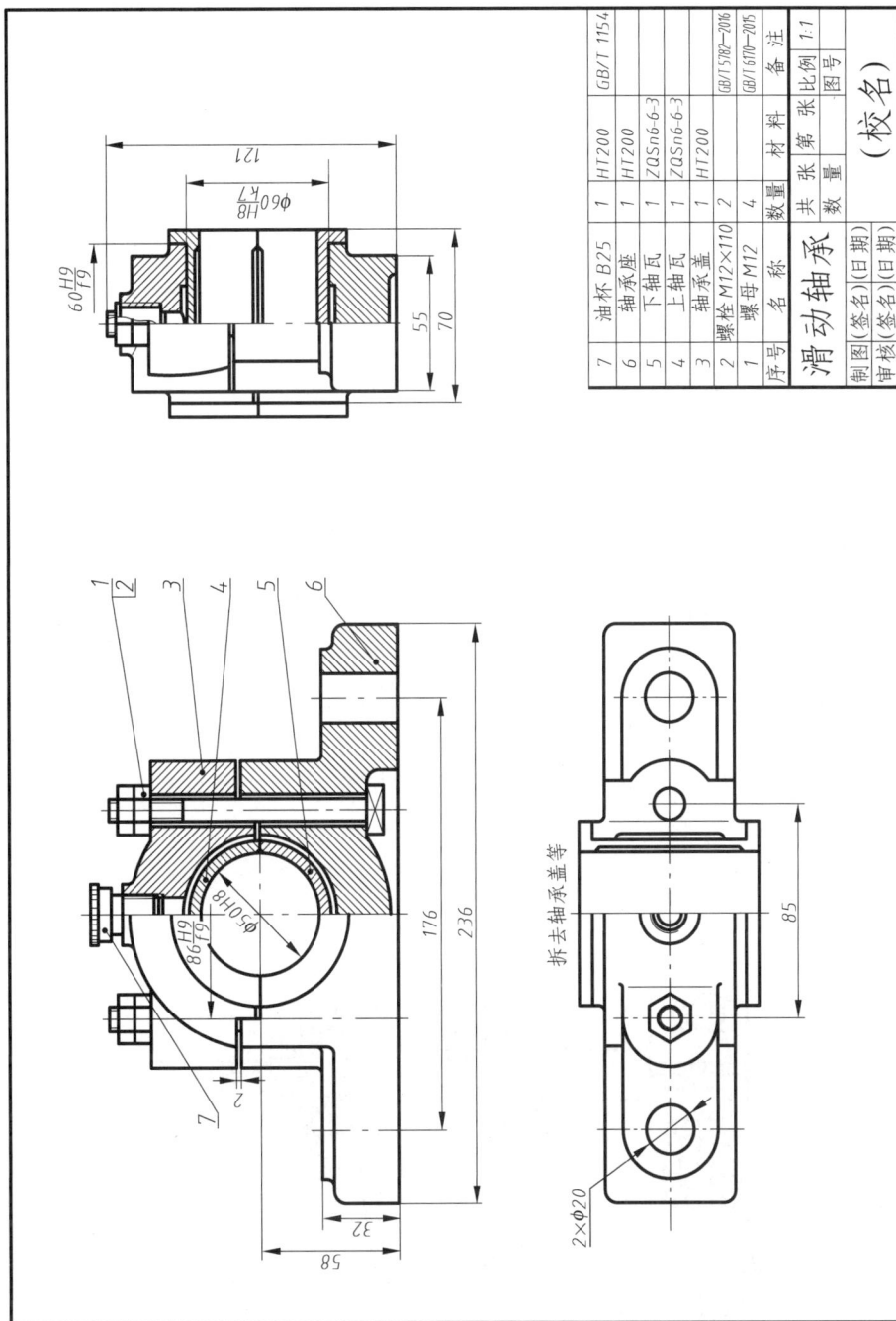

图 9-3　滑动轴承装配图

7	油杯 B25	1		GB/T 1154
6	轴承座	1	HT200	
5	下轴瓦	1	ZQSn6-6-3	
4	上轴瓦	1	ZQSn6-6-3	
3	轴承盖	1	HT200	
2	螺栓 M12×110	2		GB/T 5782—2016
1	螺母 M12	4		GB/T 6170—2015
序号	名　称	数量	材　料	备　注

制图(签名)(日期)		共张 第张数量	比例	1:1
审核(签名)(日期)	滑动轴承	数量	图号	
			（校　名）	

（2）必要的尺寸：只标注出表示机器或部件的性能、规格及装配、安装、检验时所必需的尺寸。

（3）技术要求：用文字或符号表示机器或部件的性能、装配、检验、调试等方面的要求。

（4）零件序号、标题栏、明细栏：在装配图中,按顺序对每个零件进行编号。在标题栏中,写明机器或部件的名称、比例及有关人员签名等内容。在明细栏中,依次列出零件序号、名称、数量、材料等内容。

9.2 装配图的表达方法

装配图侧重于表达机器或部件的总体结构、工作原理、零件的装配关系等内容。所以,在画装配图时,除零件图中采用的各种表达方法完全适用外,国家标准对装配图还提出了一些规定画法和特殊表达方法。

9.2.1 装配图的规定画法

（1）接触面和非接触面画法。两相邻零件的接触面和配合面只画一条线,如图 9-3 所示。当两相邻零件公称尺寸不相同时,即使间隙很小,也必须画出两条线。如图 9-3 中螺栓与轴承盖、座孔之间的间隙虽小,也必须画出两条线,表示各自的轮廓。

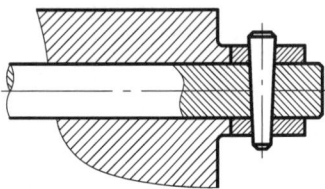

（2）剖面线画法。在剖视图中,两相邻零件剖面线倾斜方向应相反或方向一致而间隔不等,如图 9-4 所示。

图 9-4 装配图中剖面线的画法

（3）标准件及实心杆件画法。对于标准件以及轴、杆、球等实心零件,当剖切平面通过其轴线或对称中心面时,均按不剖绘制。如果需要表达其中的键槽、销孔、凹坑等,可用局部剖视表示。图 9-5 中螺栓、螺钉、销、键、轮辐均按不剖绘制。

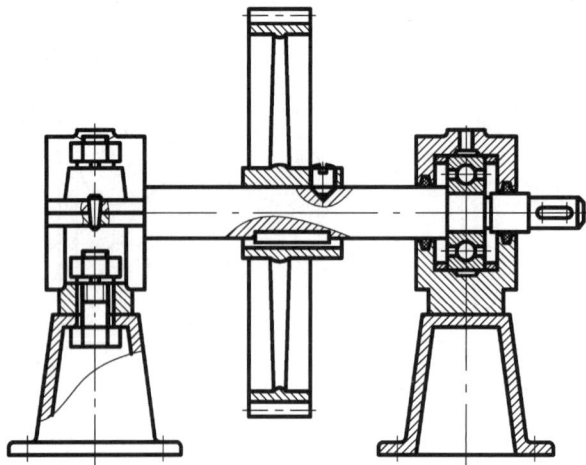

图 9-5 装配图中螺栓、键、销等的画法

9.2.2　装配图的特殊表达方法

1. 沿零件结合面剖切

在装配图中,为了表达某些内部结构,可以假想沿某两个零件的结合面进行剖切,这时,零件的结合面不画剖面线,但被横向剖切的轴、螺栓和销等要画剖面线,如图 9-6 中的右视图所示。

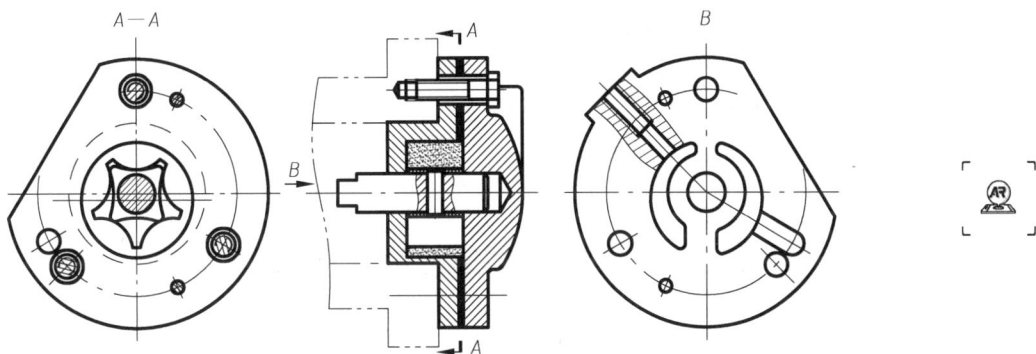

图 9-6　转子油泵装配图

2. 拆卸画法

在剖视图中,也可以拆去某个零件和与其有关的零件,以表达被上述零件遮挡部分。对拆卸画法要在视图上方加注说明,如拆去××、××等,如图 9-3 中滑动轴承俯视图就是采用了拆卸画法。

3. 单独表示某零件的画法

在装配图中,可以单独画出某一零件的视图。但必须在所画视图的上方注出该零件的视图名称,在相应视图的附近用箭头指明投射方向,并注上相同的字母,如图 9-6 中泵盖 B 向视图。

4. 假想画法

为了表示装配体中运动零件的极限位置,或需要表达与本部件有装配关系,但又不属于本部件的相邻零件时,可用双点画线画出该零件的外形轮廓,如图 9-6 和图 9-7 所示。

5. 夸大画法

在装配图中,对于薄的垫片、簧丝很细的弹簧、微小的间隙等,为了表达清楚起见,可将它们适当夸大画出。如图 9-6 转子油泵主视图中泵体与泵盖间的垫片(涂黑处),右视图中螺钉与泵体、泵盖光孔的非配合间隙,都采用了夸大画法。

6. 简化画法

(1) 在装配图中,对于若干相同的零件组,如螺纹连接件等,可仅详细地画出其中的一组或几组,其余的只需在其装配位置画出轴心线即可,如图 9-8 中的螺钉连接。

(2) 装配图中的滚动轴承经剖切后,它的一半可按滚动轴承的规定画法绘制,而另一半则可按通用画法绘制,如图 9-8 中的滚动轴承画法。

(3) 在装配图中,当剖切平面通过的某些部件为标准产品或该部件已由其他图形表示清楚时,可按不剖绘制,如图 9-3 中的油杯。

(4) 在装配图中,零件的工艺结构,如小圆角、倒角、退刀槽等可不画出,如图 9-8 所示。

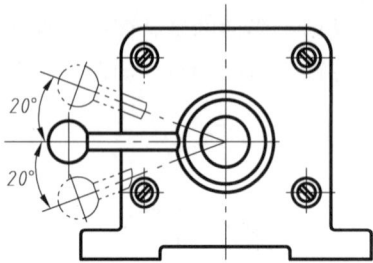

图 9-7　运动零件的极限位置

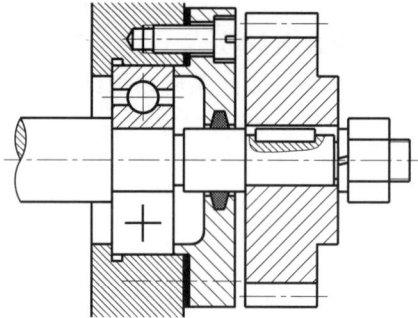

图 9-8　装配图中轴承及螺钉等的简化画法

9.3　装配图的视图选择

9.3.1　装配图的视图选择

　　装配图应着重表达机器或部件的工作原理、装配关系及各零件的主要结构形状等。在进行视图表达时,力求视图数量适当,看图方便和画图简便,选择视图的一般步骤是:

　　(1) 进行部件分析。从实物和有关资料中了解机器或部件的功用、性能和工作原理,仔细分析各零件的结构特点以及装配关系,从而明确所要表达的部件内容。

　　(2) 选择主视图。装配图应以工作位置和清楚反映主要装配关系的方向作为主视图投射方向,并应能清楚地反映部件的结构和工作原理。

　　(3) 选择其他视图。主视图确定后,还要选择适当的其他视图来补充表达主视图还没有表达清楚的结构。

　　(4) 调整表达方案。初步选定表达方案后,还要进行全面调整,对不合适的地方进行修改,使最后的表达方案能够正确、完整、清楚地表达部件的装配结构。

9.3.2　装配图的画法

1. 了解和分析装配体

　　画装配图前,必须对所画的对象有个全面的认识,下面以千斤顶装配体为例说明(见图 9-9)。

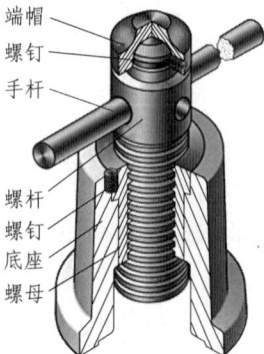

图 9-9　千斤顶装配轴测图

　　千斤顶是汽车修理或机器安装等行业常用的一种起重或顶压工具,其顶压高度不太大。在顶举重物时,旋转螺杆顶部孔中的手杆,即把螺杆从螺母中旋出,套在螺杆上面的端帽把重物顶起,螺母镶在底座里,并用紧定螺钉固定。为使端帽不随螺杆旋转,在螺杆顶部有一环形槽,螺钉端部拧进槽内,将端帽和螺杆顶部连接在一起。

2. 确定视图的表达方案

　　首先要选择主视图。如图 9-12 所示,千斤顶的主视图是按其工作位置放置的。在主视图中,可采用全剖视的形式,这样就把千斤顶的装配关系和工作原理全部反映出来了。

　　其他视图是配合主视图来表达装配体的装配关系,内、外结构及零件的主要结构形状的。对于千斤顶装配图,为了补充表达千斤顶的外形和各零件的主要结构,增加了一个俯视图,并采用了 A—A 全剖视的形式。为了详细说明螺钉连接形式,又选用了一个局部放大图。

3. 画装配图的步骤

1) 选定比例,确定图幅,合理布图

　　根据装配体大小、复杂程度和视图数量,确定画图比例及图幅大小。在确定图幅时,不仅要考虑绘制剖视图所需要的图面,还要把标题栏、零件序号、标注尺寸和注写技术要求所占的图面计算在内。先画出图框、标题栏、明细栏的外框,然后布置视图,画出各视图的主要中心线、对称线、作图基准线等,如图 9-10 所示。

2) 完成基本视图的主要部分

　　画图时,一般先画基本视图,后画非基本视图,同时要几个视图配合起来进行,并注意投影关系。画剖视图时,可沿主要装配干线由内部的实心件画起,再逐个向外画出各零件,这样,可以避免将被遮住的不可见轮廓线画上去。这种画装配图的方法是由内至外,如图 9-11 所示的主视图,可按螺杆—螺母—底座—端帽的顺序画图。也可先从较大的主要零件画起,再依次画出主要装配干线的各零件。这种画装配图的方法是由外至内的,画图的顺序为底座—螺母—螺杆—手杆—端帽,当然也可以两种方法交替使用(见图 9-11)。

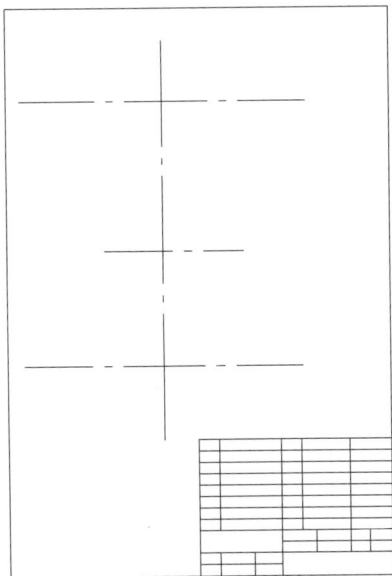

图 9-10　画千斤顶装配图基准线、标题栏及明细栏　　　　图 9-11　逐步画出千斤顶装配图

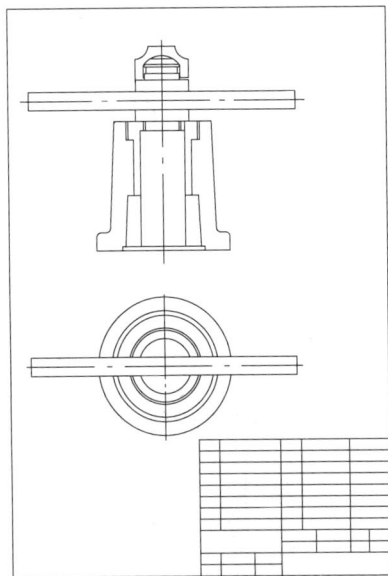

3) 画基本视图次要部分和其他视图

　　在完成基本视图主要部分的基础上,再画出次要部分。次要部分包括主视图上主要零

件的细节部分,如图 9-12 中螺杆上的倒角、圆角等。再画次要零件,如图中的两个螺钉等,
然后再画出其他视图,如该图中螺钉连接的局部放大图等。

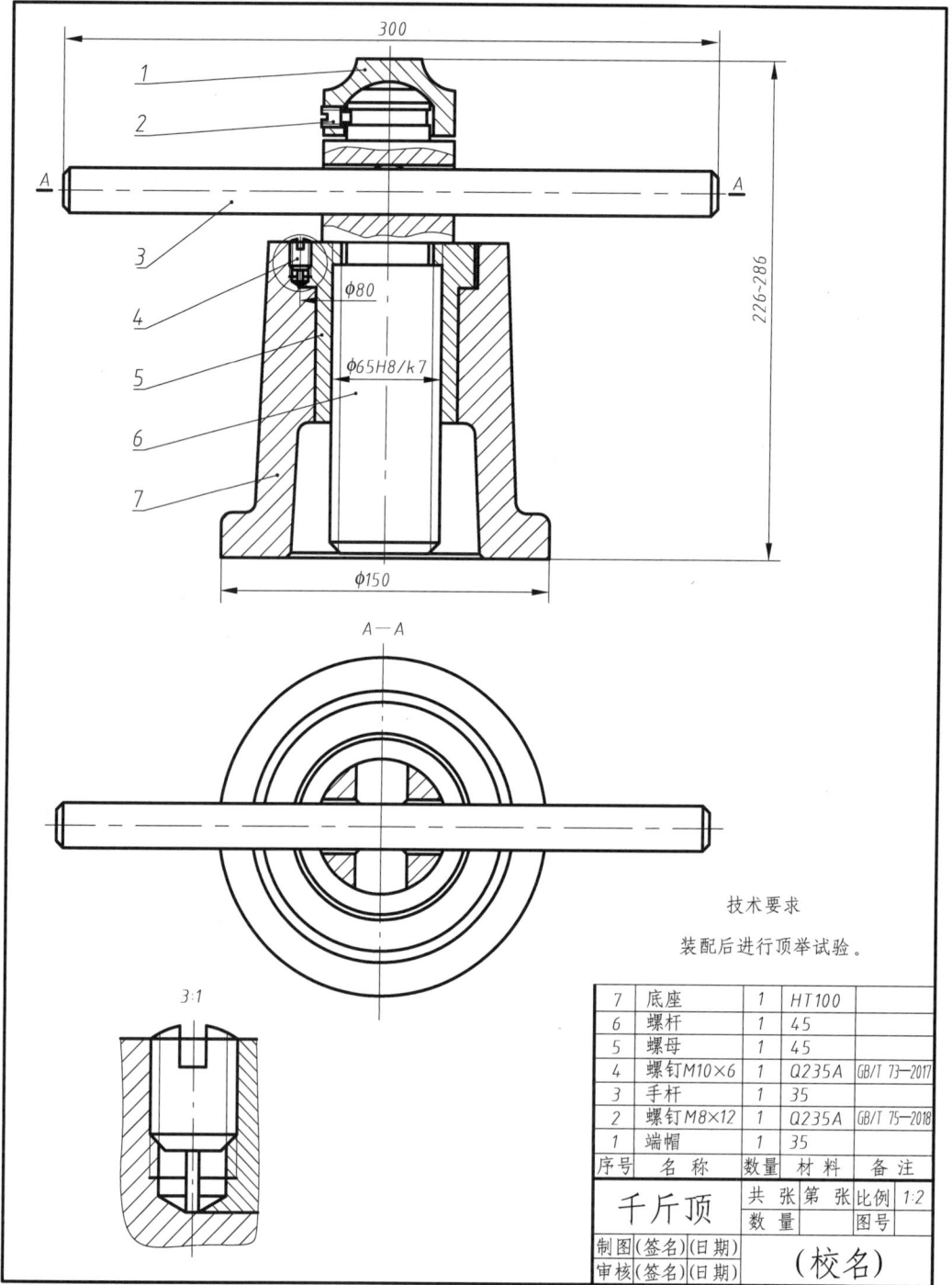

图 9-12 千斤顶装配图

4) 完成全图

底图经检查无误后,先擦去多余的图线,再标注尺寸、公差配合代号、剖面线和加深图线,编写零件序号等,最后填写技术要求和明细栏、标题栏的内容。完成的千斤顶装配图如图 9-12 所示。

9.4　装配图中的尺寸和技术要求

9.4.1　装配图中的尺寸

由于装配图不直接用于零件的制造生产,因此不需要注出每个零件的全部尺寸,而只需注出与部件性能、装配、安装等有关的尺寸。

(1) 规格、性能尺寸。它是表示机器或部件的性能、规格和特征的有关尺寸。这类尺寸在设计时就已确定了,是设计、了解、选用机器的依据。如图 9-3 中滑动轴承的轴瓦内径为 $\phi 50H8$,即是滑动轴承的性能尺寸。

(2) 装配尺寸。装配尺寸主要有:① 配合尺寸,即零件之间有配合要求的尺寸,如图 9-3 中的 $\phi 60H8/k7$、$60H9/f9$ 等;② 相对位置尺寸,表示装配时需要保证零件之间比较重要的距离、间隙、两齿轮的中心距离等尺寸,如图 9-3 中的中心高 58;③ 装配时加工尺寸,有些零件需要装配后才能进行加工,如定位销孔需要注上"配作"等字样。

(3) 安装尺寸。表示将机器或部件安装在地基上或与其他部件相连接时所需要的尺寸,如图 9-3 滑动轴承中底座两孔中心距 176 及孔径 $\phi 20$。

(4) 外形尺寸。表示机器或部件的外形轮廓尺寸,即总长、总宽、总高。它是机器包装、运输、安装和厂房设计所需要的尺寸,如图 9-3 中的 236、70、121,即总体尺寸。

(5) 其他重要尺寸。是在设计中经过计算或选定的,但又未包括在上述 5 类尺寸中的重要尺寸。

必须指出:并不是每一张装配图都具有上述 5 类尺寸,有时某些尺寸兼有几种意义。

9.4.2　装配图中的技术要求

包括装配要求、试验和检验要求、使用要求等,可写在标题栏的上方或图纸下方的空白处。

9.5　装配图中的零(部)件序号和明细栏

为了便于看图、图样管理,对装配图中各种零、部件都必须进行编号,并在明细栏中列出各零件的名称、数量、材料等内容。

9.5.1　零、部件序号及编排方法

装配图中所有的零、部件都必须编写序号,所编序号应与明细栏中的序号一致。

1. 序号的组成

装配图中的序号由横线(或圆圈)、指引线、圆点和序号数字组成,如图 9-13 所示。指引

线应自零件的可见轮廓线内引出，并在末端画一圆点，在指引线的另一端横线上（或圆内）填写零件的序号，其中指引线和横线均用细实线画出。指引线不要画成与剖面线平行，也不要画成水平线或垂直线，以免与轮廓线平行，指引线之间不要相交，但允许弯折一次。序号数字要比装配图中的尺寸数字大一号或大两号，如图 9-13 所示。

2. 序号的编写

每种不同的零件编写一个序号，规格相同的零件只编写一个序号。标准化组件，如油杯、滚动轴承、电动机等，可看作一个整体，只编注一个序号。

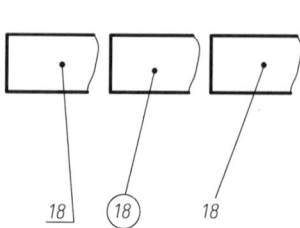

图 9-13　零件序号的编排形式

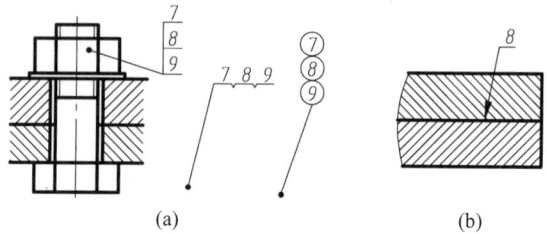

图 9-14　指引线画法

3. 序号的排列

零件的序号应沿水平或垂直方向，按顺时针或逆时针方向排列，并尽量使序号间隙相等，如图 9-3 所示。

4. 零件的序号

对连接件组或装配关系清楚的零件组，允许采用公共引线，如图 9-14（a）所示。如果指引线所指部位不便画圆点时（很薄的零件或涂黑的剖面），可在指引线末端画出箭头，并指向该部位的轮廓线，如图 9-14（b）所示。

9.5.2　明细栏

明细栏是装配图中全部零件的详细目录，如图 9-15 所示。明细栏应画在标题栏的上方，如果上方位置不够也可画在标题栏的左边。明细栏外框线为粗实线，其余线为细实线。在明细栏中，零、部件序号应按自下而上的顺序填写。标准件规格参数等写在零件名称之后，标准件的国标号填写在备注栏内。

图 9-15　装配图中明细栏和标题栏格式

9.6　常用装配结构

在绘制装配图的过程中,应考虑部件装配结构的合理性,以保证部件的装配质量和性能。

两零件接触时,在同一方向上只应有一组接触面,如图 9-16 所示。这样既可保证接触面良好接触,又便于零件加工。

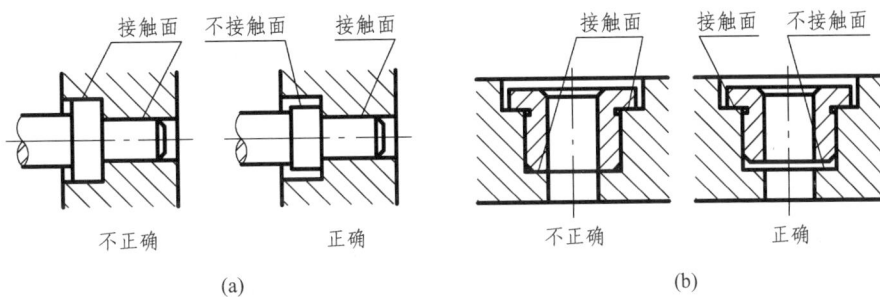

图 9-16　两零件间的接触面

两个零件间如有两个垂直的表面同时接触,则应在其转角处制出倒角、凹槽或倒圆,如图 9-17 所示。零件的结构形状要考虑维修拆卸方便,如图 9-18 所示的滚动轴承安装在箱体轴承孔中及轴上的情况。如图中"不正确"所示的那样,将无法拆卸,如果改成图中"正确"的形式,就很容易地将轴承顶出。

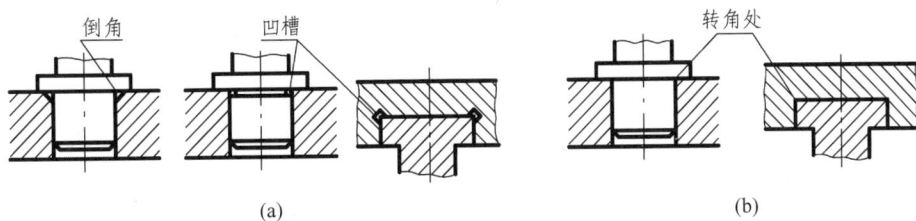

图 9-17　接触面转角处的结构
(a) 正确；(b) 不正确

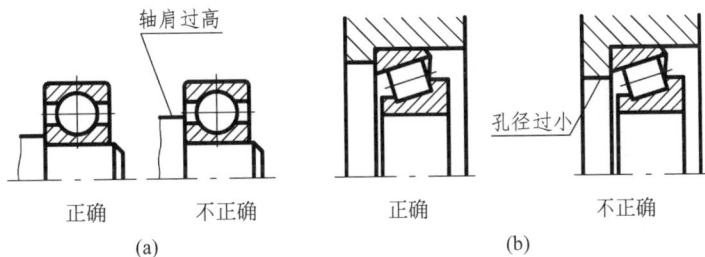

图 9-18　装配结构要便于拆卸

9.7　读装配图和由装配图拆画零件图

在生产、使用、维修、管理和技术交流过程中,都会遇到读装配图的问题,在设计工作中,还需要在读懂装配图的基础上拆画零件图。所以必须掌握读装配图以及从中拆画零件图的基本方法。

9.7.1　读装配图

(1) 从标题栏中了解部件的名称、用途、图样比例;由明细栏中了解零件名称、数量、材料及部件的复杂程度。

如图 9-19 所示的部件是阀。阀装在管路系统中,用以控制管路的"通"与"断"。绘图比例为 1∶1,该阀有 7 种零件,是比较简单的部件。

(2) 分析各个视图的名称、表达方法,剖切平面的位置,分析主视图的表达意图,弄清各视图间的投影关系,为深入读图作准备。

图 9-19 所示阀的装配图是由 3 个基本视图和 1 个 B 向局部视图构成。主视图采用了通过阀前后对称中心面(即主轴线)的全剖视,清楚地表达了装配主干线上所有零件间的装配关系。同时有利于分析阀的工作原理。因为阀的装配主干线在主视图上已表达清楚,俯视图采用了 A—A 全剖视图,以突出表达底座和 A—A 断面的形状及 ϕ12 光孔的位置。左视图表达了阀体 3、管接头 6、旋塞 7 的形状。利用 B 向局部视图,清楚地表达了塞子 2 的六角形状,节省了一个右视图。

(3) 分析工作原理及零件间的装配关系。参考有关资料及装配图中序号、明细栏,找出主要零件,并从主视图入手,联系其他视图和图中尺寸、配合代号等,分析主装配干线的各零件的作用、结构特点以及与零件间的配合关系、连接方式和运动零件的传动情况,弄清部件的工作原理及零件间的装配关系。如图 9-19 所示的阀的装配图,它们的装配关系是:左侧将钢珠 4、压簧 5 依次装入管接头 6 中,然后将旋塞 7 拧入管接头,再将杆 1 放入塞子 2 内,并拧入阀体右侧 M30×1.5 的螺纹孔中。工作原理是:当杆 1 受外力作用向左移动时,钢珠 4 压缩压簧 5,阀门被打开,当去掉外力时钢珠在弹簧力的作用下,将阀门关闭。旋塞可调整压簧推动钢珠力的大小。

9.7.2　由装配图拆画零件图

在设计过程中,需要由装配图拆画零件图,简称拆图。拆图应在全面读懂装配图的基础上进行,拆图过程也是继续设计零件的过程。

1. 拆画零件图的步骤

(1) 看懂装配图。
(2) 将要拆画的零件结构形状分析清楚。
(3) 根据零件的结构形状及在装配图中的工作位置,确定视图表达方案。
(4) 根据选定的视图表达方案画出零件图。

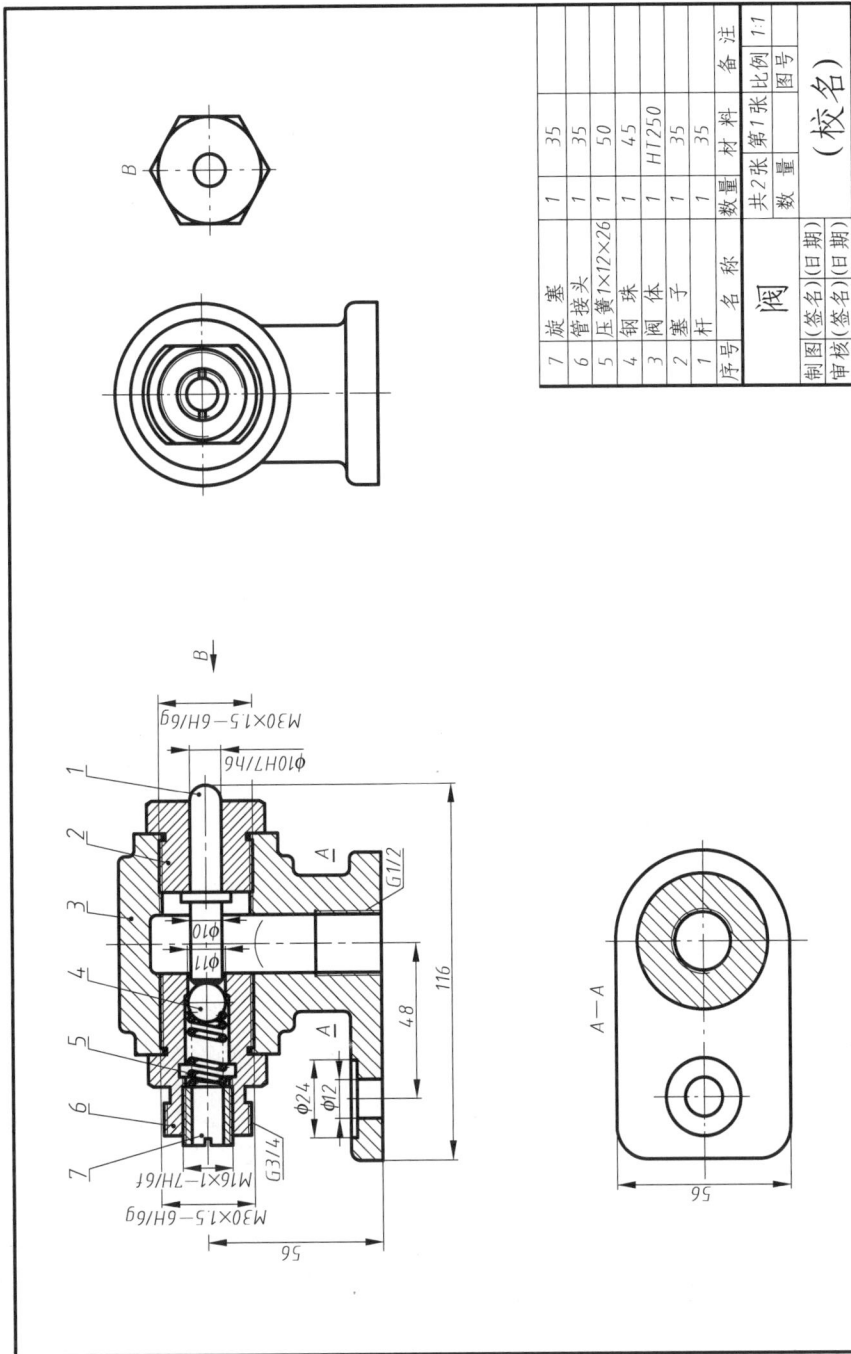

图 9-19 阀装配图

7	旋塞头	1	35	
6	管接头	1	35	
5	压簧1×12×26	1	50	
4	钢珠	1	45	
3	阀体	1	HT250	
2	塞子	1	35	
1	杆	1	35	
序号	名 称	数量	材 料	备 注

阀 共2张 第1张 比例 1:1 图号

（校名）

制图（签名）(日期)
审核（签名)(日期)

2. 应注意的问题

（1）装配图主要表达零件间的装配关系及部件的工作原理，而对一些结构较复杂的零件，形状往往表达不清楚、不完全，如图 9-20（a）所示为管接头在装配图主视图中的可见部分。在拆画这类零件时，要根据其功用和装配关系，将零件的结构构思完整，原则上尽量使其结构简单、可靠。

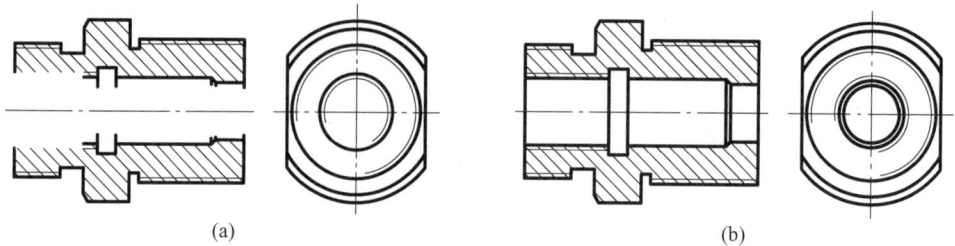

图 9-20　从阀装配图中分离出的管接头的投影图

（2）在装配图中，零件的工艺结构，如倒角、圆角、退刀槽等，往往省略不画，在拆画零件图时，要将其补充完整。

（3）零件图的表达方案，不应从原装配图中简单抄画，而应从零件结构形状出发重新考虑。

（4）装配图中，零件的尺寸不完整。拆画零件图时，装配图中已有的尺寸，必须照抄保持一致。其他尺寸可由装配图按比例大小量取，并与相邻零件连接和装配关系一致。对于标准结构，如倒角、圆角、退刀槽、键槽等，应根据有关标准查阅其数值。

（5）标注技术要求，如表面粗糙度、尺寸公差、形状和位置公差等，要根据装配图所示该零件在机器中的功用，与其他零件的相互装配关系，并结合已掌握的工艺知识而定。

如从图 9-19 阀的装配图中，拆画管接头 6。管接头 6 是回转体，在阀的装配图中，恰好反映其回转体的结构特征，且符合工作位置，因而即以它作为管接头的主视图，并采用了全剖视图，以表达内孔中螺纹、凹坑等结构形状。管接头的其他视图也可参考阀装配图的表达方案选取。为表达安装方便而加工的两个平面，采用了左视图。其表达方案如图 9-20（b）所示。

9.8　零件测绘和部件测绘

零件测绘就是依据零件，进行尺寸测量，画出零件草图，再整理成零件图，是仿制、修配机器常做的工作。

1. 零件测绘的一般过程

（1）了解和分析零件：了解零件的名称、材料及在部件中的作用，从而确定表达方案。

（2）画零件草图：根据已定方案，徒手绘制零件草图。

（3）测绘尺寸：根据尺寸标注原则，测绘并标注全部尺寸。

2. 画零件草图及零件图的要求和步骤

零件草图是零件的真实记录，是绘制零件图的依据，因此要求认真绘制零件草图。

（1）绘制草图的要求：视图正确，表达完整，尺寸齐全。

（2）绘制草图的方法步骤：①选图幅，定比例，画出各视图的基准线（见图 9-21（a））；②画出零件草图；③根据画出的零件草图整理成零件图。标注尺寸、技术要求，填写标题栏等(见图 9-21(b))。

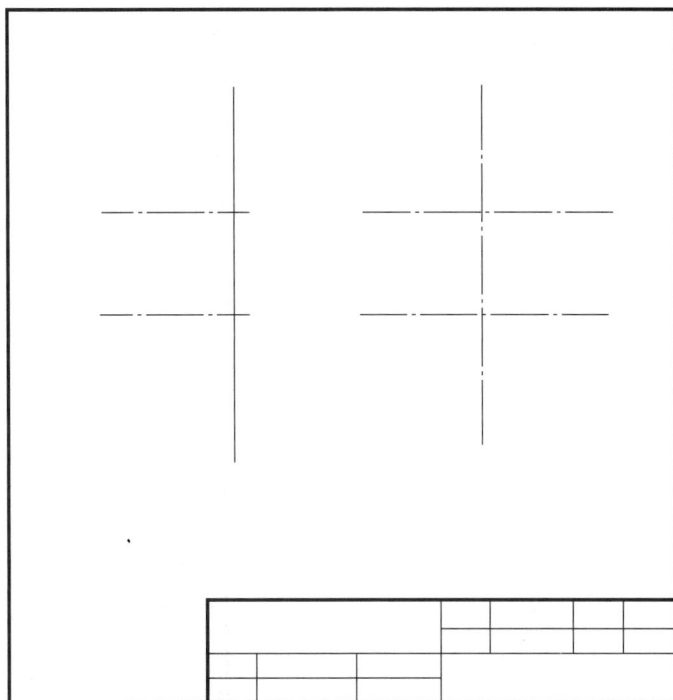

(a)

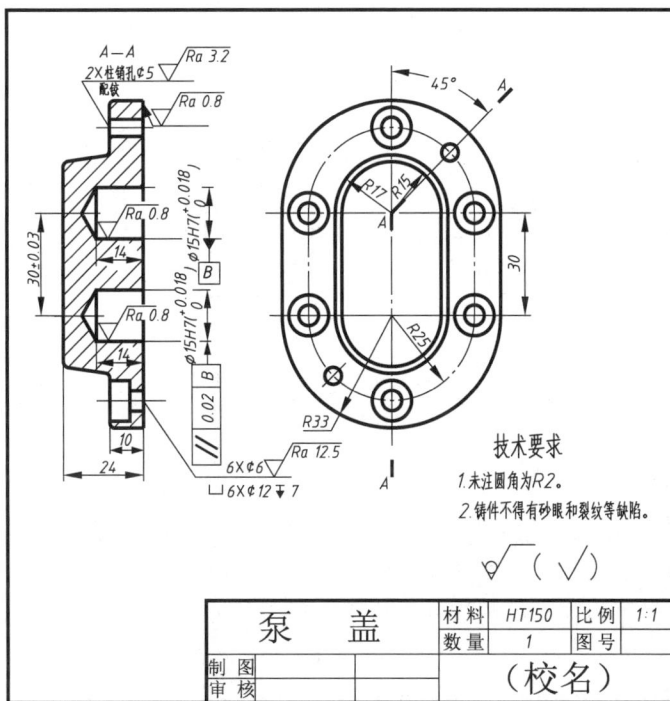

(b)

图 9-21　画零件草图及零件图的步骤

3．测量工具及图例

测量尺寸是测绘工作的重要内容，一定要做到：测量基准合理，使用工具适当，测量方法正确，测量结果准确。常用的尺寸测量方法如图 9-22～图 9-24 所示。

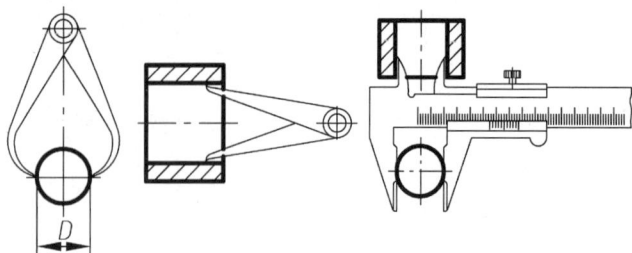

图 9-22　直接测量轴、孔直径

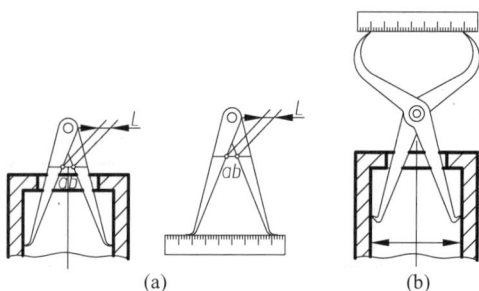

(a)　　　　　　　　(b)

图 9-23　间接测量孔直径

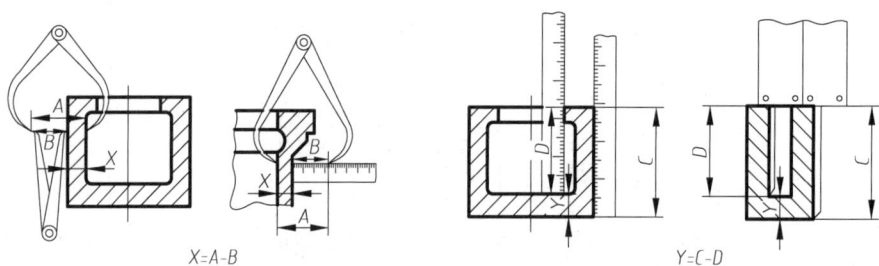

X=A-B　　　　　　　　Y=C-D

图 9-24　测量壁厚

9.8.1　部件测绘步骤

部件测绘就是根据现成的部件，通过拆卸画出装配示意图，通过测量零件绘制零件草图，根据草图绘制装配图和零件图的全过程。部件测绘是一项重要的技术工作，它既能为产品仿制提供图样，又可为新产品设计提供技术资料。

1．分析测绘对象

对测绘的部件进行分析研究，以求对该部件的性能、工作原理、结构特点、零件之间的装配关系和连接方式等有所了解。现以齿轮油泵为例，简要说明。齿轮油泵是机器润滑系统的供油泵，用以输送润滑油。它由泵体、泵盖、传动齿轮轴、齿轮轴、密封零件及标准件组成，齿轮油泵装配轴测图如图 9-25 所示。

　　齿轮油泵的工作原理如图 9-26 所示。泵体两侧各有一个管螺纹的螺孔,一个是吸油口,一个是压油口。当主动齿轮轴旋转时,在吸油口处两啮合的轮齿逐渐脱开,齿间空腔逐渐增大,形成负压,于是油被吸入齿间;随着齿轮的旋转,油被带到压油口处,该处两齿轮逐渐啮合,齿间空隙由大变小,油压逐渐变大,将油从压油口压入输油管,送往各润滑管路中。

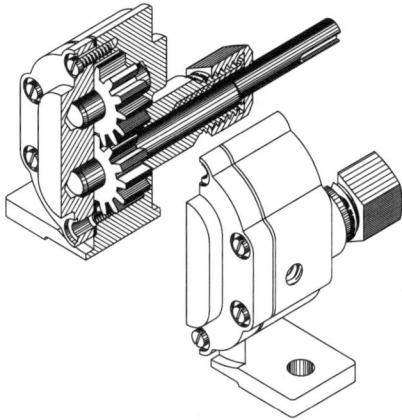

图 9-25　齿轮泵装配轴测图　　　　　　　　　图 9-26　齿轮油泵工作原理图

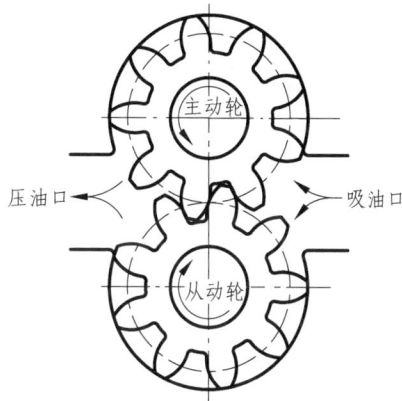

2. 部件测绘步骤

　　(1) 拆卸零件。在画零件草图之前,要将部件拆卸成零件。在拆卸之前,要制订出拆卸方案,并利用一定的方法,按顺序拆卸零件。

　　(2) 画部件装配示意图。部件装配示意图要求用简明的线条,示意的画出各零件之间的装配关系及大致的轮廓如图 9-27 所示。可先画出泵体、从动齿轮轴、主动齿轮轴,然后画泵盖等其他零件。在装配示意图中,要对每个零件标上序号及名称,明细栏中序号的编排要与装配图中尽量一致。

　　(3) 画零件草图。将部件拆卸成零件之后,要画出各零件草图。

　　(4) 画部件装配图。画出全部零件草图之后(标准件除外),可根据装配示意图(见图 9-27),画出部件装配图。图 9-28 所示是齿轮油泵的装配图。其中,主视图是按工作位置选择的,并采用了全剖视。在主视图中,可以清楚地表达主动齿轮轴、从动齿轮轴与泵体的装配关系及填料、压盖、压盖螺母与主动齿轮轴外伸端的装配关系;还表达了泵盖与泵体用螺钉连接的情况;同时各零件的结构形状也表达的比较清楚。从标注的尺寸中可以知道两轴的中心距离及各配合零件之间的配合关系。左视图采用了局部剖视,从中可以清楚看出泵盖、泵体的形状及泵盖上 6 个螺钉的分布情况;还可清楚地表达两齿轮啮合情况及吸、压油口和地脚孔的形状、大小和位置。在画装配图中,还可以发现零件草图中的问题,要及时进行修改。

　　(5) 画零件图。最后,根据装配图及零件草图,用绘图工具或计算机画出全部零件图,如图 9-29 所示泵体零件图。也可将零件图(计算机绘制)做成图块插入画装配图,但要注意消隐正确。

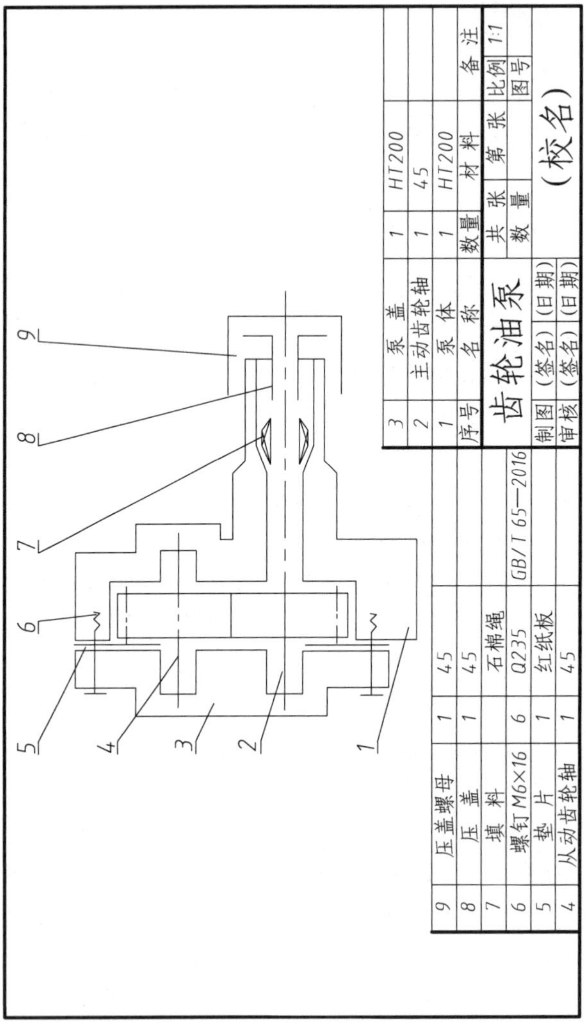
1
2
3
4
5
6
7
8
9
9 压盖螺母 1 45
8 压盖 1 45
7 填料 石棉绳
6 螺钉M6×16 6 Q235 GB/T 65—2016
5 垫片 1 红纸板
4 从动齿轮轴 1 45
3 泵盖 1 HT200
2 主动齿轮轴 1 45
1 泵体 1 HT200
序号 名称 数量 材料 备注
齿轮油泵
共 张 第 张 比例 1:1
数量 图号
制图 (签名) (日期)
审核 (签名) (日期)
(校名)

图 9-27　齿轮油泵装配示意图

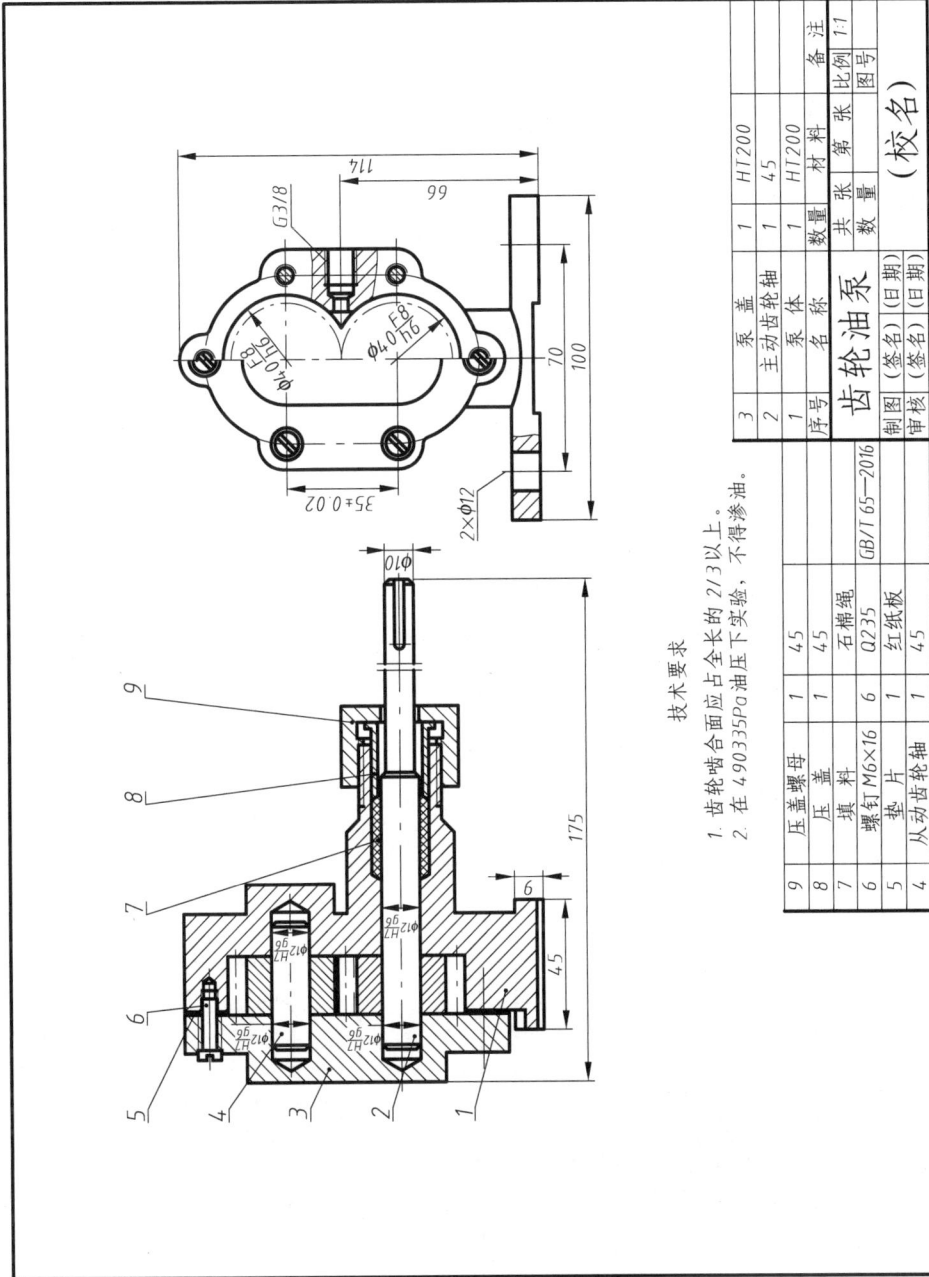

技术要求

1. 齿轮啮合面应占全长的 2/3 以上。
2. 在 49035Pa 油压下实验，不得渗油。

9	压盖螺母	1	45		
8	压盖	1	45		
7	填料		石棉绳		
6	螺钉 M6×16	6	Q235	GB/T 65—2016	
5	垫片	1	红纸板		
4	从动齿轮轴	1	45		
3	泵盖	1	HT200		
2	主动齿轮轴	1	45		
1	泵体	1	HT200		
序号	名称	数量	材料		备注

共 张　第 张　比例 1:1　图号

齿轮油泵

| 制图 | (签名) | (日期) |
| 审核 | (签名) | (日期) |

（校名）

图 9-28　齿轮油泵装配图

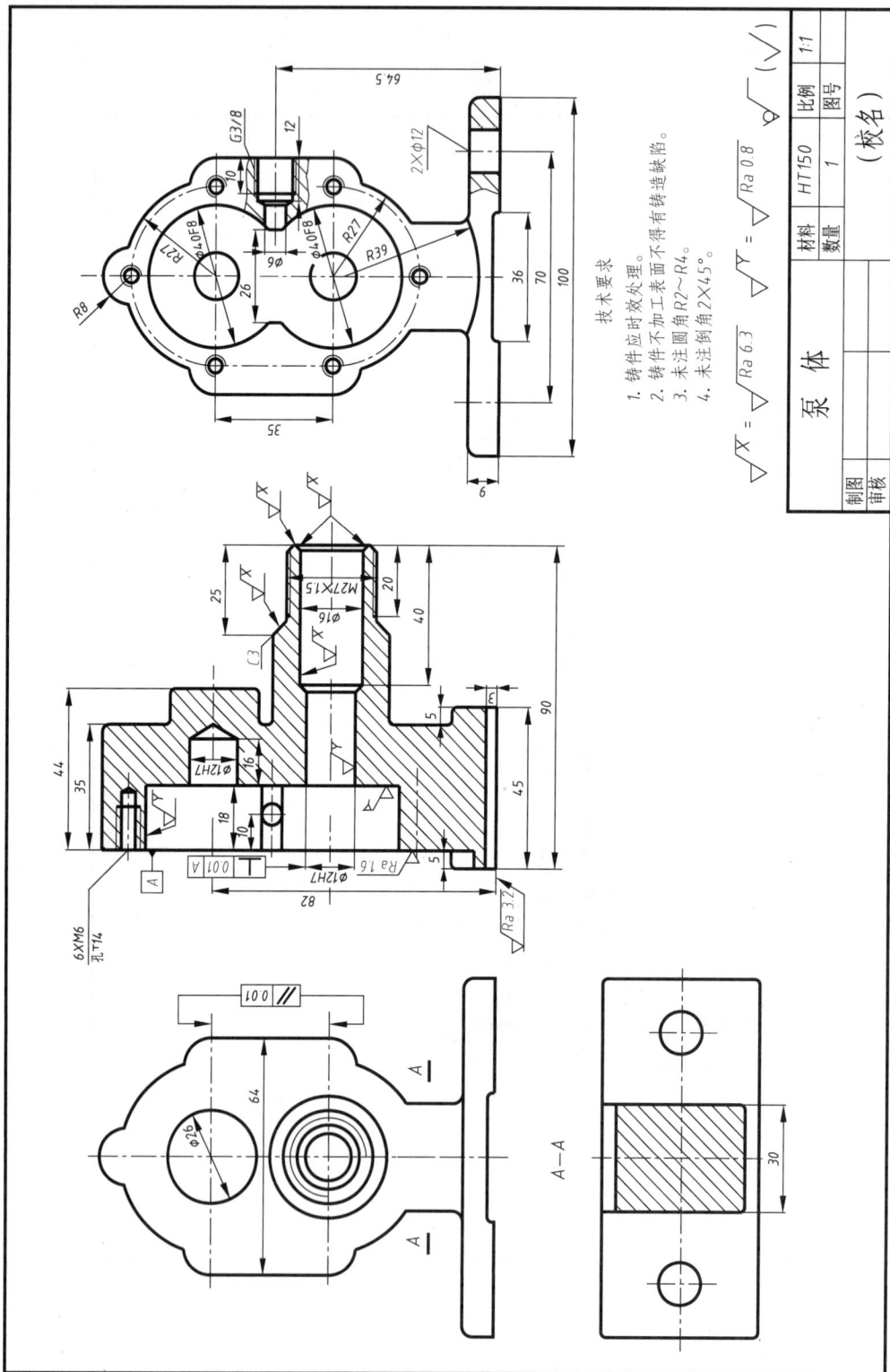

技术要求

1. 铸件应时效处理。
2. 铸件不加工表面不得有铸造缺陷。
3. 未注圆角 R2~R4。
4. 未注倒角 2×45°。

图 9-29　泵体零件图

第 10 章　计算机绘图

计算机绘图是应用计算机及图形输入、输出设备，实现图形的绘制、显示和输出的应用技术。与传统的手工绘图相比，计算机绘图具有绘图速度快、精度高；便于产品信息的保存和修改；设计过程直观，便于人机对话；缩短设计周期，减轻劳动强度等优点。计算机绘图在航空、机械、建筑、船舶、服装等行业得到了普及和应用。

计算机二维绘图软件有很多种，国内主要有中望 CAD、CAXA 电子图板和浩辰 CAD 等，国外的相关软件也有很多，但用得最多的是 AutoCAD 软件。本章主要介绍 AutoCAD 2024 系统的主要绘图、编辑、显示控制、绘图环境设置、文字与尺寸的标注等基本功能。

10.1　AutoCAD 2024 基本知识

10.1.1　AutoCAD 2024 的用户界面和绘图环境设置

用户界面是交互式绘图软件与用户进行信息交流的中介。系统通过界面反映当前信息状态或将要执行的操作，用户按照界面提供的信息进行判断，输入下一步的操作。因此用户界面被称作"人机对话窗口"。

AutoCAD 2024 的用户界面如图 10-1 所示。它主要由标题栏、菜单栏、快速访问工具栏、功能区、工具栏、命令提示行、绘图区，以及状态栏等组成。下面分别介绍这些组成部分的基本功能。

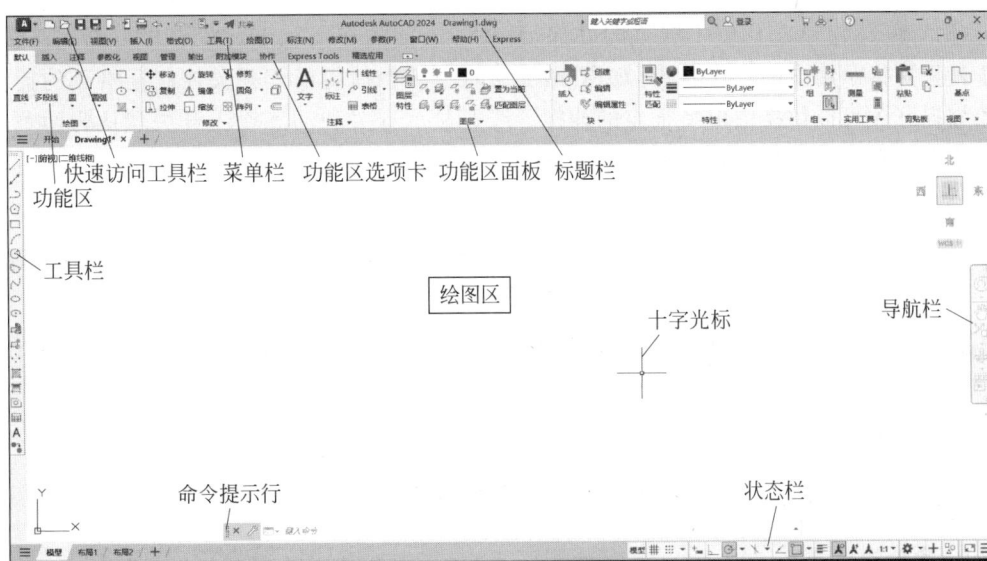

图 10-1　AutoCAD 2024 工作界面

（1）标题栏：位于主界面的最上方中间位置,显示当前正在运行的软件名和文件名。

（2）菜单栏：初始默认的操作界面隐藏了菜单栏,用户可单击快速访问工具栏右侧的
▾ 按钮,在下拉列表中选择"显示菜单栏"将菜单栏调出。菜单栏中有 12 个菜单项。这些
菜单项包含了 AutoCAD 中绝大部分的命令。用鼠标选取某一菜单项,即弹出该项目下的
下拉菜单,下拉菜单中包含了一系列的命令和选项,单击其中的条目即可触发相应的操作命
令;右边有黑色小三角的菜单项表示还有下一级子菜单,必须选择子菜单项中的命令,命令
才可以执行;右边有"…"的菜单项,表示单击该项后将弹出一个对话框,与该命令有关的参
数设置将在对话框中进行。

（3）快速访问工具栏：位于主界面的最上方左侧位置,用于显示经常使用的工具,如
"新建""打开""保存""另存为"等。

（4）功能区：功能区由一系列选项卡组成,这些选项卡被组织到面板,其中包含很多工
具栏中可用的工具和控件。

（5）工具栏：工具栏默认也处于隐藏状态,可选择菜单栏中的"工具"→"工具栏"→
"AutoCAD"的下级子菜单中的具体选项,调出工具栏。例如图 10-1 中调出的是"绘图"工
具栏,其中包含了各种绘图工具按钮。单击各图标按钮,会执行相应的命令。将鼠标放在已
经调出的工具栏上右击鼠标,可以快速地选择其他想要调出的工具栏。

（6）命令提示行：在绘图区的下方是命令行操作和提示的区域,用户键入的命令、数据
以及 AutoCAD 发出的提示信息就显示在这个区域。按 F2 键可以弹出一个比较大的文本
窗口,用以显示前面所输入的命令。

（7）绘图区：屏幕中央最大的窗口区域是绘图区。该区域是绘制和显示图形的地方。
窗口左上角显示当前绘图文件名称。绘图区的左下角有一坐标系图标,它表示当前所使用
的坐标系的类型和方向。使用窗口右边和下边的滚动条可使窗口内的图形上下和左右
移动。

（8）状态栏：状态栏位于屏幕的底部,反映了当前的作图状态。状态栏右侧一排按钮
用于设置并指示用户的工作状态,如图 10-2 所示。其中捕捉模式开关控制栅格点的捕捉,
对象捕捉开关可以切换图形特征点的捕捉。线宽显示开关和动态输入开关默认为隐藏,可
通过单击最右侧状态栏自定义按钮勾选相应的选项将其调出。建议绘图时将"极轴追踪"
"对象捕捉""对象捕捉追踪"和"线宽"等工具全激活。

图 10-2 状态栏

10.1.2 AutoCAD 2024 命令及参数的输入方法

1. 命令的输入

AutoCAD 2024 中命令的输入方式主要有以下几种：

(1) 在命令行中输入 AutoCAD 命令的全名或快捷命令。如绘制直线可输入命令全名 LINE 或快捷命令 L,并按回车键或鼠标右键;

(2) 用鼠标左键单击功能区中的相应图标;

(3) 用鼠标左键单击工具栏中的相应图标;

(4) 用鼠标左键点取下拉菜单中的菜单项;

(5) 重复上一次的命令可以直接按回车键或按空格键。

2．数据的输入方法

执行 AutoCAD 命令时,都需要输入必需的数据,常用的数据有点坐标(例如线段的端点、圆心)、数值(例如直径、半径、长度等)。数据的输入可用绝对坐标值,也可用相对坐标值。

1) 绝对坐标

(1) 直角坐标方式：直接输入点的 x,y 坐标值,各坐标用逗号分开。

(2) 极坐标方式：以当前坐标系原点到新点的距离及这两点连线与 X 轴正方向的夹角来确定新点的位置。格式：距离<角度。例如要输入一个相对坐标原点距离为 50,与 X 轴正方向夹角为 60°的点,只要在输入坐标点的提示下输入 50<60 即可。由于绝对极坐标都是以坐标原点为参照点,因此实际绘图时很少使用。

注意：在 AutoCAD 2024 版本中,使用绝对坐标输入时,必须将状态栏中的动态输入 ⊹ 关闭。

2) 相对坐标

相对坐标是指相对于前一点的坐标。相对坐标也分为直角坐标方式和极坐标方式,输入格式与绝对坐标方式相同,只是在坐标值前加上相对坐标的符号@。

例如,要输入一个距离当前点 x 坐标值为 50、y 坐标值为 30 的点,输入以下字符：@50,30。要输入一个与当前点距离为 50,连线与 X 轴正方向夹角为 60°的点,输入以下字符：@50<60。

注意：在 AutoCAD 2024 版本中,激活动态输入工具时,输入的参数都是相对坐标,不用再加@符号。例如,状态栏动态输入激活,输入直线命令,此时命令提示行提示指定第一点的坐标,光标附近如图 10-3 所示,在光标旁边两个矩形框中分别输入的 x 坐标和 y 坐标都是相对坐标,可以直接输入。

指定第一个点　113.9202　96.0985

图 10-3　动态输入数据

3．鼠标的操作

用 AutoCAD 绘图时,鼠标是主要的命令输入及操作工具。选择菜单命令及工具条上的图标工具、设置状态开关开启或关闭、确定屏幕上点的位置、选择操作对象等,均通过单击鼠标左键完成。后文如果说"用鼠标单击"均指使用鼠标左键单击。查询对象属性、确认选择结束、弹出屏幕对话框或快捷菜单、设置状态参数等,则通过单击鼠标右键完成。同时,滑动鼠标滚轮可实现绘图区中图形的实时缩放;按压住鼠标滚轮再移动鼠标,则可实现绘图区中图形的平移。

10.1.3 图形文件的创建与存储

1. 新建文件

命令行：NEW

菜单栏："文件"→"新建"

工具栏或功能区：▢

在启动新文件时，会弹出如图 10-4 所示的"选择样板"对话框，在列表框中选择具体的样本文件，然后单击"打开"按钮即可完成图形文件的创建。

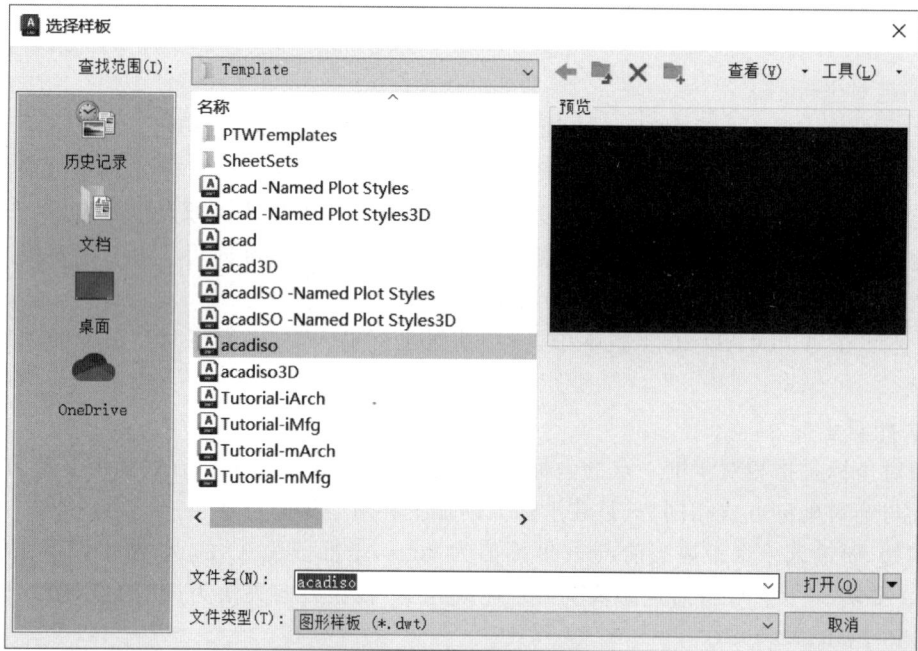

图 10-4　"选择样板"对话框

2. 打开文件

命令行：OPEN

菜单栏："文件"→"打开"

工具栏或功能区：▷

执行打开文件命令后会弹出"选择文件"对话框，在对话框中选择需要打开的文件，然后单击"打开"按钮，即可完成打开文件的操作。

3. 保存和另存文件

1) 保存文件

命令行：QSAVE

菜单栏："文件"→"保存"

工具栏或功能区：▣

2) 另存文件

命令行：SAVEAS

菜单栏："文件"→"另存为"

工具栏或功能区： 🖫

10.1.4　绘图环境的设置

1. 设置个性化绘图环境

绘图之前,用户可以根据自己的习惯设置绘图环境,比如绘图区背景颜色、保存 CAD 文件时采用哪种版本、十字光标的大小、自动捕捉标记的大小等。绘图环境的设置可以通过图 10-5 所示的选项窗口的对应选项进行调整。调出该窗口的方法有两种,一种是使用菜单栏的"工具"→"选项"调出;另一种是将鼠标放在绘图区右击,在弹出的快捷菜单中选择最下方的"选项"菜单即可。如果要修改绘图区背景颜色,可以单击图 10-5 中"显示"选项中的"颜色"按钮进行设置。

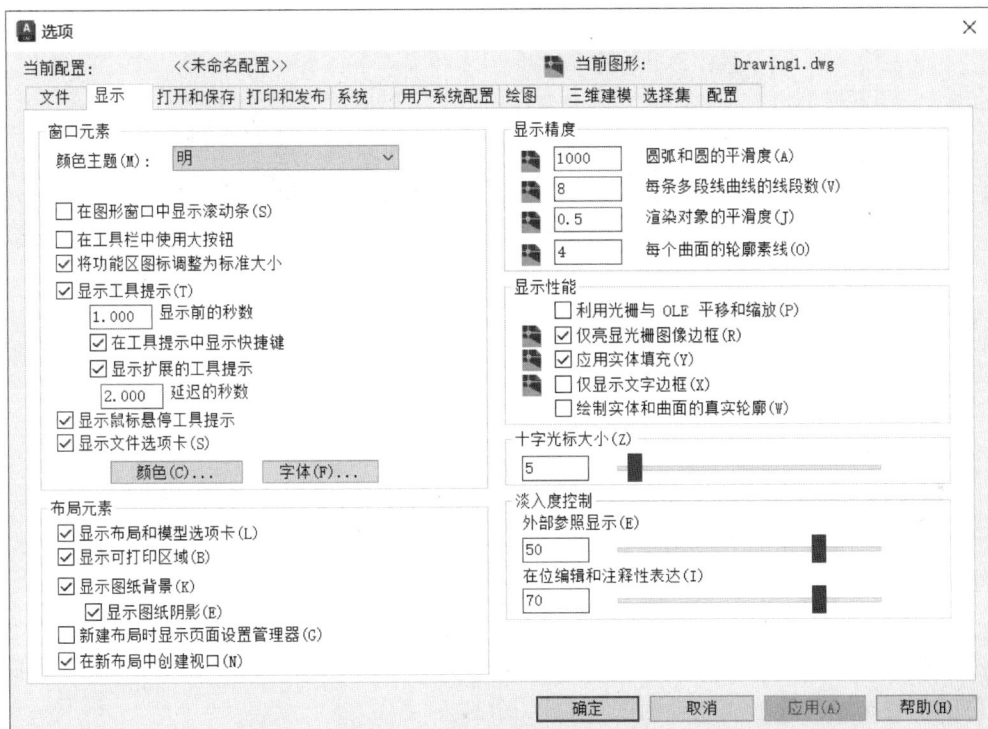

图 10-5　绘图环境设置选项窗口

2. 设置绘图界限

绘图界限即绘图的工作区域,它的大小取决于图形界限的范围,图形界限的范围同时可以控制栅格的显示范围。例如设置 A4 纸,那么左下角的坐标为(0,0),右上角的坐标为(210,297)。

图形界限的命令为"LIMITS",菜单栏为"格式"→"图形界限"。

3. 设置绘图单位

在 AutoCAD 中,图形的实体是用坐标点来确定其位置的,而坐标是以图形单位作为度量单位的。在屏幕上两个坐标点(1,1)和(1,2)之间所绘直线的长度,就是一个图形单位。

图形单位是个抽象的长度单位，它可以代表毫米或英寸等。AutoCAD 系统默认的图形单位是毫米。

　　绘图单位设置命令为"UNITS"，菜单栏为"格式"→"单位"。执行命令后弹出如图 10-6 所示的"图形单位"设置对话框。在该对话框中可以根据自己的需要对长度、角度的单位进行设置。

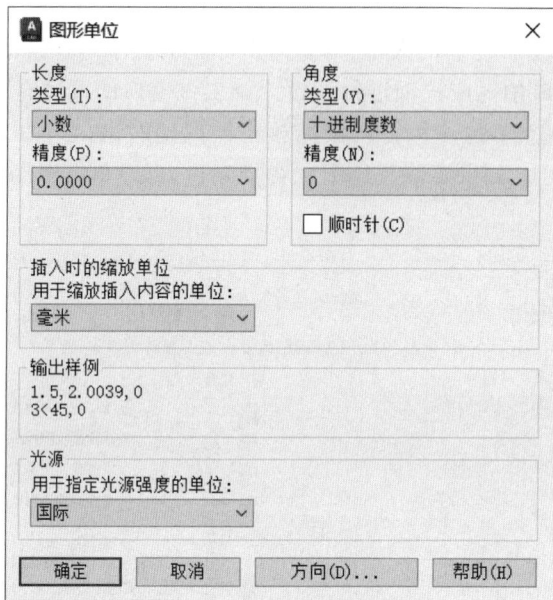

图 10-6　"图形单位"设置对话框

4. 设置图层

　　图层就像一张透明的纸，带有不同属性的图形、符号、文字等分别画在不同的图层上面。每一层都有名字，并设置了线型、线宽、颜色、状态等属性信息；每一层都有相同的坐标系、相同的绘图区域和相同的缩放系数，以保证各图层之间对齐。

　　图层的使用给我们带来很大的方便。用户可以将图形中有关的实体或与某一特征有关的一类图形分门别类地按层分组。在设计一部分时，可将其他层关闭。需要时，还可以同时打开几层，叠加在一起形成完整的图形。

　　一个图形文件中图层的数量不限，每一图层的实体的数量也不限。设置图层的方式有如下 3 种：

命令行：LAYER

菜单栏："格式"→"图层"

工具栏或功能区：🖺

执行命令后弹出如图 10-7 所示的图层特性管理器对话框。

系统自带 0 图层，单击图标 🖺 可以新建图层，并可以设置新建图层的颜色、线宽和线型。

　　下面举例说明如何新建一个线宽为 0.15mm，颜色为红色的中心线层。

　　首先单击图 10-7 中新建图层图标 🖺，将对话框中增加的图层 1 重命名为"中心线"；然

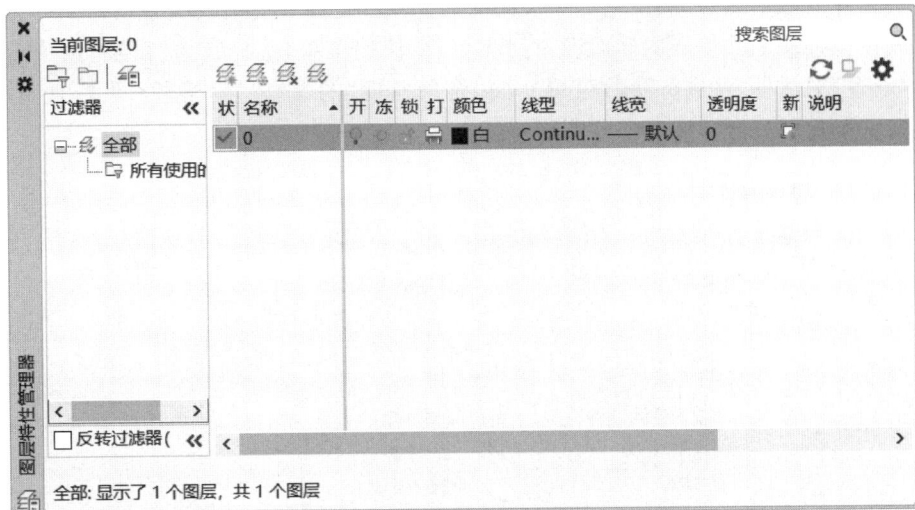

图 10-7　"图层特性管理器"对话框

后单击"颜色"下的颜色名称(如图中的"白色"),系统将弹出"选择颜色"对话框,用户可以在此对话框中选择红色。接着单击"线型"下的线型名称(如图中的"Continuous"),系统将弹出"选择线型"对话框,如图 10-8(a)所示。对话框中没有中心线型,单击下方的"加载"按钮,弹出如图 10-8(b)所示的"加载或重载线型"对话框,选择中心线"CENTER2"并确定,即将中心线加载进来。最后单击"线宽"下的线条,系统将弹出"线宽"对话框,选择 0.15mm 线条即可完成该设置。

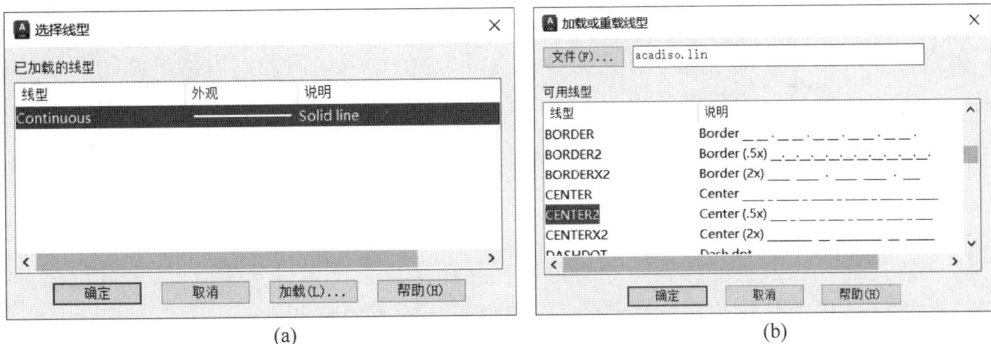

图 10-8　"选择线型"对话框

　　图层工具非常利于我们作图以及后续的修改工作,在每次画图时都必须先设置好图层。绘图时要用到多种不同类型的线条就设置不同的图层,然后根据需要进入不同的层完成对应线型图形的绘制。

10.1.5　辅助绘图工具

　　AutoCAD 提供了帮助画图的工具型命令,这些命令本身并不产生实体,但可以为用户设置一个更好的工作环境,帮助用户提高作图的准确性和绘图速度。在用户界面上,将这些命令作为功能按钮集中显示在状态栏中。用鼠标左键单击使按钮凹下,该按钮所表示的功能即处于打开或激活状态,相反则处于关闭状态。当功能按钮有需要设置或修改的参数时,把光标放在该按钮上并单击鼠标右键,将弹出一个快捷菜单,选择其中"设置"选项后,弹出相应的"设置"对话框,可进行参数设置。如"对象捕捉"的"设置"对话框(见图 10-9),可以通过勾选来确定需要激活捕捉哪些图形特征点。

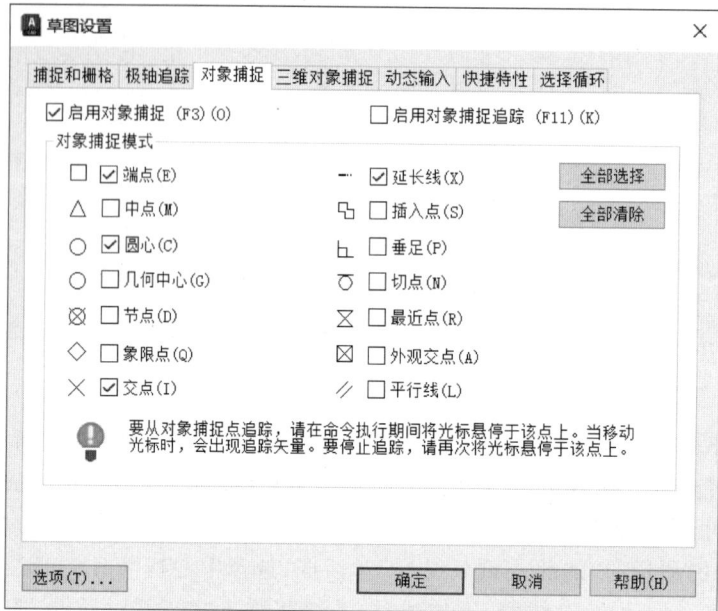

图 10-9　"对象捕捉"的"设置"框

1. 栅格

栅格是在屏幕上显示的一个可见的参考点阵,它的作用如同使用方格纸画图一样,有一个视觉参考。栅格显示的范围是由 Limits 命令设置的图形界限。栅格只是一种辅助工具,不是图形的一部分,因此不会被打印输出。

可以通过单击状态行"栅格"按钮或按 F7 键打开或关闭栅格显示。

2. 捕捉

打开捕捉命令后再执行绘图命令时可以捕捉栅格点。比如打开捕捉,然后执行画直线,可以迫使光标的移动只能落在栅格点上,以确保光标输入的准确性。

通过单击状态行按钮"捕捉"或按 F9 键可以打开或关闭栅格捕捉功能。

3. 正交

当设置了正交模式后,将迫使所画的线平行于 X 轴或 Y 轴。可以通过单击状态栏"正交"按钮或按 F8 键打开或关闭正交模式功能。

4. 对象捕捉

在作图时如果需要使用图形实体上的某些特殊点,例如,直线的端点、中点、圆心、切点、线与线的交点等,若直接用光标拾取,误差可能较大;若键入数字,又难以知道这些点的准确坐标。对象捕捉功能可以帮助用户迅速而准确地捕捉到这些点。

使用对象捕捉有两种方法:

1）捕捉工具栏方式

打开对象捕捉工具栏，如图 10-10 所示。在绘图命令的操作过程中，当需要使用某一特殊点时，单击捕捉工具条中的相应按钮，光标变成靶区，移动靶区接近实体，捕捉点被黄色标记显示出来。按鼠标左键捕捉到实体上需要的类型点。单点捕捉方式每次只能捕捉一个目标，捕捉完了即自动退出捕捉状态。

图 10-10　捕捉工具栏按钮

2）对象捕捉方式

在图 10-9"草图设置"对话框中的"对象捕捉"选项卡里，设置对象捕捉方式，在要设置的捕捉方式前单击鼠标左键，出现"√"即为已选择。可以一次设置若干捕捉模式。在状态行中，若"对象捕捉"处于激活状态，则设置的目标捕捉一直可用，直到"对象捕捉"关闭。在操作过程中，若需选择某特殊点时，将光标放在其位置附近，捕捉功能会自动找到所要的特殊点。

5. 对象追踪

在 AutoCAD 中，自动追踪是一个非常有用的辅助绘图工具，使用它可按指定角度绘制对象，或者绘制与其他对象有特定关系的对象。

自动追踪包括两种追踪方式：极轴追踪和对象捕捉追踪。这两种追踪方式可以同时使用。

1）极轴追踪

极轴追踪是按事先设定的角度增量来追踪特征点。可以单击图标 ⊙· 右侧的小三角来选取增量角度的大小。

2）对象捕捉追踪

对象捕捉追踪是按与对象的某种特定关系来追踪点，将沿着基于对象捕捉点的辅助线方向追踪。

比如要捕捉图 10-11 中矩形的中心，就必须激活状态栏中的"对象捕捉"和"对象捕捉追踪"工具，并将"对象捕捉"中的"中点"选项勾选。捕捉方法如下：先执行绘图命令（如画直线），然后移动鼠标自动捕捉到最左边竖直线的中点，再向右移动鼠标，将鼠标移动到最上方水平线中点附近，自动捕捉到上方中点后向下移动鼠标，两条追踪线的交点即是需要捕捉的矩形中心。

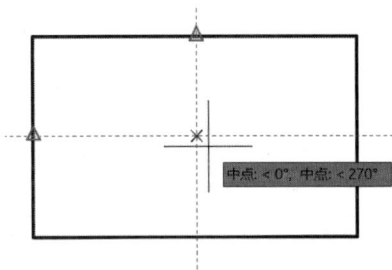

图 10-11　自动捕捉矩形中心

10.1.6　图形显示控制

图形显示命令只是改变图形显示的效果，例如将图形的某个局部放大显示等，但它们并不改变图形的实际尺寸。在 AutoCAD 中缩放视窗是通过 ZOOM 命令来实现的。图 10-12 所示为标准工具条中的缩放工具栏。

图 10-12　缩放工具栏

　　常用的图形显示的放大、缩小和平移控制可以直接通过鼠标操作来实现。具体方法如下：向上推动鼠标中间滚轮，可实现图形显示放大；向下推动鼠标中间滚轮，可实现图形显示缩小；按压中间滚轮并左右移动鼠标，可实现图形显示的左右移动。

10.2　AutoCAD 的二维绘图命令

　　AutoCAD 2024 提供了丰富的绘图功能，它定义了多种基本图形对象的操作。常用的绘图命令见"绘图"工具栏(见图 10-13)。

图 10-13　"绘图"工具栏

1. 常用的绘图命令

1) 绘制点

绘制点包括绘制单个点、绘制多个点和绘制等分点。单点命令一次只能绘制一个点，多点命令可以连续确定多个点。单点和多点的操作如下：

命令行：POINT

菜单栏："绘图"→"点"→"单点"或"多点"

工具栏或功能区：∵

绘制等分点分两种情况：定数等分和定距等分。它是指沿着对象的长度或周长等数或等距地绘制点或插入块。绘制定数等分点的命令为"DIVIDE"，绘制定距等分点的命令为"MEASURE"。

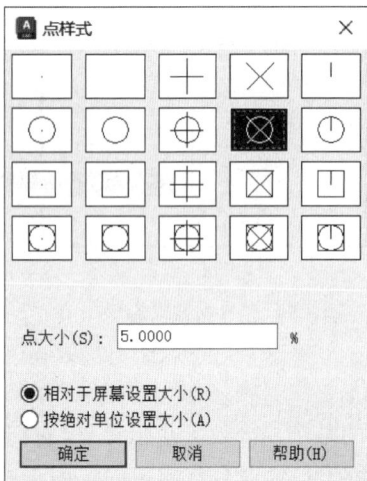

图 10-14　"点样式"设置对话框

　　说明：在绘制点之前应先设置点的样式。点样式设置可以通过菜单命令"格式"→"点样式"进行设置，点样式设置对话框如图 10-14 所示。

2) 绘制直线

命令行：LINE 或 L

菜单栏："绘图"→"直线"

工具栏或功能区：╱

绘制直线时只需鼠标单击两次，分别指定直线的起点和终点即可。也可以在确定直线起点后，直接输入直线的长度完成指定长度直线的绘制。

3) 绘制正多边形

命令行：POLYGON

菜单栏："绘图"→"多边形"

工具栏或功能区：⌂

该命令可创建 3～1024 条边的正多边形,创建的多边形为一个图形对象,即为多段线。确定正多边形大小的方法有两种,一种是输入多边形的内接圆或外切圆的半径,另一种是确定多边形的边长。

4）绘制矩形

命令行：RECTANG

菜单栏："绘图"→"矩形"

工具栏或功能区：▯

执行命令后,首先指定矩形的第一个对角点,然后在命令行单击"尺寸(D)"选项,输入矩形的尺寸,最后确定矩形的第二个对角点的方位即可完成矩形的绘制。

5）绘制圆

命令行：CIRCLE 或 C

菜单栏："绘图"→"圆"

工具栏或功能区：⊙

软件中提供了 6 种绘制圆的方法,分别是利用圆心和半径、圆心和直径、以两点确定圆、以三点确定圆、确定半径与两个图形对象相切、确定 3 个相切对象等。

6）绘制圆弧

命令行：ARC

菜单栏："绘图"→"圆弧"

工具栏或功能区：⌒

绘制圆弧与绘制圆有很多相似之处,也需要指定其圆心、半径,同时还需要指定起点、端点、角度、方向或弦长等参数。

7）绘制椭圆

命令行：ELLIPSE

菜单栏："绘图"→"椭圆"

工具栏或功能区：⬭

绘制椭圆可以先指定中心,然后再分别指定长、短轴的一个端点来绘制；也可以先指定一根轴的两个端点,再指定另一根轴的一个端点来绘制。

8）绘制样条曲线

软件中有两种方法绘制样条曲线,分别为由拟合点绘制和由控制点绘制,如图 10-15 所示,图中上方的一条曲线由拟合点绘制,下方的曲线由控制点绘制。拟合点与样条曲线重合,而控制点定义控制框。控制框提供了一种便捷的方法,用来设置样条曲线的形状。具体操作方法如下：

命令行：SPLINE

菜单栏："绘图"→"曲线"→"拟合点"或"控制点"

工具栏或功能区：∿ 或 ∿

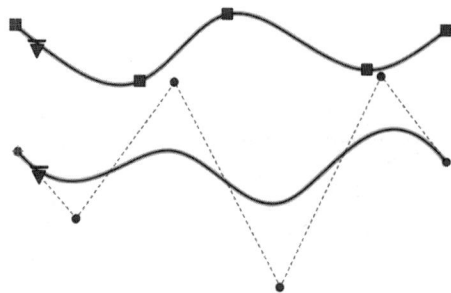

图 10-15　两种样条曲线

2. 命令的运用示例

【例 10-1】　绘制如图 10-16 所示的图案。

分析：该图案可先用画圆命令绘制一个圆,然后用画点命令中的定数等分命令将圆 6 等分,最后用圆弧命令中的 3 点画圆弧绘制 6 段圆弧。具体绘图步骤如下：

步骤 1：使用 CIRCLE 命令绘制圆,圆心自定,半径 20。

步骤 2：使用"点样式"菜单设置点样式。

步骤 3：使用点命令中的定数等分命令,将圆分为 6 等份。

步骤 4：打开对象捕捉,在对象捕捉设置中选取捕捉圆心、节点。

步骤 5：使用 ARC 命令中的 3 点画圆弧命令,绘制经过两个节点和圆心的圆弧,如图 10-17 所示。

步骤 6：绘制其余 5 条圆弧,然后删除 6 个节点,得到图 10-16 所示的几何图案。

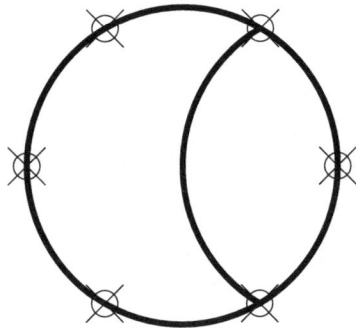

图 10-16　几何图案　　　　　　　　图 10-17　将圆六等分,并绘制一条圆弧

【例 10-2】　绘制如图 10-18 所示的五角星。

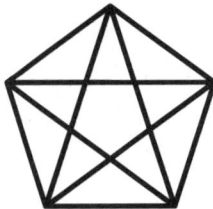

分析：绘制五角星可以先用多边形命令绘制一个正五边形,然后用直线命令将五边形的 5 个顶点分别连接,最后删除五边形,即可得到所要图形。具体绘图步骤如下：

步骤 1：使用 POLYGON 命令绘制正五边形,边数设为 5,内接于半径为 20 的圆。

步骤 2：使用直线命令,分别连接五边形的 5 个顶点,如图 10-19 所示。

步骤 3：删除正五边形,得到五角星。

【例 10-3】　绘制如图 10-20 所示的图形。

图 10-18　五角星图案　　　图 10-19　连接各顶点后的正五边形　　　图 10-20　直线与圆的绘制

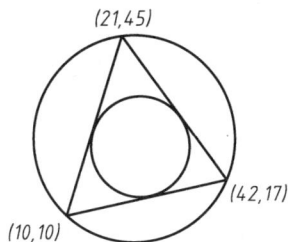

分析：该图形可以先利用 LINE 命令根据三角形 3 个顶点的绝对坐标绘制出三角形,然后用 3 点画圆命令绘制三角形的外接圆,最后用与 3 条边相切命令绘制三角形的内切圆。

由于该图的坐标数据要使用绝对直角坐标输入,因此在绘图时要先关闭状态栏中的"动态输入"工具 ▦ 。具体绘图步骤如下:

步骤 1:使用 LINE 命令绘制三角形。输入 LINE 命令后依次输入以下各点:①用绝对坐标输入第 1 点:10,10;②用绝对坐标输入第 2 点:42,17;③用绝对坐标输入第 3 点:21,45;④输入"C"使三角形闭合。

步骤 2:绘制外接圆。使用 3 点画圆命令,分别点取三角形的 3 个顶点,得到外接圆。

步骤 3:绘制内切圆。使用相切、相切、相切命令,分别点取三角形的 3 条边,得到内切圆。

10.3　AutoCAD 的二维编辑命令

图形编辑是指对已有图形进行复制、移动、剪切等操作。绘图和编辑命令配合使用,可以灵活快速地画出复杂的图形。图形编辑是对指定的图形对象进行操作,在执行编辑命令时,先要选择图形对象,下面介绍图形对象的几种选择方式。

10.3.1　对象选择方式

任何图形编辑都需要指定其操作对象,操作对象的集合称为选择集。选择操作对象的方法主要有以下 3 种。

(1) 直接选取法:将光标移到某一实体上用鼠标左键单击,即选取了一个实体。

(2) 窗口形式:用鼠标左键先在图形左上方单击一次,然后移动鼠标到图形右下方再单击一次,全部落在两点所构成的一个矩形区域内的图线被选中。如图 10-21(a)所示矩形窗口区域,只选中了左边 3 个节点及一段圆弧。

(3) 交叉窗口:用鼠标左键先在图形右下方单击一次,然后移动鼠标到图形左上方再单击一次,与这两点构成的一个矩形区域相交的图线全被选中。如图 10-21(b)所示,除了左边 3 个节点外,其余图形对象全部被选中。

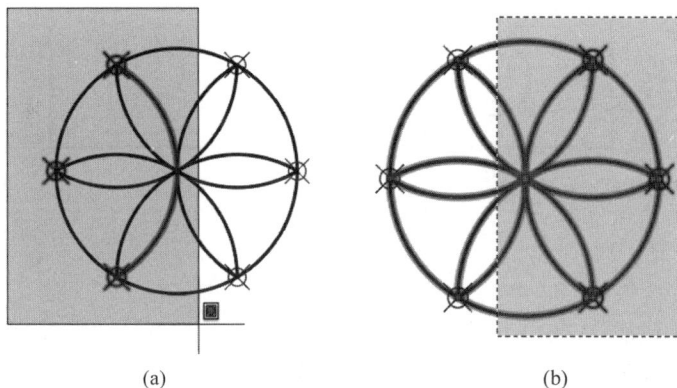

(a)　　　　　　　　　　　　　(b)

图 10-21　窗口方式的两种形式

10.3.2 常用编辑命令

常用的编辑命令如图 10-22 所示的修改工具栏,下面对部分命令作简单介绍。

图 10-22 修改工具栏

1. 删除

命令行:ERASE

菜单栏:"修改"→"删除"

工具栏或功能区:

执行删除操作时,可以先选择要删除的实体,后执行删除命令;也可以先执行删除命令,后选择要删除的实体。除了以上方法外,还可以先选择要删除的实体,然后直接单击键盘上的"Delete"键,来完成对象的删除操作。

如果要取消删除操作可以在命令行输入"OOPS",然后按回车键,也可以按键盘上的"Ctrl+Z"组合键。

2. 移 动

命令行:MOVE

菜单栏:"修改"→"移动"

工具栏或功能区: ✛移动

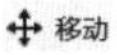

执行移动命令后先选择要移动的对象,选定对象后按回车键,然后选择移动的基准点,最后选择移动的目标点,即可将选定对象从基准点移动到目标点。

如图 10-23 所示,要将图(a)矩形中小圆的圆心移到点 A 处。先输入"MOVE"命令,按回车键后用鼠标点选小圆,按回车键,然后选取基准点圆心,最后选取目标点 A,即得到图(b)所示的结果。

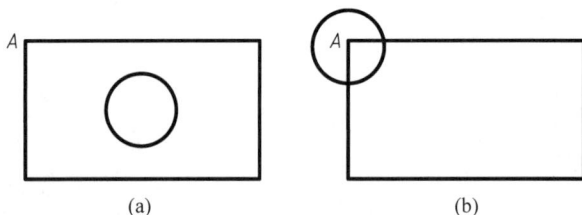

(a)   (b)

图 10-23 移动操作

3. 复制

在需要绘制相同的几何图形时可以使用复制命令。AutoCAD 中可以使用复制命令复制对象,还可以使用偏移、镜像、阵列命令复制对象。

1) 复制

命令行:COPY

菜单栏:"修改"→"复制"

工具栏或功能区: ☄复制

进行复制操作时先选择要复制的对象,按回车键,然后选择复制图形的基准点,最后选择目标点,即可在目标点得到一个相同的图形。在复制时可以选择多个目标点,这样可以得到多个相同的图形。

2) 偏移对象

如果复制后的图线要求与原复制对象平行时,还可以采用偏移命令。该命令对直线来说是同等形状和大小的复制,但对于圆、椭圆、正多边形等封闭式图形来说,偏移后的图形形状相似但图形的大小会发生改变。

命令行:OFFSET

菜单栏:"修改"→"偏移"

工具栏或功能区:

执行偏移命令后,先输入要偏移的距离,然后选取偏移方向。图 10-24 中,图(a)为偏移前的图形,图(b)为将 3 个对象向上偏移 5mm 后的图形。

3) 镜像对象

如果复制后的对象与原对象相对于某直线对称时,可以采用镜像命令,如图 10-25 所示。

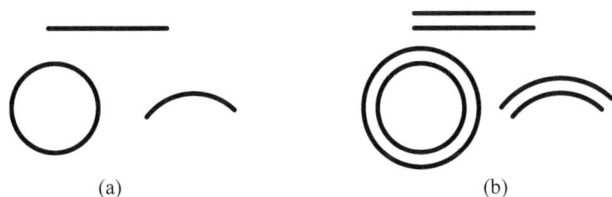

(a)　　　　　　　　　　　　　(b)

图 10-24　偏移操作　　　　　　　　　　　　图 10-25　镜像操作

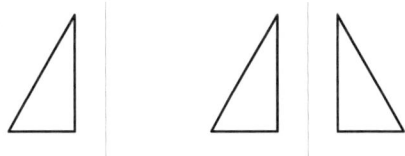

命令行:MIRROR

菜单栏:"修改"→"镜像"

工具栏或功能区: ⚠ 镜像

执行镜像命令后,先选择要镜像的对象,按回车键,然后指定镜像线的第一点和第二点,最后按回车键即可完成操作。

4) 阵列对象

如果被复制的对象与原对象按一定规律均匀排列时可以使用阵列命令。阵列分为环形阵列、矩形阵列和路径阵列 3 种形式,如图 10-26 所示,图(a)为环形阵列,图(b)为矩形阵列,图(c)为路径阵列。用得比较多的是环形阵列与矩形阵列。

(1) 环形阵列的操作方法

命令行:ARRAY

菜单栏:"修改"→"阵列"→"环形阵列"

工具栏或功能区: 环形阵列

使用环形阵列命令完成图 10-26(a)中左边图转变成右边图的方法如下:输入环形阵列命令后首先系统会要求选择被阵列的对象,如图 10-26(a)左边中的正六边形;然后按回车键,系统再要求确定阵列的中心点,如图 10-26(a)所示的中心线圆的圆心;再次按回车键,系统弹出图 10-27 所示的环形阵列设置对话框,将其中的项目数设为 4,填充角度设为 360°,

即可得到图 10-26(a)右边所示的最终结果。

（2）矩形阵列的操作方法

命令行：ARRAY

菜单栏："修改"→"阵列"→"矩形阵列"

工具栏或功能区： 🔳 阵列

使用矩形阵列命令完成图 10-26(b)中左边图转变成右边图的方法如下：输入矩形阵列命令后首先系统会要求选择被阵列的对象，如图 10-26(b)左边图中的正六边形；然后按回车键，系统将弹出如图 10-28 所示的矩形阵列设置对话框，将其中的列数和行数分别设置为 3 和 2，在列数和行数数据框下方的框格中分别输入列间距和行间距，即可得到图 10-26(b)右边所示的最终结果。

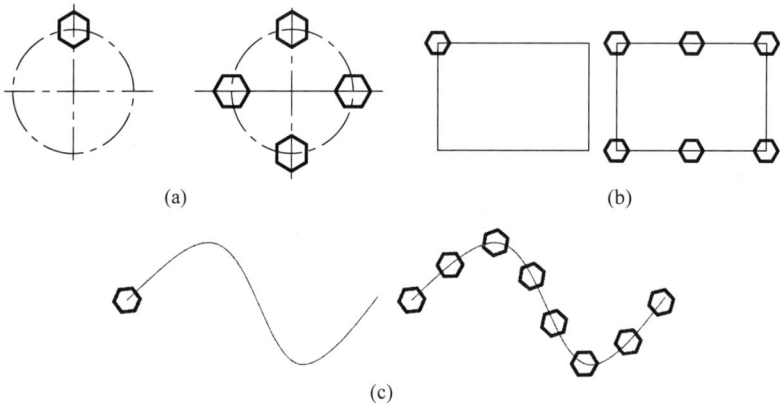

图 10-26　3 种阵列形式

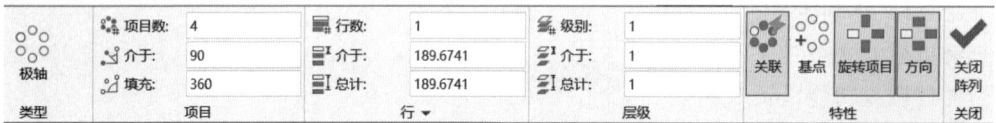

图 10-27　环形阵列设置对话框

图 10-28　矩形阵列设置对话框

4. 旋转

在绘制图形时，有时需要将图形围绕某个基准点旋转一个角度，这时就需要用到旋转命令。旋转操作方法有如下 3 种：

命令行：ROTATE

菜单栏："修改"→"旋转"

工具栏或功能区： ↻ 旋转

执行旋转命令后,先选择要旋转的对象,按回车键,然后指定旋转的基点(即旋转中心),最后指定旋转的角度。图 10-29(b)所示是将图 10-29(a)绕矩形左上方角点逆时针旋转 30°的结果。

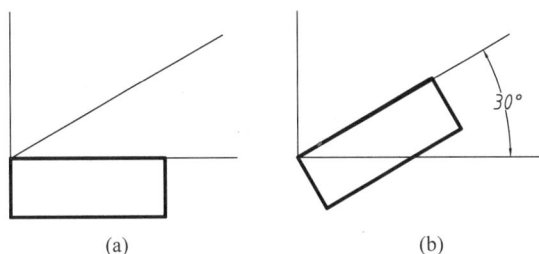

图 10-29　旋转操作示例

5. 缩放

使用缩放命令可以以某一点为基准改变所选对象的尺寸。

命令行:SCALE

菜单栏:"修改"→"缩放"

工具栏或功能区: 缩放

执行缩放命令后,先选择要缩放的对象,按回车键,然后指定缩放的基点,输入缩放的比例,即可得到缩放后的图形。在进行缩放操作时,基点的位置在缩放前后都会保持不变。

6. 修剪

使用修剪命令可以裁剪掉多余的图线。

命令行:TRIM

菜单栏:"修改"→"修剪"

工具栏或功能区: 修剪

执行修剪命令后,有快速修剪和标准修剪两种模式可供选择,默认采用的是快速修剪模式。每种修剪模式中又有多种方法完成图线的裁剪。如图 10-30 所示,若要将图(a)裁剪成图(e)形状,可以进行如下几种操作。第一种方法:在执行修剪命令后按住鼠标左键并拖动鼠标,让光标划过中间的 5 条被裁剪直线,如图(b)所示。第二种方法:执行完修剪命令后,用鼠标左键依次单击中间的 5 条被裁剪直线,如图(c)所示。第三种方法:执行完修剪命令后,用鼠标左键在中间区域单击两次,两点间连成一条直线,与该直线相交的图线会被修剪,如图(d)所示。除此以外,还可以在命令提示栏中选择"剪切边(T)",利用剪切边完成图线的裁剪。

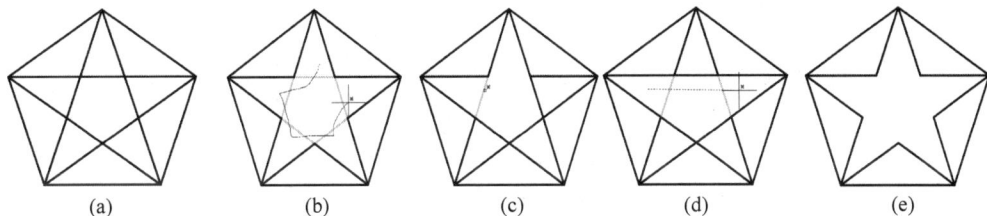

图 10-30　修剪命令示例

7. 延伸

命令行：EXTEND

菜单栏："修改"→"延伸"

工具栏或功能区：⊐ 延伸

使用延伸命令可以延长对象与最近的图线相交。执行延伸命令后，直接选择要延伸的图线即可。

8. 倒角或圆角

命令行：CHAMFER 或 FILLET

菜单栏："修改"→"倒角"或"圆角"

工具栏或功能区：╱倒角 或 ╭圆角

执行完倒角命令后，应先在命令提示行中用单击"距离(D)"设置倒角距离，也可单击"角度(A)"设置倒角角度，然后再选择倒角对象；执行圆角命令后，应先在命令行中单击"半径(R)"设置圆角半径，然后再选择圆角。如图 10-31 所示，图(b)是将矩形倒角后的结果，图(c)是将矩形圆角后的结果。

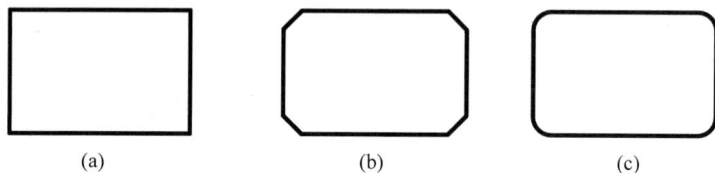

(a)   (b)   (c)

图 10-31   倒角与圆角示例

9. 打断

使用打断命令可以将图线断开，包括一点打断和两点打断。

命令行：BREAK

菜单栏："修改"→"打断"

工具栏或功能区：⊔ 或 ⊡

执行两点打断命令时，直接在被打断图线上选择两个点，两点中间部分被断开，如图 10-32(a)所示。执行一点打断时，先选择要打断的图线，然后选择断点的位置，从断点处将图线分为两个独立部分，如图 10-32(b)所示。一点打断只能通过图标 ⊡ 执行，命令行和菜单栏执行的命令都是两点打断。在执行两点打断命令时，如果两个断点位置重合，则最终结果与一点打断相同。

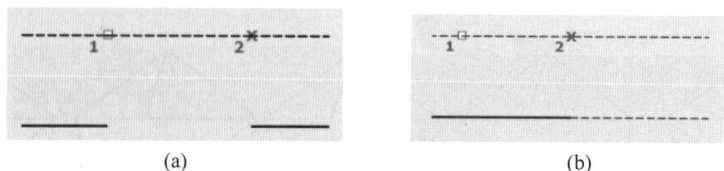

(a)   (b)

图 10-32   打断示例

(a) 两点打断；(b) 一点打断

10. 夹点编辑

在选择了绘制的图线后,图线上会出现几个蓝色矩形的点,如图 10-33 中直线和圆上的点,这些点称为夹点。夹点是图线上的控制点,可以通过操作夹点来编辑图线。比如,单击图 10-33 中直线两端的两个夹点,夹点会变成红色,然后移动鼠标,即可拉长和缩短直线,可以直接输入需要拉长或缩短的距离。如果单击直线或圆中间位置的夹点,移动鼠标则会实现直线的位置移动。如果单击圆周上的夹点,则可以改变圆的半径大小。

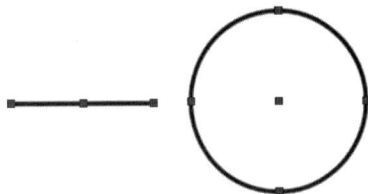

图 10-33　夹点

10.3.3　综合实例

下面介绍几个综合运用绘图与编辑命令的例子。

【例 10-4】　绘制如图 10-34 所示的平面图形。

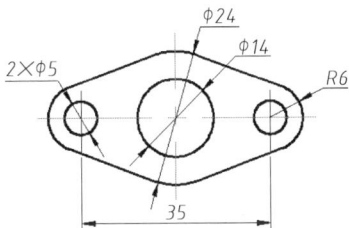

图 10-34　平面图形示例

分析:该图形中用到了 3 种线型,绘图前先设置好图层和线型,绘图时先绘制中心线,然后绘制几个已知圆和圆弧,最后绘制切线,具体步骤如下:

步骤 1:打开图层工具,设置粗实线、中心线和细实线层,并设置好相应的线型和线宽。

步骤 2:进入中心线层,利用“LINE”命令绘制中间两条长的中心线,然后将中间的竖直中心线分别向左、右各偏移 17.5mm,如图 10-35(a)所示。

步骤 3:利用“CIRCLE”命令绘制直径分别为 $\phi14$、$\phi24$ 和 $\phi5$ 的 4 个圆以及半径为 $R6$ 的 2 个圆,如图 10-35(b)所示。

步骤 4:利用“LINE”命令绘制 4 条切线,如图 10-35(c)所示。绘制切线时捕捉切点的方法有两种,第一种是打开对象捕捉设置对话框,清除所有选择,只选取捕捉切点,这样执行直线命令后系统会自动捕捉切点。第二种方法是执行直线命令后,按住键盘“Shift”键的同时按住鼠标右键,在弹出的捕捉快捷菜单中选择切点,通过两次捕捉切点可以完成切线的绘制。

步骤 5:利用修剪工具修剪多余的图线。此时可以选择 4 条切线为剪切边,然后单击切线中间的图线,即可快速完成修剪工作。完成修剪后,通过调整左右两边的中心线夹点将轮廓线外的中心线长度调整到 3~5mm,得到最终的结果如图 10-35(d)所示。

【例 10-5】　绘制如图 10-36 所示的平面图形。

分析:该图形主要用到直线、圆的绘制方法,偏移、圆角、修剪等图形编辑方法。具体绘图步骤如下:

步骤 1:打开图层工具,设置粗实线、中心线和细实线层,并设置好相应的线型和线宽。打开对象捕捉,设置捕捉到交点、圆心、象限点。

步骤 2:利用“LINE”命令绘制左上角两条中心线。

步骤 3:利用偏移命令将两条中心线分别向下偏移 35mm、向右偏移 78mm,得到右下角两条中心线。

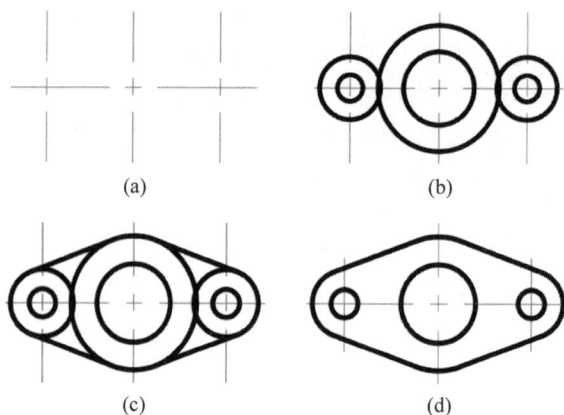

图 10-35　例题 10-4 作图过程

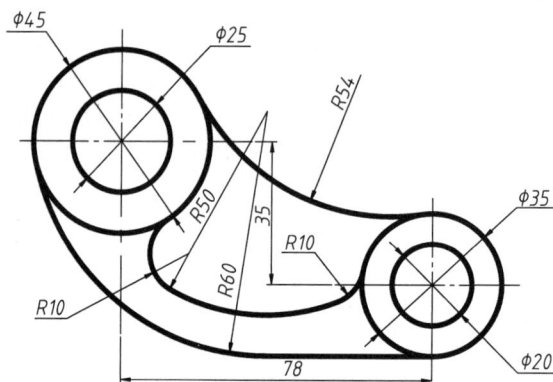

图 10-36　平面图形示例

步骤 4：利用"CIRCLE"命令分别绘制直径分别为 $\phi25$、$\phi45$、$\phi35$ 和 $\phi20$ 的 4 个圆。

步骤 5：利用"LINE"命令，经过 $\phi35$ 的圆的下象限点绘制水平直线，长度自定。

步骤 6：利用"相切、相切、半径"绘制与 $\phi45$ 和 $\phi35$ 相切，半径为 54 的圆。

步骤 7：利用"相切、相切、半径"绘制与 $\phi45$ 和水平直线相切，半径为 60 的圆。

步骤 8：利用偏移命令，将 $R60$ 的圆向内偏移 10mm。

步骤 9：执行圆角命令，设置圆角半径为 10，在 $\phi45$ 和 $R50$ 圆间绘制一个圆角，在 $\phi35$ 和 $R50$ 圆间绘制一个圆角。

步骤 10：执行修剪命令，剪掉多余的线条。

10.4　文字与图案填充

10.4.1　文字的标注

一张完整的图样，除了图形外经常还需要标注一些文本，如标题栏、技术要求、设计说明等。AutoCAD 2024 提供了较强的文本标注及文本编辑功能。

1. 设置文字样式

在标注文字之前,需要根据实际要求设置好文字样式。

命令行：STYLE

菜单栏："格式"→"文字样式"

工具栏或功能区：A↲

执行命令后会弹出如图 10-37 所示的"文字样式"设置对话框。在"样式"列表框中显示的是文件中已有的文字样式,通过"字体名"下拉框可以设置每种文字样式的字体,单击"新建"按钮可以添加新的文字样式。

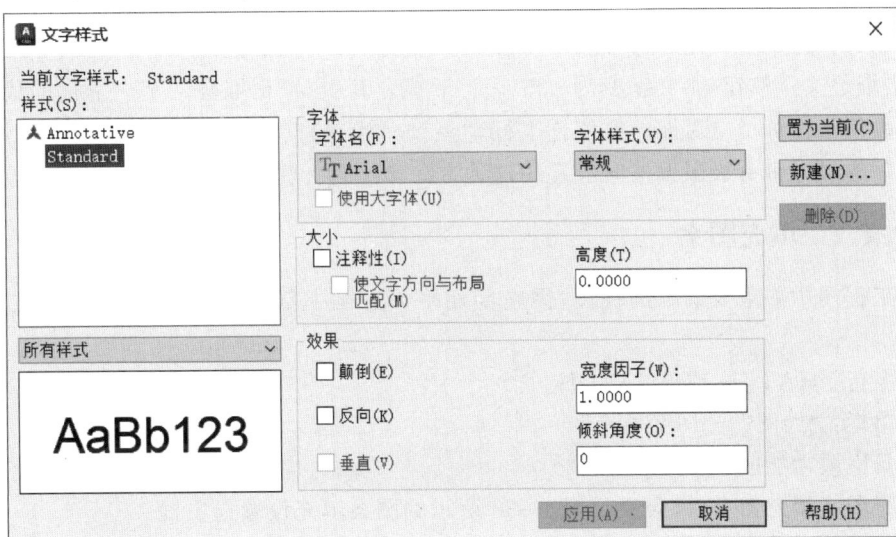

图 10-37　"文字样式"对话框

2. 创建单行文字

命令行：TEXT

菜单栏："绘图"→"文字"→"单行文字"

工具栏或功能区：A单行文字

执行了"单行文字"命令后,系统提示：

指定文字的起点或［对正(J)/样式(S)］：

这里 J 是选择文本对齐的方式,系统会给出各种方式以供选择；S 是要输入已定义的文字样式名,默认是"Standard"。输入字体的高度和角度后,就可输入文字了。

有时候中文字体显示不出来或显示的是乱码,是因为文字样式设置的问题。在输入汉字时应先在文字样式管理器中新建中文样式,并使用所设置的中文样式来输入文字。

绘图中使用的一些特殊字符,不能由键盘直接输入,为此 AutoCAD 提供使用控制码实现特殊字符的书写方法。控制码以％％开头,如：

％％d——书写度的符号"°"　　％％c——书写直径的符号"φ"

％％p——书写正负号"±"　　％％％——书写百分号"％"

3. 创建多行文字

命令行：MTEXT

菜单栏:"绘图"→"文字"→"多行文字"

工具栏或功能区: **A** 多行文字

多行文字是由任意数目的文字行或段落组成的,它不仅可以沿垂直方向无限延伸,而且可以将对下画线、字体、颜色和文字高度等的修改应用到段落中的单个字符上。使用多行文字命令在输入文字前需要先建立一个文本边框,该边框可以用来确定多行文字的左右边界。

利用"多行文本编辑器"中的堆叠文字 选项,可以将分数以上下排列的形式显示,而不是左右并排的格式。

应用一:例如输入文字"2/3",然后选中此文字,单击堆叠文字按钮,文字显示"$\frac{2}{3}$"。

应用二:例如输入文字"%%c25+0.001^-0.002",然后选中"+0.001^-0.002"文字,单击堆叠文字按钮,则文字变为 $\phi 25^{+0.001}_{-0.002}$ 形式。其中"^"是堆叠文字上下标的代号,"^"前面的数值是上标,"^"后面的数值是下标,"%%c"代表直径符号。在绘制零件图过程中,遇到标注的尺寸带有极限偏差时经常用这种方法来进行标注。

10.4.2 填充图案

在工程图中如果要绘制剖视图,需在剖切平面处画上剖面线,此时就要用到图案填充命令。

命令行:HATCH 或 BHATCH

菜单栏:"绘图"→"图案填充"

工具栏或功能区:

执行图案填充命令后,会显示图 10-38 所示的图案填充设置选项框。

图 10-38　图案填充设置选项框

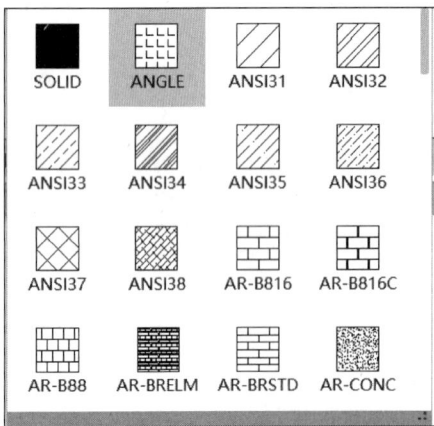

图 10-39　填充图案

1. 填充图案的选择

"图案"选项中提供了多种系统自带的图案。单击图案选择区右下角图标，可以看到很多种填充图案,如图 10-39 所示。机械工程图中金属材料的剖面线图案为与主要轮廓线成 45°的细斜线,即图中的 ANSI31 图案。如果要将剖面线变为 135°方向,则可通过图 10-38 图案填充设置选项框中的特性栏进行设置,将角度由 0°变为 90°,则填充的剖面线即为 135°斜线。角度下方是填充图案比例设置选项,通过它可以设置剖面线间隔的大小,数字越小,则填充的剖面线间隔也越小。

2. 填充区域的选择

图 10-38 图案填充设置选项框最左边为"边界"选项,可以在这里设置填充区域的选择方式,一般采用的都是默认"拾取点"方式。只需在填充区内任选一点即可确定填充区域。图案填充时要保证填充边界是封闭的。

10.5　尺　寸　标　注

在一张完整的工程图中,除了视图和文字外,还有尺寸需要标注。AutoCAD 2024 版本中提供有多种标注样式及设置标注的方法,可以满足机械、建筑等多个领域的要求。

10.5.1　尺寸标注样式的设置

机械图样中的尺寸必须严格遵守国家标准中的相关规定。在标注尺寸前应先设置好尺寸标注的样式,如尺寸数字的高度、尺寸箭头的大小等。以下操作方式可以实现调出"标注样式管理器",并修改或新建各种不同的标注样式。

命令行: DIMSTYLE 或 DDIM

菜单栏:"格式"→"标注样式"

工具栏或功能区: ⊬

执行命令后会弹出如图 10-40 所示的"标注样式管理器"对话框。系统默认的尺寸标注样式为 ISO-25。

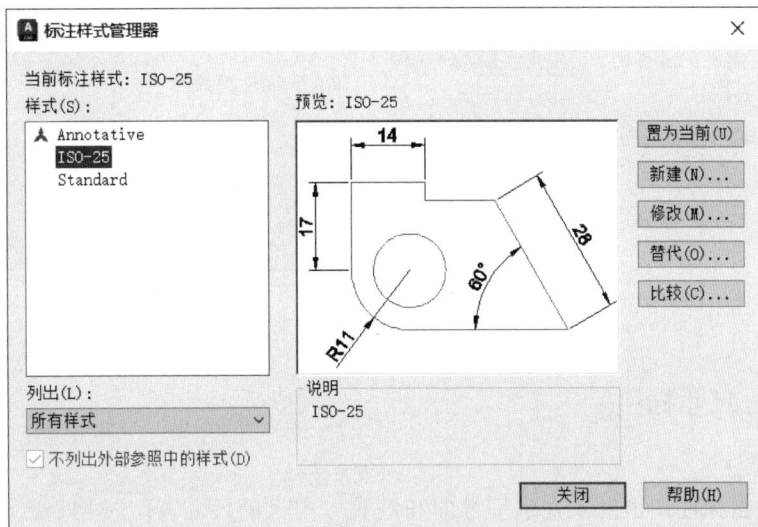

图 10-40　标注样式管理器对话框

单击对话框右边的"新建"按钮,就会弹出如图 10-41 所示的"创建新标注样式"对话框,可以设置所要新建标注样式的样式名、基础样式等属性。

单击对话框右边的"继续"按钮,弹出如图 10-42 所示的"新建标注样式"对话框。

在该对话框中可以对尺寸线、尺寸界线、箭头、文字、单位及公差等项目进行设置,具体设置方法在此不作详细介绍。

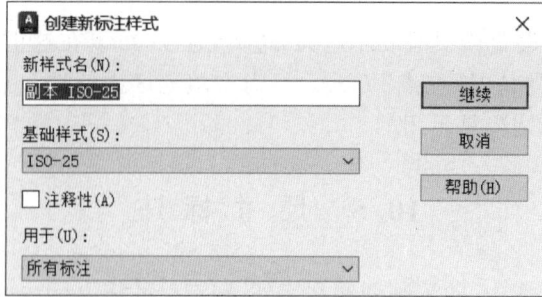

图 10-41　创建新标注样式对话框

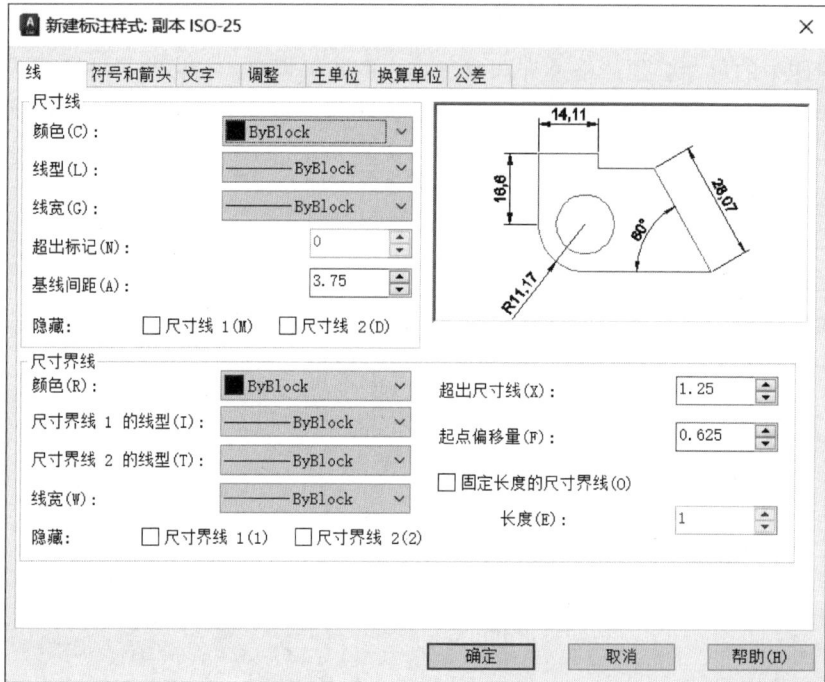

图 10-42　新建标注样式对话框

10.5.2　尺寸标注

1. 线性标注

线性标注指标注图形对象在水平方向和垂直方向上的尺寸,标注时只要用鼠标单击线段的两个端点,然后移动鼠标即可拉出尺寸线和尺寸界线,在合适的位置再单击鼠标即可完成线性尺寸的标注。命令执行方法如下:

命令行:DIMLINEAR

菜单栏:"标注"→"线性"

工具栏或功能区:卜

2. 对齐标注

使用对齐标注命令可以比较方便地对斜线段进行标注,其尺寸线与所标注对象的角度一致,与之平行对齐。

命令行：DIMALIGNED

菜单栏："标注"→"对齐"

工具栏或功能区：

3. 弧长标注

当需要标注圆弧的长度时,就要使用弧长标注命令。

命令行：DIMARC

菜单栏："标注"→"弧长"

工具栏或功能区：

4. 半径标注

在工程图中,小于或等于半圆的圆弧都要求标注半径。使用半径标注命令可以标注圆弧的半径。

命令行：DIMRADIUS

菜单栏："标注"→"半径"

工具栏或功能区：

5. 直径标注

使用直径标注命令可以标注圆或圆弧的直径。

命令行：DIMDIAMETER

菜单栏："标注"→"直径"

工具栏或功能区：

6. 角度标注

角度标注是用来测量两条直线或 3 个点之间的角度的。

命令行：DIMANGULAR

菜单栏："标注"→"角度"

工具栏或功能区：

7. 基线标注

基线标注是以同一条直线为基准,标注多条平行尺寸。在创建该标注之前,必须先创建线性、对齐或角度标注,用来选择基准标注。系统默认以当前任务中最近创建的标注为基准,按照增量方式创建基线标注。

命令行：DIMBASELINE

菜单栏："标注"→"基线"

工具栏或功能区：

8. 连续标注

连续标注命令是用来创建首尾相连的多个标注。该命令与基线标注命令一样,在创建标注之前必须创建相应的线性、对齐或角度命令。

命令行：DIMCONTINUE

菜单栏："标注"→"连续"

工具栏或功能区：

以上标注的示例如图 10-43 所示。

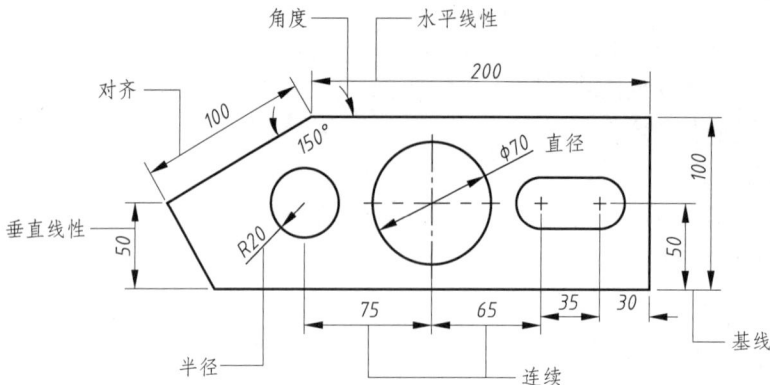

图 10-43　尺寸标注示例

10.5.3　尺寸标注的编辑

1. 编辑标注

使用编辑标注命令可以更改尺寸数字的内容、位置等特性。

命令行：DIMEDIT

工具栏或功能区：

2. 编辑标注文字

使用编辑标注文字命令可以更改标注文字沿尺寸线的位置及旋转的角度。

命令行：DIMTEDIT

工具栏或功能区：

3. 标注更新

使用标注更新命令可以将图形中的非当前标注样式下的标注更新到当前标注样式。

命令行：DIMSTYLE

工具栏或功能区：

10.5.4　形位公差标注

1. 形位公差的组成

在 AutoCAD 中，可以通过特征控制框来显示形位公差信息，如图形的形状、轮廓、方向、位置和跳动的偏差等，如图 10-44 所示。

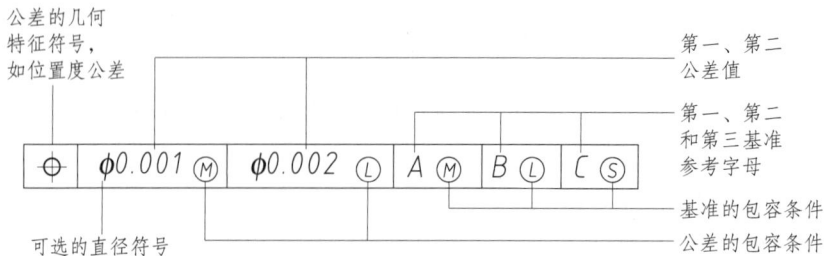

图 10-44　特征控制框架

2. 标注形位公差

命令行：TOLERANCE

菜单栏："标注"→"公差"

工具栏或功能区：

执行命令后会打开图 10-45 所示的"形位公差"对话框,可以设置公差的符号、值及基准等参数。

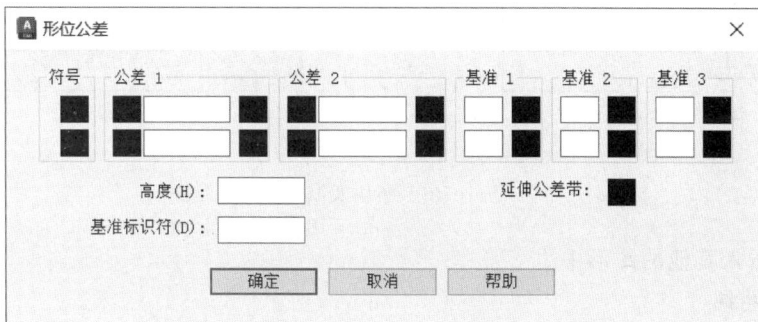

图 10-45　形位公差对话框

(1)"符号"选项：单击该列的 ■ 框,将打开"符号"对话框,可以为公差选择几何特征符号,如图 10-46 所示。

(2)"公差 1"和"公差 2"命令：单击该列前面的 ■ 框,将插入一个直径符号。在中间的白色文本框中,可以输入公差值。单击该列后面的 ■ 框,将打开"附加符号"对话框,可以为公差选择包容条件符号,如图 10-47 所示。

(3)"基准 1""基准 2"和"基准 3"选项组：设置公差基准和相应的包容条件。

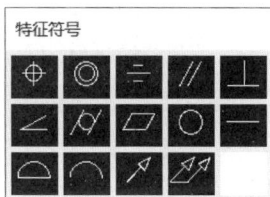

图 10-46　公差特征符号

图 10-47　选择包容条件

10.6　AutoCAD 2024 的图块功能

用户在绘图过程中,经常遇到绘制某些重复的图形,这时可以利用 BLOCK 命令将这些实体组合成一个整体,称为图块,并起一个块名字存于图形文件之中。当需要这个图形时,可以用块插入命令插入图形中的任何位置,插入时可以赋予块不同的比例和转角。如零件图 10-48(b)中多处标注了粗糙度,可以通过将图 10-48(a)上方的粗糙度符号定义成一个图块,然后插入下方的图形中,这样可以快速完成粗糙度的标注。

当在不同的图形文件中使用同一个块时,可以用 WBLOCK 命令把块作为一个单独的文件保存,作为外部块,作图时可以插入任何图形文件中。也可将整张图作为一个外部块,

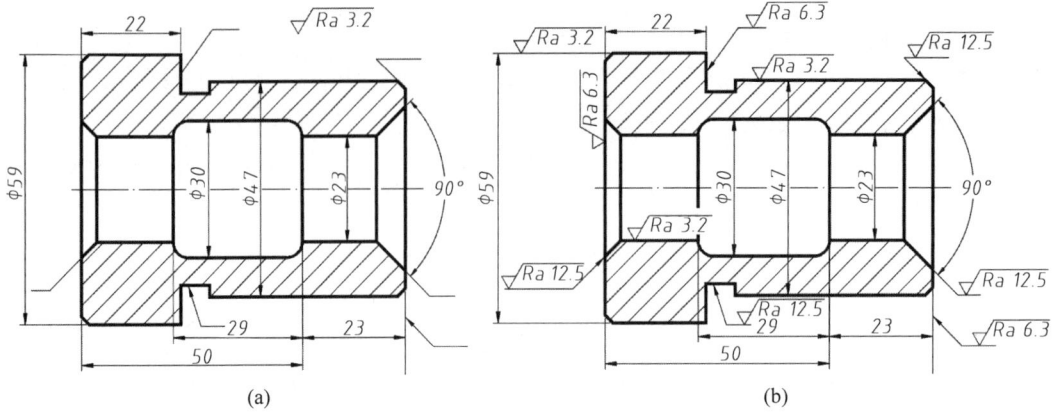

图 10-48　图块及其应用

作图时整体插入其他的图形中。

1. 创建图块

用户要使用块,首先要将画好的图形对象定义成块。

命令行:BLOCK

菜单栏:"绘图"→"块"→"创建"

工具栏或功能区: 创建

下面介绍如何创建一个如图 10-48(a)所示的"粗糙度"图块。先参考表 8-4 粗糙度符号的尺寸完成符号的绘制,然后用文字命令输入参数。

执行"创建图块"命令后,弹出"块定义"对话框,如图 10-49 所示,该对话框主要有"名称"下拉列表、"基点"栏、"对象"栏、"设置"栏等选项。

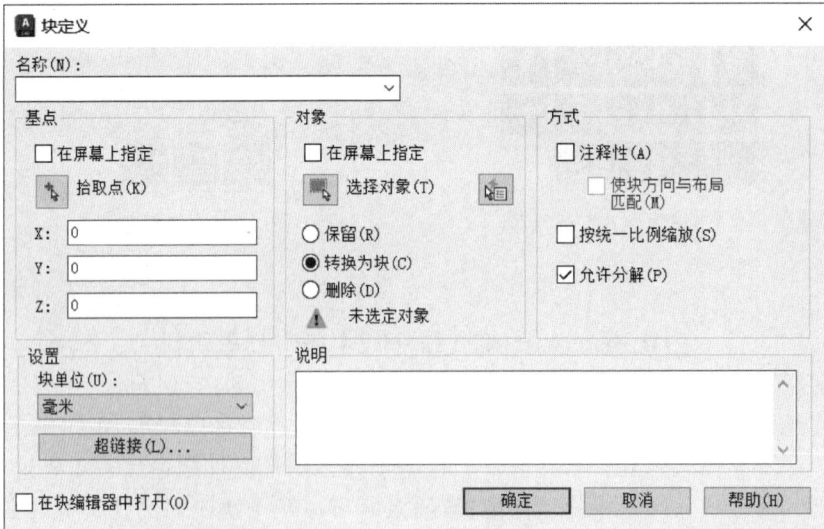

图 10-49　"块定义"对话框

名称:输入要定义的块名,此处名称定为"粗糙度"。

基点:确定插入时块的基点,单击"拾取点"按钮,此处选取符号最下方尖点为插入点。

也可从对话框的 X、Y、和 Z 处直接输入插入点的坐标值。

　　对象：单击"对象"按钮，选取要定义成块的对象，此处选择图 10-48(a)上方粗糙度图形为对象。

　　以上选项执行后，单击"确定"按钮，完成块的定义。注意，这样创建的图块是一个静态图块，每次插入时粗糙度参数值都是 $Ra3.2$。

2. 插入图块

可以将定义好的块以不同的缩放比例和旋转角度插入图形文件中。

命令行：BLOCK

菜单栏："插入"→"块选项面板"

　　工具栏或功能区：

　　执行命令后，弹出"插入"选项设置框，如图 10-50 所示。在该对话框中会显示当前文件中已经创建的所有图块，可以通过下方的"插入点""比例""旋转""分解"等复选框，设置图块插入的目标点位置、插入时图形是否缩放和旋转，以及插入后是否将整个图形分解成单个对象。

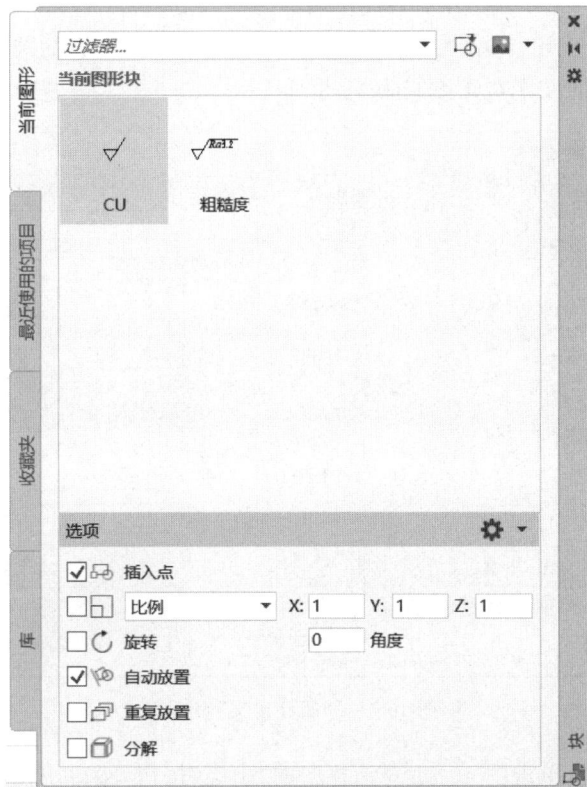

图 10-50　"插入"选项设置框

　　注意，由于我们按上面的方法创建的是静态图块，将所定义的"粗糙度"图块插入图 10-48(a)后，所有的参数值都是 $Ra3.2$，如果需要修改参数就需要将图块分解或者是在插入图块时就先勾选"分解"复选框，然后鼠标双击参数对其进行修改。如果想要达到在插入图块时能直接修改参数的目的，就必须要给图块增添属性。

3. 块的属性

AutoCAD 允许为块加入非图形信息，即为块建立属性。在不同位置插入同一个块时，可以根据需要修改所设置的属性参数值。如果在定义"粗糙度"图块时，对于粗糙度参数值设置一个属性，那么在插入图块时就可以直接对粗糙度参数进行修改，使标注更加简便。下面介绍如何创建一个带属性的粗糙度图块。

命令行：ATTDEF

菜单栏："绘图"→"块"→"属性"

工具栏或功能区： 编辑属性

执行命令后弹出如图 10-51 所示的"属性定义"对话框，主要由"模式"栏、"属性"栏、"插入点"栏、"文字选项"栏等组成，基本操作如下：

"属性"栏：用于设置属性标志、提示及默认值。此处设置属性标记为"CCD"；属性提示为"请输入粗糙度参数值"；属性默认值为"Ra3.2"。

"插入点"栏：确定标注属性值的起始位置，选定"在屏幕上指定"单选框，可以直接在绘图区确定属性标志及属性值标定的起始位置，也可在 X、Y、Z 的编辑框内输入插入点的坐标。这里选取图 10-52(a)中上方水平线左端点为插入点。

"文字设置"栏：确定与属性文本有关的选项。由于此处设置的插入点为粗糙度参数的左上角点，因此选取的文字对正方式为"左上"。

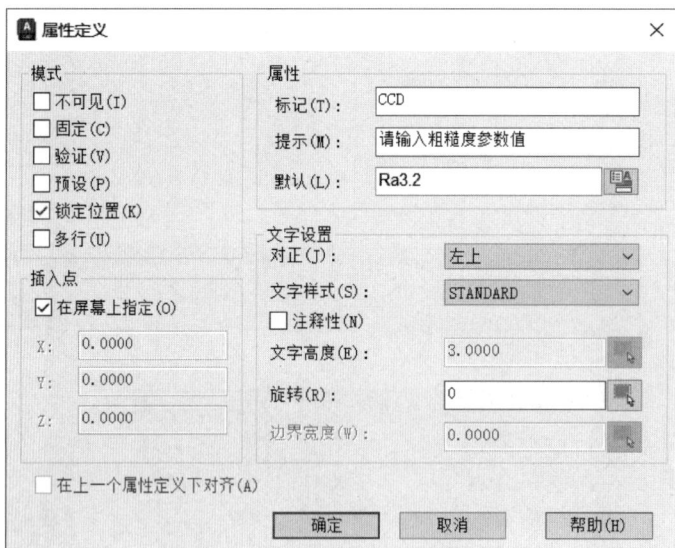

图 10-51 "属性定义"对话框

完成以上设置后，单击图 10-51 对话框中的"确定"按钮，然后用左键单击图 10-52(a)中上方水平线左端点为插入点，即可得到图 10-52(b)。接下来，按照前面创建图块的操作方法，将图 10-52(b)整个图形定义为一个图块，块名定义为"带属性的粗糙度"，这样就创建了一个带有粗糙度参数动态属性的图块。在创建图块过程中，如果在对象栏中选择"转换为块"，并且在弹出图 10-53 所示的编辑属性对话框时直接单击"确

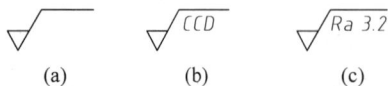

(a)　(b)　(c)

图 10-52 带属性的粗糙度图块创建

定”,则最后图 10-52(b)会变成图 10-52(c)。在使用插入图块命令,插入具有属性的该粗糙度图块时,也会弹出图 10-53 所示的对话框,可以在对话框中修改粗糙度参数值。

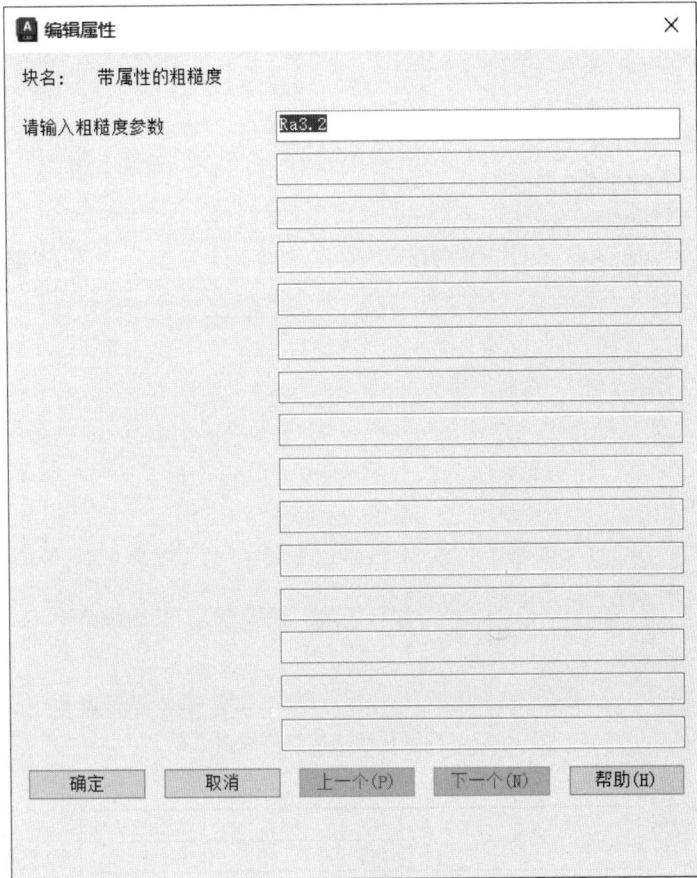

图 10-53　编辑属性对话框

可以将图 10-54 所示的简化标题栏做成一个带属性的图块,给其中的“制图”“审核”“材料”“比例”“数量”和“零件名称”等各个栏目都添加相应的属性,这样在插入标题栏时就可以编辑属性将其中的信息直接输入。其操作方法与上面类似,大家可以独立完成。图 10-55 所示为给标题栏添加了多个属性创建成带属性图块后,插入图块时弹出的编辑属性对话框。在对话框中可以将相关信息快速输入。如果采用默认值,直接单击确定按钮,则得到图 10-56 所示的标题栏。

<table>
<tr><td colspan="3" rowspan="2">零件名称</td><td>材料</td><td></td><td>比例</td><td></td></tr>
<tr><td>数量</td><td></td><td>图号</td><td></td></tr>
<tr><td>制图</td><td></td><td>(日期)</td><td colspan="4" rowspan="2">(校名)</td></tr>
<tr><td>审核</td><td></td><td>(日期)</td></tr>
</table>

图 10-54　简化标题栏

图 10-55 标题栏图块编辑属性对话框

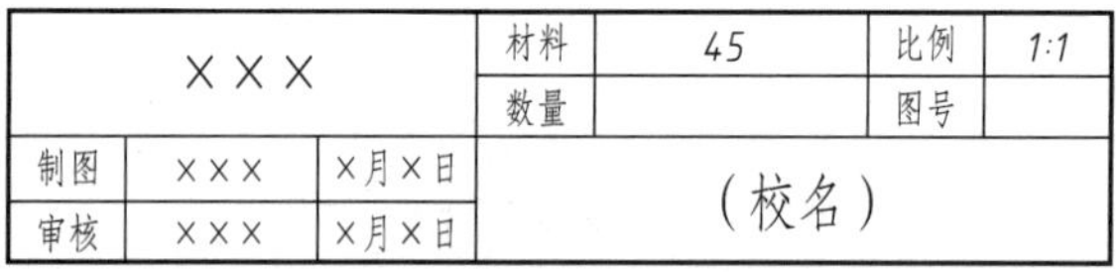

×××			材料	45	比例	1:1
			数量		图号	
制图	×××	×月×日	（校名）			
审核	×××	×月×日				

图 10-56 使用默认属性的标题栏

10.7 零件图绘制举例

【例 10-6】 绘制如图 10-57 所示的零件图。

作图步骤：

步骤 1：打开图层工具，设置粗实线、中心线和细实线层，并设置好相应的线型和线宽。打开对象捕捉，设置捕捉到交点、圆心和中心点。

步骤 2：使用矩形工具绘制图框，使用直线和文字命令绘制标题栏，也可以直接使用插入图块命令将前面创建的带属性标题栏图标插入。

步骤 3：进入中心线层，使用直线命令绘制主视图和左视图中的中心线。

步骤 4：进入粗实线层，使用直线和圆命令绘制左视图。先使用直线命令绘制左视图左上角的 3 条直线，如图 10-58(a)所示。

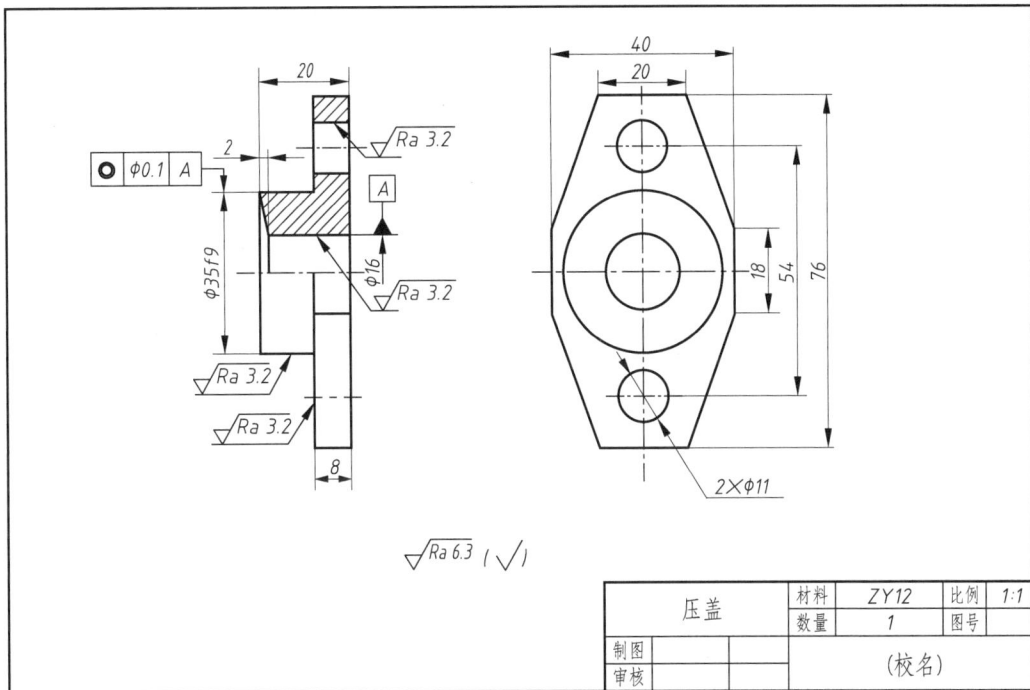

图 10-57　压盖零件图

　　步骤 5：两次使用镜像命令,分别得到图 10-58 的图(b)和图(c),接着使用圆命令,绘制左视图中的 4 个圆,最后得到图(d)所示的结果。

　　步骤 6：使用直线命令绘制半剖的主视图,如图 10-59(a)所示。进入细实线层,使用图案填充命令完成剖面线的填充,如图 10-59(b)所示。

　　步骤 7：进入细实线层,使用线性标注和直径标注完成相关尺寸的标注。使用公差命令完成同轴度公差的标注。使用插入图块命令完成粗糙度的标注。利用前面所创建的带属性的粗糙度图块标注几种不同的粗糙度符号,完成零件图的绘制。

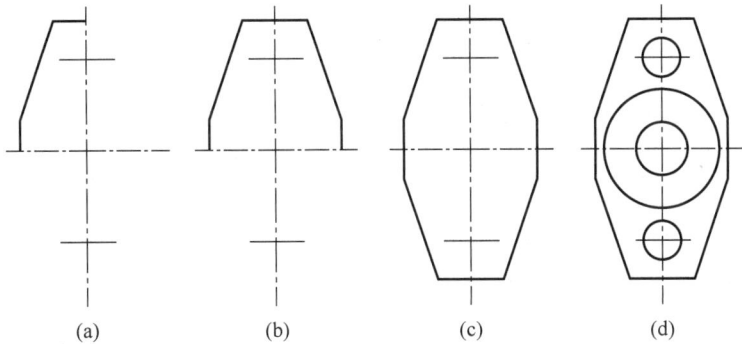

图 10-58　绘制压盖左视图

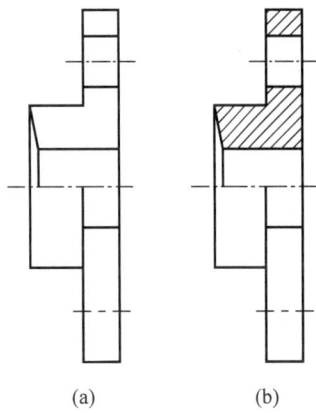

图 10-59　绘制压盖主视图

附　　录

附录 A　极限与配合

附表 A-1　轴的优先及常用轴公差带极限偏差数值表(摘自 GB/T 1800.2—2020)　　μm

公称尺寸/mm 大于	至	a 11	b 11	b 12	c 9	c 10	c ⑪	d 8	d ⑨	d 10	d 11	e 7	e 8	e 9
—	3	−270 −330	−140 −200	−140 −240	−60 −85	−60 −100	−60 −120	−20 −34	−20 −45	−20 −60	−20 −80	−14 −24	−14 −28	−14 −39
3	6	−270 −345	−140 −215	−140 −260	−70 −100	−70 −118	−70 −145	−30 −48	−30 −60	−30 −78	−30 −105	−20 −32	−20 −38	−20 −50
6	10	−280 −370	−150 −240	−150 −300	−80 −116	−80 −138	−80 −170	−40 −62	−40 −79	−40 −98	−40 −130	−25 −40	−25 −47	−25 −61
10	14	−290 −400	−150 −260	−150 −330	−95 −138	−95 −165	−95 −205	−50 −77	−50 −93	−50 −120	−50 −160	−32 −50	−32 −59	−32 −75
14	18	−290 −400	−150 −260	−150 −330	−95 −138	−95 −165	−95 −205	−50 −77	−50 −93	−50 −120	−50 −160	−32 −50	−32 −59	−32 −75
18	24	−300 −430	−160 −290	−160 −370	−110 −162	−110 −194	−110 −240	−65 −98	−65 −117	−65 −149	−65 −195	−40 −61	−40 −73	−40 −92
24	30	−300 −430	−160 −290	−160 −370	−110 −162	−110 −194	−110 −240	−65 −98	−65 −117	−65 −149	−65 −195	−40 −61	−40 −73	−40 −92
30	40	−310 −470	−170 −330	−170 −420	−120 −182	−120 −220	−120 −280	−80 −119	−80 −142	−80 −180	−80 −240	−50 −75	−50 −89	−50 −112
40	50	−320 −480	−180 −340	−180 −430	−130 −192	−130 −230	−130 −290	−80 −119	−80 −142	−80 −180	−80 −240	−50 −75	−50 −89	−50 −112
50	65	−340 −530	−190 −380	−190 −490	−140 −214	−140 −260	−140 −330	−100 −146	−100 −174	−100 −220	−100 −290	−60 −90	−60 −106	−60 −134
65	80	−360 −550	−200 −390	−200 −500	−150 −224	−150 −270	−150 −340	−100 −146	−100 −174	−100 −220	−100 −290	−60 −90	−60 −106	−60 −134
80	100	−380 −600	−200 −440	−220 −570	−170 −257	−170 −310	−170 −390	−120 −174	−120 −207	−120 −260	−120 −340	−72 −109	−72 −126	−72 −159
100	120	−410 −630	−240 −460	−240 −590	−180 −267	−180 −320	−180 −400	−120 −174	−120 −207	−120 −260	−120 −340	−72 −109	−72 −126	−72 −159
120	140	−460 −710	−260 −510	−260 −660	−200 −300	−200 −360	−200 −450	−145 −208	−145 −245	−145 −305	−145 −395	−85 −125	−85 −148	−85 −185
140	160	−520 −770	−280 −530	−280 −680	−210 −310	−210 −370	−210 −460	−145 −208	−145 −245	−145 −305	−145 −395	−85 −125	−85 −148	−85 −185
160	180	−580 −830	−310 −560	−310 −710	−230 −330	−230 −390	−230 −480	−145 −208	−145 −245	−145 −305	−145 −395	−85 −125	−85 −148	−85 −185
180	200	−660 −950	−340 −630	−340 −800	−240 −355	−240 −425	−240 −530	−170 −242	−170 −285	−170 −355	−170 −460	−100 −146	−100 −172	−100 −215
200	225	−740 −1030	−380 −670	−380 −840	−260 −375	−260 −445	−260 −550	−170 −242	−170 −285	−170 −355	−170 −460	−100 −146	−100 −172	−100 −215
225	250	−820 −1110	−420 −710	−420 −880	−280 −395	−280 −465	−280 −570	−170 −242	−170 −285	−170 −355	−170 −460	−100 −146	−100 −172	−100 −215
250	280	−920 −1240	−480 −800	−480 −1000	−300 −430	−300 −510	−300 −620	−190 −271	−190 −320	−190 −400	−190 −510	−110 −162	−110 −191	−110 −240
280	315	−1050 −1370	−540 −860	−540 −1060	−330 −460	−330 −540	−330 −650	−190 −271	−190 −320	−190 −400	−190 −510	−110 −162	−110 −191	−110 −240
315	355	−1200 −1560	−600 −960	−600 −1170	−360 −500	−360 −590	−360 −720	−210 −299	−210 −350	−210 −440	−210 −570	−125 −182	−125 −214	−125 −265
355	400	−1350 −1710	−680 −1040	−680 −1250	−400 −540	−400 −630	−400 −760	−210 −299	−210 −350	−210 −440	−210 −570	−125 −182	−125 −214	−125 −265
400	450	−1500 −1900	−760 −1160	−760 −1390	−440 −595	−440 −690	−440 −840	−230 −327	−230 −385	−230 −480	−230 −630	−135 −198	−135 −232	−135 −290
450	500	−1650 −2050	−840 −1240	−840 −1470	−480 −635	−480 −730	−480 −880	−230 −327	−230 −385	−230 −480	−230 −630	−135 −198	−135 −232	−135 −290

注：公称尺寸小于 1mm 时，各级的 a 和 b 均不采用。

续表

公称尺寸 /mm		常用及优先公差带(带圈者为优先公差带)														
		f					g			h							
大于	至	5	6	⑦	8	9	5	⑥	7	5	⑥	⑦	8	⑨	10	⑪	12
—	3	−6 −10	−6 −12	−6 −16	−6 −20	−6 −31	−2 −6	−2 −8	−2 −12	0 −4	0 −6	0 −10	0 −14	0 −25	0 −40	0 −60	0 −100
3	6	−10 −15	−10 −18	−10 −22	−10 −28	−10 −40	−4 −9	−4 −12	−4 −16	0 −5	0 −8	0 −12	0 −18	0 −30	0 −48	0 −75	0 −120
6	10	−13 −19	−13 −22	−13 −28	−13 −35	−13 −49	−5 −11	−5 −14	−5 −20	0 −6	0 −9	0 −15	0 −22	0 −36	0 −58	0 −90	0 −150
10	14	−16 −24	−16 −27	−16 −34	−16 −43	−16 −59	−6 −14	−6 −17	−6 −24	0 −8	0 −11	0 −18	0 −27	0 −43	0 −70	0 −110	0 −180
14	18																
18	24	−20 −29	−20 −33	−20 −41	−20 −53	−20 −72	−7 −16	−7 −20	−7 −28	0 −9	0 −13	0 −21	0 −33	0 −52	0 −84	0 −130	0 −210
24	30																
30	40	−25 −36	−25 −41	−25 −50	−25 −64	−25 −87	−9 −20	−9 −25	−9 −34	0 −11	0 −16	0 −25	0 −39	0 −62	0 −100	0 −160	0 −250
40	50																
50	65	−30 −43	−30 −49	−30 −60	−30 −76	−30 −104	−10 −23	−10 −29	−10 −40	0 −13	0 −19	0 −30	0 −46	0 −74	0 −120	0 −190	0 −300
65	80																
80	100	−36 −51	−36 −58	−36 −71	−36 −90	−36 −123	−12 −27	−12 −34	−12 −47	0 −15	0 −22	0 −35	0 −54	0 −87	0 −140	0 −220	0 −350
100	120																
120	140	−43 −61	−43 −68	−43 −83	−43 −106	−43 −143	−14 −32	−14 −39	−14 −54	0 −18	0 −25	0 −40	0 −63	0 −100	0 −160	0 −250	0 −400
140	160																
160	180																
180	200	−50 −70	−50 −79	−50 −96	−50 −122	−50 −165	−15 −35	−15 −44	−15 −61	0 −20	0 −29	0 −46	0 −72	0 −115	0 −185	0 −290	0 −460
200	225																
225	250																
250	280	−56 −79	−56 −88	−56 −108	−56 −137	−56 −186	−17 −40	−17 −49	−17 −69	0 −23	0 −32	0 −52	0 −81	0 −130	0 −210	0 −320	0 −520
280	315																
315	355	−62 −87	−62 −98	−62 −119	−62 −151	−62 −202	−18 −43	−18 −54	−18 −75	0 −25	0 −36	0 −57	0 −89	0 −140	0 −230	0 −360	0 −570
355	400																
400	450	−68 −95	−68 −108	−68 −131	−68 −165	−68 −223	−20 −47	−20 −60	−20 −83	0 −27	0 −40	0 −63	0 −97	0 −155	0 −250	0 −400	0 −630
450	500																

续表

公称尺寸/mm		常用及优先公差带(带圈者为优先公差带)														
		js			k			m			n			p		
大于	至	5	⑥	7	5	⑥	7	5	6	7	5	⑥	7	5	⑥	7
—	3	±2	±3	±5	+4 / 0	+6 / 0	+10 / 0	+6 / +2	+8 / +2	+12 / +2	+8 / +4	+10 / +4	+14 / +4	+10 / +6	+12 / +6	+16 / +6
3	6	±2.5	±4	±6	+6 / +1	+9 / +1	+13 / +1	+9 / +4	+12 / +4	+16 / +4	+13 / +8	+16 / +8	+20 / +8	+17 / +12	+20 / +12	+24 / +12
6	10	±3	±4.5	±7	+7 / +1	+10 / +1	+16 / +1	+12 / +6	+15 / +6	+21 / +6	+16 / +10	+19 / +10	+25 / +10	+21 / +15	+24 / +15	+30 / +15
10	14	±4	±5.5	±9	+9 / +1	+12 / +1	+19 / +1	+15 / +7	+18 / +7	+25 / +7	+20 / +12	+23 / +12	+30 / +12	+26 / +18	+29 / +18	+36 / +18
14	18															
18	24	±4.5	±6.5	±10	+11 / +2	+15 / +2	+23 / +2	+17 / +8	+21 / +8	+29 / +8	+24 / +15	+28 / +15	+36 / +15	+31 / +22	+35 / +22	+43 / +22
24	30															
30	40	±5.5	±8	±12	+13 / +2	+18 / +2	+27 / +2	+20 / +9	+25 / +9	+34 / +9	+28 / +17	+33 / +17	+42 / +17	+37 / +26	+42 / +26	+51 / +26
40	50															
50	65	±6.5	±9.5	±15	+15 / +2	+21 / +2	+32 / +2	+24 / +11	+30 / +11	+41 / +11	+33 / +20	+39 / +20	+50 / +20	+45 / +32	+51 / +32	+62 / +32
65	80															
80	100	±7.5	±11	±17	+18 / +3	+25 / +3	+38 / +3	+28 / +13	+35 / +13	+48 / +13	+38 / +23	+45 / +23	+58 / +23	+52 / +37	+59 / +37	+72 / +37
100	120															
120	140	±9	±12.5	±20	+21 / +3	+28 / +3	+43 / +3	+33 / +15	+40 / +15	+55 / +15	+45 / +27	+52 / +27	+67 / +27	+61 / +43	+68 / +43	+83 / +43
140	160															
160	180															
180	200	±10	±14.5	±23	+24 / +4	+33 / +4	+50 / +4	+37 / +17	+46 / +17	+63 / +17	+51 / +31	+60 / +31	+77 / +31	+70 / +50	+79 / +50	+96 / +50
200	225															
225	250															
250	280	±11.5	±16	±26	+27 / +4	+36 / +4	+56 / +4	+43 / +20	+52 / +20	+72 / +20	+57 / +34	+66 / +34	+86 / +34	+79 / +56	+88 / +56	+108 / +56
280	315															
315	355	±12.5	±18	±28	+29 / +4	+40 / +4	+61 / +4	+46 / +21	+57 / +21	+78 / +21	+62 / +37	+73 / +37	+94 / +37	+87 / +62	+98 / +62	+119 / +62
355	400															
400	450	±13.5	±20	±31	+32 / +5	+45 / +5	+68 / +5	+50 / +23	+63 / +23	+86 / +23	+67 / +40	+80 / +40	+103 / +40	+95 / +68	+108 / +68	+131 / +68
450	500															

续表

公称尺寸/mm 大于	至	常用及优先公差带(带圈者为优先公差带) r5	r6	r7	s5	s⑥	s7	t5	t6	t7	u⑥	u7	v6	x6	y6	z6
—	3	+14 +10	+16 +10	+20 +10	+18 +14	+20 +14	+24 +14	—	—	—	+24 +18	+28 +18	—	+26 +20	—	+32 +26
3	6	+20 +15	+23 +15	+27 +15	+24 +19	+27 +19	+31 +19	—	—	—	+31 +23	+35 +23	—	+36 +28	—	+43 +35
6	10	+25 +19	+28 +19	+34 +19	+29 +23	+32 +23	+38 +23	—	—	—	+37 +28	+43 +28	—	+43 +34	—	+51 +42
10	14	+31 +23	+34 +23	+41 +23	+36 +28	+39 +28	+46 +28	—	—	—	+44 +33	+51 +33	—	+51 +40	—	+61 +50
14	18	+31 +23	+34 +23	+41 +23	+36 +28	+39 +28	+46 +28	—	—	—	+44 +33	+51 +33	+50 +39	+56 +45	—	+71 +60
18	24	+37 +28	+41 +28	+49 +28	+44 +35	+48 +35	+56 +35	—	—	—	+54 +41	+62 +41	+60 +47	+67 +54	+76 +63	+86 +73
24	30	+37 +28	+41 +28	+49 +28	+44 +35	+48 +35	+56 +35	+50 +41	+54 +41	+62 +41	+61 +48	+69 +48	+68 +55	+77 +64	+88 +75	+101 +88
30	40	+45 +34	+50 +34	+59 +34	+54 +43	+59 +43	+68 +43	+59 +48	+64 +48	+73 +48	+76 +60	+85 +60	+84 +68	+96 +80	+110 +94	+128 +112
40	50	+45 +34	+50 +34	+59 +34	+54 +43	+59 +43	+68 +43	+65 +54	+70 +54	+79 +54	+86 +70	+95 +70	+97 +81	+113 +97	+130 +114	+152 +136
50	65	+54 +41	+60 +41	+71 +41	+66 +53	+72 +53	+83 +53	+79 +66	+85 +66	+96 +66	+106 +87	+117 +87	+121 +102	+141 +122	+163 +144	+191 +172
65	80	+56 +43	+62 +43	+73 +43	+72 +59	+78 +59	+89 +59	+88 +75	+94 +75	+105 +75	+121 +102	+132 +102	+139 +120	+165 +146	+193 +174	+229 +210
80	100	+66 +51	+73 +51	+86 +51	+86 +71	+93 +71	+106 +91	+106 +91	+113 +91	+126 +91	+146 +124	+159 +124	+168 +146	+200 +178	+236 +214	+280 +258
100	120	+69 +54	+76 +54	+89 +54	+94 +79	+101 +79	+114 +79	+110 +104	+126 +104	+136 +104	+166 +144	+179 +144	+194 +172	+232 +210	+276 +254	+332 +310
120	140	+81 +63	+88 +63	+103 +63	+110 +92	+117 +92	+132 +92	+140 +122	+147 +122	+162 +122	+195 +170	+210 +170	+227 +202	+273 +248	+325 +300	+390 +365
140	160	+83 +65	+90 +65	+105 +65	+118 +100	+125 +100	+140 +100	+152 +134	+159 +134	+174 +134	+215 +190	+230 +190	+253 +228	+305 +280	+365 +340	+440 +415
160	180	+86 +68	+93 +68	+108 +68	+126 +108	+133 +108	+148 +108	+164 +146	+171 +146	+186 +146	+235 +210	+250 +210	+277 +252	+335 +310	+405 +380	+490 +465
180	200	+97 +77	+106 +77	+123 +77	+142 +122	+151 +122	+168 +122	+186 +166	+195 +166	+212 +166	+265 +236	+282 +236	+313 +284	+379 +350	+454 +425	+549 +520
200	225	+100 +80	+109 +80	+126 +80	+150 +130	+159 +130	+176 +130	+200 +180	+209 +180	+226 +180	+287 +258	+304 +258	+339 +310	+414 +385	+499 +470	+604 +575
225	250	+104 +84	+113 +84	+130 +84	+160 +140	+169 +140	+186 +140	+216 +196	+225 +196	+242 +196	+313 +284	+330 +284	+369 +340	+454 +425	+549 +520	+669 +640
250	280	+117 +94	+126 +94	+146 +94	+181 +158	+190 +158	+210 +158	+241 +218	+250 +218	+270 +218	+347 +315	+367 +315	+417 +385	+507 +475	+612 +580	+742 +710
280	315	+121 +98	+130 +98	+150 +98	+193 +170	+202 +170	+222 +170	+263 +240	+272 +240	+292 +240	+382 +350	+402 +350	+457 +425	+557 +525	+682 +650	+822 +790
315	355	+133 +108	+144 +108	+165 +108	+215 +190	+226 +190	+247 +190	+293 +268	+304 +268	+325 +268	+426 +390	+447 +390	+511 +475	+626 +590	+766 +730	+936 +900
355	400	+139 +114	+150 +114	+171 +114	+233 +208	+244 +208	+265 +208	+319 +294	+330 +294	+351 +294	+471 +435	+492 +435	+566 +530	+696 +660	+856 +820	+1036 +1000
400	450	+153 +126	+166 +126	+189 +126	+259 +232	+272 +232	+295 +232	+357 +330	+370 +330	+393 +330	+530 +490	+553 +490	+635 +595	+780 +740	+960 +920	+1140 +1100
450	500	+159 +132	+172 +132	+195 +132	+279 +252	+292 +252	+315 +252	+387 +360	+400 +360	+423 +360	+580 +540	+603 +540	+700 +660	+860 +820	+1040 +1000	+1290 +1250

附表 A-2　孔的优先及常用公差带极限偏差数值表(摘自 GB/T 1800.2—2020)　　μm

公称尺寸/mm		常用及优先公差带(带圈者为优先公差带)													
		A	B		C	D				E		F			
大于	至	11	11	12	⑪	8	⑨	10	11	8	9	6	7	⑧	9
—	3	+330/+270	+200/+140	+240/+140	+120/+60	+34/+20	+45/+20	+60/+20	+80/+20	+28/+14	+39/+14	+12/+6	+16/+6	+20/+6	+31/+6
3	6	+345/+270	+215/+140	+260/+140	+145/+70	+48/+30	+60/+30	+78/+30	+105/+30	+38/+20	+50/+20	+18/+10	+22/+10	+28/+10	+40/+10
6	10	+370/+280	+240/+150	+300/+150	+170/+80	+62/+40	+76/+40	+98/+40	+130/+40	+47/+25	+61/+25	+22/+13	+28/+13	+35/+13	+49/+13
10	14	+400/+290	+260/+150	+330/+150	+205/+95	+77/+50	+93/+50	+120/+50	+160/+50	+59/+32	+75/+32	+27/+16	+34/+16	+43/+16	+59/+16
14	18														
18	24	+430/+300	+290/+160	+370/+160	+240/+110	+98/+65	+117/+65	+149/+65	+195/+65	+73/+40	+92/+40	+33/+20	+41/+20	+53/+20	+72/+20
24	30														
30	40	+470/+310	+330/+170	+420/+170	+280/+170	+119/+80	+142/+80	+180/+80	+240/+80	+89/+50	+112/+50	+41/+25	+50/+25	+64/+25	+87/+25
40	50	+480/+320	+340/+180	+430/+180	+290/+180										
50	65	+530/+340	+380/+190	+490/+190	+330/+140	+146/+100	+170/+100	+220/+100	+290/+100	+106/+60	+134/+60	+49/+30	+60/+30	+76/+30	+104/+30
65	80	+550/+360	+390/+200	+500/+200	+340/+150										
80	100	+600/+380	+440/+220	+570/+220	+390/+170	+174/+120	+207/+120	+260/+120	+340/+120	+126/+72	+159/+72	+58/+36	+71/+36	+90/+36	+123/+36
100	120	+630/+410	+460/+240	+590/+240	+400/+180										
120	140	+710/+460	+510/+260	+660/+260	+450/+200	+208/+145	+245/+145	+305/+145	+395/+145	+148/+85	+185/+85	+68/+43	+83/+43	+106/+43	+143/+43
140	160	+770/+520	+530/+280	+680/+280	+460/+210										
160	180	+830/+580	+560/+310	+710/+310	+480/+230										
180	200	+950/+660	+630/+340	+800/+340	+530/+240	+242/+170	+285/+170	+355/+170	+460/+170	+172/+100	+215/+100	+79/+50	+96/+50	+122/+50	+165/+50
200	225	+1030/+740	+670/+380	+840/+380	+550/+260										
225	250	+1110/+820	+710/+420	+880/+420	+570/+280										
250	280	+1240/+920	+800/+480	+1000/+480	+620/+300	+271/+190	+320/+190	+400/+190	+510/+190	+191/+110	+240/+110	+88/+56	+108/+56	+137/+56	+186/+56
280	315	+1370/+1050	+860/+540	+1060/+540	+650/+330										
315	355	+1560/+1200	+960/+600	+1170/+600	+720/+360	+299/+210	+350/+210	+440/+210	+570/+210	+214/+125	+265/+125	+98/+62	+119/+62	+151/+62	+202/+62
355	400	+1710/+1350	+1040/+680	+1250/+680	+760/+400										
400	450	+1900/+1500	+1160/+760	+1390/+760	+840/+440	+327/+230	+385/+230	+480/+230	+630/+230	+232/+135	+290/+135	+108/+68	+131/+68	+165/+68	+223/+68
450	500	+2050/+1650	+1240/+840	+1470/+840	+880/+480										

注:公称尺寸小于1mm时,各级的 A 和 B 均不采用。

续表

公称尺寸/mm 大于	至	G 6	⑦	H 6	⑦	⑧	⑨	10	⑪	12	Js 6	7	8	K 6	⑦	8	M 6	7	8
—	3	+8 +2	+12 +2	+6 0	+10 0	+14 0	+25 0	+40 0	+60 0	+100 0	±3	±5	±7	0 −6	0 −10	0 −14	−2 −8	−2 −12	−2 −16
3	6	+12 +4	+16 +4	+8 0	+12 0	+18 0	+30 0	+48 0	+75 0	+120 0	±4	±6	±9	+2 −6	+3 −9	+5 −13	−1 −9	0 −12	+2 −16
6	10	+14 +5	+20 +5	+9 0	+15 0	+22 0	+36 0	+58 0	+90 0	+150 0	±4.5	±7	±11	+2 −7	+5 −10	+6 −16	−3 −12	0 −15	+1 −21
10	14	+17 +6	+24 +6	+11 0	+18 0	+27 0	+43 0	+70 0	+110 0	+180 0	±5.5	±9	±13	+2 −9	+6 −12	+8 −19	−4 −15	0 −18	+2 −25
14	18																		
18	24	+20 +7	+28 +7	+13 0	+21 0	+33 0	+52 0	+84 0	+130 0	+210 0	±6.5	±10	±16	+2 −11	+6 −15	+10 −23	−4 −17	0 −21	+4 −29
24	30																		
30	40	+25 +9	+34 +9	+16 0	+25 0	+39 0	+62 0	+100 0	+160 0	+250 0	±8	±12	±19	+3 −13	+7 −18	+12 −27	−4 −20	0 −25	+5 −34
40	50																		
50	65	+29 +10	+40 +10	+19 0	+30 0	+46 0	+74 0	+120 0	+190 0	+300 0	±9.5	±15	±23	+4 −15	+9 −21	+14 −32	−5 −24	0 −30	+5 −41
65	80																		
80	100	+34 +12	+47 +12	+22 0	+35 0	+54 0	+87 0	+140 0	+220 0	+350 0	±11	±17	±27	+4 −18	+10 −25	+16 −38	−6 −28	0 −35	+6 −48
100	120																		
120	140	+39 +14	+54 +14	+25 0	+40 0	+63 0	+100 0	+160 0	+250 0	+400 0	±12.5	±20	±31	+4 −21	+12 −28	+20 −43	−8 −33	0 −40	+8 −55
140	160																		
160	180																		
180	200	+44 +15	+61 +15	+29 0	+46 0	+72 0	+115 0	+185 0	+290 0	+460 0	±14.5	±23	±36	+5 −24	+13 −33	+22 −50	−8 −37	0 −46	+9 −63
200	225																		
225	250																		
250	280	+49 +17	+69 +17	+32 0	+52 0	+81 0	+130 0	+210 0	+320 0	+520 0	±16	±26	±40	+5 −27	+16 −36	+25 −56	−9 −41	0 −52	+9 −72
280	315																		
315	355	+54 +18	+75 +18	+36 0	+57 0	+89 0	+140 0	+230 0	+360 0	+570 0	±18	±28	±44	+7 −29	+17 −40	+28 −61	−10 −46	0 −57	+11 −78
355	400																		
400	450	+60 +20	+83 +20	+40 0	+63 0	+97 0	+155 0	+250 0	+400 0	+630 0	±20	±31	±48	+8 −32	+18 −45	+29 −68	−10 −50	0 −63	+11 −86
450	500																		

续表

公称尺寸/mm		常用及优先公差带（带圈者为优先公差带）										
		N			P		R		S		T		U
大于	至	6	⑦	8	6	⑦	6	7	6	⑦	6	7	⑦
—	3	−4 −10	−4 −14	−4 −18	−6 −12	−6 −16	−10 −16	−10 −20	−14 −20	−14 −24	—	—	−18 −28
3	6	−5 −13	−4 −16	−2 −20	−9 −17	−8 −20	−12 −20	−11 −23	−16 −24	−15 −27	—	—	−19 −31
6	10	−7 −16	−4 −19	−3 −25	−12 −21	−9 −24	−16 −25	−13 −28	−20 −29	−17 −32	—	—	−22 −37
10	14	−9 −20	−5 −23	−3 −30	−15 −26	−11 −29	−20 −31	−16 −34	−25 −36	−21 −39	—	—	−26 −44
14	18	−9 −20	−5 −23	−3 −30	−15 −26	−11 −29	−20 −31	−16 −34	−25 −36	−21 −39	—	—	−26 −44
18	24	−11 −24	−7 −28	−3 −36	−18 −31	−14 −35	−24 −37	−20 −41	−31 −44	−27 −48	—	—	−33 −54
24	30	−11 −24	−7 −28	−3 −36	−18 −31	−14 −35	−24 −37	−20 −41	−31 −44	−27 −48	−37 −50	−33 −54	−40 −61
30	40	−12 −28	−8 −33	−3 −42	−21 −37	−17 −42	−29 −45	−25 −50	−38 −54	−34 −59	−43 −59	−39 −64	−51 −76
40	50	−12 −28	−8 −33	−3 −42	−21 −37	−17 −42	−29 −45	−25 −50	−38 −54	−34 −59	−49 −65	−45 −70	−61 −86
50	65	−14 −33	−9 −39	−4 −50	−26 −45	−21 −51	−35 −54	−30 −60	−47 −66	−42 −72	−60 −79	−55 −85	−76 −106
65	80	−14 −33	−9 −39	−4 −50	−26 −45	−21 −51	−37 −56	−32 −62	−53 −72	−48 −78	−69 −88	−64 −94	−91 −121
80	100	−16 −38	−10 −45	−4 −58	−30 −52	−24 −59	−44 −66	−38 −73	−64 −86	−58 −93	−84 −106	−78 −113	−111 −146
100	120	−16 −38	−10 −45	−4 −58	−30 −52	−24 −59	−47 −69	−41 −76	−72 −94	−66 −101	−97 −119	−91 −126	−131 −166
120	140	−20 −45	−12 −52	−4 −67	−36 −61	−28 −68	−56 −81	−48 −88	−85 −110	−77 −117	−115 −140	−107 −147	−155 −195
140	160	−20 −45	−12 −52	−4 −67	−36 −61	−28 −68	−58 −83	−50 −90	−93 −118	−85 −125	−127 −152	−119 −159	−175 −215
160	180	−20 −45	−12 −52	−4 −67	−36 −61	−28 −68	−61 −86	−53 −93	−101 −126	−93 −133	−139 −164	−131 −171	−195 −235
180	200	−22 −51	−14 −60	−5 −77	−41 −70	−33 −79	−68 −97	−60 −106	−113 −142	−105 −151	−157 −186	−149 −195	−219 −265
200	225	−22 −51	−14 −60	−5 −77	−41 −70	−33 −79	−71 −100	−63 −109	−121 −150	−113 −159	−171 −200	−163 −209	−241 −287
225	250	−22 −51	−14 −60	−5 −77	−41 −70	−33 −79	−75 −104	−67 −113	−131 −160	−123 −169	−187 −216	−179 −225	−267 −313
250	280	−25 −57	−14 −66	−5 −86	−47 −79	−36 −88	−85 −117	−74 −126	−149 −181	−138 −190	−209 −241	−198 −250	−295 −347
280	315	−25 −57	−14 −66	−5 −86	−47 −79	−36 −88	−89 −121	−78 −130	−161 −193	−150 −202	−231 −263	−220 −272	−330 −382
315	355	−26 −62	−16 −73	−5 −94	−51 −87	−41 −98	−97 −133	−87 −144	−179 −215	−169 −226	−257 −293	−247 −304	−369 −426
355	400	−26 −62	−16 −73	−5 −94	−51 −87	−41 −98	−103 −139	−93 −150	−197 −233	−187 −244	−283 −319	−273 −330	−414 −471
400	450	−27 −67	−17 −80	−6 −103	−55 −95	−45 −108	−113 −153	−103 −166	−219 −259	−209 −272	−317 −357	−307 −370	−467 −530
450	500	−27 −67	−17 −80	−6 −103	−55 −95	−45 −108	−119 −159	−109 −172	−239 −279	−229 −279	−347 −387	−337 −400	−517 −580

附表 A-3　标准公差数值表(摘自 GB/T 1800.1—2020)

公称尺寸 /mm		标准公差等级																		
		IT1	IT2	IT3	IT4	IT5	IT6	IT7	IT8	IT9	IT10	IT11	IT12	IT13	IT14	IT15	IT16	IT17	IT18
大于	至	μm											mm						
—	3	0.8	1.2	2	3	4	6	10	14	25	40	60	0.1	0.14	0.25	0.4	0.6	1	1.4
3	6	1	1.5	2.5	4	5	8	12	18	30	48	75	0.12	0.18	0.3	0.48	0.75	1.2	1.8
6	10	1	1.5	2.5	4	6	9	15	22	36	58	90	0.15	0.22	0.36	0.58	0.9	1.5	2.2
10	18	1.2	2	3	5	8	11	18	27	43	70	110	0.18	0.27	0.43	0.7	1.1	1.8	2.7
18	30	1.5	2.5	4	6	9	13	21	33	52	84	130	0.21	0.33	0.52	0.84	1.3	2.1	3.3
30	50	1.5	2.5	4	7	11	16	25	39	62	100	160	0.25	0.39	0.62	1	1.6	2.5	3.9
50	80	2	3	5	8	13	19	30	46	74	120	190	0.3	0.46	0.74	1.2	1.9	3	4.6
80	120	2.5	4	6	10	15	22	35	54	87	140	220	0.35	0.54	0.87	1.4	2.2	3.5	5.4
120	180	3.5	5	8	12	18	25	40	63	100	160	250	0.4	0.63	1	1.6	2.5	4	6.3
180	250	4.5	7	10	14	20	29	46	72	115	185	290	0.46	0.72	1.15	1.85	2.9	4.6	7.2
250	315	6	8	12	16	23	32	52	81	130	210	320	0.52	0.81	1.3	2.1	3.2	5.2	8.1
315	400	7	9	13	18	25	36	57	89	140	230	360	0.57	0.89	1.4	2.3	3.6	5.7	8.9
400	500	8	10	15	20	27	40	63	97	155	250	400	0.63	0.97	1.55	2.5	4	6.3	9.7
500	630	9	11	16	22	32	44	70	110	175	280	440	0.7	1.1	1.75	2.8	4.4	7	11
630	800	10	13	18	25	36	50	80	125	200	320	500	0.8	1.25	2	3.2	5	8	12.5
800	1000	11	15	21	28	40	56	90	140	230	360	560	0.9	1.4	2.3	3.6	5.6	9	14
1000	1250	13	18	24	33	47	66	105	165	260	420	660	1.05	1.65	2.6	4.2	6.6	10.5	16.5
1250	1600	15	21	29	39	55	78	125	195	310	500	780	1.25	1.95	3.1	5	7.8	12.5	19.5
1600	2000	18	25	35	46	65	92	150	230	370	600	920	1.5	2.3	3.7	6	9.2	15	23
2000	2500	22	30	41	55	78	110	175	280	440	700	1100	1.75	2.8	4.4	7	11	17.5	28
2500	3150	26	36	50	68	96	135	210	330	540	860	1350	2.1	3.3	5.4	8.6	13.5	21	33

注：1. 公称尺寸大于 500mm 的 IT1～IT5 的标准公差值为试行的。

　　2. 公称尺寸≤1mm 时,无 IT14～IT18。

附录 B　常用螺纹

1. 普通螺纹(摘自 GB/T 193—2003,GB/T 196—2003)

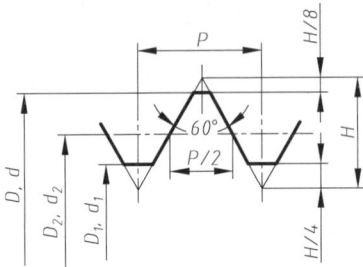

$$H=\frac{\sqrt{3}}{2}P$$

标记示例

M24:公称直径为 24mm 的粗牙普通螺纹

M24×1.5:公称直径为 24mm,螺距为 1.5mm 的细牙普通螺纹

附表 B-1　普通螺纹直径、螺距和基本尺寸　　　　　　　　　　mm

公称直径 D、d		螺　距　P		粗牙小径 D_1、d_1	公称直径 D、d		螺　距　P		粗牙小径 D_1、d_1
第一系列	第二系列	粗牙	细牙		第一系列	第二系列	粗牙	细牙	
3		0.5	0.35	2.459		22	2.5	2、1.5、1、(0.75)、(0.5)	19.294
	3.5	0.6		2.850	24		3	2、1.5、1、(0.75)、	20.752
4		0.7		3.242		27	3	2、1.5、1、(0.75)、	23.752
	4.5	0.75	0.5	3.688	30		3.5	(3)、2、1.5、1、(0.75)	26.211
5		0.8		4.134					
6		1	0.75、(0.5)	4.917		33	3.5	(3)、2、1.5、(1)、(0.75)	29.211
8		1.25	1、0.75、(0.5)	6.647	36		4	3、2、1.5、(1)	31.670
10		1.5	1.25、1、0.75、(0.5)	8.376		39	4		34.670
12		1.75	1.5、1.25、1、(0.75)、(0.5)	10.106	42		4.5	(4)、3、2、1.5、(1)	37.129
	14	2	1.5、(1.25)、1、(0.75)、(0.5)	11.835		45	4.5		40.129
16		2	1.5、1、(0.75)、(0.5)	13.835	48		5		42.87
	18	2.5	2、1.5、1、(0.75)、(0.5)	15.294		52	5		46.587
20		2.5		17.294	56		5.5	4、3、2、1.5、(1)	50.046

注:1. 优先选用第一系列,括号内尺寸尽可能不用,第三系列未列入。

　　2. 中径 D_2、d_2 未列入。

附表 B-2　细牙普通螺纹螺距与小径的关系　　　　　　　　　　mm

螺距 P	小径 D_1、d_1	螺距 P	小径 D_1、d_1	螺距 P	小径 D_1、d_1
0.35	$d-1+0.621$	1	$d-2+0.918$	2	$d-3+0.835$
0.5	$d-1+0.459$	1.25	$d-2+0.647$	3	$d-4+0.752$
0.75	$d-1+0.188$	1.5	$d-2+0.376$	4	$d-5+0.670$

注:表中的小径按 $D_1=d_1=d-2\times\frac{5}{8}H$,$H=\frac{\sqrt{3}}{2}P$ 计算得出。

2. 梯形螺纹(摘自 GB/T 5796.2—2022、GB/T 5796.3—2022)

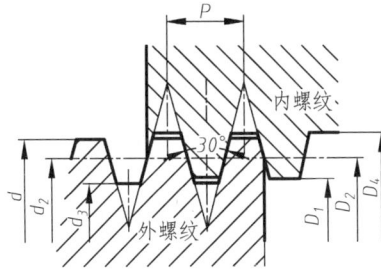

附表 B-3　梯形螺纹直径与螺距　　　　　　　mm

公称直径 d 第一系列	第二系列	螺距 P	中径 $d_2=D_2$	大径 D_4	小径 d_3	小径 D_1
8		1.5	7.25	8.30	6.20	6.50
	9	1.5	8.25	9.30	7.20	7.50
	9	2	8.00	9.50	6.50	7.00
10		1.5	9.25	10.30	8.20	8.50
10		2	9.00	10.50	7.50	8.00
	11	2	10.00	11.50	8.50	9.00
	11	3	9.50	11.50	7.50	8.00
12		2	11.00	12.50	9.50	10.00
12		3	10.50	12.50	8.50	9.00
	14	2	13.00	14.50	11.50	12.00
	14	3	12.50	14.50	10.50	11.00
16		2	15.00	16.50	13.50	14.00
16		4	14.00	16.50	11.50	12.00
	18	2	17.00	18.50	15.50	16.00
	18	4	16.00	18.50	13.50	14.00
20		2	19.00	20.50	17.50	18.00
20		4	18.00	20.50	15.50	16.00
	22	3	20.50	22.50	18.50	19.00
	22	5	19.50	22.50	16.50	17.00
	22	8	18.00	23.00	13.00	14.00
24		3	22.50	24.50	20.50	21.00
24		5	21.50	24.50	18.50	19.00
24		8	20.00	25.00	15.00	16.00
	26	3	24.50	26.50	22.50	23.00
	26	5	23.50	26.50	20.50	21.00
	26	8	22.00	27.00	17.00	18.00
28		3	26.50	28.50	24.50	25.00
28		5	25.50	28.50	22.50	23.00
28		8	24.00	29.00	19.00	20.00
30		3	28.50	30.50	26.50	29.00
30		6	27.00	31.00	23.00	24.00
30		10	25.00	31.00	19.00	20.00
32		3	30.50	32.50	28.50	29.00
32		6	29.00	33.00	25.00	26.00
32		10	27.00	33.00	21.00	22.00
	34	3	32.50	34.50	30.50	31.00
	34	6	31.00	35.00	27.00	28.00
	34	10	29.00	35.00	23.00	24.00
36		3	34.50	36.50	32.50	33.00
36		6	33.00	37.00	29.00	30.00
36		10	31.00	37.00	25.00	26.00
	38	3	36.50	38.50	34.50	35.00
	38	7	34.50	39.00	30.00	31.00
	38	10	33.00	39.00	27.00	28.00
40		3	38.50	40.50	36.50	37.00
40		7	36.50	41.00	32.00	33.00
40		10	35.00	41.00	29.00	30.00

3. 非螺纹密封的管螺纹(摘自 GB/T 7307—2001)

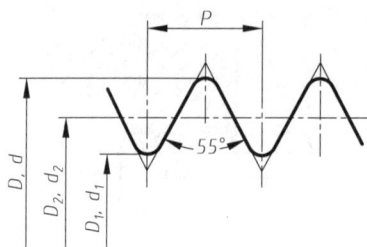

附表 B-4　管螺纹尺寸代号及基本尺寸　　　　　　　mm

尺寸代号	每 25.4mm 内的牙数 n	螺距 P	基本直径	
			大径 D、d	小径 D_1、d_1
1/8	28	0.907	9.728	8.566
1/4	19	1.337	13.157	11.445
3/8	19	1.337	16.662	14.950
1/2	14	1.814	20.955	18.631
5/8	14	1.814	22.911	20.587
3/4	14	1.814	26.441	24.117
7/8	14	1.814	30.201	27.877
1	11	2.309	33.249	30.291
$1\frac{1}{8}$	11	2.309	37.897	34.939
$1\frac{1}{4}$	11	2.309	41.910	38.952
$1\frac{1}{2}$	11	2.309	47.803	44.845
$1\frac{3}{4}$	11	2.309	53.746	50.788
2	11	2.309	59.614	56.656
$2\frac{1}{4}$	11	2.309	65.710	62.752
$2\frac{1}{2}$	11	2.309	75.184	72.226
$2\frac{3}{4}$	11	2.309	81.534	78.576
3	11	2.309	87.884	84.926

附录 C　螺纹连接件

1. 六角头螺栓

六角头螺栓——C 级(摘自 GB/T 5780—2016)　　　六角头螺栓——A 和 B 级(摘自 GB/T 5782—2016)

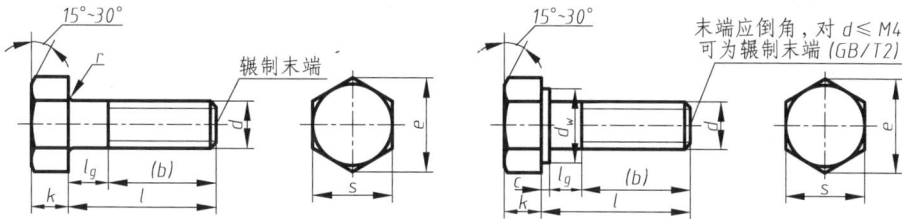

标记示例

螺纹规格 d = M12、公称长度 l = 80mm、性能等级为 8.8 级、表面氧化、A 级的六角头螺栓,其标记为:

螺栓 GB/T 5782 M12×80

附表 C-1　六角头螺栓各部分尺寸
mm

螺纹规格 d			M3	M4	M5	M6	M8	M10	M12	M16	M20	M24	M30	M36	M42
b 参考	$l \leqslant 125$		12	14	16	18	22	26	30	38	46	54	66	—	—
	$125 < l \leqslant 200$		18	20	22	24	28	32	36	44	52	60	72	84	96
	$l > 200$		31	33	35	37	41	45	49	57	65	73	85	97	109
c(max)			0.4	0.4	0.5	0.5	0.6	0.6	0.6	0.8	0.8	0.8	0.8	0.8	1
d_w (min)	产品等级	A	4.57	5.88	6.88	8.88	11.63	14.63	16.63	22.49	28.19	33.61	—	—	—
		A、B	4.45	5.74	6.74	8.74	11.47	14.47	16.47	22	27.7	33.25	42.75	51.11	59.95
e (min)	产品等级	A	6.01	7.66	8.79	11.05	14.38	17.77	20.03	26.75	33.53	39.98	—	—	—
		B、C	5.88	7.50	8.63	10.89	14.20	17.59	19.85	26.17	32.95	39.55	50.85	60.79	72.02
k 公称			2	2.8	3.5	4	5.3	6.4	7.5	10	12.5	15	18.7	22.5	26
r(min)			0.1	0.2	0.2	0.25	0.4	0.4	0.6	0.6	0.8	0.8	1	1	1.2
s 公称			5.5	7	8	10	13	16	18	24	30	36	46	55	65
l(商品规格范围)			20~30	25~40	25~50	30~60	40~80	45~100	50~120	65~160	80~200	90~240	110~300	140~360	160~440
l 系列			12,16,20,25,30,35,40,45,50,55,60,65,70,80,90,100,110,120,130,140,150,160, 180,200,220,240,260,280,300,320,340,360,380,400,420,440,460,480,500												

注:1. A 级用于 $d \leqslant 24$ 和 $l \leqslant 10d$ 或 $\leqslant 150$ 的螺栓;

B 级用于 $d > 24$ 和 $l > 10d$ 或 > 150 的螺栓。

2. 螺纹规格 d 范围:GB/T 5780 为 M5~M64;GB/T 5782 为 M1.6~M64。

3. 公称长度范围:GB/T 5780 为 25~500;GB/T 5782 为 12~500。

2. 双头螺柱

双头螺柱——$b_m=1d$(GB/T 897—1988)　　　双头螺柱——$b_m=1.25d$(GB/T 898—1988)

双头螺柱——$b_m=1.5d$(GB/T 899—1988)　　双头螺柱——$b_m=2d$(GB/T 900—1988)

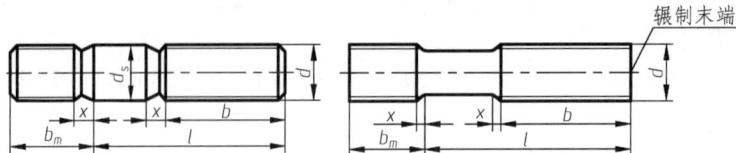

辗制末端

标记示例

两端均为粗牙普通螺纹、$d=10$mm、$l=50$mm、性能等级为 4.8 级、B 型、$b_m=1d$ 的双头螺柱,其标记为:螺柱 GB/T 897 M10×50

旋入端为粗牙普通螺纹、紧固端为螺距 $P=1$mm 的细牙普通螺纹、$d=10$mm、$l=50$mm、性能等级为 4.8 级、A 型、$b_m=1d$ 的双头螺柱,其标记为:螺柱 GB/T 897 AM10—M10×1×50

附表 C-2　双头螺柱各部分尺寸　　　　　　　　　　　　　　　　mm

螺纹规格		M5	M6	M8	M10	M12	M16	M20	M24	M30	M36	M42
b_m(公称)	GB/T 897	5	6	8	10	12	16	20	24	30	36	42
	GB/T 898	6	8	10	12	15	20	25	30	38	45	52
	GB/T 899	8	10	12	15	18	24	30	36	45	54	65
	GB/T 900	10	12	16	20	24	32	40	48	60	72	84
d_s(max)		5	6	8	10	12	16	20	24	30	36	42
x(max)		2.5P										
$\dfrac{l}{b}$		16~22/10	20~22/10	20~22/12	25~28/14	25~30/16	30~38/20	35~40/25	45~50/30	60~65/40	65~75/45	65~80/50
		25~50/16	25~30/14	25~30/16	30~38/16	32~40/20	40~55/30	45~65/35	55~75/45	70~90/50	80~110/60	85~110/70
			32~75/18	32~90/22	40~120/26	40~120/30	60~120/38	70~120/46	80~120/54	95~120/60	120/78	120/90
				130/28	130~180/32	130~200/36	130~200/44	130~200/52	130~200/60	130~200/72	130~200/84	130~200/96
										210~250/85	210~300/91	210~300/109
l 系列		16,(18),20,(22),25,(28),30,(32),35,(38),40,45,50,(55),60,(65),70,(75),80,(85),90,(95),100,110,120,130,140,150,160,170,180,190,200,210,220,230,240,250,260,280,300										

注:P 是粗牙螺纹的螺距。

3. 内六角圆柱头螺钉(摘自 GB/T 70.1—2008)

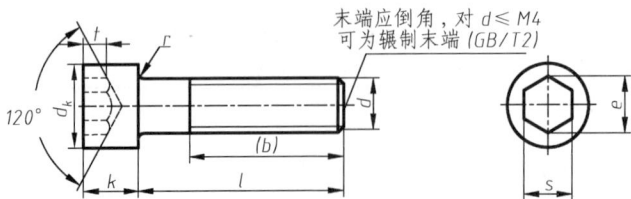

末端应倒角,对 $d\leqslant M4$ 可为辗制末端(GB/T2)

标记示例

螺纹规格 $d=$M5、公称长度 $l=20$mm、性能等级为 8.8 级、表面氧化的内六角圆柱头螺钉,其标记为:螺钉 GB/T 70.1 M5×200

附表 C-3　内六角圆柱头螺钉各部分尺寸

mm

螺纹规格 d	M3	M4	M5	M6	M8	M10	M12	M14	M16	M20
P（螺距）	0.5	0.7	0.8	1	1.25	1.5	1.75	2	2	2.5
b 参考	18	20	22	24	28	32	36	40	44	52
d_k（max）	5.50	7.00	8.50	10.00	13.00	16.00	18.00	21.00	24.00	30.00
k（max）	3.00	4.00	5.00	6.00	8.00	10.00	12.00	14.00	16.00	20.00
t（mm）	1.3	2	2.5	3	4	5	6	7	8	10
s（公称）	2.5	3	4	5	6	8	10	12	14	17
e（min）	2.873	3.443	4.583	5.723	6.863	9.149	11.429	13.716	15.996	19.437
r（min）	0.1	0.2	0.2	0.25	0.4	0.4	0.6	0.6	0.6	0.8
公称长度 l	5～30	6～40	8～50	10～60	12～80	16～100	20～120	25～140	25～160	30～200
l≤表中数值时，制出全螺纹	20	25	25	30	35	40	45	55	55	65
l 系列	2.5,3,4,5,6,8,10,12,16,20,25,30,35,40,45,50,55,60,65,70,80,90,100,110,120,130,140,150,160,180,200,220,240,260,280,300									

注：螺纹规格 d=M1.6～M64。

4. 开槽沉头螺钉（摘自 GB/T 68—2016）

标记示例

螺纹规格 d＝M5、公称长度 l＝20mm、性能等级为 4.8 级、不经表面处理的 A 级开槽沉头螺钉，其标记为：螺钉 GB/T 68 M5×20

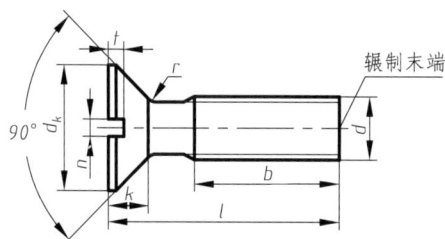

附表 C-4　开槽沉头螺钉各部分尺寸

mm

螺纹规格 d	M1.6	M2	M2.5	M3	M4	M5	M6	M8	M10
P（螺距）	0.35	0.4	0.45	0.5	0.7	0.8	1	1.25	1.5
b（min）	25	25	25	25	38	38	38	38	38
d_k（max）	3.6	4.4	5.5	6.3	9.4	10.4	12.6	17.3	20
k（公称）	1	1.2	1.5	1.65	2.7	2.7	3.3	4.65	5
n（公称）	0.4	0.5	0.6	0.8	1.2	1.2	1.6	2	2.5
r（max）	0.4	0.5	0.6	0.8	1	1.3	1.5	2	2.5
t（max）	0.5	0.6	0.75	0.85	1.3	1.4	1.6	2.3	2.6
公称长度 l	2.5～16	3～20	4～25	5～30	6～40	8～50	8～60	10～80	12～80
l 系列	2.5,3,4,5,6,8,10,12,(14),16,20,25,30,35,40,45,50,(55),60,(65),70,(75),80								

注：1. 括号内的规格尽可能不采用。

　　2. M1.6～M3 的螺钉、公称长度 l≤30 的，制出全螺纹；M4～M10 的螺钉、公称长度 l≤45 的，制出全螺纹。

5. 开槽圆柱头螺钉(摘自 GB/T 65—2016)

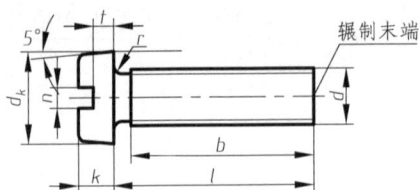

标记示例

螺纹规格 d = M5、公称长度 l = 20mm、性能等级为 4.8 级、不经表面氧化的 A 级开槽圆柱头螺钉,其标记为:螺钉 GB/T 65 M5×20

附表 C-5　　开槽圆柱头螺钉各部分尺寸　　　　　　　　　mm

螺纹规格 d	M4	M5	M6	M8	M10
P(螺距)	0.7	0.8	1	1.25	1.5
b(min)	38	38	38	38	38
d_k(max)	7	8.5	10	13	16
k(max)	2.6	3.3	3.9	5	6
n(公称)	1.2	1.2	1.6	2	2.5
r(min)	0.2	0.2	0.25	0.4	0.4
t(min)	1.1	1.3	1.6	2	2.4
公称长度 l	5～40	6～50	8～60	10～80	12～80
l 系列	5,6,8,10,12,(14),16,20,25,30,35,40,45,50,(55),60,(65),70,(75),80				

注:1. 公称长度 l≤40 的螺钉,制出全螺纹。

　　2. 括号内的规格尽可能不采用。

　　3. 螺纹规格 d＝M1.6～M10;公称长度 l＝2～80。

6. 开槽盘头螺钉(摘自 GB/T 67—2016)

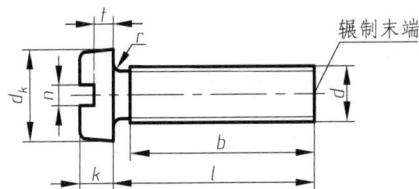

标记示例

螺纹规格 d = M5、公称长度 l = 20mm、性能等级为 4.8 级、不经表面处理的 A 级开槽盘头螺钉,其标记为:螺钉 GB/T 67 M5×20

附表 C-6　　开槽盘头螺钉各部分尺寸　　　　　　　　　mm

螺纹规格 d	M1.6	M2	M2.5	M3	M4	M5	M6	M7	M8
P(螺距)	0.35	0.4	0.45	0.5	0.7	0.8	1	1.25	1.5
b(min)	25	25	25	25	38	38	38	38	38
d_k(max)	3.2	4	5	5.6	8	9.5	12	16	20
k(max)	1	1.3	1.5	1.8	2.4	3	3.6	4.8	6
n(公称)	0.4	0.5	0.6	0.8	1.2	1.2	1.6	2	2.5
r(min)	0.1	0.1	0.1	0.1	0.2	0.2	0.25	0.4	0.4

续表

螺纹规格 d	M1.6	M2	M2.5	M3	M4	M5	M6	M7	M8
t(min)	0.35	0.5	0.6	0.7	1	1.2	1.4	1.9	2.4
公称长度 l	2～16	2.5～20	3～25	4～30	5～40	6～50	8～60	10～80	12～80
l 系列	2,2.5,3,4,5,6,8,10,12,(14),16,20,25,30,35,40,45,50,(55),60,(65),70,(75),80								

注：1. 括号内的规格尽可能不采用。

2. M1.6～M3 的螺钉,公称长度 $l \leqslant 30$ 的,制出全螺纹;

M4～M10 的螺钉,公称长度 $l \leqslant 40$ 的,制出全螺纹。

7. 紧定螺钉

开槽锥端紧定螺钉
GB/T 71—2018

开槽平端紧定螺钉
GB/T 73—2017

开槽长圆柱紧定螺钉
GB/T 75—2018

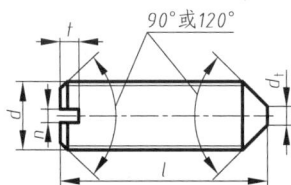
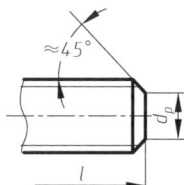
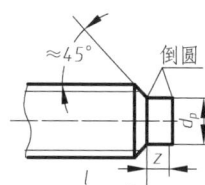

标记示例

螺纹规格 d＝M5、公称长度 l＝12mm、性能等级为 14H 级、表面氧化的开槽长圆柱端紧定螺钉,其标记为：螺钉 GB/T 75 M5×12

附表 C-7　紧定螺钉各部分尺寸　　　　　　　　mm

螺纹规格 d		M1.6	M2	M2.5	M3	M4	M5	M6	M8	M10	M12
P(螺距)		0.35	0.4	0.45	0.5	0.7	0.8	1	1.25	1.5	1.75
n(公称)		0.25	0.25	0.4	0.4	0.6	0.8	1	1.2	1.6	2
t(max)		0.74	0.84	0.95	1.05	1.42	1.63	2	2.5	3	3.6
d_1(max)		0.16	0.2	0.25	0.3	0.4	0.5	1.5	2	2.5	3
d_p(max)		0.8	1	1.5	2	2.5	3.5	4	5.5	7	8.5
z(max)		1.05	1.25	1.5	1.75	2.25	2.75	3.25	4.3	5.3	6.3
l	GB/T 71—2018	2～8	3～10	3～12	4～16	6～20	8～25	8～30	10～40	12～50	14～60
	GB/T 73—2017	2～8	2～10	2.5～12	3～16	4～20	5～25	6～30	8～40	10～50	12～60
	GB/T 75—2018	2.5～8	3～10	4～12	5～16	6～20	8～25	10～30	10～40	12～50	14～60
	l 系列	2,2.5,3,4,5,6,8,10,12,(14),16,20,25,30,35,40,45,50,(55),60									

注：1. l 为公称长度。

2. 括号内的规格尽可能不采用。

8. 螺母

1 型六角螺母——A 和 B 级　　　2 型六角螺母——A 和 B 级　　　六角薄螺母
GB/T 6170—2015　　　　　　　GB/T 6175—2016　　　　　　GB/T 6172.1—2016

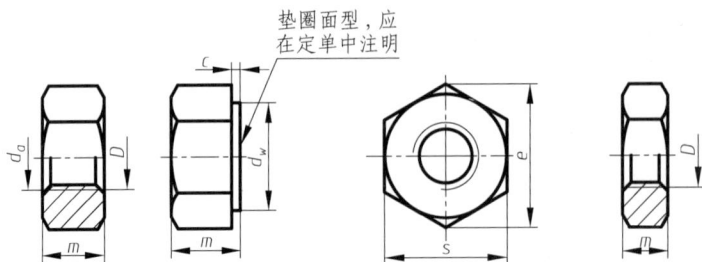

标记示例

　　螺纹规格 D＝M12、性能等级为 8 级、不经表面处理、产品等级为 A 级 1 型六角螺母,其标记为:螺母 GB/T 6170 M12

　　螺纹规格 D＝M12、性能等级为 9 级、表面氧化的 2 型六角螺母,其标记为:螺母 GB/T 6175 M12

　　螺纹规格 D＝M12、性能等级为 04 级、不经表面处理的六角薄螺母,其标记为:螺母 GB/T 6172.1 M12

附表 C-8　螺母各部分尺寸　　　　　　　　　　　mm

螺纹规格 D		M3	M4	M5	M6	M8	M10	M12	M16	M20	M24	M30	M36
e	min	6.01	7.66	8.63	10.89	14.20	17.59	19.85	26.17	32.95	39.55	50.85	60.79
s	max	5.5	7	8	10	13	16	18	24	30	36	46	55
	min	5.5	7	8	10	13	16	18	24	30	36	46	55
c	max	0.4	0.4	0.5	0.5	0.6	0.6	0.6	0.8	0.8	0.8	0.8	0.8
d_w	min	4.6	5.9	6.9	8.9	11.6	14.6	16.6	22.5	27.7	33.2	42.8	51.1
d_a	max	3.45	4.6	5.75	6.75	8.75	10.8	13	17.3	21.6	25.9	32.4	38.9
GB/T 6170 —2015 m	max	2.4	3.2	4.7	5.2	6.8	8.4	10.8	14.8	18	21.5	25.6	31
	min	2.15	2.9	4.4	4.9	6.44	8.04	10.37	14.1	16.9	20.2	24.3	29.4
GB/T 6172.1 —2016 m	max	1.8	2.2	2.7	3.2	4	5	6	8	10	12	15	18
	min	1.55	1.95	2.45	2.9	3.7	4.7	5.7	7.42	9.10	10.9	13.9	16.9
GB/T 6175 —2016 m	max	—	—	5.1	5.7	7.5	9.3	12	16.4	20.3	23.9	28.6	34.7
	min	—	—	4.8	5.4	7.14	8.94	11.57	15.7	19	22.6	27.3	33.1

　　注:A 级用于 D≤16;B 级用于 D＞16。

9. 垫圈

小垫圈——A 级(GB/T 848—2002)

平垫圈——A 级(GB/T 97.1—2002)

平垫圈　倒角型——A 级(GB/T 97.2—2002)

标记示例

标准系列、公称规格 8mm、性能等级为 140HV 级、不经表面处理的 A 级平垫圈,其标记为:垫圈 GB/T 97.1 8

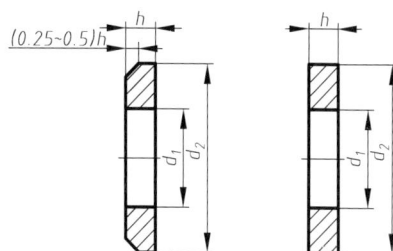

附表 C-9　垫圈各部分尺寸　　　　　　　　　mm

公称尺寸 (螺纹规格 d)		1.6	2	2.5	3	4	5	6	8	10	12	14	16	20	24	30	36
d_1	GB/T 848	1.7	2.2	2.7	3.2	4.3	5.3	6.4	8.4	10.5	13	15	17	21	25	31	37
	GB/T 97.1	1.7	2.2	2.7	3.2	4.3	5.3	6.4	8.4	10.5	13	15	17	21	25	31	37
	GB/T 97.2						5.3	6.4	8.4	10.5	13	15	17	21	25	31	37
d_1	GB/T 848	3.5	4.5	5	6	8	9	11	15	18	20	24	28	34	39	50	60
	GB/T 97.1	4	5	6	7	9	10	12	16	20	24	28	30	37	44	56	66
	GB/T 97.2						10	12	16	20	24	28	30	37	44	56	66
h	GB/T 848	0.3	0.3	0.5	0.5	0.5	1	1.6	1.6	1.6	2	2.5	2.5	3	4	4	5
	GB/T 97.1	0.3	0.3	0.5	0.5	0.8	1	1.6	1.6	2	2.5	2.5	3	3	4	4	5
	GB/T 97.2						1	1.6	1.6	2	2.5	2.5	3	3	4	4	5

10. 标准型弹簧垫圈(摘自 GB 93—1987)

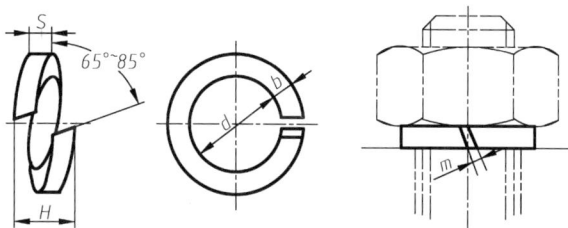

标记示例

规格 16mm、材料为 65Mn、表面氧化的标准型弹簧垫圈,其标记为:垫圈 GB/T 93 16

附表 C-10　标准型弹簧垫圈各部分尺寸　　　　　　　　　mm

规格(螺纹大径)		3	4	5	6	8	10	12	(14)	16	(18)	20	(22)	24	(27)	30
d		3.1	4.1	5.1	6.1	8.1	10.2	12.2	14.2	16.2	18.2	20.2	22.5	24.5	27.5	30.5
H	GB 93	1.6	2.2	2.6	3.2	4.2	5.2	6.2	7.2	8.2	9	10	11	12	13.6	15
	GB/T 859	1.2	1.6	2.2	2.6	3.2	4	5	6	6.4	7.2	8	9	10	11	12

续表

规格(螺纹大径)		3	4	5	6	8	10	12	(14)	16	(18)	20	(22)	24	(27)	30
$S(b)$	GB 93	0.8	1.1	1.3	1.6	2.1	2.6	3.1	3.6	4.1	4.5	5	5.5	6	6.8	7.5
S	GB/T 859	0.6	0.8	1.1	1.3	1.6	2	2.5	3	3.2	3.6	4	4.5	5	5.5	6
$m \leqslant$	GB 93	0.4	0.55	0.65	0.8	1.05	1.3	1.55	1.8	2.05	2.25	2.5	2.75	3	3.4	3.75
	GB/T 859	0.3	0.4	0.55	0.65	0.8	1	1.25	1.5	1.6	1.8	2	2.25	2.5	2.75	3
b	GB/T 859	1	1.2	1.5	2	2.5	3	3.5	4	4.5	5	5.5	6	7	8	9

注:1. 括号内的规格尽可能不采用。

  2. m 应大于零。

附录 D　键、销

1. 普通平键及键槽(摘自 GB/T 1096—2003 及 GB/T 1095—2003)

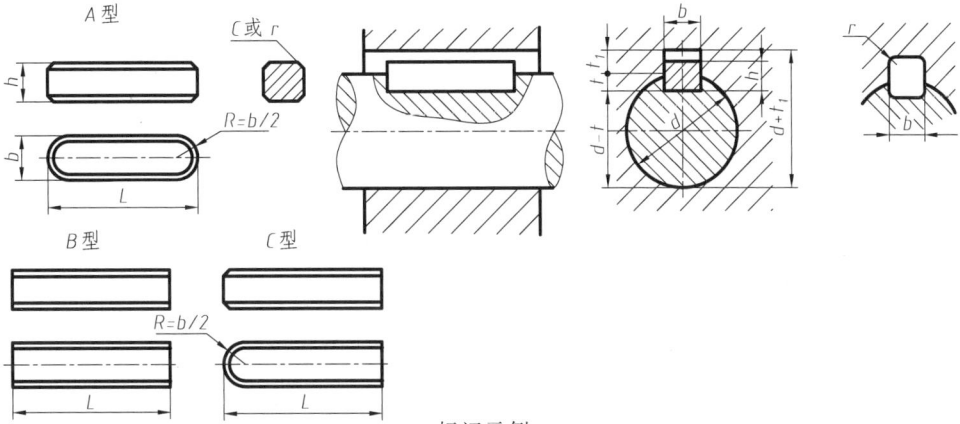

标记示例

圆头普通平键(A 型),$b=18$mm,$h=11$mm,$L=100$mm GB/T 1096—2003 键 18×11×100

圆头普通平键(B 型),$b=18$mm,$h=11$mm,$L=100$mm GB/T 1096—2003 键 B18×11×100

附表 D-1　普通平键及键槽各部分尺寸　　　　　　　　　　　mm

轴径 d	键的公称尺寸			键槽深		r 小于
				轴	轮毂	
	b	h	L	t	t_1	
自 6～8	2	2	6～20	1.2	1.0	
>8～10	3	3	6～36	1.8	1.4	0.16
>10～12	4	4	8～45	2.5	1.8	
>12～17	5	5	10～56	3.0	2.3	
>17～22	6	6	14～70	3.5	2.8	0.25
>22～30	8	7	18～90	4.0	3.3	
>30～38	10	8	22～110	5.0	3.3	
>38～44	12	8	28～140	5.0	3.3	
>44～50	14	9	36～160	5.5	3.8	0.40
>50～58	16	10	45～180	6.0	4.3	
>58～65	18	11	50～200	7.0	4.4	
>65～75	20	12	56～220	7.5	4.9	
>75～85	22	14	63～250	9.0	5.4	
>85～95	25	14	70～280	9.0	5.4	0.60
>95～110	28	16	80～320	10.0	6.4	
>110～130	32	18	90～360	11.0	7.4	

续表

轴径 d	键的公称尺寸			键槽深		r 小于
	b	h	L	轴 t	轮毂 t_1	
>130~150	36	20	100~400	12.0	8.4	
>150~170	40	22	100~400	13.0	9.4	1.00
>170~200	45	25	110~450	15.0	10.4	
>200~230	50	28	125~500	17.0	11.4	
>230~260	56	30	140~500	20.0	12.4	
>260~290	63	32	160~500	20.0	12.4	1.60
>290~300	70	36	180~500	22.0	12.4	
>330~380	80	40	200~500	25.0	15.4	
>380~440	90	45	220~500	28.0	17.4	2.50
>440~500	100	50	250~500	31.0	19.5	
L 的系列	6,8,10,12,14,16,18,20,22,25,28,32,36,40,45,50,56,63,70,80,90,100,110,125,140,160…					

注：1. 在工作图中轴槽深用 $d-t$ 或 t 标注,轮毂槽深用 $d+t_1$ 标注。

　　2. 对于空心轴、阶梯轴、传递较低扭矩及定位等特殊情况,允许大直径的轴选用较小断面尺寸的键。

2. 半圆键及键槽(摘自 GB/T 1099.1—2003 及 GB/T 1098—2003)

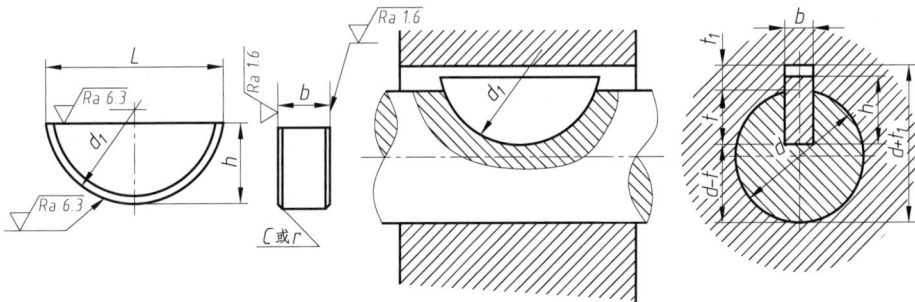

标记示例

半圆键 $b=6\text{mm}, h=100\text{mm}, d=25\text{mm}, L=100\text{mm}$ GB/T 1099.1—2003　键 $6\times10\times100$

附表 D-2　半圆键及键槽各部分尺寸　　　　　　　　　　　　mm

轴径 d		键的公称尺寸				键槽深		C 小于
键传递扭矩用	键传动定位用	b	h	d_1	$l\approx$	轴 t	轮毂 t_1	
自 3~4	自 3~4	1.0	1.4	4	3.9	1.0	0.6	
>4~5	>4~6	1.5	2.6	7	6.8	2.0	0.8	
>5~6	>6~8	2.0	2.6	7	6.8	1.8	1.0	0.25
>6~7	>8~10		3.7	10	9.7	2.9		
>7~8	>10~12	2.5	3.7	10	9.7	2.7	1.2	
>8~10	>12~15	3.0	5.0	13	12.7	3.8	1.4	
>10~12	>15~18		6.5	16	15.7	5.3		

续表

轴径 d		键的公称尺寸				键槽深		C 小于
键传递扭矩用	键传动定位用	b	h	d_1	$l \approx$	轴	轮毂	
						t	t_1	
>12~14	>18~20	4.0	6.5	16	15.7	5.0	1.8	
>14~16	>20~22		7.5	19	18.6	6.0		
>16~18	>22~25	5.0	6.5	16	15.7	4.5	2.3	0.4
>18~20	>25~28		7.5	19	18.6	5.5		
>20~22	>28~32		9	22	21.6	7.0		
>22~25	>32~36	6	9	22	21.6	6.5	2.8	
>25~28	>36~40		10	25	24.5	7.5		
>28~32	40	8	11	28	27.4	8.0	3.3	0.6
>32~38	—	10	13	32	31.4	10.0		

注：1. 在工作图中轴槽深采用 $d-t$ 或 t 标注,轮毂槽深用 $d+t_1$ 标注。

2. k 值系计算键连接挤压应力时的参考尺寸。

3. 销

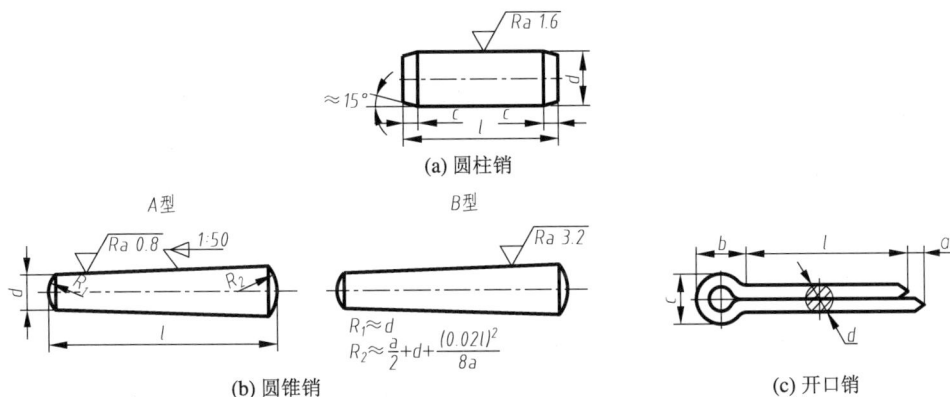

(a) 圆柱销

(b) 圆锥销

(c) 开口销

标记示例

公称直径 10mm、长 50mm 的 A 型圆柱销,其标记为：销 GB/T 119.1 10×50

公称直径 10mm、长 60mm 的 A 型圆锥销,其标记为：销 GB/T 117 10×60

公称直径 5mm、长 50mm 的开口销,其标记为：销 GB/T 91 10×50

附表 D-3　销各部分尺寸　　　　　　　　　　mm

名　称	公称直径 d	1	1.2	1.5	2	2.5	3	4	5	6	8	10	12
圆柱销(GB/T 119.1—2000)	$n\approx$	0.12	0.16	0.20	0.25	0.30	0.40	0.50	0.63	0.80	1.0	1.2	1.6
	$c\approx$	0.20	0.25	0.30	0.35	0.40	0.50	0.63	0.80	1.2	1.6	2	2.5
圆锥销(GB/T 117—2000)	$a\approx$	0.12	0.16	0.20	0.25	0.30	0.40	0.50	0.63	0.80	1	1.2	1.6
开口销(GB/T 91—2000)	d(公称)	0.6	0.8	1	1.2	1.6	2	2.5	3.2	4	5	6.3	8
	c	1	1.4	1.8	2	2.8	3.6	4.6	5.8	7.4	9.2	11.8	15
	$b\approx$	2	2.4	3	3	3.2	4	5	6.4	8	10	12.6	16
	a	1.6	1.6	1.6	2.5	2.5	2.5	2.5	4	4	4	4	4
	l(商品规格范围公称长度)	4～12	5～16	6～0	8～6	8～2	10～40	12～50	14～65	18～80	22～100	30～120	40～160
L 系列		2,3,4,5,6,8,10,12,14,16,18,20,22,24,26,28,30,32,35,40,45,50,55,60,65,70,75,80,85,90,95,100,120										

附录 E 常用滚动轴承

1. 深沟球轴承（GB/T 276—2013）

60000型

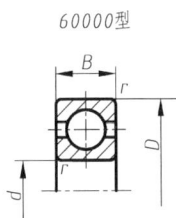

基本尺寸

标记示例

内径 $d=20$ 的 60000 型深沟球轴承,尺寸系列为(0)2,组合代号为 62,其标记为:滚动轴承　6204
GB/T 276—2013

附表 E-1　深沟球轴承各部分尺寸

轴承代号	外形尺寸/mm			轴承代号	外形尺寸/mm		
	d	D	B		d	D	B
(1)0 尺寸系列				6202	15	35	11
6000	10	26	8	6203	17	40	12
6001	12	28	8	6204	20	47	14
6002	15	32	9	6205	25	52	15
6003	17	35	10	6206	30	62	16
6004	20	42	12	6207	35	72	17
6005	25	47	12	6208	40	80	18
6006	30	55	13	6209	45	85	19
6007	35	62	14	6210	50	90	20
6008	40	68	15	6211	55	100	21
6009	45	75	16	6212	60	110	22
6010	50	80	16	6213	65	120	23
6011	55	90	18	6214	70	125	24
6012	60	95	18	6215	75	130	25
6013	65	100	18	(0)3 尺寸系列			
6014	70	110	20	6300	10	35	11
6015	75	115	20	6301	12	37	12
6016	80	125	22	6302	15	42	13
6017	85	130	22	6303	17	47	14
6018	90	140	24	6304	20	52	15
6019	95	145	24	6305	25	62	17
6020	100	150	24	6306	30	72	19
(0)2 尺寸系列				6307	35	80	21
6200	10	30	9	6308	40	90	23
6201	12	32	10	6309	45	100	25

轴承代号	外形尺寸/mm			轴承代号	外形尺寸/mm		
	d	D	B		d	D	B
6310	50	110	27	6406	30	90	23
6311	55	120	29	6407	35	100	25
6312	60	130	31	6408	40	110	27
6313	65	140	33	6409	45	120	29
6314	70	150	35	6410	50	130	31
6315	75	160	37	6411	55	140	33
6316	80	170	39	6412	60	150	35
6317	85	180	41	6413	65	160	37
6318	90	190	43	6414	70	180	42
6319	95	200	45	6415	75	190	45
6320	100	215	47	6416	80	200	48
(0)4 尺寸系列				6417	85	210	52
6403	17	62	17	6418	90	225	54
6404	20	72	19	6420	100	250	58
6405	25	80	21				

2. 圆锥滚子轴承(GB/T 297—2015)

30000型

基本尺寸

标记示例

内径 $d=20\text{mm}$,尺寸系列代号为 02 的圆锥滚子轴承,其标记为:滚动轴承 30204 GB/T 297—2015

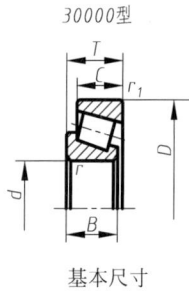

附表 E-2　圆锥滚子轴承各部分尺寸

轴承代号	外形尺寸/mm					轴承代号	外形尺寸/mm				
	d	D	T	B	C		d	D	T	B	C
02 尺寸系列						30211	55	100	22.75	21	18
30203	17	40	13.25	12	11	30212	60	110	23.75	22	19
30204	20	47	15.25	14	12	30213	65	120	24.75	23	20
30205	25	52	16.25	15	13	30214	70	125	26.25	24	21
30206	30	62	17.25	16	14	30215	75	130	27.25	25	22
30207	35	72	18.25	17	15	30216	80	140	28.25	26	22
30208	40	80	19.75	18	16	30217	85	150	30.5	28	24
30209	45	85	20.75	19	16	30218	90	160	32.5	30	26
30210	50	90	21.75	20	17	30219	95	170	34.5	32	27

续表

轴承代号	外形尺寸/mm					轴承代号	外形尺寸/mm				
	d	D	T	B	C		d	D	T	B	C
30220	100	180	37	34	29	32212	60	110	29.75	28	24
03 尺寸系列						32213	65	120	32.75	31	27
30302	15	42	14.25	13	11	32214	70	125	33.25	31	27
30303	17	47	15.25	14	12	32215	75	130	33.25	31	27
30304	20	52	16.25	15	13	32216	80	140	35.25	33	28
30305	25	62	18.25	17	15	32217	85	150	38.5	36	30
30306	30	72	20.75	19	16	32218	90	160	42.5	40	34
30307	35	80	22.75	21	18	32219	95	170	45.5	43	37
30308	40	90	25.25	23	20	32220	100	180	49	46	39
30309	45	100	27.25	25	22	23 尺寸系列					
30310	50	110	29.25	27	23	32303	17	47	20.25	19	16
30311	55	120	31.5	29	25	32304	20	52	22.25	21	18
30312	60	130	33.5	31	26	32305	25	62	25.25	24	20
30313	65	140	36	33	28	32306	30	72	28.75	27	23
30314	70	150	38	35	30	32307	35	80	32.75	31	25
30315	75	160	40	37	31	32308	40	90	35.25	33	27
30316	80	170	42.5	39	33	32309	45	100	38.25	36	30
30317	85	180	44.5	41	34	32310	50	110	42.25	40	33
30318	90	190	46.5	43	36	32311	55	120	45.5	43	35
30319	95	200	49.5	45	38	32312	60	130	48.5	46	37
30320	100	215	51.5	47	39	32313	65	140	51	48	39
22 尺寸系列						32314	70	150	54	51	42
32206	30	62	21.25	20	17	32315	75	160	58	55	45
32207	35	72	24.25	23	19	32316	80	170	61.5	58	48
32208	40	80	24.75	23	19	32317	85	180	63.5	60	49
32209	45	85	24.75	23	19	32318	90	190	67.5	64	53
32210	50	90	24.75	23	19	32319	95	200	71.5	67	55
32211	55	100	26.75	25	21	32320	100	215	77.5	73	60

3. 推力球轴承（GB/T 301—2015）

51000型

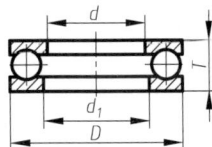

基本尺寸

标记示例

内径 $d=20$mm，51000 型推力球轴承，12 尺寸系列，其标记为：滚动轴承 51204 GB/T 301—2015

附表 E-3　推力球轴承各部分尺寸

轴承代号	外形尺寸/mm				轴承代号	外形尺寸/mm			
	d	d_1 min	D	T		d	d_1 min	D	T
12 尺寸系列					51309	45	47	85	28
					51310	50	52	95	31
51200	10	12	26	11	51311	55	57	105	35
51201	12	14	28	11	51312	60	62	110	35
51202	15	17	32	12	51313	65	67	115	36
51203	17	19	35	12	51314	70	72	125	40
51204	20	22	40	14	51315	75	77	135	44
51205	25	27	47	15	51316	80	82	140	44
51206	30	32	52	16	51317	85	88	150	49
51207	35	37	62	18	51318	90	93	155	50
51208	40	42	68	19	51320	100	103	170	55
51209	45	47	73	20	14 尺寸系列				
51210	50	52	78	22					
51211	55	57	90	25	51405	25	27	60	24
51212	60	62	95	26	51406	30	32	70	28
51213	65	67	100	27	51407	35	37	80	32
51214	70	72	105	27	51408	40	42	90	36
51215	75	77	110	27	51409	45	47	100	39
51216	80	82	115	28	51410	50	52	110	43
51217	85	88	125	31	51411	55	57	120	48
51218	90	93	135	35	51412	60	62	130	51
51220	100	103	150	38	51413	65	68	140	56
13 尺寸系列					51414	70	73	150	60
					51415	75	78	160	65
51304	20	22	47	18	51416	80	83	170	68
51305	25	27	52	18	51417	85	88	180	72
51306	30	32	60	21	51418	90	93	190	77
51307	35	37	68	24	51420	100	103	210	85
51308	40	42	78	26					

参 考 文 献

[1]　叶霞,张向华,蒋琴仙.机械制图[M].北京:清华大学出版社,2023.

[2]　赵大兴.工程制图[M].2 版.北京:高等教育出版社,2009.

[3]　徐绍军,赵先琼,云忠.工程制图[M].6 版.北京:高等教育出版社,2021.

[4]　李小号,马明旭,赵薇.画法几何及机械制图[M].6 版.北京:高等教育出版社,2023.

[5]　冯涓,杨惠英,王玉坤.机械制图:机类、近机类[M].4 版.北京:清华大学出版社,2018.

[6]　何铭新,钱可强,徐祖茂.机械制图[M].7 版.北京:高等教育出版社,2016.

[7]　丁一,李奇敏.机械制图[M].2 版.北京:高等教育出版社,2020.

[8]　王兰美,殷昌贵.画法几何及工程制图:机械类[M].3 版.北京:机械工业出版社,2021.